高等职业学院电子信息与自动化专业系列教

电工与电子基础项目化教程
(微课版)

郭瑜心　主　编
周　苑　徐丽红　副主编

清华大学出版社
北　京

内 容 简 介

本书集电工与电子技术和应用于一体，结合实际项目，按照理论联系实际、循序渐进、便于教与学的原则编写，并注重融入新知识和新技术。项目任务叙述简明，概念清晰；逻辑结构合理，重点突出；内容深入浅出，通俗易懂；例题丰富，图文并茂；各项目均配有相应的实操任务。

本书适用于高职高专机电类专业“电工与电子技术”课程的学生使用，也适用于同类院校机械类、计算机类、电子信息类、自动控制类专业相关课程的学生使用，还可供从事机械类专业、机电类及计算机类的工程技术人员和业余爱好者学习参考。

图书在版编目(CIP)数据

电工与电子基础项目化教程：微课版/郭瑜心主编.—北京：清华大学出版社，2021.12（2023.8重印）
高等职业学院电子信息与自动化专业系列教材
ISBN 978-7-302-59527-4

Ⅰ. ①电… Ⅱ. ①郭… Ⅲ. ①电工技术—高等职业教育—教材 ②电子技术—高等职业教育—教材 Ⅳ. ①TM ②TN

中国版本图书馆 CIP 数据核字(2021)第 228929 号

责任编辑：梁媛媛
装帧设计：李　坤
责任校对：周剑云
责任印制：曹婉颖
出版发行：清华大学出版社
　　网　　址：http://www.tup.com.cn, http://www.wqbook.com
　　地　　址：北京清华大学学研大厦 A 座　　**邮　　编：**100084
　　社 总 机：010-83470000　　**邮　　购：**010-62786544
　　投稿与读者服务：010-62776969, c-service@tup.tsinghua.edu.cn
　　质量反馈：010-62772015, zhiliang@tup.tsinghua.edu.cn
　　课件下载：http://www.tup.com.cn, 010-62791865
印 装 者：北京同文印刷有限责任公司
经　　销：全国新华书店
开　　本：185mm×260mm　　**印　张：**19.5　　**字　数：**469 千字
版　　次：2022 年 1 月第 1 版　　**印　次：**2023 年 8 月第 2 次印刷
定　　价：58.00 元

产品编号：092056-01

前　言

本书以培养高素质机电人才的电路分析和应用能力为目标，结合电工中级职业资格考证要求，参考高级电工职业知识，对原传统知识结构进行了大幅度调整，重构了电路分析与应用中所需的知识与能力体系，既考虑到学生的学习能力，也充分照顾学生毕业后所需要的职业实践的要求。

本书有以下一些特点。

(1) 内容的深度、广度和难度更贴近高职学生的学习能力。

(2) 整合“电路基础”“模拟电路”和“数字电路”的知识内容，使概念体系更加清晰、教学内容更加贴近实际。

(3) 讲述深入浅出，将知识与能力培养紧密结合，注重培养学生的应用能力。

我们力求新教材更加符合职业学校学生知识基础、考证需求、后续学习的实际情况，对基础理论知识和教学内容的编排力求由浅入深、由易到难，以够用为原则，讲清概念，淡化复杂的理论推导，合理确定内容的深度、广度和难度。在确保课程改革基本教学内容的框架体系中，降低理论难度、删繁就简、削枝强干，以学生能掌握为标准，突出教材的实用性。

本书体系完整且实战性强，以能力教育为核心，以直观形象的方式展开教学，并穿插大量经典案例来增加教材的可读性与实用性，加强学生对相关知识的理解，进一步引导学生主动思考和自主学习。本书适用于机电类专业或电气类专业对电工基础、电子技术教学的基本要求，推荐机电类专业学时为96～128学时，电气类专业学时为160～180学时。

本教材由上海电子信息职业技术学院郭瑜心担任主编，上海电子信息职业技术学院周苑、徐丽红担任副主编，上海电子信息职业技术学院何永艳、江苏启东计算机厂有限公司陈菊主审。本教材是在专业基础课程改革方面的最新尝试。

由于编写组水平有限，加之时间紧迫，疏漏和欠妥之处在所难免，真诚地希望得到各位行业专家、教育同行和读者的批评与指正。

编　者

目　录

项目 1

安 全 用 电

【项目要点】

掌握电力系统基本知识、安全用电的基本常识，用电操作规程以及触电原因、急救方法。

1.1 电力系统基本知识

1.1.1 电力系统概述

在我们的日常生活中，电的重要性不言而喻。很多人只知道用电，并不清楚电是怎样输送并分配到千家万户的，其实电力系统由“发、输、变、配、用”五大环节构成。

1. 电力系统

电力系统是由发电、输电、变电、配电、用电等设备和相应的辅助系统，按规定的技术、要求组成的一个统一系统。电力系统示意如图 1-1 所示。

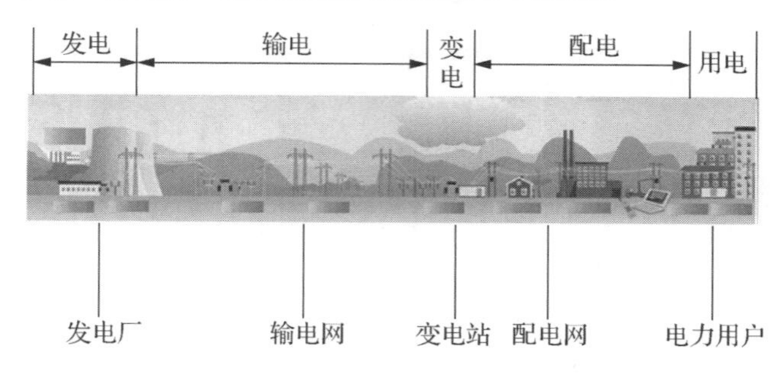

图 1-1 电力系统示意

输电是将电能传输向远方的环节，变电是将电能电压等价调高或降低的环节，配电是将电能分配给用户的环节，用电是消费电能的环节。

2. 电力系统电压等级划分

我国电力系统电压是有等级的，根据国民经济发展的需要、技术经济的合理性以及电气设备的制造水平等因素，经全面分析论证，由国家统一制定为输电电压和配电电压两类。

输电电压的分级：

(1) 特高压(UHV)。1000 kV 以上。

(2) 超高压(EHV)。330 kV、500 kV、750 kV。

(3) 高压输电电压(HV)。220 kV。

配电电压的分级：

(1) 高压配电电压。35～110 kV。

(2) 中压配电电压。10 kV。

(3) 低压配电电压。380/220 V。

1.1.2 电力产生

发电是指利用发电动力装置将水能、石化燃料(煤、油、天然气)的热能、核能以及太阳能、风能、地热能、海洋能等转换为电能的生产过程，用以供应国民经济各部门与人民生活所需。

发电动力装置按能源的种类分为火电动力装置、水电动力装置、核电动力装置及其他能源发电动力装置。目前世界上的发电方式主要有火力发电、水力发电和核能发电，其他小容量的有风能发电、地热能发电、太阳能发电、潮汐发电及地热发电等清洁可再生能源等。

1. 火电站

利用煤、石油和天然气等化石燃料所含能量发电的方式统称为火力发电。按发电方式，火力发电分为燃煤汽轮机发电、燃油汽轮机发电、燃气—蒸汽联合循环发电和内燃机发电。

火力发电的优势是早期建设成本低、发电量稳定，一年四季均匀生产。在世界范围内，火电厂的装机容量约占总装机容量的 70%，发电量约占总发电量的 80%，是目前电力发展的主力军；缺点是所用的原料是不可再生资源，且污染严重，所以火电是限制性的计划性发展。火电站如图 1-2(a)所示。

2. 水电站

水电是将水能转换为电能的综合工程设施，一般包括由挡水、泄水建筑物形成的水库和水电站引水系统、发电厂房、机电设备等。水库中的高水位水经引水系统流入厂房推动水轮发电机组发出电能，电能再经升压变压器、开关站和输电线路输入电网。水电站如图 1-2(b)所示。

水电的优势是环保、发电成本低、调峰能力强；缺点是前期建设成本高、时间长、年发电量不均匀。所以目前水电发电量只能占发电总量的 30%以下。

(a) 火电站

(b) 水电站

图 1-2　发电站

3. 风电

风电是利用风力带动风车叶片旋转，再通过增速机将风叶旋转的速度提升，来促使发电机发电。依据目前的风车技术，大约每秒 3 千米的微风速度，便可以开始发电。

风力发电是新能源领域中技术最成熟、最具规模和有开发商业化发展前景的发电方式之一，其优势是可再生能源，环保而且洁净，对实现可持续发展等具有非常重要的意义；缺点是受地理位置限制严重、能量大小不稳定、转换效率低。

4. 核电

核电站是利用原子核内部蕴藏的能量产生电能的新型发电站。核电站大体可分为两部分：一部分是利用核能生产蒸汽的核岛，包括反应堆装置和一回路系统，另一部分是利用蒸汽发电的常规岛，包括汽轮发电机系统。

核能发电的优势是只需要消耗很少的核燃料就可以产生大量的电能，无污染，用核电取代火电是世界发展的大趋势；缺点是早期建设成本高、技术要求高、平时故障少，但是一旦发生故障(如核泄漏)，将是毁灭性的大灾难。

除了上述几种发电类型外，其他还有生物质能发电、潮汐能发电和太阳能发电等。

1.1.3 电力的传输

电力的传输和变电、配电、用电一起，构成电力系统的整体功能，通过输电，把相距远的(可达数千千米)发电厂和负荷中心联系起来，使电能的开发和利用超越地域的限制。和其他能源的传输(如输煤、输油等)相比，输电的损耗小、效益高、灵活方便、易于调控、环境污染少。输电还可以将不同地点的发电厂连接起来，实行峰谷调节。输电是电能利用优越性的重要体现，在现代化社会中，它是重要的能源动脉，电力传输如图 1-3 所示。

一般来说，输送电能容量越大，线路采用的电压等级就越高。在传输容量一定的条件下，采用超高压输电，可有效地减少输电线路的热损耗，降低线路单位造价，少占耕地，使线路走廊得到充分利用。

我国常用的输电电压等级有 500 kV、330 kV、220 kV 等多种。

图 1-3 电力传输

1.1.4 变电系统

变电即为通过一定设备将电压由低等级转变为高等级(升压)或由高等级转变为低等级(降压)的过程。电力系统中发电机的额定电压一般为 15～20 kV 以下，常用的输电电压等级有 500 kV、330 kV、220 kV 等，配电电压等级有 35 kV、10 kV 等，用电部门的用电器具有额定电压为 3～15 kV 的高压用电设备和 220V、380V 等低压用电设备，想要把不同的电压连接起来形成一个整体就需要通过变电来实现。变电维护如图 1-4 所示。

图 1-4　变电维护

变压分为升压和降压两种。

1. 升压

在电力系统中，发电厂将天然的一次能源转变成电能，再通过输电系统将电能传输给远方的电力用户。为了减少输电线路上的电能损耗及线路阻抗压降，需要将电压升高进行传输。

2. 降压

为了满足电力用户安全用电，需要将输电系统传输的电压降低，并分配给各个用户。

1.1.5　电力的分配

配电是指在电力网中起电能分配作用的网络，通常是指电力系统中二次降压变压器低压侧直接或降压后向用户供电的网络，它是电力系统中直接与用户相连并向用户分配电能的环节。

配电按电压的不同一般分为高压配电、中压配电和低压配电。

(1) 高压配电电压。35kV，又称地方电力网。

(2) 中压配电电压。10kV。

(3) 低压配电电压。380/220V。

配电按供电区域的不同分为城市配电网、农村配电网、工厂配电网。

(1) 城市配电网。提供城市居民工作和生活用电，负荷相对集中。

(2) 农村配电网。提供农业生产和农村正常生活用电，供电半径大。

(3) 工厂配电网。提供工业基地生产所需的电能，负荷较大。

配电按供电方式分为直流供电方式和交流供电方式。

(1) 直流供电方式。

① 二线制。用于城市无轨电车、地铁机车、矿山牵引机车等的配电。

② 三线制。供应发电厂、变电所、配电所自用电和二次设备用电，电解和电镀用电。

(2) 交流供电方式。现代发电厂生产的电能都是交流电，家庭用电和工业动力用电也都是交流电。

① 三相三线制。分为三角形接线(用于高压配电，三相 220V 电动机和照明)和星形接线(用于高压配电、三相 380V 电动机)。

② 三相四线制。用于 380/220V 低压动力与照明混合供电。

③ 三相二线一地制。多用于农村供电。

④ 三相单线制。常用于电气铁路牵引供电。

⑤ 单相二线制。主要用于居民供电。

1.2 安全用电技术

1.2.1 安全用电常识

电是生产和生活的基本能源，在使用方便的同时，也具有极大的危险性和破坏性，如果操作和使用不当，不仅会造成电能浪费，而且会发生电气事故，危及人身安全，给国家和人民带来重大损失。因此，学习电工知识，不仅要掌握电路的基本理论和分析方法，而且要懂得如何安全用电，电气工作人员进行操作时应该认真贯彻执行“安全第一，预防为主”的基本方针，掌握安全用电技术，熟悉安全用电的各项措施，预防事故发生。

1. 人体电阻

人体电阻为 $10^4\Omega$～$10^5\Omega$，主要与皮肤状态有关，干燥时，人体电阻较大，在 2kΩ～20MΩ 范围内；皮肤潮湿、有汗或破损时，人体电阻可下降至几百欧姆。同等情况下，人体电阻越大，通过人体的电流越小，受伤害程度越轻。

2. 安全电流

人体通过工频电流 1mA 就会有麻木感觉，10mA 为摆脱电流，通过 50mA 及以上电流，就有生命危险。国际电工委员会(IEC)将 30mA・s 作为实用的安全电流临界值。

根据国家标准，漏电保护器、家用电器均将 10mA 作为脱扣(断开电源)电流临界值。

安全电流也与电流频率有关，50～60Hz 的工频电流危险性较大，高频电流危害相对较小。

3. 安全电压

不带任何防护设备，对人体各部分组织均不造成伤害的电压值，称为安全电压。

通过人体的电流大小和电压有关，电压越高，通过人体的电流越强。一般来说，接触 36V 以下电压，通过人体电流不致超过 50mA，所以 36V 称为安全电压。国际电工委员会(IEC)规定安全电压限定值为 50V，我国规定 12V、24V、36V 三个电压等级为安全电压级别。

安全电压有多种标准，供不同条件下使用的电器设备选用。例如，特别危险环境中使用的手持电动工具应采用 42V 特低电压；有电击危险环境中使用的手持照明灯和局部照明灯应采用 36V 或者 24V 特低电压；金属容器内、潮湿处等特别危险环境中使用的手持照明灯应采用 12V 特低电压；水下作业等场所应采用 6V 特低电压。

1.2.2 防触电的安全技术

1. 电流对人体的危害程度

电流对人体的危害程度与通过人体的电流强度、频率，通过人体的途径及持续时间等因素有关。

1) 电流强度对人体的危害

按照电流通过人体时的不同生理反应，可分为以下三种情况。

(1) 感觉电流。使人体有感觉的最小电流称为感觉电流。工频交流电的平均感觉电流，成年男性约为 1.1mA，成年女性约为 0.7mA；直流电的平均感觉电流约为 5mA。

(2) 摆脱电流。人体触电后能自主摆脱电源的最大电流称为摆脱电流。工频交流电的平均摆脱电流，成年男性约为 16mA，成年女性约为 10mA；直流电的平均摆脱电流约为 50mA。

(3) 致命电流。在较短的时间内危及生命的最小电流称为致命电流。一般情况下，通过人体的工频电流超过 50mA 时，心脏就会停止跳动，发生昏迷，并出现致命的电灼伤；100mA 的工频电流通过人体时很快会使人致命。不同的电流强度对人体的影响见表 1-1。

表 1-1 不同的电流强度对人体的影响

电流/mA	作用的特征	
	交流电(50～60Hz)	直流电
0.6～1.5	开始有感觉，手轻微颤抖	没有感觉
2～3	手指强烈颤抖	没有感觉
5～7	手部痉挛	感觉痒和热
8～10	手部剧痛，勉强可摆脱电源	热感增加
20～35	手迅速剧痛麻痹，不能摆脱带电体，呼吸困难	热感更大，手部轻微痉挛
50～80	呼吸困难麻痹，心室开始颤动	手部痉挛，呼吸困难
90～100	呼吸麻痹，心室经 3s 即发生麻痹而停止跳动	呼吸麻痹

2) 电流频率对人体的影响

在相同电流强度下，不同的电流频率对人体的影响程度不同。一般 28～300Hz 的电流频率对人体影响较大，影响最严重的是 40～60Hz 的电流。当电流频率大于 2000Hz 时，所产生的损害作用明显减小。

3) 电流流过途径的伤害

电流通过人体的头部会使人昏迷而死亡；电流通过脊髓，会导致人截瘫及严重损伤；电流通过中枢神经或有关部位，会引起人的中枢神经系统强烈失调而导致死亡；电流通过心脏会引起心室颤动，致使心脏停止跳动，造成死亡。实践证明，从左手到左脚是最危险的电流途径，因为心脏直接处在电路中；从右手到右脚的电流途径危险性较小，但一般也能引起剧烈痉挛而摔倒，导致电流通过人体的全身。

2. 触电的方式

按照人体触及带电体的方式和电流流过人体的途径，触电可分为单相触电、两相触电和跨步电压触电。

1) 单相触电

由于电线绝缘破损、导线金属部分外露、导线或电气设备受潮等原因使其绝缘部分的能力降低，导致站在地上的人体直接或间接与火线接触，这时电流就通过人体流入大地而造成单相触电事故，如图 1-5 所示。

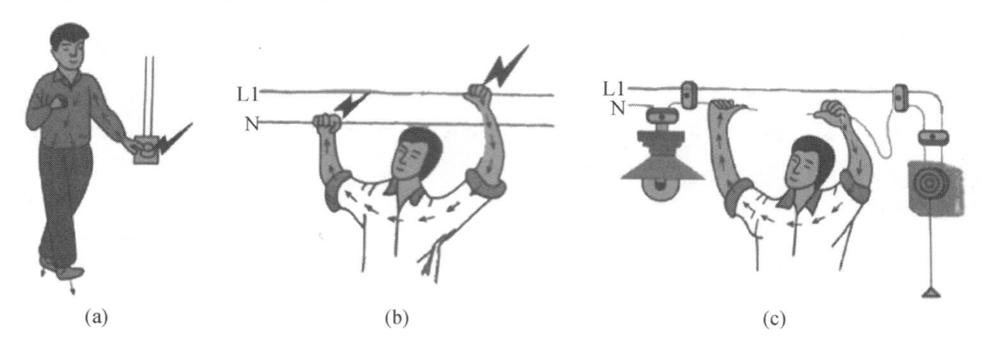

图 1-5 单相触电

2) 两相触电

两相触电是指人体同时触及两相电源或两相带电体，电流由一相经人体流入另一相，这时加在人体上的最大电压为线电压。两相触电如图 1-6 所示。

3) 跨步电压触电

对于外壳接地的电气设备，当绝缘损坏而使外壳带电，或导线断落发生单相接地故障时，电流由设备外壳经接地线、接地体(或由断落导线经接地点)流入大地，向四周扩散，如果此时人站立在设备附近地面上，两脚之间也会承受一定的电压，称为跨步电压。跨步电压的大小与接地电流、土壤电阻率、设备接地电阻及人体位置有关。当接地电流较大时，跨步电压超过允许值，会发生人体触电事故，特别是在发生雷击高压接地故障时，会产生很高的跨步电压。跨步电压触电如图 1-7 所示。跨步电压触电也是危险性较大的一种触电方式。

图 1-6 两相触电

图 1-7 跨步电压触电

3. 触电的预防

1)　保护接地

保护接地适用于中性不接地系统。以电动机设备为例，在图 1-8(a)中，某电动机三相绕组中若有一相绝缘损坏，就会使电动机外壳带电。此时人若接触电动机外壳，流过人体的电流为 I_d，有可能构成危险。在图 1-8(b)中，电动机外壳接地，称为保护接地，由于接地带电阻 R_0 大大小于人体电阻 R_b，因此接地装置中电流 I_0 极大地分流了接地电流 I_d，从而保证了人身安全。

对于保护接地方式中的接地电阻 R_0，1000V 以下中性点不接地系统，一般要求 R_0 不大于 4Ω；1000V 以上系统，要求 R_0 更小。

保护接地也常用于单相系统中。L 为三相中一相端线(火线)，N 为中线，⊥为接地线。

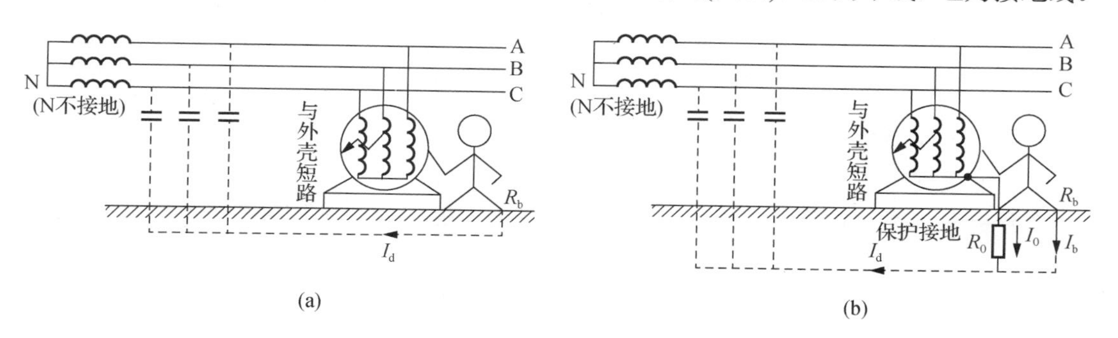

图 1-8　保护接地

2)　保护接零

(1)　工作接地。

电力系统由于运行和安全的需要，需将中性点接地，这种接地称为工作接地。工作接地具有降低触电电压、故障时迅速切断电源和降低电气设备对地绝缘水平的作用。

(2)　保护接零。

保护接零是将电机设备外壳与中线短路，此时中线也称为零线。如图 1-9(a)中，若电动机设备三相绕组中的一相绕组 与外壳短路，短路电流会超出正常电流许多倍，将引起线路上的过流保护装置迅速动作，从而断开电源，保障安全。

(3)　重复接地。

保护接零系统发生设备外壳与相线短路时，设备外壳对地电位取决于零线对地阻抗的大小，有可能仍高于安全电压。为了进一步提高保护接零的可靠性和安全性，在保护接零系统中常常加入重复接地。重复接地的作用：一是可降低设备相线碰壳时对地电位；二是增大短路电流，加速过流保护装置动作；三是防止零线意外断裂。

需要指出的是，保护接地和保护接零是两种不同的系统，绝不允许在同一供电系统中，两种方式混用，即一部分采用保护接地方式，另一部分采用保护接零方式。

(4)　单相系统保护接零。

三相四线制保护接零系统用于单相负载时，由于负载往往不对称，零线中电流不为零，因而零线对地电压不为零，距离电源越远，电压越高，但一般在安全电压值以下，无危险

性。为了确保设备外壳对地电压为零，专设保护零线，而原零线称为工作零线，保护接零系统，如图1-9所示。其中设备Ⅰ联结正确，当绝缘损坏，外壳带电时，短路电流经保护零线，将相线中熔断器熔断，切断电源，防止触电事故。设备Ⅱ将外壳与工作零线短接，一旦工作零线断开，外壳将带电。设备Ⅲ忽视保护接零，外壳未与保护零线短接，一旦绝缘损坏，外壳将带电。

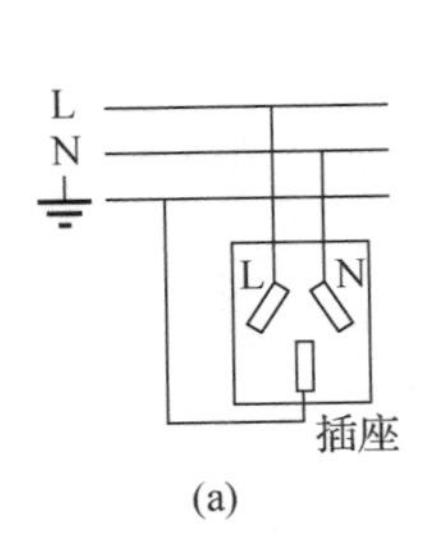

(a)

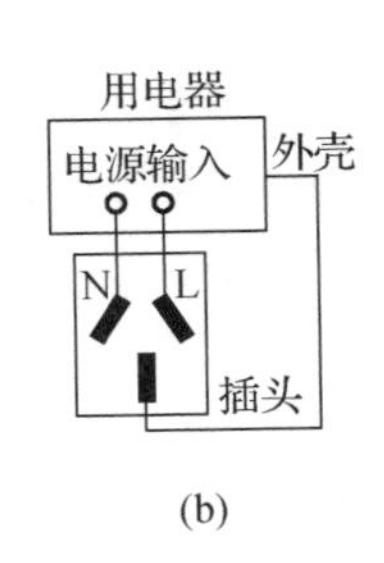

(b)

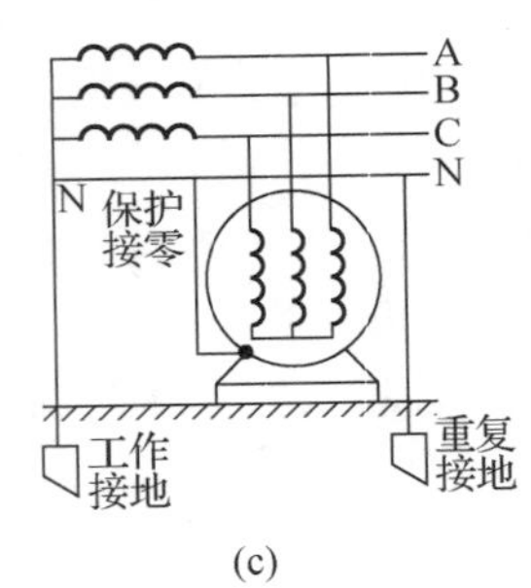

(c)

图1-9　保护接零系统

(5)　零线安装开关和熔断器问题。

在分析三相不对称负载电路中，曾提到中线上不能安装开关和熔断器，对此补充说明如下。

①　为了确保安全，零干线必须联结牢固，不允许安装开关和熔断器。

②　对于分支零线，若采用自动开关，且过流时能同时断开相线和零线，则允许在零线上安装电流脱扣器。

③　在引入住宅和办公场所的单相线路中，一般允许在相线和零线上同时接装双极开关和熔断器。双极开关可同时接通或断开相线和零线；相线和零线均有熔断器，可增加短路时熔丝熔断机会。

4. 触电急救

触电急救的要点是动作迅速，救护得法。发现有人触电，首先要使触电者尽快脱离电源，然后根据具体情况进行相应的救治。

1)　使触电者尽快脱离电源

(1)　如果触电现场远离开关或不具备关断电源的条件，救护者可站在干燥木板上，用一只手抓住触电者衣服将其拉离电源。也可用干燥木棒、竹竿等将电线从触电者身上挑开。

(2)　如果触电发生在火线与大地间，可用干燥绳索将触电者身体拉离地面，或用干燥木板将人体与地面隔开，再设法关断电源。

(3)　如果手边有绝缘导线，可先将一端良好接地，另一端与触电者所接触的带电体相接，将该相电源与大地短路。

(4)　也可用手头的刀、斧、锄等带绝缘柄的工具，将电线砍断或撬断。

2)　对症救治

对于触电者，可按以下三种情况分别处理。

(1)　对触电后神志清醒者，需要有专人照顾、观察，待情况稳定后方可正常活动；对轻度昏迷或呼吸微弱者，可针刺或掐人中、十宣、涌泉等穴位，并送医院救治。

(2) 对触电后无呼吸但心脏有跳动者，应立即采用口对口人工呼吸；对有呼吸但心脑停止跳动者，则应立刻进行脑外心脏压法进行抢救。

(3) 如触电者心跳和呼吸都已停止，则须同时采取人工呼吸和俯卧压背法、仰卧压脑法、心脏按压法等措施交替进行抢救。

3) 救治方法

(1) 口对口人工呼吸。

病人取仰卧位，即胸腹朝天。救护人站在其头部的一侧，自己深吸一口气，对着伤病人的口(两嘴要对紧不要漏气)将气吹入，造成吸气，为使空气不从鼻孔漏出，此时可用一手将其鼻孔捏住，然后救护人嘴离开，将捏住的鼻孔放开，并用一手压其胸部，以帮助其呼气。这样反复进行，频率为每分钟 14～16 次。

如果病人口腔有严重外伤或牙关紧闭时，可对其鼻孔吹气(必须堵住口)，即为口对鼻吹气。救护人吹气力量的大小，依病人的具体情况而定，一般以吹进气后，病人的胸廓稍微隆起最合适。口对口之间，如果有纱布，则放一块叠二层厚的纱布，或一块一层的薄手帕，但注意，不要影响空气出入。

(2) 胸外心脏按压法。

病人仰卧在床上或地上，头低 10 度，背部垫上木板，解开衣服，在胸廓正中间有一块狭长的骨头，即胸骨，胸骨下正是心脏。急救人员跪在病人的一侧，双手上下重叠，手掌贴于心前区(胸骨下 1/3 交界处)，以冲击动作将胸骨向下压迫，使其下陷 3～4cm，随即放松(按压时要慢，放松时要快)，让胸部自行弹起。如此反复，有节奏地按压，频率为每分钟 60～80 次，到心跳恢复为止。

(3) 俯卧压背法。

伤病人取俯卧位，即胸腹贴地，腹部可微微垫高，头偏向一侧，两臂伸过头，一臂枕于头下，另一臂向外伸开，以使胸廓扩张。救护人面向其头，两腿膝跪于伤病人大腿两旁，把两手平放在其背部肩胛骨下角(大约位于第七对肋骨处)、大拇指靠近脊柱骨，其余四指稍开并微弯。救护人俯身向前，慢慢地用力向下压缩，用力的方向是向下、稍向前推压。当救护人的肩膀与病人肩膀成一直线时，不再用力。在这个向下、向前推压的过程中，即将肺内的空气压出，形成呼气。然后慢慢地放松回身，使外界空气进入肺内，形成吸气。按上述动作，反复有节律地进行，频率为每分钟 14～16 次。

(4) 仰卧压胸法。

病人取仰卧位，背部可稍加垫，使胸部凸起。救护人屈膝跪地于病人大腿两旁，把双手分别放于乳房下面(大约位于第六、七对肋骨处)，大拇指向内，靠近胸骨下端，其余四指向外，放于胸廓肋骨之上。

5. 静电防护和电气防火、防爆常识

1) 静电防护

首先应设法不产生静电，可在材料选择、工艺设计等方面采取措施。其次是产生了静电，应设法使静电的积累不超过安全限度。其方法有泄露法和中和法等，泄露法如接地、增加绝缘表面的温度、涂导电涂剂等，使积累的静电尽快泄露掉；中和法如使用感应中和器、高压中和器等，使积累的静电荷被中和掉。

2) 电气防火、防爆

引起电气火灾和爆炸的原因是电气设备过热和电火花、电弧等。因此，不要使电气设备长期超载运行，要保持必要的防火间距及良好的通风；要有良好的过热、过电流保护装置；在易爆的场地如矿井、化学车间等，要采用防爆电器。

若出现了电气火灾，首先要切断电源。注意拉闸时最好用绝缘工具。来不及切断电源时或在不准断电的场合，可采用不导电的灭火剂带电灭火。若用普通水枪灭火，最好穿上绝缘套靴。

最后，还应强调指出，在安装和使用电气设备时，事先应详细阅读有关说明书，按照操作规程操作。

思考与练习

一、判断题

1. 一般直流电压大于1000V，交流电压大于1500V，称其为高压电。 ( )
2. 弱电具有电压小、电流小和频率高三大特点。 ( )
3. 在接线电路中，通常黑线是地线。 ( )
4. 为了保护人身和设备安全，电路应采用双重保护措施，即保护接地和保护接零。 ( )
5. 中线就是零线。 ( )

二、选择题

1. 一般三孔插座上，字母L、字母N和PE分别表示_______、______和______。
2. 三相电U、V、W表示颜色分别为______、_______和_______。
3. 电路中熔断器不允许接在________线上。
4. 预防触电有保护接地、工作接地、保护接零和__________。
5. 高压输送电通常采用_____相_______线制。

三、问答题

1. 何谓电力系统？电力系统的组成是什么？
2. 电力系统为什么要采用高压甚至超高压送电？
3. 什么叫安全电流？安全电流一般是多少？
4. 什么叫触电？它对人体有什么危害？
5. 保护零线的统一标示是什么？

项目 2

常用的电工工具和仪表的使用

【项目要点】

本项目主要介绍电子电工测量仪器仪表的基本知识，以及万用表、电压表、电流表、毫伏表、信号源等常用电子电工测量仪器仪表的工作原理、使用方法及注意事项。正确使用这些常用电子电工测量仪器仪表是完成电路实验的基础，是电子电工测量的基础，也是工程测量的基础。

2.1 万 用 表

万用表是测量电阻、电流等参数的仪表，具有携带方便、使用灵活、检测项目多、检测精度高、造价低廉等优点。它是电子电工测量中使用最广泛、最频繁的普及型测试仪器。万用表按指示方式可分为数字式和模拟式两大类：数字万用表是以数字方式直接显示测量结果的，模拟万用表是以指针的形式显示测量结果的。本节以MF500、MF47、UT33、DT92四种万用表为例来介绍数字万用表、模拟万用表的性能和使用方法。

2.1.1 指针万用表

1. MF500型指针万用表

指针万用表是一种磁电式仪表，它是电工与电子测量中最常用的仪表。在指针万用表中，MF500型万用表又以其高灵敏度成为首选。

MF500 型万用表可以测量直流电压、直流电流、中频交流电压、音频电平和电阻等。由于其测量所消耗的电流极小，因此在测量高内阻的电路参数时，对电路造成的影响很小，是从事电子测量工作常备的仪表。

MF500型指针万用表的测量范围如下。

(1) 直流电流。0～500mA，共分6挡。

(2) 直流电压。0～500V，共分6挡，2500V挡专用。

(3) 交流电压。0～500V，共分6挡，2500V挡专用。

(4) 电阻。0～20M，共分6挡。

(5) 音频电平。-10dB～+50dB。

MF500型指针万用表的准确度等级如下。

(1) 直流电流电压。2.5(以标尺工作部分上量限的百分数表示)。

(2) 交流电压。5.0(以标尺工作部分上量限的百分数表示)。

(3) 电阻。2.5(以标尺工作部分长度的百分数表示)。

MF500型指针万用表的外形如图2-1所示，使用之前必须调整调零器“S3”使指针准确地指示在标度尺的零位上。MF500型指针万用表可以进行以下几种测量。

(1) 直流电压测量。

将测试杆短杆分别插在“+”和“-”插口内，根据测量数值将左边转换开关旋钮旋至“-V”相对应的量程位置上，右边转换开关旋钮旋至“V”位置上，再将测试杆长杆跨接在被测电路两端，当不能估测被测直流电压数值时，将开关旋钮旋在最大量程的位置上，然后根据指示值选择适当的量程位置，使指针得到最大的偏转。测量2500V电压时，将测试杆短杆分别插在“2500”和“-”插口中。

(2) 交流电压测量。

将右边开关旋钮旋至“～V”位置上，左边开关旋钮旋至待测量交流电压值相应的量程位置上，测量方法与直流电压测量相同。50V 与 50V 以上量程的指示值见“≃”刻度，10V 量程见“10V”专用刻度。

(3) 电流测量。

将左边开关旋钮旋到“A”位置上，右边开关旋钮旋到需要测量电流值相应的量程位置上，然后将测试杆接在被测电路中，就可测量被测电路中的电流值。指示值见“≃”刻度。

(4) 电阻器测量。

将左边开关旋钮旋到“Ω”位置上，右边开关旋钮旋到“Ω”量程内，先将两测试杆短路，使指针向满刻度偏转，然后使用欧姆调零旋钮使指针在欧姆标度尺“0Ω”位置上(当调节欧姆调零旋钮不能使指针指示到欧姆零位时，表示电池电压不足，应更换新电池)。再将测试杆分开即可测量未知电阻器的阻值。指示值见“Ω”刻度。

为了测量时获得良好的效果，仪表在使用时，应遵守下列事项。

(1) 仪表在测试时，不能旋转开关旋钮。

(2) 当测量不能确定的数值时，应首先将量程转换开关旋到最大量程位置上，然后根据指示值选择适当的量程，使指针得到最大的偏转。

(3) 测量电路中的电阻时，应将被测电路的电源切断，如果电路中有电容器，应先将其放电后才能测量。切勿在电路带电的情况下测量电阻。

(4) 仪表在携带时或每次用毕后，最好将开关旋钮 S2 旋在“•”位置上，使测量机构两端接成短路；S1 旋在“•”位置上，使仪表电路成开路状态。

(5) 为了确保安全，测量交直流 2500V 高压时，应将测试杆一端固定在电路地(零)电位上，将测试杆的另一端去接触被测高压电源，测试过程中应严格执行高压操作规格，双手应戴高压绝缘橡胶手套，地面上应铺高压绝缘橡胶板。

(6) 一旦因量程选择错误，保护电路工作并使仪表输入(+)端与内部电路断开时，此时可打开仪表背面的电池盒盖，取出 9V 电池，更换熔断器。

2. MF47 型指针万用表

MF47 型指针万用表是磁电系整流式多量程万用表，除了可以测量直流、交流电压、电流和电阻以外，还可以对晶体管直流参数进行测量；另外，如果配有厂家专用的高压探头，也可以测量电视机内 25kV 以下高压。MF47 型指针万用表的面板如图 2-1 所示。

MF47 型指针万用表的基本操作方法，如交直流电压、电流和电阻等测量与 MF500 型指针万用表类似，下面重点介绍三极管直流参数的测量。

先将转换开关旋至三极管调节 ADJ 位置上，将红黑表笔短接，调节欧姆钮，使指针对在 300h_{FE} 刻度线上，然后旋转转换开关至 h_{FE} 位置，将待测三极管引脚分别插入三极管测试座 edc 位置内，指针偏转所示数值为三极管的直流放大位数β值。注意：N 型三极管应插 N 型管孔内，P 型三极管应插入 P 型管孔内。

3. 万用表对电子元器件的检测

使用万用表可以对晶体二极管、三极管、电阻器、电容器等进行粗测。万用表欧姆挡等效电路如图 2-2(a)所示。其中的 R_0 为等效电阻，E_0 为表内电池，当万用表处于 R×1，R×100，R×1k 挡时，一般 E_0=1.5V；而处于 R×10 挡时，E_0=9V。测试电阻时要记住，红表笔接在表内电池负端(表笔插孔标以“+”)，而黑表笔接在正端(表笔插孔标以“−”)。

(a) MF500 型

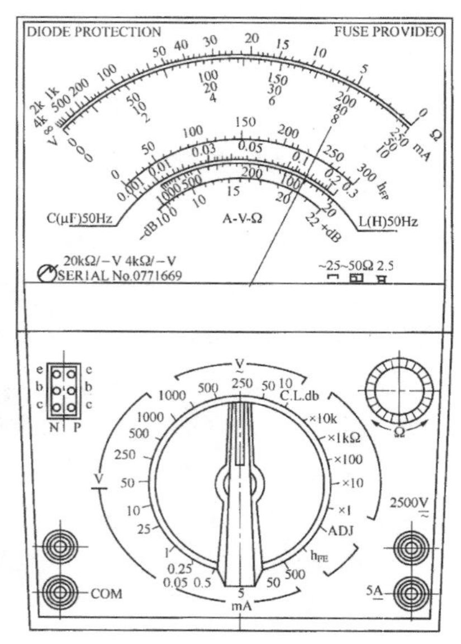

(b) MF47 型

图 2-1 指针式万用表的面板

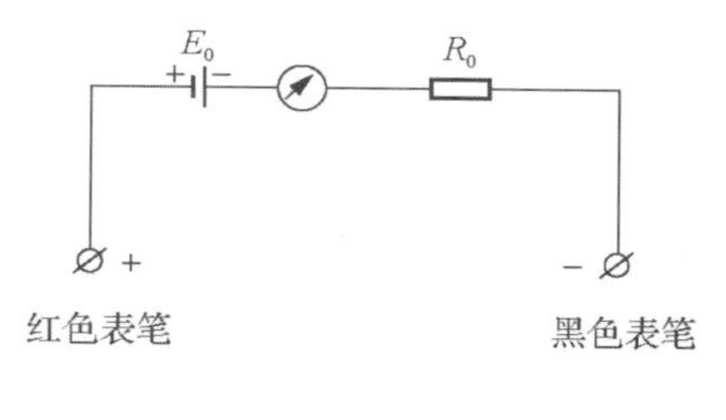

(a) 万用表电阻挡电路

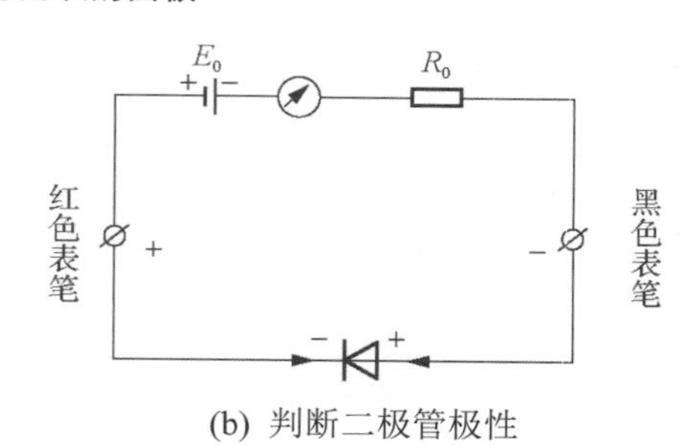

(b) 判断二极管极性

图 2-2 万用表检测

1) 二极管引脚极性、质量的判别

二极管由一个 PN 结组成，具有单向导电性，其正向电阻小(一般为几百欧)，而反向电阻大(一般为几十千欧至几百千欧)，利用此点可以进行其极性的判别。

(1) 引脚极性判别。

将万用表拨到 R×100(或 R×1k)的欧姆挡，把二极管的两个引脚分别接到万用表的两支表笔上，如图 2-2(b)所示。如果测出的电阻较小(约几百欧)，则与万用表黑表笔相接的一端是正极，另一端就是负极。相反，如果测出的电阻较大(约几百千欧)，则与万用表黑表笔相接的一端是负极，另一端是正极。

(2) 判别二极管质量的好坏。

一个二极管的正、反向电阻差别越大，其性能就越好。如果双向电阻值都较小，说明该二极管质量差，不能使用；如果双向电阻值都为无穷大，说明该二极管已经断路；如果双向电阻值均为零，说明该二极管已被击穿。

利用数字万用表的二极管挡也可判断二极管的正、负极，此时红表笔(插在“VΩ”插孔)带正电，黑表笔(插在“COM”插孔)带负电。用两支表笔分别接触二极管的两个电极，若显示值在 1V 以下，说明二极管处于正向导通状态，红表笔接的是正极，黑表笔接的是负极；若显示溢出符号“1”，说明二极管处于反向截止状态，黑表笔接的是正极，红表笔接的是负极。

2)　三极管引脚、质量判别

可以把三极管的结构看作是两个背靠背的 PN 结，对 NPN 型管来说基极是两个 PN 结的公共阳极，对 PNP 型管来说基极是两个 PN 结的公共阴极。三极管结构示意图如图 2-3 所示。

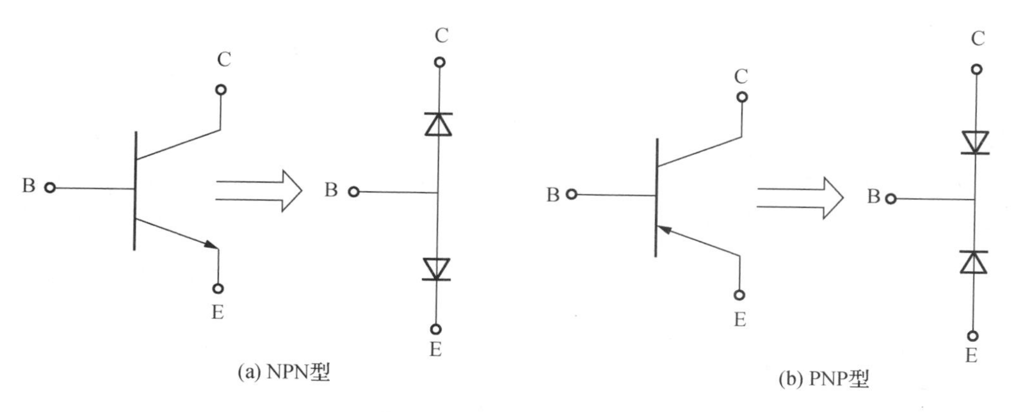

图 2-3　三极管结构示意

(1)　管型与基极的判别。

万用表置于电阻挡，量程选 R×1k 挡(或 R×100 挡)，将万用表任一表笔先接触某一电极——假定为公共极，另一表笔分别接触其他两个电极，若两次测得的电阻均很小(或均很大)，则前者所接电极就是基极；若两次测得的阻值一大一小，相差很多，则前者假定的基极有错，应更换其他电极重测。

(2)　发射极与集电极的判别。

为使三极管具有电流放大作用，发射结需加正偏置电压，集电结加反偏置电压。三极管判别如图 2-4 所示。

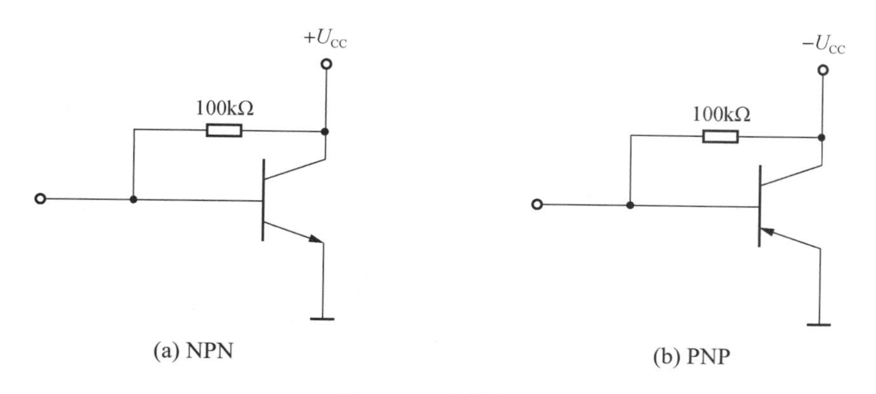

图 2-4　三极管判别

当三极管基极 B 确定后，便可判别集电极 C 和发射极 E，同时还可以大致了解穿透电流 I_{CEO} 和电流放大系数β的大小。

以 PNP 型管为例，若用红表笔(对应表内电池的负极)接 C 极，黑表笔接 E 极(相当于 C、E 极间电源极性正接)，如图 2-5 所示，这时万用表指针摆动幅度很小，它所指示的电阻值反映三极管穿透电流 I_{CEO} 的大小(电阻值大，表示 I_{CEO} 小)。如果在 C、B 间跨接一个 R_B=100kΩ电阻，此时万用表指针将有较大幅度的摆动，它指示的电阻值减小，反映了集电极电流的大小，且电阻减小越多表示电流越大。如果 C、E 极接反(相当于 C、E 极间电源极性反接)，则三极管处于反置工作状态，此时电流放大系数很小(一般小于 1)，于是万用表指针摆动幅度很小。因此，比较 C-E 极两种不同极性接法，便可判断 C 极和 E 极了。同时还可大致了解穿透电流 I_{CEO} 和电流放大系数 h_{FE} 的大小，如果万用表上有 h_{FE} 插孔，可利用来测量电流放大系数β。

3) 检查整流桥堆的质量

整流桥堆是把四只硅整流二极管接成桥式电路，再用环氧树脂(或绝缘塑料)封装而成的半导体器件。桥堆检测如图 2-6 所示，采用二极管的判定方法可以检查桥堆的质量。从图 2-6 中可以看出，交流输入端 A-B 之间总会有一只二极管处于截止状态，使 A-B 之间总电阻趋向于无穷大。直流输出端 D-C 之间的正向压降等于两只硅二极管的电压之和。因此，用数字万用表的二极管挡测 A-B 之间的正、反向电压时均显示溢出，而测 D-C 之间的正、反向电压时显示大约 1V，即可证明桥堆内部无短路现象。如果有一只二极管已经被击穿，那么测 A-B 之间的正、反向电压时，必定有一次显示 0.5V 左右。

4) 电容器的测量

电容器的测量，一般应借助于专门的测试仪器，通常用电桥，而用万用表仅能粗略地检查电解电容器是否失效或是否有漏电情况。电容检测如图 2-7 所示。

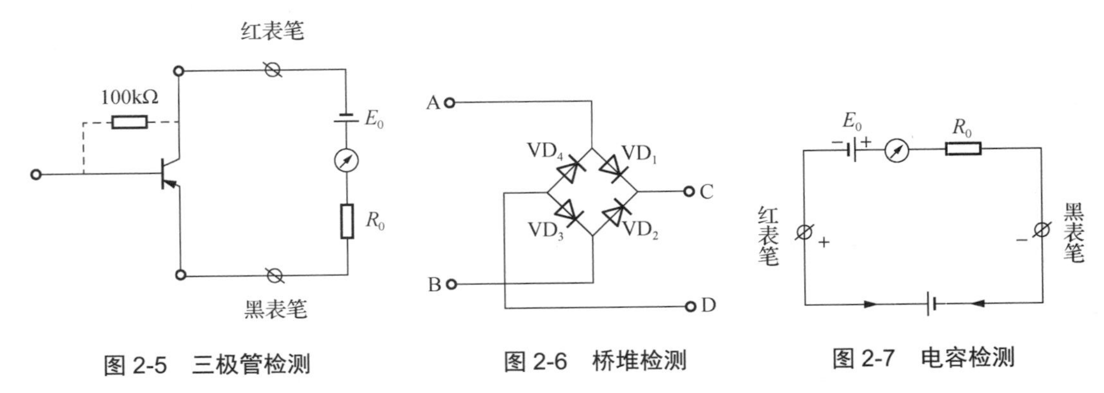

图 2-5 三极管检测　　图 2-6 桥堆检测　　图 2-7 电容检测

测量前应先将电解电容器的两个引出线短接一下，使其上所充的电荷释放。然后将万用表置于 R×1k 挡，并将电解电容器的正、负极分别与万用表的黑表笔、红表笔接触。在正常情况下，可以看到表头指针先是产生较大幅度的偏转，以后逐渐向起始零位(高阻值处)返回。这反映了电容器的充电过程，指针的偏转反映电容器充电电流的变化情况。

一般来说，若表头指针偏转越大，返回速度越慢，则说明电容器的容量越大；或指针返回到接近零位(高阻值)，则说明电容器漏电阻很大，指针所指示电阻值，即为该电容器的漏电阻。对于合格的电解电容器而言，该阻值通常在 500kΩ以上。电解电容器失效后(电解液干涸，容量幅度下降)，表头指针就偏很小，甚至不偏转。已被击穿的电容器，其阻值接近于零。

对于容量较小的电容器(如云母电容器、瓷质电容器等)，原则上也可以用上述方法进行检查，但由于它们的电容量较小，表头指针偏转幅度也很小，而返回速度又很快，因此难以对它们的电容量和性能进行鉴别，仅能检查它们是否短路或断路。若要测量小容量电容器的短路或断路，应选用 R×10k 挡。

2.1.2　数字万用表

数字万用表是一种多功能的数字显示仪表，它可以用来测量直流和交流电压、电阻器和电容器、二极管和三极管的一些参数等，其测量结果直接由数字表示。数字万用表的显示用 $3\frac{1}{2}$ 位、$4\frac{1}{2}$ 位等表示，其中 $\frac{1}{2}$ 位是指首位只能显示“0”或“1”两数码，而其余各位都能显示 1～9 的十进制数码。下面以目前常用的 UT33 和 DT92 型数字万用表的使用方法为例进行说明。

1. UT33 型数字万用表

UT33 型数字万用表是一种功能齐全、性能稳定、结构新颖、安全可靠的小型手持式 $3\frac{1}{2}$ 数字万用表，可用于测量交直流电压、直流电流、电阻、温度、二极管正向压降及电路通断等，其种类分为 B 型、C 型和 D 型，除了有上述基本功能外，还有其他特殊用途和功能。

UT33 型数字万用表外表结构如图 2-8 所示。

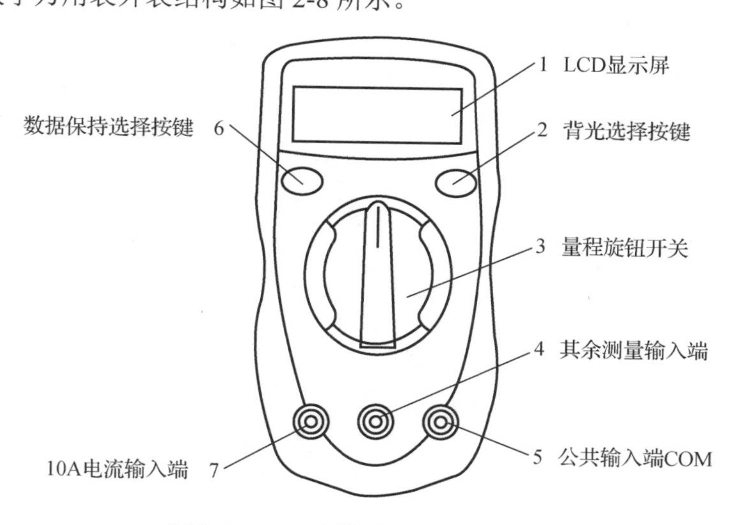

图 2-8　UT33 型数字万用表外表结构

其中数据保持选择按键和背光选择按钮的功能如下。

(1)　数据保持选择按键。数据保持显示，按下黄色 HOLD 键，仪表 LCD 显示屏保持显示当前测量值，再次按下该键退出数据保持显示功能。

(2)　背光选择按键。背光控制，按下蓝色按键即点亮 LCD 的背光灯，再次按下该键则关闭背光灯，否则背光灯会长期点亮。

测量前首先要检查9V电池，将量程开关置于所需测量的位置，如果电池电量不足，LCD显示屏上会出现低电池符号。注意测试笔插口之旁的感叹号符号，这是警告要留意测试电压和电流不要超出指示数值。

下面分别介绍UT33型数字万用表的几种测量操作。

1) 直流电压测量

直流电压测量如图2-9所示。

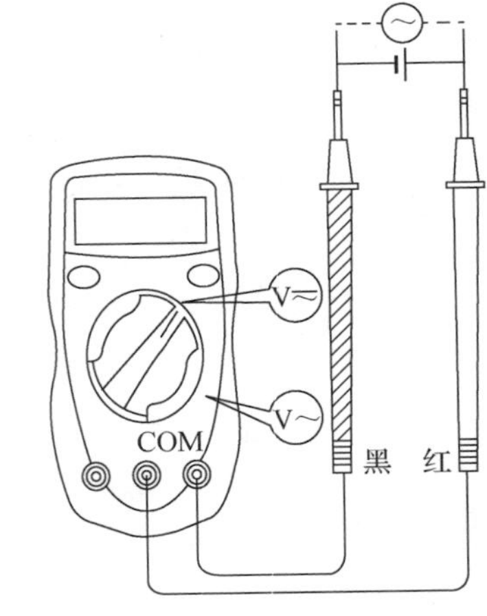

图 2-9 直流电压测量

(1) 将红表笔插入“VΩ”插孔，黑表笔插入“COM”插孔。

(2) 将功能量程开关置于直流电压挡位，并将表笔并联到待测电源或负载上。

(3) 从显示屏上读取测量结果。

注意：不要测量高于500V的电压，虽然有可能读得读数，但是会损坏万用表内部电路及伤害到自己。在测量之前如不知被测量电压值的范围时，应将量程开关置于高量程挡，根据读数逐步调低测量量程挡。当LCD显示屏只在高位显示“1”时，说明已超量程，需调高量程。在每一个量程挡，仪表的输入阻抗均为10MΩ，这种负载效应在测量高阻电路时会引起测量误差，如果被测量电路阻抗≤10kΩ，误差可以忽略(一般为0.1%或更低)。

2) 交流电压测量

交流电压测量的方法基本上与直流电压相同，只是要注意将功能量程开关置于直流电压挡。

3) 直流电流测量

直流电流测量如图2-10所示。

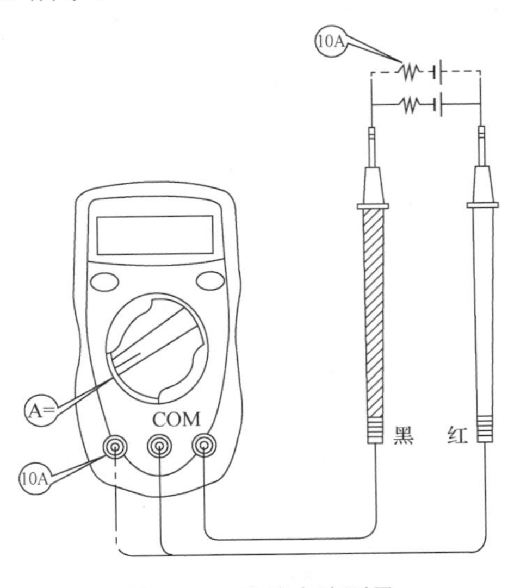

图 2-10 直流电流测量

(1)　将红表笔插入 mA 或 10A 插孔，黑表笔插入 COM 插孔。

(2)　将功能量程开关置于直流电流挡位，并将表笔串联到待测电源或电路中。

(3)　从显示屏上读取测量结果。

注意： UT33B/C/D 型数字万用表虽已设置了过压保护，但当输入端子与大地之间的电压超过安全电压 60V 时，切勿尝试直流电流的测量，以避免仪表或被测设备的损坏及伤害到自己，因为这类电压会有电击的危险。在测量前一定要切断电源，认真检查输入端子及量程开关位置是否正确，确认无误后，才可进行测量。如果不知道电流值的范围，应将量程开关置于高量程挡，根据读数需要，逐步调低量程。对于“mA”输入插孔，输入过载会将内装熔丝熔断，需予以更换。

4)　电阻器测量

电阻器测量如图 2-11 所示。

(1)　将红表笔插入“VΩ”插孔，黑表笔插入“COM”插孔。

(2)　将功能量程开关置于测量挡位(即欧姆挡，又称电阻挡)，并将表笔并联到待测电阻上。

(3)　从显示屏上读取测量结果。

注意： 检测在线电阻时，为了避免仪表受损，必须确认被测电路已关掉电源，同时电容已放完电，方能进行测量。在 200Ω挡测量时，测试表笔引线会带来 0.1～0.3Ω的电阻测量误差，为了获得精确读数，可以将读数减去红、黑两支表笔短路的读数值，作为最终读数值。当被测量电阻值大于 1MΩ时，仪表需要数秒后方能稳定读数，这属于正常现象。

5)　二极管通断测量

二极管通断测量如图 2-12 所示。

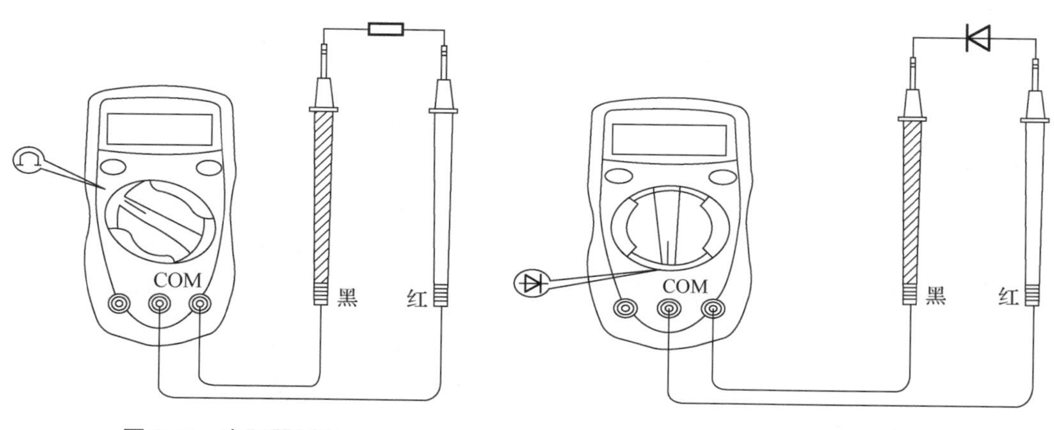

图 2-11　电阻器测量　　图 2-12　二极管通断测量

(1)　将红表笔插入“VΩmA”插孔，黑表笔插入“COM”插孔。

(2)　将功能量程开关置于二极管测量挡位，并将红表笔连接到被测二极管的正极，黑表笔连接到被测二极管的负极。

(3)　从显示器上读取测量结果。

(4)　UT33C/D 型数字万用表有通断测试功能。将红、黑表笔连接到待测线路的两端，如果两端之间电阻值低于 70Ω，内置蜂鸣器将发声。

注意：为了避免仪表损坏，在测量二极管前，应先确认电路电源已切断，电容已放完电。用二极管挡可以测量二极管及其他半导体器件 PN 结的电压降。对于一个结构正常的硅半导体，正向压降的读数应该在 0.5 ~ 0.8V 之间，反向压降即显示为“1”，为开路状态，此时黑表笔对应的为“+”极，红表笔对应的为“−”极。

2. DT92 型数字万用表

DT92 型数字万用表也是常用的数字式万用表，DT92 型数字万用表的面板如图 2-13 所示。它的基本功能和用途以及注意事项与 UT33 型数字万用表类似，下面只介绍与 UT33 型数字万用表不同的功能。

1)　对电容器的测量

将功能量程开关置于所需的 CAP 量程范围，接上电容器以前，显示可以缓慢地自动较零，把被测电容器直接插进电容器输入插孔(不用测试棒)，对有极性的电容器要注意极性的连接。

图 2-13　DT92 型数字万用表的面板

2)　三极管 h_{FE} 参数的测试

将功能开关置于 h_{FE} 挡，首先确定三极管是 PNP 型还是 NPN 型，然后将被测管的 D、B、C 三脚分别插入面板中对应的三极插孔内，此时显示屏显示的是 h_{FE} 的近似值，测试条件为基极电流约 10A，电压约 2.8V。

2.2　函数信号发生器

1. YB1600 系列函数信号发生器功能介绍

YB1600 系列函数信号发生器可以输出正弦波、方波、三角波等波形；输出频率在 0.2～2Hz 范围内连续可调，有电压输出、TTL 输出和功率输出等三种输出方式；还可作为一个 10MHz 的频率计使用；信号频率有 6 位 LED 显示屏显示。

函数信号发生器面板如图 2-14 所示，面板上各序号代表的按键及作用如下。

(1)　频率范围选择按键(兼频率计数闸门开关)。按键式开关共分 6 个频段，按下其中对应的按键，可得到相应的频率输出。

(2)　频率调节旋钮。调节此旋钮可以改变输出信号频率。顺时针旋转，频率增大；逆时针旋转，频率减小。

(3)　电源开关按键。将电源线接入，按下电源开关按键，电源接通；将电源开关按键弹出，电源断开。

(4)　LED 显示屏。此屏指示输出信号频率。当“外测”开关接入时，则显示外测信号频率。

(5)　对称性按键。将对称性按键按下，对称性指示灯亮，调节对称旋钮，可改变波形的对称性。

(6)　波形选择性按键。按下对应波形的一个按键，可获得需要的波形；三个按键都未按下时，无信号输出，此时输出的为直流电平。

(7) 电压输出衰减按键。按下此键输出信号获得衰减。衰减按键分两挡，分别为 20dB 和 40dB，同时按下这两个按键可以得到衰减为 60dB 的输出信号。

(8) 功率输出按键。按下此键，功率指示灯变绿色；如果该指示灯由绿色变成红色，则说明输出短路或过载。

(9) 功率输出插孔。此端为电路负载提供功率输出。负载应为纯电阻，若为感性负载，应当串入 10W/50Ω左右的电阻器。

(10) 直流偏置按键。按下此键，直流偏置指示灯亮，此时调节直流偏置指示旋钮，可以改变输出的直流电平。

(11) 幅度调节旋钮。顺时针调节此旋钮，可增大“电压输出”“功率输出”的输出幅度；逆时针调节此旋钮，可减小“电压输出”“功率输出”的输出幅度。

(12) 电压输出插孔。电压输出信号由此插孔输出。

(13) TTL 电平输出插孔。由此插孔输出 TTL 电平。

(14) 外测信号输入插孔。被测信号由此插孔输入。

(15) 外测按键。按下此键，LED 显示屏显示外接被测信号频率，外测信号由外测信号输入插孔输入。

(16) 单次脉冲按键。按下此键，单次脉冲指示灯亮，仪器处于单次脉冲输出状态。按一次此键，电压输出插孔输出一个单次脉冲波形。

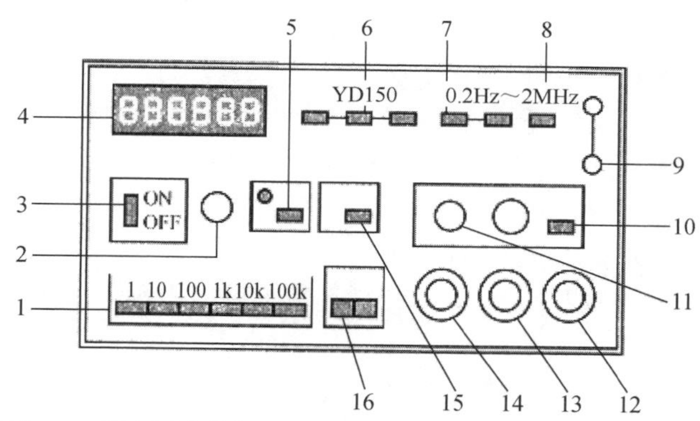

1—频率范围选择按键；2—频率调节旋钮；3—电源开关按钮；4—LED 显示屏；5—对称性按键；
6—波形选择按键；7—电压输出衰减按键；8—功率输出按键；9—功率输出插孔；10—直流偏置按键；
11—幅度调节旋钮；12—电压输出插孔；13—TTL 电平输出插孔；14—外测信号输入插孔；
15—外测按键；16—单次脉冲按键

图 2-14　函数信号发生器面板

2. 信号发生器使用方法

打开电源开关之前，应首先检查输入电压，将电源线插入后面板上的交流插孔，控制功能键见表 2-1，然后按照要求设定各个控制键。

表 2-1　控制键功能表

控制键名称	设定位置	控制键名称	设定位置
电源(POWER)	电源开关按钮弹出	衰减开关(ATTE)	衰减开关弹出
波形开关(WAVE FORM)	任意按下一键	外测频开关(COUNTER)	外测频开关弹出
功率开关(POWER OUT)	功率开关键弹出	直流偏置开关(OFFSET)	直流偏置开关弹出

所有的控制键按表 2-1 设定后，打开电源，此时 LED 显示屏显示本机输出的信号频率，具体操作如下。

1)　连线

将电压输出信号由电压输出插孔通过连线送至示波器的 Y 输入插孔。

2)　确定输出波形

(1)　按下波形选择按键正弦波、方波、三角波中的任意一个，此时示波器将显示函数信号发生器的波形输出。

(2)　改变频率范围选择按键，示波器显示的波形频率及 LED 窗口的示数将随着变化。

(3)　将幅度旋钮沿顺时针旋至最大，示波器显示的波形的最大幅度将大于等于 20V。

(4)　将直流偏置按键按下，顺时针旋转直流偏置调节旋钮，示波器上的波形向上移动；逆时针旋转直流偏置调节旋钮，示波器上的波形向下移动，最大变化量在±10V 以上。

(5)　按下电压输出衰减按键，示波器将显示衰减的输出波形。

3)　外测频率

(1)　按下外测频率按键，外测指示灯亮。

(2)　外测信号由计数/频率输入插孔输入。

(3)　选择适当的频率范围，由高量程向低量程选择合适的有效数值，以确保测量精度。

4)　TTL 输出

(1)　TTL 输出插孔接示波器 Y 轴输入端。

(2)　示波器将显示方波或脉冲波。该输出插孔可以用作数字电路实验时的信号源。

5)　功率输出

按下功率输出按键，上方左侧指示灯亮，功率输出插孔有信号输出；调节幅值电位器，输出幅值随之改变；当输出过载时，右侧指示灯亮。

2.3　示　波　器

1. 概述

示波器是用于观察电信号波形的电子仪器。它能够借助阴极射线示波管 CRT 电子射线的偏转，快速地将人眼看不见的电信号转换成可见图像。示波器通常用于观测被测信号的波形，或用于测量被测信号的电压、周期、频率、相位、调制系数等，有时也用于间接观测电路的有关参数及元器件的伏安特性，或者利用传感器测量各种非电量信号。

YB4324 型示波器功能键如图 2-15 所示。

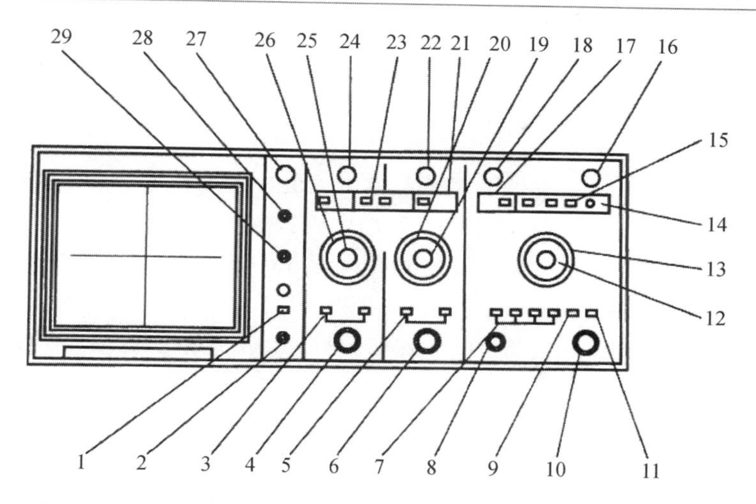

图 2-15　YB4324 型示波器功能键

YB4324 型示波器各功能键作用见表 2-2。

表 2-2　YB4324 型示波器功能键的作用

序号	控制键名称	控制键作用
1	电源开关	按下此开关，仪器电源接通，指示灯亮
2	亮度	光迹亮度调节，沿顺时针旋转，光迹增亮
3	聚焦	用以调节示波管电子束的焦点，使显示的光点成为细而清晰的圆点
4	光迹旋转	调节光迹与水平线平行
5	校准信号	此端口输出幅度为 0.5V、频率为 1kHz 的方波信号
6	耦合方式	用以校准 *Y* 轴偏转系数和扫描时间系数。垂直通道 1 的输入信号耦合方式选择：AC，信号中的直流分量被隔开，用以观察信号的交流成分；DC，信号与仪器通道直接耦合，当需要观察信号的直流分量或被测信号的频率较低时应选用此方式；GND，输入端处于接地状态，用以确定输入端为零电位时光迹的所在位置
7	通道 1 输入插座	双功能端口，在常规情况下，此端口作为垂直通道 1 的输入口；当仪器工作在 X-Y 方式时，此端口作为水平轴信号输入口
8	通道 1 灵敏选择开关	选择垂直轴的偏转系数，从 5mV/div~10V/div 分 11 个挡调整，可根据被测信号的电压幅度选择合适的挡
9	微调拉×5	用以连续调整垂直轴的偏转系数，调节范围≥2.5 倍。该旋钮顺时针旋足时未校准位置，此时可根据“VOLTS/DIV”开关度盘位置和屏幕显示幅度读取该信号的电压值。当该旋钮在拉出位置时，增益扩展 5 倍
10	垂直位移	用以调节光迹在垂直方向的位置

续表

序号	控制键名称	控制键作用
11	垂直方式	选择垂直系统的工作方式。 CH1：只显示 CH1 通道的信号。 CH2：只显示 CH2 通道的信号。 ALT：用于同时观察两路信号，此时两路信号交替显示。该方式适于在扫描速率较快时使用。 CHOP：两路信号断续工作，适合于在扫描速率较慢时同时观察两路信号。 ADD：用于显示两路信号相加的结果，当 CH2 极性开关被按入时，则两信号相减
12	耦合方式	作用于 CH2，功能同控制件(6)
13	通道 2 输入插座	垂直通道 2 的输入端口，在 X-Y 方式时，作为 Y 轴输入口
14	垂直位移	用以调节光迹在垂直方向的位置
15	反相	此按键未按下时，CH2 的信号为常态显示；按下此按键时，CH2 的信号被反相
16	通道 2 灵敏选择开关	功能同(8)
17	微调拉×5	功能同(9)
18	水平位移	用以调节光迹在水平方向的位置
19	极性	用以选择被测信号在上升沿或下降沿触发扫描
20	电平	用以调节被测信号在变化至某一电平时触发扫描
21	扫描方式	选择产生扫描的方式。 扫描光迹，一旦有触发信号输入，电路自动转换为触发扫描状态，调节电平可使波形稳定地显示在屏幕上。 自动(AUTO)：当无触发信号输入时，屏幕无光迹显示，此方式适合观察频率在 50Hz 以上的信号。 常态(NORM)：无信号输入时，屏幕上无光迹显示；有信号输入时，且触发电平旋钮在合适位置上，电路被触发扫描。当被测信号频率低于 50Hz 时，必须选择该方式。 锁定：仪器工作在锁定状态后，无须调节电平即可使波形稳定地显示在屏幕上。 单次：用于产生单次扫描，进入单次扫描状态后，按动复位键，电路工作在单次扫描方式时，扫描电路处于等待状态，当触发信号输入时，扫描只产生一次，下次扫描时需再次按动复位按键
22	触发(准备)指示	该指示灯具有两种功能指示，当仪器工作在非单次扫描方式时，该灯亮表示扫描电路工作在被触发状态；当仪器工作在单次扫描方式时，该灯亮表示扫描电路处在准备状态，此时若有信号输入将产生一次扫描，指示灯随之熄灭

续表

序号	控制键名称	控制键作用
23	扫描速率	根据被测信号的频率高低，选择合适的挡级。当扫描速度“微调”置于校准位置时，可根据度盘的位置和波形在水平轴的距离读出被测信号的时间参数
24	微调拉×5	连续调节扫描速率，调节范围≥2.5 倍。该旋钮顺时针旋足时为校准位置，拉出此旋钮水平增益扩展 5 倍，因此扫描速度旋钮的指示值应为原来的 1/5
25	触发源	用于选择不同的触发源。 CH1：双踪显示时，触发信号来自 CH1 通道；单踪显示时，触发信号则来自被显示的通道。 CH2：双踪显示时，触发信号来自 CH2 通道；单踪显示时，触发信号则来自被显示的通道。 交替(ALT)：双踪显示时，触发信号交替来自于两个 Y 通道，此方式用于同时观察两路不相关的信号。 电源(LINE)：触发信号来自于市电压。 外接(EXT)：触发信号来自于触发输入端口
26	GND	机壳接地端
27	AC/DC	外触发信号的耦合方式，当选择外触发源，且信号频率很低时，应将开关置于 DC 位置
28	常态/TV	一般测量时此开关置于常态位置，当需要观察电视信号时，将此开关置于 TV 位置
29	外触发输入	当选择外触发方式时，触发信号由此端口输入

2. 测量

1)　电压测量

在测量时一般把“VOCIS/DIV”开关的微调装置以顺时针方向旋至满度的校准位置，这样可以按“VOCIS/DIV”的指示值直接计算被测信号的电压幅值。

由于被测信号一般都含有交流和直流两种成分，在测时应根据下述方法操作。

(1)　交流电压的测量。当只需要测量被测信号的交流成分时，应将 Y 轴输入耦合方式开关置于“AC”位置，调节“VOCIS/DIV”开关，使波形在屏幕中的显示幅度适中，调节“电平”旋钮使波形稳定，分别调节 Y 轴和 X 轴的位移，使波形显示值方便读取。根据“VOCIS/DIV”的指示值和波形在垂直方向显示的坐标(DIV)，按下式读取电压值：

$$V_{\mathrm{pp}} = n(V/\mathrm{DIV}) \times H(\mathrm{DIV})$$

$$V_{有效值} = \frac{V_{\mathrm{pp}}}{2\sqrt{2}}$$

如果使用的探头置于 10∶1 位置，应将该值乘以 10。

(2)　直流电压的测量。当被测信号为直流或含直流成分的电压时，应先将 Y 轴耦合方式开关置于“GND”位置，调节 Y 轴位移使扫描基线在一个合适的位置上，再将耦合方式开关转换到“DC”位置，调节“电平”旋钮使波形同步。根据波形偏移原扫描基线的垂直距离，用上述方法读取该信号的各个电压值。

2) 时间测量

对于某周期信号，该信号任意两点时间参数时，可先按上述操作方法，使波形获得稳定同步后，再根据该信号周期或需测量的两点间在水平方向的距离乘以“SEC/DTV”开关的指示值获得。当需要观察该信号的某一细节(如快跳变信号的上升或下降时间)时，可将“SEC/DTV”开关的扩展旋钮拉出，这时显示的距离在水平方向得到 5 倍的扩展，调节 X 轴位移，使波形处于方便观察的位置，此时测得的时间应除以 5。测量两点间的水平距离，按式(2-1)计算出时间间隔：

$$\text{时间间隔}=\frac{\text{两点间的水平距离}\times\text{扫描时间系数(时间/格)}}{\text{水平扩展系数}} \tag{2-1}$$

3) 频率测量

对于重复信号的测量，可先测出该信号的周期，再根据公式进行计算：

$$f=\frac{1}{T}$$

若被测信号的频率较密，即使将“SEC/DTV”开关调至最快挡，屏幕中显示的波形仍然较密。为了提高测量精度，可根据 X 轴方向 10div 内显示的周期数用式(2-2)计算：

$$f=\frac{N}{\text{“SEC/DIV”指示值}\times 10} \tag{2-2}$$

式中：N——周期数。

4) 两个相关信号的时间差或相位差的测量

根据两个相关信号的频率，选择合适的扫描速度，并将垂直方式开关根据扫描速度的快慢分别置于“交替”或“断续”位置，将“触发源”选择开关的位置设定作为测量基准的通道，调节“电平”旋钮使波形稳定同步，根据两个波形在水平方向某两点间的距离，用式(2-3)计算出时间差：

$$\text{时间差}=\frac{\text{水平距离}\times\text{扫描时间系数}}{\text{水平扩展系数}} \tag{2-3}$$

若测量两个信号的相位差，可在用上述方法获得稳定显示后，调节两个通道的“VOLTS/DIV”开关和微调旋钮，使两个通道显示的幅度相等，再调节“SEC/DIV”微调旋钮，使被测信号的周期在屏幕中显示的水平距离为整数，得到每格的相位角：

$$\text{每格的相位角}=\frac{360^\circ}{\text{一个周期的水平距离}}$$

最后根据另一个通道信号超前或滞后的水平距离乘以每格的相位角，得出两个相关信号的相位差。

5) 两个不相关信号的测量

当需要同时测量两个不相关信号时，应将垂直方式开关置于“ALT”位置，并将触发源选择开关“CH1”“CH2”两个按键同时按入，调节“电平”旋钮可使波形获得同步。

在使用本方式工作时，应注意以下两点。

(1) 由于该方式仅限于在“垂直方式”为“交替”时使用，因此被测信号的频率不宜太低，否则会出现两个通道的交替闪烁现象。

(2) 当其中一个通道无信号输入时，将不能获得稳定同步。

6) X-Y 方式的应用

在某些特殊场合，*X* 轴的光迹偏转需由外来信号控制，或需要 *X* 轴也作为被测信号的输入通道。例如，外界扫描信号、李沙育图形的观察或作为其他设备的显示装备等，都需要用到该方式。

X-Y 方式的操作：将“SEC/DIV”开关沿逆时针方向旋足至“X-Y”位置，由“CH1 OR X”端口输入 *X* 轴信号，其偏转灵敏度仍按该通道的“VOLTS/DIV”开关指示值读取，但该方式的 *X* 轴灵敏度扩展则通过扫描“微调挡×5”来控制。

7) 外部亮度控制

仪器背面的 *Z* 轴输入插座可输入对波形亮度的调制信号，调制极性为负电平加亮，正电平消隐。当需要对被测波形的某段打入亮度标记时，可采用本功能获得。

2.4　正弦信号波形的检测

1. 用机内校正信号对示波器进行自检

1) 扫描基线调节

将示波器的显示方式开关置于“单踪”显示(Y1 或 Y2)，输入耦合方式开关置于“GND”，触发方式开关置于“自动”，开启电源开关后，调节“辉度”“聚焦”“辅助聚焦”等旋钮，使显示屏上显示一条细而且亮度适中的扫描基线。然后调节“*X* 轴位移”(⇄)旋钮和“*Y* 轴位移”(⇅)旋钮，使扫描线位于显示屏中央，并且能上下左右移动自如。

2) 测试“校正信号”波形的幅度、频率

将示波器的“校正信号”通过专用电缆线引入选定的 Y 通道(Y1 或 Y2)，将 *Y* 轴输入耦合方式开关置于“AC”或“DC”，触发源选择开关置于“内”，内触发源选择开关置于“Y1”或“Y2”，调节 *X* 轴“扫描速率”开关(t/div)和 *Y* 轴“输入灵敏度”开关(V/div)，使示波器显示屏上显示出一个或数个周期稳定的方波波形。

3) 校准“校正信号”幅度、频率、上升时间和下降时间

(1) 校准“校正信号”幅度。将“*Y* 轴灵敏度”微调旋钮置于“校准”位置，“*Y* 轴灵敏度”开关置于适当位置，读取校正信号幅度，记入表 2-3。

表 2-3　校正信号幅度值

	标准值	实测值		标准值	实测值
幅度 U_{p-p}/V			上升沿时间/μs		
频率 f/kHz			下降沿时间/μs		

注：不同信号示波器标准值有所不同，按所使用示波器将标准值填入表格中。

(2) 校准“校正信号”频率。将“扫速”微调旋钮置于“校准”位置，“扫速”开关置于适当位置，读取校正信号周期，记入表 2-3。

(3) 测量“校正信号”的上升时间和下降时间。调节“Y 轴灵敏度”开关及微调旋钮，并移动波形，使方波波形在垂直方向上正好占据中心轴上，且上、下对称。通过“扫速”

开关逐级提高扫描速度，使波形在 X 轴方向扩展(必要时可以利用“扫速扩展”开关将波形再扩展 10 倍)，并同时调节“触发电平”旋钮，从显示屏上清楚地读出上升时间和下降时间，记入表 2-3。

2. 用示波器和交流毫伏表测量信号参数

调节函数信号发生器有关旋钮，使输出频率分别为 100Hz、1kHz、10kHz、100kHz，有效值均为 1V(交流毫伏表测量值)的正弦波信号。改变示波器“扫速”开关及“Y 轴灵敏度”开关等位置，测量信号源输出电压频率及峰峰值，记入表 2-4。

表 2-4　测量信号源输出电压频率及峰峰值

信号电压频率	示波器测量值		信号发生器读数/V	示波器测量值	
	周期/ms	频率/Hz		峰峰值/V	有效值/V
100Hz					
1kHz					
10kHz					
100kHz					

【想一想】

(1) 如何操纵示波器有关旋钮，以便从示波器显示屏上观察到稳定、清晰的波形？

(2) 用双踪显示波形，并要求比较相位时，为了在显示屏上得到稳定波形，应怎样选择下列开关的位置？

① 显示方式选择(Y1、Y2、Y1+Y2、交替、断续)。

② 触发方式(常态、自动)。

③ 触发源选择(内、外)。

④ 内触发源选择(Y1、Y2、交替)。

(3) 函数信号发生器有哪几种输出波形？它的输出端能否短接，如用屏蔽线作为输出引线，则屏蔽层一端应该接在哪个接线柱上？

项目评价表见表 2-5。

表 2-5　项目评价表

项　目		考核要求	分　值
理论知识	信号波形图	能正确画出基本信号波形图	15
	波形主要参数	能正确读写波形参数	20
操作技能	准备工作	10min 内完成仪器的准备工作	10
	基本信号检测	能正确使用仪器产生并测试基本信号	30
	用电安全	严格遵守电工作业章程	10
职业素养	思政表现	能遵守安全规程与实验室管理制度，展现工匠精神	15
项目成绩			
总评			

思考与练习

一、判断题

1. 模拟万用表电阻挡中，×1、×10、×100表示量程。（　　）

2. 模拟万用表机械调零次数仅有一次，但是欧姆调零至少一次。（　　）

3. 示波器校准波形是矩形波。（　　）

4. 示波器的水平轴表示时间值。（　　）

5. 通常为了提供微弱小信号输入，函数信号发生器的面板上经常有衰减按钮20dB、40dB和80dB。（　　）

二、填空题

1. 示波器面板上面耦合方式开关有三档，其中AC表示______，DC表示_______，GND表示______。

2. 若示波器光迹线和水平线不平行，应调整______旋钮。

3. 函数信号发生器可提供正弦波、方波和_______波三种输入波形。

4. 示波器的校正波形周期为_________。

5. 测量交流电压时，万用表电压挡显示的是_____值。

三、问答题

1. 指针万用表使用时应注意哪些问题？

2. 指针万用表内部有两种电池，分别是哪两种？作用是什么？

3. 在示波器测量电压和频率时，发现读数都不正确，为什么？

4. 示波器正常，但是看不见扫描线，为什么？

5. 没有接输入信号时能看到扫描线，但是接入待观察信号后，就看不到波形和扫描线，为什么？

项目 3

电路元器件

【项目要点】

电路元器件是组成电子产品的最小单元，本项目主要介绍电路中常用的电路元器件的作用、命名方法、电路符号和电子参数，以及电路元器件的识别和检测方法。

3.1　电　阻　器

电阻器是组成电路的基本元件之一，在电路中用来稳定和调节电流、电压，也可以作为分流器和分压器，并可作为消耗能量的负载。

3.1.1　电阻器的分类

电阻器的分类方法很多，主要可根据阻值是否变化、所用材料以及功能来分类。常见电阻器的外形如图 3-1 所示。

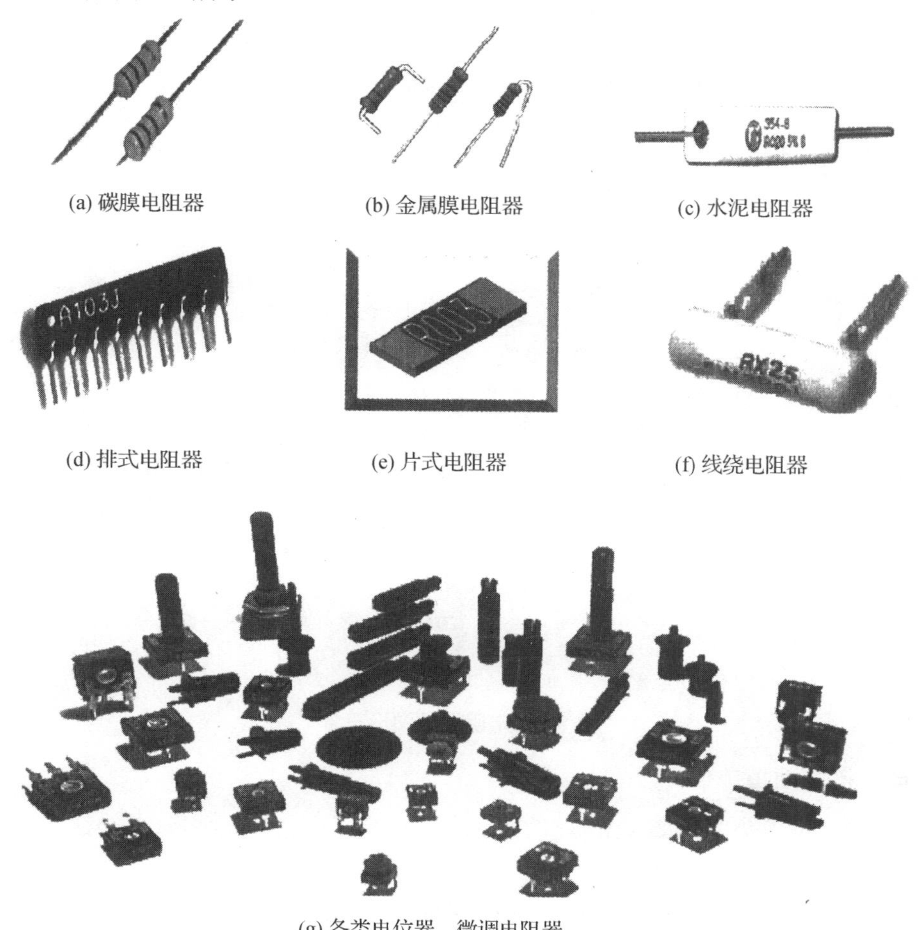

(a) 碳膜电阻器　(b) 金属膜电阻器　(c) 水泥电阻器

(d) 排式电阻器　(e) 片式电阻器　(f) 线绕电阻器

(g) 各类电位器、微调电阻器

图 3-1　常见电阻器的外形

(1)　根据阻值是否变化，电阻器可分为固定电阻器、可变电阻器、敏感电阻器等。

(2)　根据制作电阻的材料，电阻器可分为碳膜电阻器、金属氧化膜电阻器、金属玻璃釉电阻器、无机实心电阻器、有机实心电阻器、化学沉积膜电阻器、合成碳膜电阻器、线绕电阻器等。

(3) 根据用途，电阻器可分为通用电阻器、高阻电阻器、高压电阻器、高频电阻器、精密电阻器。

(4) 根据外形结构，电阻器可分为圆柱电阻器、管形电阻器、圆盘电阻器、片式电阻器、纽扣电阻器、排式电阻器。

(5) 根据引线形式，电阻器可分为轴向引线型电阻器、同向引线电阻器、无引线型电阻器、领带式引线型电阻器、径向引线型电阻器。

(6) 根据熔断特性，电阻器可分为一次性熔断电阻器、可恢复性熔断电阻器。

(7) 对于敏感电阻器，电阻器可分为热敏电阻器、光敏电阻器、压敏电阻器、磁敏电阻器、温敏电阻器、气敏电阻器、力敏电阻器。

(8) 对于可变电阻器，电阻器可分为电位器、半可变电阻器(微调电阻器)。

3.1.2 电阻器的符号与单位

1. 电阻符号

根据国家标准的规定，各种电阻器的图形符号如图 3-2 所示。

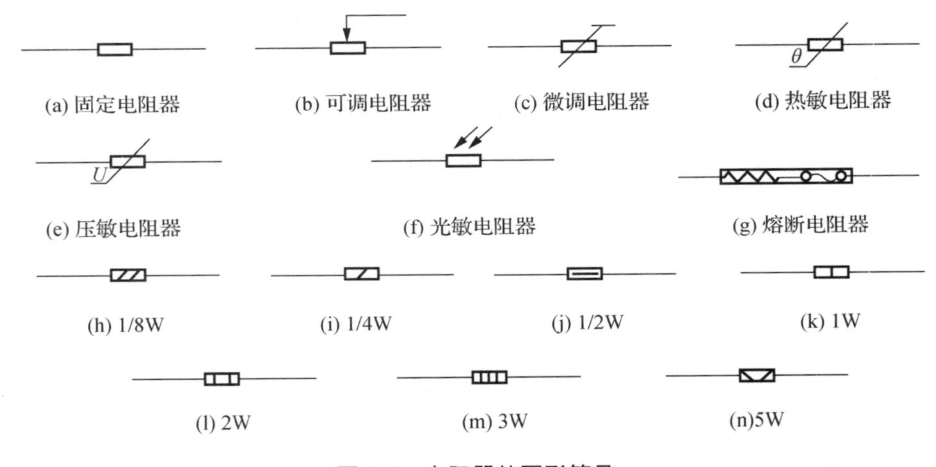

图 3-2 电阻器的图形符号

2. 电阻器的阻值单位

电阻器的阻值单位是欧姆(Ω)，比欧姆大的单位有千欧(kΩ)、兆欧(MΩ)、吉欧(GM)等。它们之间的换算关系是：

$$1\text{T}\Omega = 10^3\text{G}\Omega = 10^6\text{M}\Omega = 10^9\text{k}\Omega = 10^{12}\Omega$$

3.1.3 电阻器的主要参数

1. 标称阻值

标称阻值是指电阻器表面所标的阻值，标称阻值不是任意标定的，国际上规定了一系列的阻值，厂家必须按这一系列阻值生产标注。

2. 电阻器的阻值误差

由于生产电阻器的工艺水平的差别，产品的实际阻值与标称阻值之间将产生一定的误差。电阻器的阻值误差表征了电阻的精度，通常用相对误差来表示。

阻值误差一般分为三级：I 级误差为±5%，II 级误差为±10%，III级误差为±20%。在实际应用中有时精度更高，称之为精密电阻器。阻值误差越小，制造成本越高。

电阻器标称租值系列误差之间的关系见表 3-1。

表 3-1　电阻器标称租值系列误差之间的关系

阻值系列	允许误差	误差等级	电阻标称阻值
E_{24}	±5%	I	1.0、1.1、1.2、1.3、1.5、1.6、1.8、2.0、2.2、2.4、2.7、3.0、3.3、3.6、3.9、4.3、4.7、5.1、5.6、6.2、6.8、7.5、8.2、9.1
E_{12}	±10%	II	1.0、1.2、1.5、1.8、2.2、2.7、3.3、3.9、4.7、5.6、6.8、8.2
E_{6}	±20%	III	1.0、1.5、2.2、3.3、3.9、4.7、5.6、6.8、8.2

使用时将表中数值乘以 1，10，100，1000…10^n，如 E_{24} 系列中的 1.5 就有 1.5Ω、15Ω、150Ω、1.5kΩ、15kΩ、150kΩ等。

3. 电阻器的额定功率

电阻器的额定功率是指电阻器在一定的大气压和温度下长期连续工作所允许承受的最大功率。如果电阻器使用时的实际功率超过额定值，电阻器就可能被烧毁。电阻器的额定功率单位为瓦，用字母“W”表示。

电阻器的额定功率也是按照国际标准进行标注的，其标称值有 1/32W、1/16W、1/8W、1/4W、1/2W、1W、2W、5W、7W、10W、20W 等。不同功率的电阻器在电路中的标注采用图形符号法和直标法，如图 3-2(h)～(n)所示。

在选用电阻器时，应根据设计电路时理论计算的电阻值，在最靠近标称值系列中选用。然后根据理论计算电阻器在电路中消耗的功率，合理选择电阻器的额定功率，一般按额定功率是实际功率的 1.5～3 倍之间选定。

3.1.4　电阻器的标称阻值与误差的标注方法

电阻器的标称阻值与误差的标注方法通常分为直标法、文字符号法和色标法三种。一般大功率电阻器采用直标法和文字符号法，而小功率电阻器采用色标法。

1. 直标法

直标法就是将电阻器的标称阻值及其误差直接标注在电阻器的表面，有的电阻器还标出额定功率。直标法如图 3-3 所示。

2. 文字符号法

文字符号法就是将文字、字母和数字有规律地组合起来，在电阻器的表面直接标出电阻器的标称阻值和误差。例如：4Ω7 表示 4.7Ω，3R9 表示 3.9Ω，6K2 表示 6.2kΩ，2M4 表示 2.4MΩ，其中Ω、R、K、M 代替了小数点。

文字符号法中的阻值误差也是用字母表示的，其字母代表的含义见表 3-2。

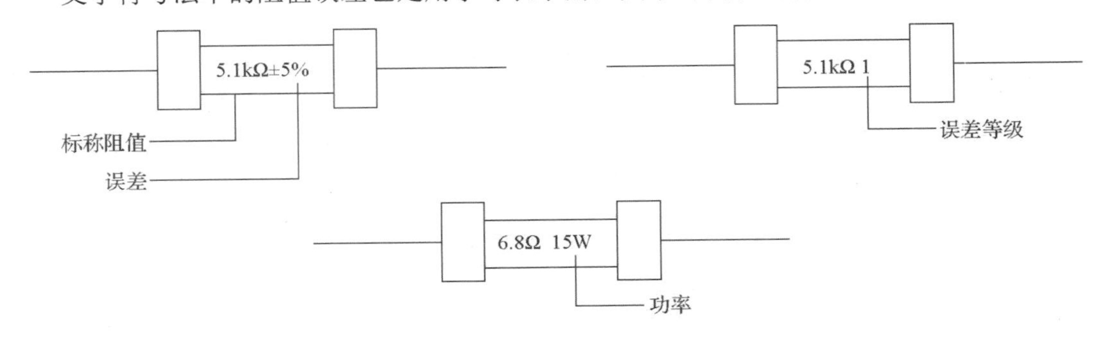

图 3-3　直标法

表 3-2　阻值误差与字母对照表

字　母	阻值误差/%	字　母	阻值误差/%
W	±0.05	G	±2
B	±0.1	J	±5
C	±0.25	K	±10
D	±0.5	M	±20
F	±1	N	±30

例如，3R3K 表示电阻器的电阻值为 3.3kΩ，误差为±10%；2M7M 表示电阻器的阻值为 2.7MΩ，误差为±20%。

3. 色标法

小功率电阻器使用最广泛的是色标法，一般用背景区别电阻器的种类。如用浅色(淡绿色、淡蓝色、浅棕色)表示碳膜电阻，用红色表示金属或金属氧化膜电阻，用深绿色表示线绕电阻等。一般用色环表示电阻器的阻值及精度。

普通电阻器大多用 4 个色环表示其阻值和允许偏差。第 1、2 环表示有效数字，第 3 环表示倍率(乘数)，与前 3 环距离较大的第 4 环表示精度。

精密电阻器采用 5 个色环标志，第 1、2、3 环表示有效数字，第 4 环表示倍率，与前 4 环距离较大的第 5 环表示精度。色环电阻的标注法见表 3-3，两种色环电阻标注图如图 3-4 所示。

例如，标有蓝、灰、橙、金 4 环标注的电阻，其阻值大小为：68×10^3=68000W(68kW)，允许偏差为±5%。标有棕、黑、绿、棕、棕 5 环标注的电阻，其阻值大小为：105×10^1=1050W(1.05kW)，允许偏差为±1%。

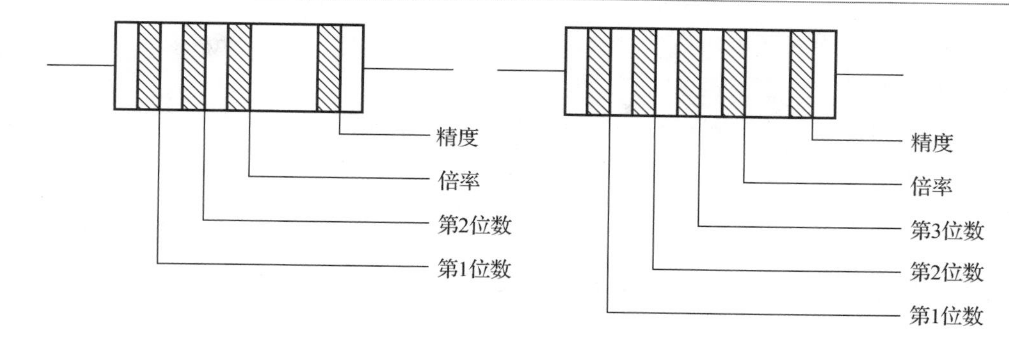

图 3-4　色环电阻标注

表 3-3　色环电阻的标注法

色环序号	颜色	黑	棕	红	橙	黄	绿	蓝	紫	灰	白	金	银	无色
第 1 道环	第 1 位有效数字	0	1	2	3	4	5	6	7	8	9			
第 2 道环	第 2 位有效数字	0	1	2	3	4	5	6	7	8	9			
第 3 道环	第 3 位有效数字	0	1	2	3	4	5	6	7	8	9			
第 4 道环	倍乘数	10^0	10^1	10^2	10^3	10^4	10^5	10^6	10^7	10^8	10^9	10^{-1}	10^{-2}	
第 5 道环	误差/%											±5	±10	±20

3.1.5　电阻器检测

对电阻器的检测主要看其实际阻值与标称阻值是否相符。检测的方法分为开路检测和在路检测两种。

1. 开路检测

首先外观查看引脚是否松动，接触是否良好，标志是否清晰，以及表皮漆是否脱落。阻值开路检测就是将万用表欧姆挡拨至适合的量程，将两表笔放在电阻器两引脚的引线上，测其阻值，看万用表显示的阻值与标称阻值是否相符。注意：不能用双手同时接触被测电阻的两引脚，尤其是检测阻值较大的电阻器，否则人体电阻将会影响实际测量值。同时还要注意每次更换万用表量程后，都要将万用表进行欧姆校零。

2. 在路检测

在电路断电状态，将万用表拨至欧姆挡适合的量程，欧姆校零后，把两表笔直接放在被测电阻器两端的两根引脚或引线上，正反两次测量，阻值一次大、一次小。正常的电阻器，万用表显示的最大一次阻值应小于被测电阻的标称阻值，如果大于标称阻值，则电阻器内部断路或者开路，不能使用。这种测电阻器短路、电阻器在电路中并接阻值很小的线圈或其他元件时，测量无意义。

更换电阻器时，应尽可能选用同规格型号、阻值相同的电阻器，若无适合的电阻器可选，则可采用串并联方式，在满足电路要求的条件下代用。对于功率不同的电阻器，只能使用功率大的电阻器去代替功率小的电阻器。

3.2 电 容 器

电容器是一种储能元件，它是由两个彼此相互靠近、相互绝缘的导体(或金属板)组成的。两个极板之间的绝缘物质称为电介质，它们可以是空气、云母、塑料薄膜或陶瓷等。电容器除了具有隔直和分离各种不同频率的信号的能力外，在电路中还可以用作旁路、耦合信号、滤波和谐振元件等。

3.2.1 电容器的分类

常用电容器的种类很多，其分类方法也各有不同，下面介绍几款常见的电容器。

1. 瓷介电容器

瓷介电容器的主要特点是介质损耗较低，电容量对温度、频率、电压和时间的稳定性都比较高，且价格低廉，应用极广泛。瓷介电容器可分为低压小功率和高压大功率两种。常见的低压小功率电容器有瓷片、瓷管、瓷介独石电容器，主要用于高频电路、低频电路中。高压大功率瓷片电容器可制成鼓形、瓶形、板形等形式，主要用于电力系统的功率因数补偿、直流功率变换等电路中。

2. 云母电容器

云母电容器以云母为介质，多层并联而构成。它具有优良的电器性能和机械性能，具有耐压范围宽、可靠性高、性能稳定、容量精度高等优点，可广泛用于高温、高频、脉冲、高稳定性的电路中。但云母电容器的生产工艺复杂、成本高、体积大、容量有限，这使它的使用范围受到了限制。

3. 有机薄膜电容器

最常见的有机薄膜电容器有涤纶电容器和聚丙烯电容器。涤纶电容器的体积小，容量范围大，耐热、耐潮性能好。

4. 电解电容器

电解电容器又称为有极性电容器。电解电容器的介质是很薄的氧化膜，容量可做得很大，一般标称容量为1～10000mF。电解电容有正极“+”和负极“−”之分，使用中应保证正极电位高于负极电位，否则电解电容器的漏电流增大，会导致电容器过热损坏，甚至炸裂。

电解电容器的损耗比较大，性能受温度影响比较大，高频性能差。电解电容器的品种主要有铝电解电容器、钽电解电容器和铌电解电容器。铝电解电容器价格便宜，容量可以做得比较大，但性能较差，寿命短(存储寿命小于 5 年)，一般使用在要求不高的去耦、耦合和电源滤波电路中。后两者电解电容的性能要优于铝电解电容器，主要用于温度变化范围大，对频率特性要求高，对产品稳定性、可靠性要求严格的电路中。但这两种电容器的价格较高。

常见电容器的外形如图 3-5 所示。

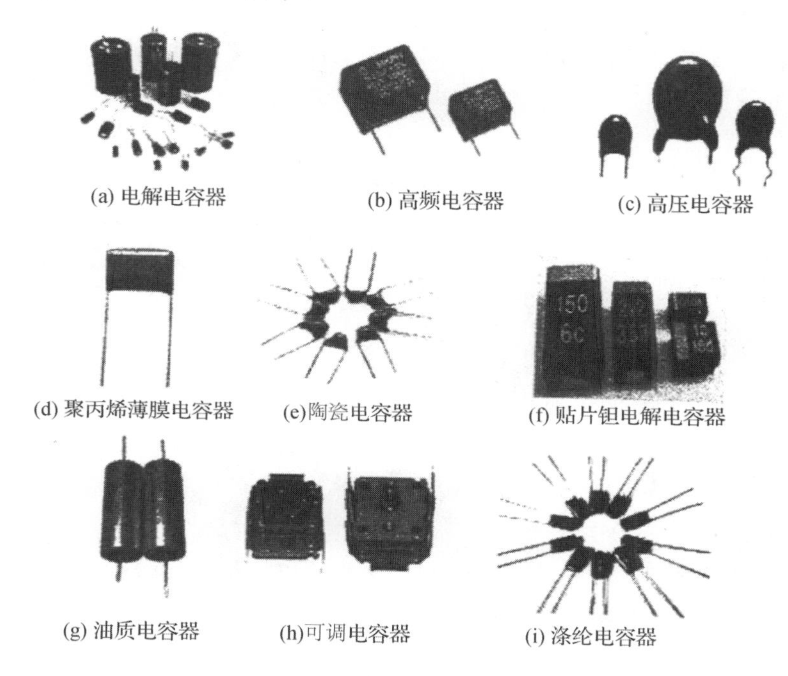

图 3-5　常见电容器的外形

3.2.2　电容器的符号与单位

1. 电容器在电路中的图形符号

电容器在电路中的图形符号如图 3-6 所示。

图 3-6　电容器在电路中的图形符号

2. 电容器的容量单位

电容器的基本单位为法拉(F)，其他常用单位有微法(μF)、纳法(nF)、皮法(pF)，它们之间的换算关系为

$$1\text{F} = 10^3\,\text{mF}=10^6\,\mu\text{F}=10^9\,\text{nF}=10^{12}\,\text{pF}$$

3.2.3 电容器的主要参数

电容器的主要参数有标称容量、允许误差、额定耐压、绝缘电阻及漏电流等。

1. 电容器的标称容量与允许误差

1) 标称容量

标在电容器外壳上的电容量数值称为电容器的标称容量。为了便于生产和使用，国家规定了一系列容量值作为产品标准。E_24、E_42 、E_6 、E_3 系列是目前使用的标准，电容器的标称容量见表 3-4。

表 3-4 电容器的标称容量表

标称值系列	允许误差/%	标称容量值											
E_24	±5	1.0	1.1	1.2	1.3	1.5	1.6	1.8	2.0	2.2	2.4	2.7	3.0
		3.6	3.9	4.3	4.7	5.1	5.6	6.2	6.8	7.5	8.2	9.1	
E_12	±10	1.0	1.2	1.5	1.8	2.2	2.7	3.3	3.9	4.7	5.6	6.8	8.2
E_6	±20	1.0	1.5	2.2	3.3	4.7	6.8						
E_3	>20	1.0	2.2	4.7									

注：在实际应用时，将所列数值再乘以 10*n*，其中 *n* 为正整数或负整数。

2) 允许误差

允许误差是指电容器的标称值与实际容量之差除以标称值所得的百分数。误差一般分三个等级，可写为 I 级、II 级、III级，即±5%、±10%、±20%。

2. 电容器的额定耐压值

额定工作电压又称作耐压值，是指电容器接入电路后，能长期、连续、可靠地工作而不被击穿所能承受的最高工作电压。在实际应用时，电压绝对不允许超过这个耐压值，否则电容器就会被损坏或被击穿。

3. 漏电电流和绝缘电阻

电容器中的介质是非理想绝缘体，在一定工作温度及条件下，电容器两极板之间存在漏电流。一般情况下，电解电容器的漏电流较大，其他类型电容器的漏电流较小。绝缘电阻等于加到电容极板上的直流电压与漏电流之比，常用来表征电容器的绝缘性能。一般电容器的绝缘电阻为数百兆欧。

4. 电容器的正确选用

根据电路要求选择合适的电容器型号。一般的耦合、旁路，可选用纸介电容器；在高频电路中，应选用云母和瓷介电容器；在电源滤波和退耦电路中，应选用电解电容器。

选用电容器应符合标准系列，电容器的额定电压应高于电容器两端实际电压的 1～2 倍。尤其对于电解电容器，一般应使线路的实际电压相当于所选电容额定电压的 50%～70%，这样才能充分发挥电解电容器的作用。若实际工作电压低于其额定电压的一半，容易使电解电容器的损耗增大。

3.2.4　电容器的标称阻值与误差的标注方法

1. 直接表示法

直接表示法是指在电容器的表面直接用数字或者字母标注出标称容量、额定电压等参数。

2. 数码表示法

该种标注方法的具体做法是：用 2～4 位数字和一个字母混合后表示电容器的容量大小，其中数字表示有效数值，字母表示数值的量级。常用的字母有 m、μ、n、p 等，字母 m 表示毫法、μ 表示微法、n 表示纳法、p 表示皮法。

例如，4n7 表示 4.7×10^{-9}F=4700pF，47n 表示 47×10^{-9}F=47000pF=0.047mF，6p8 表示 6.8pF。另外，有时在数字前冠以 R，如 R33，表示 0.33mF；有时用大于 1 的四位数字表示，单位为 pF，如 2200 表示为 2200pF；有时用小于 1 的数字表示，单位为 mF，如 0.22 表示为 0.22mF。

字母有时也表示小数点。例如，3μ3 表示标称容量为 3.3μF，3F32 表示标称容量为 3.32F，2P2 表示标称容量为 2.2pF。

有时在数字前面加 R 或 P 等字母，表示零点几微法或皮法。

例如，R22 表示标称容量为 0.22μF、P50 表示标称容量为 0.5pF。

3. 三位数字的表示法

三位数字的表示法也称作电容量的数码表示法。3 位数的前两位数字为标称容量的有效数字，第 3 位数字表示有效数字后面零的个数，单位都是 pF。

在这种表示法中有一个特殊情况，就是当第 3 位数字用“9”表示时，使用有效数字乘上 10^{-1} 来表示容量大小。

例如，229 表示标称容量为 22×10^{-1}pF=2.2 pF。

4. 四位数字的表示法

四位数字的表示法也称作不标单位的直接表示法。这种标注方法是用 1～4 位数字表示电容器的电容量，其单位为 pF。如用零点零几表示容量时，其单位为 μF。

例如，3300 表示标称容量为 3300pF，680 表示标称容量为 680pF，7 表示标称容量为 7pF。

5. 色标法

电容器的色标法与电阻的色环法基本一样，是在元件外表涂上色带或色点表示容量，色标颜色表示的意义同电阻器，不过一般只有三种颜色，前两个颜色为有效数字，第三环为误差率，单位为 pF。

电容器容量允许误差的标注方法主要有三种。

(1) 用字母表示误差。各字母表示的意义见表 3-5 和表 3-6。

表 3-5　电容器容量允许误差(1)

字母	B	C	D	F	G	J	K
误差/%	±0.1	±0.25	±0.5	±1	±2	±5	±10

表 3-6　电容器容量允许误差(2)

字母	M	N	Q	S	Z	P
误差/%	±20	±30	+30～-10	+50～-20	+80～-20	+100～0

例如，223Z 表示电容器容量为 22000pF(即 0.022μF)，字母 Z 表示误差为-20%～+80%。

(2) 直接标出误差的绝对值。例如，68pF±0.2pF 表示电容器的电容量为 68pF，误差在±0.2pF 之间。

(3) 直接用数字表示百分比的误差。例如，0.0068/5 中的 5 就表示误差为±5%，这里将%省去了。

3.2.5　电容器的检测

电容器是各种电子产品中都要采用的元件，使用数量多，其故障发生率比电阻器高，而且要比电阻器麻烦。

由于电容器的种类很多，容值范围较宽，结构又有所不同，所以采用下面不同的检测方法进行检测。

1. 固定电容器的检测

1) 漏电电阻的检测

选用万用表的欧姆挡(R×10k 挡或 R×1k 挡，视电容器的容量而定。测量大容量的电容器时，选择小量程；测量小容量的电容器时，选择大量程)，把两支表笔分别接触电容器的两个引线脚，此时表针快速向顺时针方向(电阻为零的方向)摆动，逐渐退回到原来的无穷大位置上。然后断开表笔，将红、黑表笔对调，重复测量电容器，如表针方向仍按上述的过程摆动，说明电容器的漏电电阻很小，电容器性能良好，能够正常使用。

当测量中发现万用表的指针不能回到无穷大的位置时，此时表针所指的阻值就是该电容器的漏电电阻值。表针距离阻值无穷大的位置越远，说明电容器漏电越严重。有的电容器在测量其漏电电阻时，表针退回到无穷大位置，然后又慢慢地向顺时针方向摆动，摆动得越多表明电容器漏电越严重。

2) 电容器断路的测量

电容器的容量范围很宽，用万用表判断电容器的断路情况时，首先要看电容器容量的大小。对 0.01μF 以下的小容量电容器，用万用表不能准确判断其是否断路，只能用其他仪器进行鉴别(如 Q 表)。

对于容量为 0.01F 以上的电容器，用万用表测量时，必须根据电容器容量的大小，选择合适的量程，才能正确地给予判断。

当检测容量为 300μF 以上的电容器时，可选用 R×10 或 R×1 挡；当测量容量为 10～300μF

电容器时，可选用 R×100 挡；当测量容量为 0.47～10μF 的电容器时，可选用 R×1k 挡；当测量容量为 0.01～0.47μF 的电容器时，可选用 R×10k 挡。

按照上述方法选择好万用表量程后，便可将万用表的两支表笔分别接电容器的两个引脚。测量时，如果表针不动，可将表笔对调后再测量。若表笔仍不动，说明电容器断路。

3)　电容器短路的测量

选用万用表的欧姆挡，将万用表的两支表笔分别接在电容器的两个引脚。如果表针所示阻值很小或为 0Ω，而且表针不再退回到无穷大位置，说明电容器已经被击穿短路。需要注意的是，在测量容量较大的电容时，要根据容量的大小，依照上述介绍的量程选择方法来选择合适的量程，否则很容易把电容器的充电误认为是击穿。

2. 电解电容器漏电电阻的检测

依照上述介绍的量程选择方法，选择万用表合适的量程，将红表笔接电解电容器的负极，黑表笔接正极，此时，表针向电阻为 0Ω的方向摆动，摆动到一定幅度后，又反向回摆，直到在某一位置停下，此时表针所指的阻值便是电解电容的正向漏电电阻。正向漏电电阻越大，电容器的性能越好，其漏电电流越小。将万用表红、黑表笔对调，再进行测量，此时表针所指的阻值为电容器的反向漏电电阻，该值应比正向漏电电阻小一些。测得的正、反漏电电阻值如果很小(几百千欧以下)，则表明电解电容器性能不良，不能使用。

3. 可变电容器的检测

1)　可变电容器的故障现象

可变电容器的主要故障是转轴松动、动片与定片之间相碰断路。如果是固体介质的密封可变电容器，其动片与定片之间有杂质与灰尘时还可能有漏电现象。

2)　检查方法

对于碰线短路与漏电的检查方法是：选择万用表的 R×10K 挡，测量动片与定片之间的绝缘电阻，即用两支表笔分别接触电容器的动片、定片，然后慢慢旋转动片，如碰到某一位置阻值为 0Ω，则表明有碰线短路现象，应予以排除。如动片转到某一位置时，表针不为无穷大，而是出现一定的阻值，则表明动片与定片之间有漏电现象，应清除电容器内部的灰尘后再使用。若将动片全部旋进、旋出后，阻值均为无穷大，则表明可变电容器良好。

3.3 电　感　器

用漆包铜线或纱包铜线按照一定的规格参数绕制成的线圈，称作电感线圈，又称作电感器。电感线圈具有通直流阻交流的特性，可以在交流电路中作阻流降压、交流耦合。当电感器和电容器配合时，可以作调谐、滤波、选频、退耦等。

利用线圈的互感作用又可以制成变压器，变压器是由两组以上的线圈紧紧靠在一起组成的，主要用于耦合、阻抗变换、变压、变流等。

3.3.1 电感器的分类

(1) 根据电磁感应方式，电感器可分为自感线圈、互感线圈。

(2) 根据电感量是否变化，电感器可分为固定电感、可变电感、微调电感。

(3) 根据导磁性，电感器可分为空心线圈、磁心线圈、铁心线圈、铜心线圈、磁心可调线圈、铜心可调线圈、空心滑动触电可调电感线圈。

(4) 根据工作频率，电感器可分为低频电感线圈、中频电感线圈、高频电感线圈。

(5) 根据用途，电感器可分为电源滤波线圈、高频滤波线圈、高频阻流线圈、低频阻流线圈、行偏转线圈、场偏转线圈、行线性校正线圈、行振荡线圈。

(6) 根据线圈的绕制层数，电感器可分为单层线圈、多层线圈。

(7) 根据线圈引脚方式，电感器可分为立式线圈、卧式线圈、无引线片式线圈等。

(8) 变压器根据用途，可分为电源变压器、脉冲变压器、音频变压器。

(9) 变压器根据绕组的形式，可分为电源变压器、自耦变压器。

(10) 变压器根据导磁性质，可分为空心变压器、铁心变压器、磁心变压器。

常见电感器的外形如图 3-7 所示。

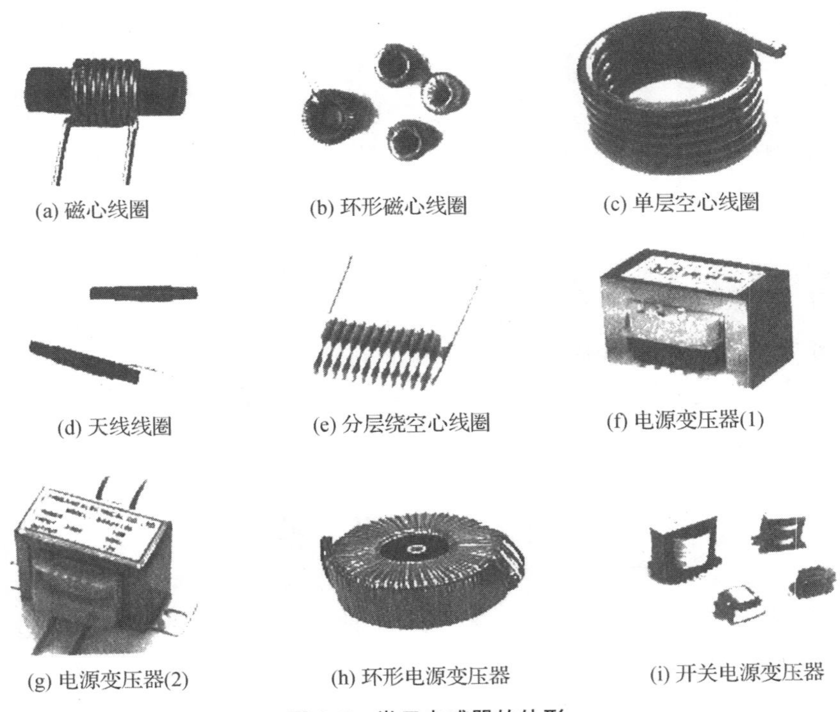

(a) 磁心线圈　(b) 环形磁心线圈　(c) 单层空心线圈

(d) 天线线圈　(e) 分层绕空心线圈　(f) 电源变压器(1)

(g) 电源变压器(2)　(h) 环形电源变压器　(i) 开关电源变压器

图 3-7　常见电感器的外形

3.3.2 电感器的符号与单位

在电路中，常用电感器及变压器符号如图 3-8 所示。其中，图 3-8(a)是不含磁心的一般电感器，图 3-8(b)是带磁心的电感器，图 3-8(c)是带屏蔽层的电感器，图 3-8(d)是抽头的电感器，图 3-8(e)是带磁心连续可变电感器，图 3-8(f)是固定抽头的电感器，图 3-8(g)是标注瞬时电压极性(同名端)的双绕组变压器，图 3-8(h)是多二次绕组变压器(其中虚线表示在一次绕组与二次绕组间有一个屏蔽层)。

电感量的单位为亨(利)，用字母 H 表示，在实验应用中更多地采用毫亨(mH)和微亨(μH)，它们之间的换算关系为千进制。

$$1\text{H} = 10^3\text{mH} = 10^6\mu\text{H}$$

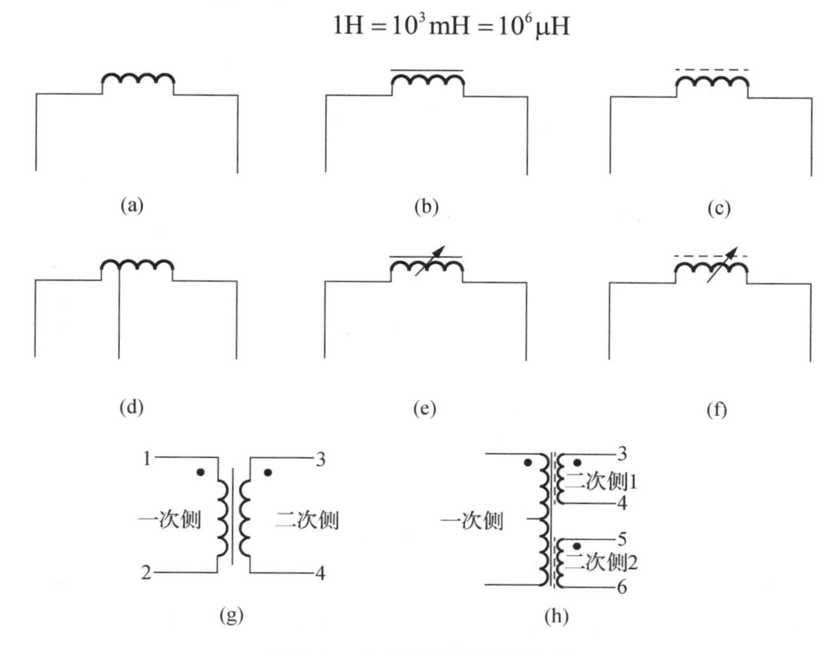

图 3-8　电感器及变压器符号

3.3.3　电感器的主要参数

电感线圈的主要参数有电感量及允许偏差、品质因数、标称电流和分布电容，变压器的常用技术参数有额定功率、匝比、效率等。

1. 电感量及允许偏差

线圈电感量的大小，主要取决于线圈直径的尺寸、线圈匝数、有无磁心及磁心的材料等。允许偏差是指制造过程中电感量偏差的大小，通常有三个等级：Ⅰ级为±5%，Ⅱ级为±10%，Ⅲ级为±20%。

2. 品质因数

品质因数又称 Q 值，是表现线圈质量的一个量。它是指线圈在某一频率的交流电压下工作时，线圈所呈现的感抗和线圈直流电阻的比值，用公式表示为

$$Q=2\pi f L \div R$$

式中：f——工作频率；

L——线圈的电感量；

R——导线的总损耗电阻。

3. 额定电流

额定电流是指工作状态下所允许通过电感器的最大电流。当通过电感器的工作电流大于这一电流值时，电感器将有被烧坏的危险。

4. 分布电容

分布电容是指线圈的匝与匝间、线圈与大地间、线圈与屏蔽罩间、线圈的层与层之间存在的电容，相当于并联在电感线圈两端的一个总等效电容。当电感器工作在高频电路时要尽可能合理地设计电路，减小分布电容的影响。

3.3.4 电感器的标称阻值与误差的标注方法

1. 直标法

用字母表示电感线圈的额定电流，用Ⅰ、Ⅱ、Ⅲ表示允许误差。采用这种数字与符号直接表示其参数的，就称为小型固定电感线圈。

电感线圈的标称电流一般以字母表示，见表 3-7。

表 3-7 电感线圈的标称电流字母对应表

字母	A	B	C	D	E
意义	50mA	150mA	300mA	0.7A	1.6A

例如，电感线圈外壳上有 C、Ⅱ、330μH，表明电感线圈的电感量为 330μH、最大工作电流为 300mA、允许误差为±10%。

2. 色标法

在电感线圈的外壳上，使用颜色环或色点表示其参数的方法就称作色标法。采用这种方法表示电感线圈主要参数的小型固定高频电感线圈就称为色码电感线圈。色码电感线圈的色标法如图 3-9 所示。

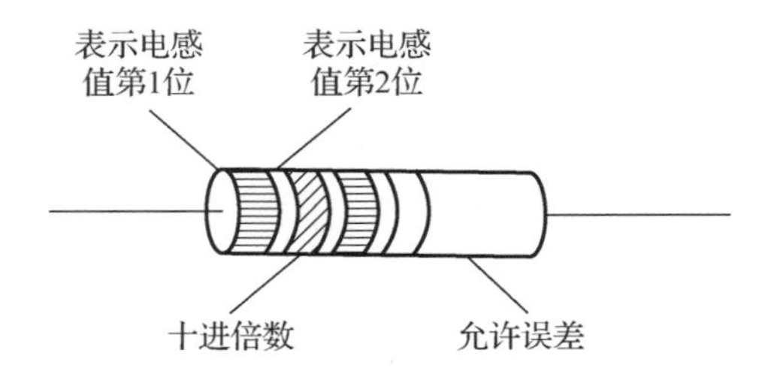

图 3-9 色码电感线圈

如某一电感线圈的色环依次为蓝、灰、红、银，表明此电感线圈的电感量为 6800μH，允许误差为±10%。

3.3.5 电感器的检测

电感线圈性能的检测在业余条件下是无法进行的，即对电感量、Q 值的检测均需要专门的仪器，对于一般使用者来说无法做到。此时可从下面两个方面进行检测。

(1) 查看电感线圈外观是否有破裂现象，是否有松动、变位的现象，引脚是否牢靠；查看电感器的外表是否有电感量的标称值；还可以进一步检查磁心旋转是否灵活、有无滑扣等。

(2) 用万用表检测通断情况。将万用表置于 R×1 挡，用两支表笔分别碰触电感线圈的引脚，当被测的电感阻值为 0Ω时，说明电感线圈内部短路，不能使用；如果测得电感线圈有一定阻值，说明正常。电感线圈的阻值与电感线圈所用漆包线的粗细、圈数多少有关。判断阻值是否正常可通过与相同型号电感线圈的正常值进行比较。

当测得的阻值为∞时，说明电感线圈或引脚与线圈接点处发生了断路，此时不能使用。

3.4 元器件检测

仔细观察手头的各类元器件，使用万用表测量并记录到表 3-8～表 3-9 中。

表 3-8 电阻类元件检测

类型 项目	变阻器	4 环电阻	5 环电阻	熔断器	导线
颜色顺序	—			—	—
标称值				—	—
测量值					
质量好坏					

表 3-9 电容器检测

类型 项目	极性电解电容	瓷片电容	云母电容
标称电容值			
耐压值		—	
质量好坏			

【注意事项】

(1) 测量时，手不要碰到器件引脚，以免人体电阻的介入影响测量的准确性。

(2) 再次检测电容时，为保证正确性，需要对其放电。

项目评价表见表 3-10。

表 3-10　项目评价表

项　目		考核要求	分　值
理论知识	元器件识别	能正确识别元器件	15
	主要参数	能正确识读元件参数	20
操作技能	准备工作	10min 内完成仪器和元器件的整理工作	10
	元器件检测	能正确完成仪器和元器件检测	30
	用电安全	严格遵守电工作业章程	10
职业素养	思政表现	能遵守安全规程与实验室管理制度，展现工匠精神	15
项目成绩			
总评			

思考与练习

一、判断题

1. 一般的小功率电阻器采用直标法。（　）
2. 3R3K 表示电阻器的电阻值为 3.3kΩ。（　）
3. 电解电容器又称有极性电容器。（　）
4. 在高频电路中，应选用电解电容器。（　）
5. 103 表示标称容量为 10pF。（　）

二、填空题

1. 电阻检测的方法分为开路检测和________两种。
2. 电阻器的标称阻值与误差的标注方法通常分为直标法、文字符号法和________三种。
3. 选用万用表的欧姆挡测量大容量的电容器时，应选择 ______量程。
4. 精密电阻器采用_______个色环标志。
5. 电感线圈具有___________的特性。

三、问答题

1. 电阻的色环分别标志什么？
2. 如何使用万用表检测电阻？
3. 电解电容有什么特点？
4. 如何使用万用表检测电容？
5. 如何使用万用表检测电感？

项目 4

双电源电路的装调

【项目要点】

通过本项目的学习，学生应掌握电路的基本物理量及相互关系；熟悉电阻、电压源、电流源等电路元件的伏安特性；掌握欧姆定律、基尔赫夫定律等基本定律；理解电路的基本分析计算方法(电路的等效分析法、支路电流法、节点电压法、网孔分析法、叠加定理、戴维南定理等)，能在指针式万用表电路的分析中加以应用；能正确选择工具、仪表对元件进行检测，能进行简单电路的安装与测试：掌握针式万用表电路的组装与调试。

4.1 电路中变量的测量

4.1.1 电路模型和电路变量

电路在我们生活中起着非常重要的作用，现代社会的发展已经离不开电路。例如收音机电路、电视机电路、照明电路等，都是我们常见的电路。

1. 电路的组成

一个基本的电路，主要由电源、负载和中间环节等元器件按照一定方式连接起来，为电流的流通提供路径，有时也叫作网络。手电筒电路如图 4-1 所示。

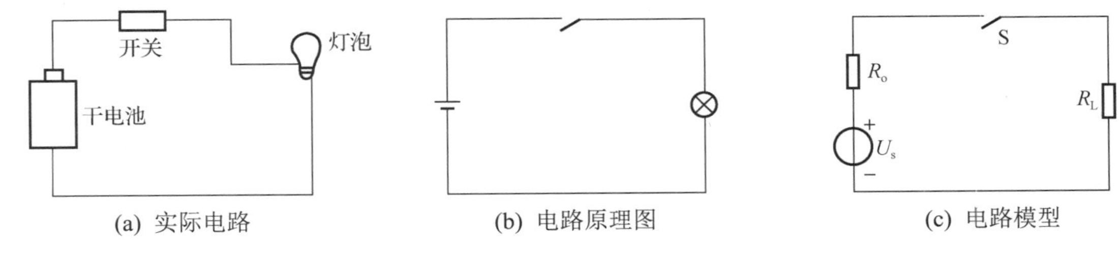

图 4-1 手电筒电路

2. 电路的作用

电路的作用大致可分为电能的传输与转换及信号的传输、处理和存储两类。

1) 电能的传输与转换

例如：电力网络将电能从发电厂输送到各个工厂、广大农村和千家万户，再通过负载把电能转换成其他形式的能量。

2) 信号的传输、处理和存储

例如：电视接收天线将含有图像和声音信息的高频电视信号通过高频传输线送到电视机中，经过选择、变频、放大和检波等处理恢复原来的图像和声音信息，在显像管上呈现图像并在扬声器中发出声音。

为了便于对实际电路进行分析和用数学描述，将实际元件理想化(或称模型化)，今后所分析的都是指电路模型，简称电路。电路是电流的流通路径，复杂的电路呈网状，又称网络，有三种状态：通路、断路、短路。

在电路图中，各种电路元件用规定的图形符号表示：电阻 R、电感 L、电容 C、电源 U_s。

3. 电路变量

1) 电流及其参考方向

带电粒子(电子、离子等)的定向运动称为电流。为了表示电流的强弱，引入电流强度这一物理量。电流强度的定义为：单位时间内穿过导体横截面的电荷量，用符号 I 表示，即：

$$I=\frac{\mathrm{d}q}{\mathrm{d}t}$$

电流强度简称电流，若电流强度不随时间变化，即 $\mathrm{d}q/\mathrm{d}t$ 为定值，这种电流叫作恒定电流，又称直流电流，如图 4-2(a)所示，简称直流(DC)。直流电流常用英文大写字母 I 表示。大小和方向随时间周期性变化的电流称为交流电流(AC)，如图 4-2(b)、(c)、(d)所示，常用英文小写字母 i 表示。

电流不但有大小，而且有方向，习惯规定正电荷运动的方向为电流的实际方向。当负电荷或电子运动时，电流的实际方向与负电荷运动的方向相反。

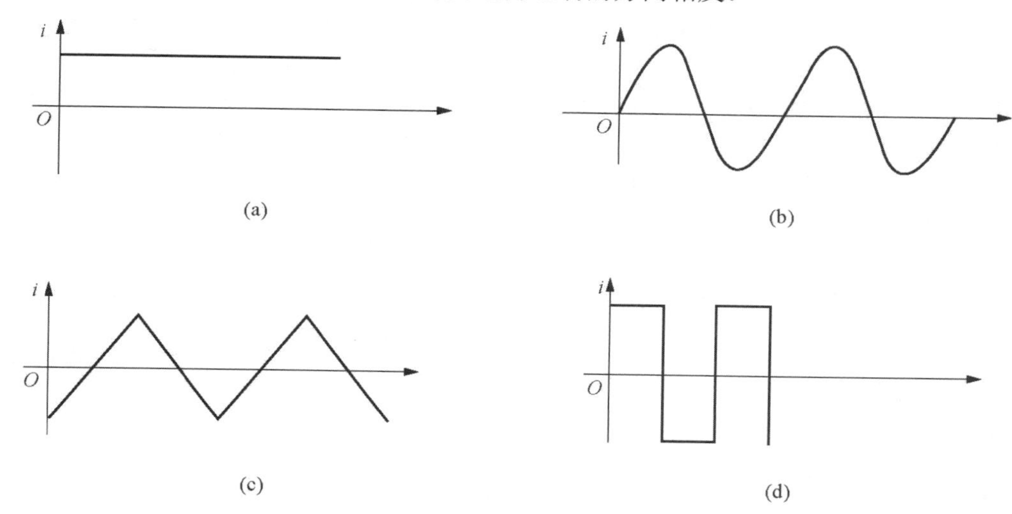

图 4-2　电流及其参考方向

在国际单位制(SI)中，电流的单位是安培，符号为 A，根据实际需要，电流的单位还有千安(kA)、毫安(mA)、微安(μA)等，它们之间的换算关系是：

$$1\text{kA}=10^{3}\text{A}，1\text{mA}=10^{-3}\text{A}，1\mu\text{A}=10^{-6}\text{A}$$

在复杂电路的分析中，电路中电流的实际方向很难预先判断出来，因此要规定参考方向，若电流的实际方向与参考方向一致(见图 4-3(a))，则电流为正值；若两者相反(见图 4-3(b))，则电流为负值。这样，就可以利用电流的参考方向和正、负值来判断电流的实际方向。应当注意，在未规定参考方向的情况下，电流的正、负号是没有意义的。

【例 4-1】 图 4-3(a)中，i=2A，图 4-3(b)中，i=−2A，试指出图中电流的实际方向。

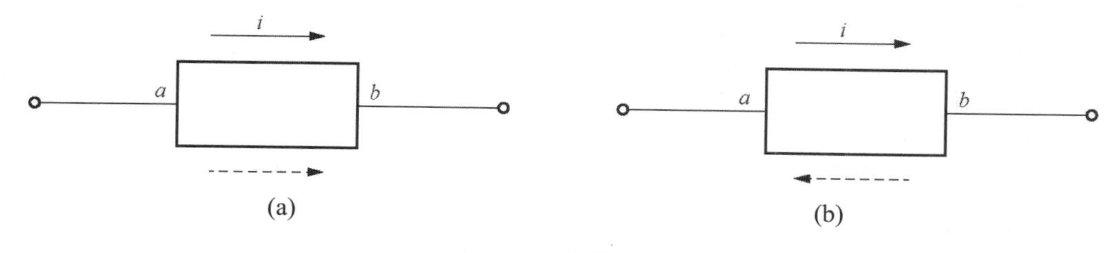

图 4-3　例题 4-1

解：

图 4-3(a)中 i=2>0，说明电流的参考方向与实际方向一致，所以电流的实际方向为由 a 到 b。

图 4-3(b)中 i=−2<0，说明电流的参考方向与实际方向相反，此电流的实际方向为由 b 到 a。

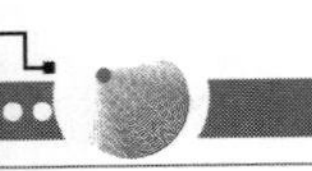

2) 电压及其参考方向

在电路中，如果电场力把正电荷 dq 从电场中某一点 a 移动到 b 点所做的功是 dω，则 a、b 两点间的电压为

$$U_{ab}=\frac{\mathrm{d}\omega_{ab}}{\mathrm{d}q}$$

电压的实际方向是使正电荷电能减少的方向，当然也是电场力对正电荷做功的方向。

在国际单位制中，电压的 SI 单位是伏特，符号为 V。常用的电压的单位还有千伏(kV)、毫伏(mV)、微伏(μV)等。

大小和方向都不随时间变化的直流电压用大写字母 U 表示；大小和方向随着时间周期性变化的交流电压用小写字母 u 表示。

与电流类似，在电路分析中也要规定电压的参考方向，通常用三种方式表示，如图 4-4 所示。

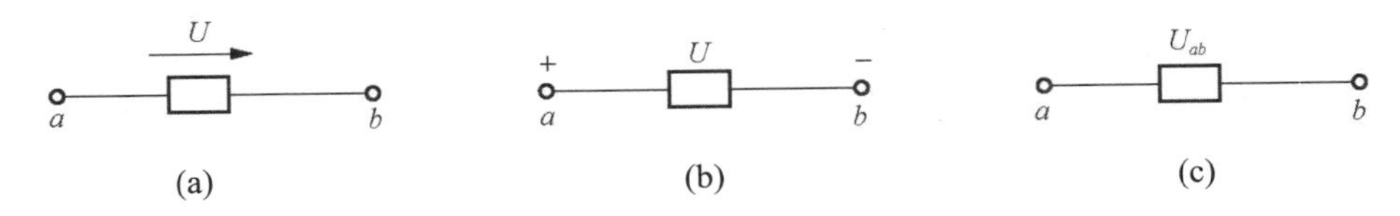

图 4-4 三种方式表示

当电压的实际方向与参考方向一致时，电压为正值；当电压的实际方向与参考方向相反时，电压为负值。

【例 4-2】 电压的参考方向如图 4-5(a)、(b)所示，试指出图中电压的实际极性。

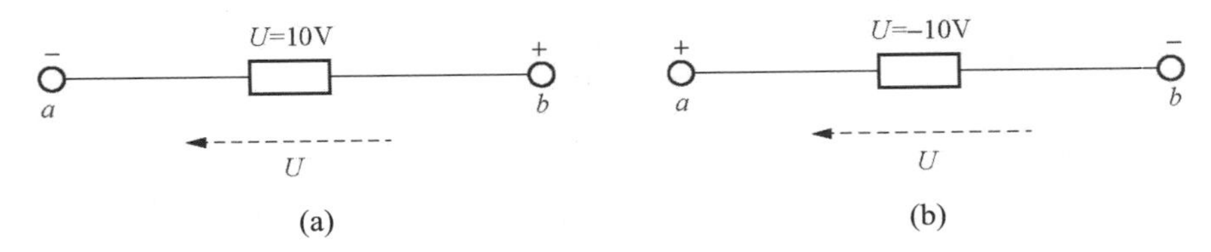

图 4-5 例 4-2 图

解：

(1) 图 4-5(a)中电压的参考方向由 b 指向 a，U=10V，说明参考方向与实际方向一致，所以，电压的实际方向为由 b 指向 a。

(2) 图 4-5 (b)中电压的参考方向由 a 指向 b，U=−10V，说明参考方向与实际方向相反，所以，电压的实际方向为由 b 指向 a。

3) 电压、电流的关联参考方向

同一元件电压与电流参考方向的选择是任意的，可以相同，也可以相反。为了分析问题的方便，常将电压与电流的参考方向选得相同，称为关联参考方向，如图 4-6 所示；反之电压与电流为非关联参考方向。

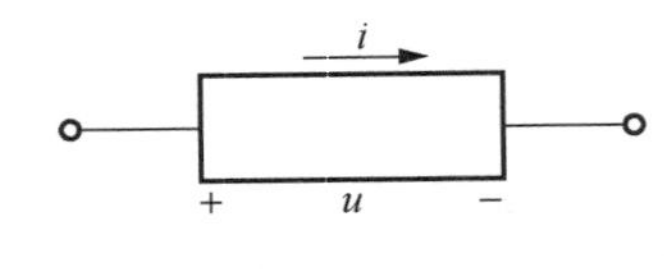

图 4-6 关联方向

分析电路时，首先应该规定各电压、电流的参考方向，然后根据所规定的参考方向列写电路方程。

4) 电位

分析电子电路时常用到电位这一物理量。在电路中任选一点作为参考点，则某点的电位就是由该点到参考点的电压。也就是说，如果参考点为 b，则 a 点的电位为

$$V_a = U_{ab}$$

$$U_{ab} = V_a - V_b$$

参考点本身的电位叫零电位点。电位参考点可以任意选取，参考点选择不同，同一点的电位就不同，但电压与参考点的选择无关。工程上常选大地、设备外壳或接地点作为参考点。电子电路中需选各有关部分的公共线作为参考点，常用符号“⊥”表示。电压与电位的关系是：电路中 a、b 两点之间的电压等于这两点之间的电位之差，即

$$U_{ab} = V_a - V_b$$

引入电位的概念之后，可以说，电压的实际方向是从高电位点指向低电位点，所以常将电压称为电压降，又称电位差。

电子线路中，为了作图简便，常采用习惯画法来表示电路，也就是不再画出电源符号，而是采用标出其各点电位的大小和极性的方法来表示电路。例如，图 4-7(a)所示的普通画法的电路可采用习惯画法用图 4-7(b)表示。

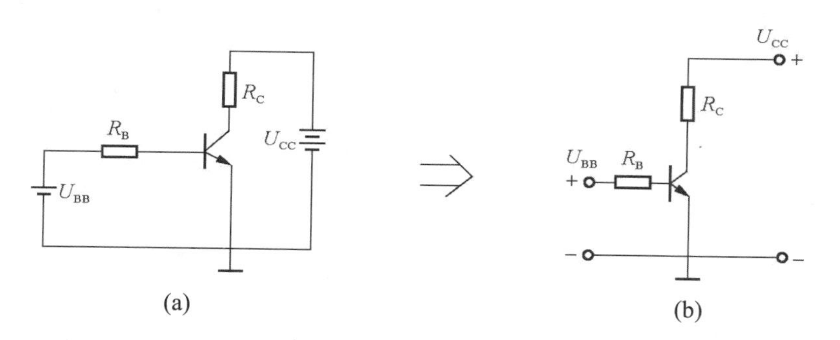

图 4-7 电子线路的习惯画法

【例 4-3】 如图 4-8 所示，o 点为参考点，试求 a、b、c 各点的电位。

解：$U_{bo} = 12\text{V} = V_b - V_o$，$V_o = 0\text{V}$，

所以：$V_b = 12\text{V}$，又$U_{ab} = V_a - V_b = 3\text{V}$，

得$V_a = 3\text{V} + 12\text{V} = 15\text{V}$，

同理$U_{cb} = V_c - V_b = -6\text{V}$，$V_c = (-6+12)\text{V} = 6\text{V}$。

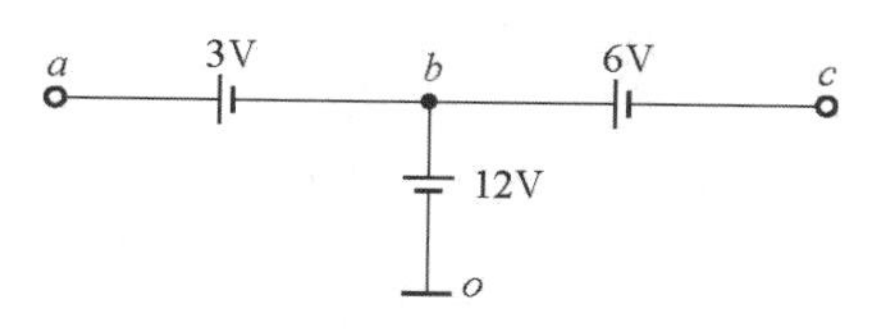

图 4-8 例 4-3 图

【技能训练】

搭建上述电路，利用万用表检测 a、b、c 各点的电位，并记录数据(见表 4-1)。

表 4-1 实验数据

电位	V_a	V_b	V_c
测量值(V)			

【想一想】

如果把例题 4-3 中的三个电源均换成电阻 R_1=10kΩ、R_2=40kΩ和 R_3=10kΩ，a 点和 c 点的电位依然保持 15V 和 6V，请问此时 b 点的电位为多少？

5) 电功与电功率

(1) 电功：电流是导体中的自由电荷在电场力的作用下做定向移动形成的，电荷在导体中移动时电场力要对电荷做功，这个功就称为电功，也叫作电能。

(2) 电功率：传递转换电能的速率叫电功率，简称功率，用 P 表示。习惯上，把发出或吸收电能说成发出或吸收功率。

当电压和电流为关联参考方向时，电路的功率为

$$P = ui$$

当电压和电流为非关联参考方向时，电路的功率为

$$P = -ui$$

这样规定后，若计算出 P>0，表示电路吸收功率；若 P<0，则表示电路发出功率。

国际单位制(SI)中，电压的单位为 V，电流的单位为 A，则功率的单位为瓦特，简称瓦，符号为 W，1W=1V·A。电能的 SI 单位是焦耳，符号为 J，它等于功率为 1W 的用电设备在 1s 内所消耗的电能。在实际生活中还采用千瓦小时(kW·h)作为电能的单位，它等于功率为 1kW 的用电设备在 1h(3600s)内所消耗的电能，简称为 1 度电。日常测量和生产实践中常用的千瓦时表，称为电度表。

$$1\text{kW}\cdot\text{h}=10^3\times3600=3.6\times10^6\ \text{J}$$

在一个电路中，每一瞬间，吸收电能的各元件功率的总和等于发出电能的各元件功率的总和，或者说，这个结论叫作“电路的功率平衡”。

【例 4-4】在图 4-9 所示电路中，已知 U_1=1V，U_2=−6V，U_3=−4V，U_4=5V，U_5=−10V，I_1=1A，I_2=−3A，I_3=4A，I_4=−1A，I_5=−3A，求：

(1) 各二端元件吸收的功率；

(2) 整个电路吸收的功率。

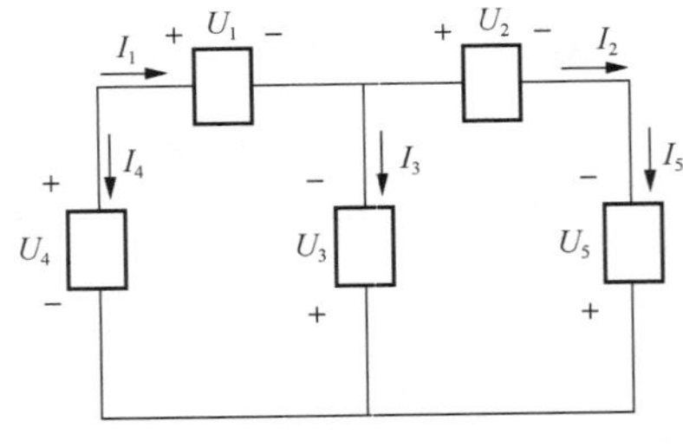

图 4-9 例 4-4 图

解：各二端元件吸收的功率为：

$P_1 = U_1 I_1 = (1\text{V})\times(1\text{A}) = 1\text{W}$

$P_2 = U_2 I_2 = (-6\text{V})\times(-3\text{A}) = 18\text{W}$

$P_3 = -U_3 I_3 = -(-4\text{V})\times(4\text{A}) = 16\text{W}$

$P_4 = U_4 I_4 = (5\text{V})\times(-1\text{A}) = -5\text{W}$ (发出 5W)

$P_5 = -U_5 I_5 = -(-10\text{V})\times(-3\text{A}) = -30\text{W}$ (发出 30W)

整个电路吸收的功率为

$$\sum_{k=1}^{5} P_k = P_1 + P_2 + P_3 + P_4 + P_5 = (1+18+16-5-30)\text{W} = 0\text{W}$$

【例 4-5】有一个电饭锅，额定功率为 750W，每天工作 2h；一台电视机，额定功率为 150W，每天工作 4h；一台电冰箱，额定功率为 120W，每天工作 8h。试计算每月(30 天)这些家用电器耗电功率多少。

解：月耗电=(0.75kW×2h+0.15kW×4h+0.12kW×8h)×30

=(1.5 度+0.6 度+0.96 度)×30

=91.8 度

答：每月耗电 91.8 度。

注：1 度=1kW • h。

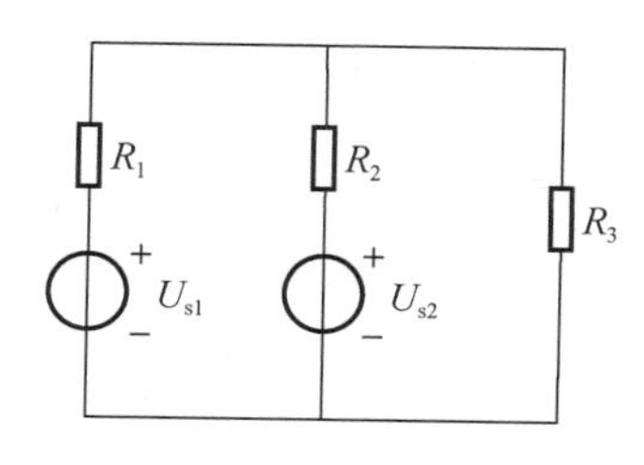

图 4-10　实验电路

4.1.2　电路中变量的检测

使用万用表对元器件进行检测，如果发现元器件有损坏，请说明情况，并更换新的元器件。

搭建实验电路如图 4-10 所示。其中 R_1=51kΩ，R_2=20kΩ，R_3=20kΩ，U_{s1}=12V，U_{s2}=5V。

使用万用表的直流挡，测量电源和各电阻上的电压以及各支路电流，并记录在表 4-2 中。

表 4-2　基本电路实验数据记录表

被测量	U_{s1}/V	U_{s2}/V	U_1/V	U_2/V	U_3/V	I_1/mA	I_2/mA	I_3/mA
计算值								
测量值								
相对误差								

【注意事项】

(1)　在连接电路时，一定要注意电源两端不能短路。

(2)　禁止带电连接电路。

(3)　使用万用表测量电压时一定要注意选择正确的挡位，特别禁止电流挡测量电压。

项目评价表见表 4-3。

表 4-3　项目评价表

项　目		考核要求	分　值
理论知识	主要变量	能正确识读电路中的变量	15
	参考方向	能正确理解电路中变量的方向	20
操作技能	准备工作	10min 内完成仪器和元器件的整理工作	10
	变量检测	能正确完成电路中变量的检测	30
	用电安全	严格遵守电工作业章程	10
职业素养	思政表现	能遵守安全规程与实验室管理制度，展现工匠精神	15
项目成绩			
总评			

4.2　电路的等效互换

对于单个电源和电阻的电路，可以直接用欧姆定律进行计算；对于多个电源和电阻的电路，可以采用一定的变换将其简化为单个电源和电阻的电路。

4.2.1 电阻的串联和并联

一个电源往往不仅给一个负载供电，而是给多个负载供电。负载的连接方式很多，但最常用且最基本的是串联和并联。下面以电阻负载为例，简要分析串联和并联的特点、等效电路以及此时电流与电压之间的关系。

1) 电阻的串联

由两个或更多电阻一个接一个地连接起来，组成一个无分支电路，各电阻通过同一电流，这样的连接方式叫作电阻的串联，如图 4-11(a)所示。现以图 4-11 所示电路为例，总结串联电路的特点。

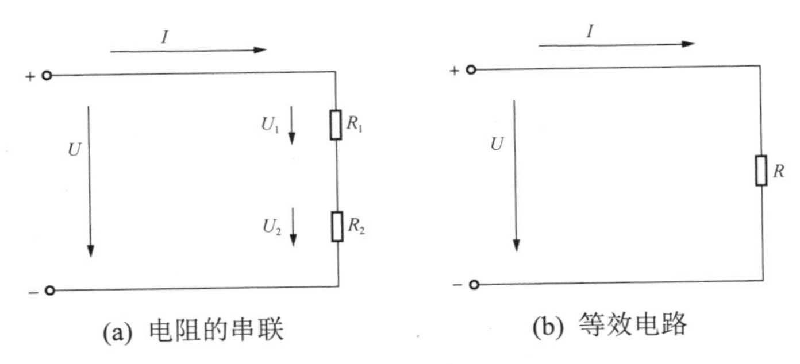

(a) 电阻的串联　　(b) 等效电路

图 4-11　串联电路

(1) 根据电流连续性原理，各串联电阻中通过的电流是相同的。

(2) 根据能量守恒定律，电路取用的总功率应等于各段电阻取用的功率之和，即

$$UI = U_1I + U_2I = I^2R_1 + I^2R_2 = I^2(R_1 + R_2)$$

由此可得

$$U = U_1 + U_2$$

由此可得，在串联电路中，总电压等于各段电压之和。

(3) 如果用一个电阻来代替两个串联的电阻，则总电阻 R 等于各电阻之和，如图 4-11(b)所示，即

$$R = R_1 + R_2$$

可以延伸到多个电阻的串联，即串联电阻的等效电阻等于各电阻之和。

$$R = R_1 + R_2 + \cdots + R_n$$

(4) 串联电路的分压公式如下：

$$U_1 = IR_1 = \frac{U}{R_1 + R_2}R_1$$

$$U_2 = IR_2 = \frac{U}{R_1 + R_2}R_2$$

即

$$\begin{cases} U_1 = \dfrac{R_1}{R_1 + R_2}U \\ U_2 = \dfrac{R_2}{R_1 + R_2}U \end{cases}$$

在实际中，串联电路有很多应用。例如，利用串联分压的原理，可以扩大电压表的量程，还可以制成电阻分压器。

【例 4-6】 图 4-12 所示为一分压器电路，设输入的电压 U_I=100V，要求转换开关 S 在位置 1、2 时输出电压 U_O 分别为 10V 和 1V，即通过分压器要求把输入电压衰减到原来的 1/10 和 1/100。若 R_1、R_2、R_3 串联的等效电阻 R 为 5kΩ，求各电阻的阻值。

解：当转换开关在位置 2 时，由分压公式可知：

$$U_{O2}=\frac{R_3}{R}U_I$$

于是

$$R_3=\frac{U_{O2}}{U_I}R=\frac{1}{100}\times 5000=50(\Omega)$$

在转换开关 S 在位置 1 时，同理可知

$$U_{O1}=\frac{R_2+R_3}{R}U_I$$

所以

$$R_2+R_3=\frac{U_{O1}}{U_I}R=\frac{10}{100}\times 5000=500(\Omega)$$

$$R_2=500-R_3=500-50=450(\Omega)$$

因此

$$R_1=R-(R_2+R_3)=4500(\Omega)$$

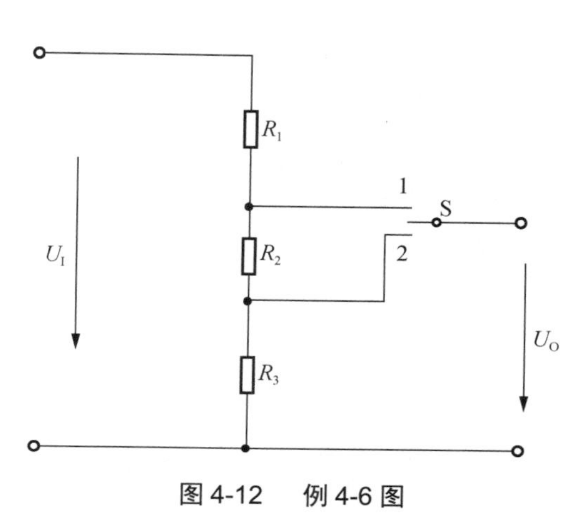

图 4-12　例 4-6 图

2)　电阻的并联

由两个或者多个电阻连接在两个公共节点之间，组成一个分支电路，各电阻两端承受同一电压，这样的连接方式叫作电阻的并联。并联电路如图 4-13 所示。以图 4-13 所示的电路为例，总结电阻并联电路的特点。

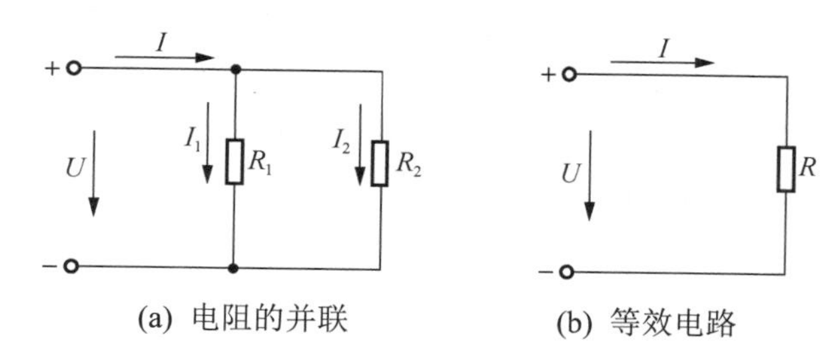

(a) 电阻的并联　　(b) 等效电路

图 4-13　并联电路

(1)　各并联电阻的端电压相等。

(2)　电路内总电流等于各分支电路电流之和，即

$$I=I_1+I_2$$

(3)　并联电路的等效电阻的倒数等于各电阻的倒数之和。如果是两个电阻并联，则

$$\frac{1}{R}=\frac{1}{R_1}+\frac{1}{R_2}$$

或者

$$R = R_1 // R_2 = \frac{R_1 R_2}{R_1 + R_2}$$

可以延伸到多个电阻的并联，即并联电阻的等效电阻等于各电阻倒数之和。

$$\frac{1}{R} = \frac{1}{R_1} + \frac{1}{R_2} + \cdots + \frac{1}{R_n}$$

(4) 并联电路的分流公式。

在电阻并联电路中，每个电阻流过的电流和电阻值成反比，电阻越大，分得的电流越小。当两电阻并联时，其分流公式为

$$I_1 = \frac{U}{R_1} = \frac{IR}{R_1} \qquad I_2 = \frac{U}{R_2} = \frac{IR}{R_2}$$

即

$$\begin{cases} I_1 = \dfrac{R_2}{R_1 + R_2} I \\ I_2 = \dfrac{R_1}{R_1 + R_2} I \end{cases}$$

由分流公式可以知道，各电阻中的电流分配与各电阻的大小成反比(即按照电阻值的大小反比分配)。如果其中一个电阻比另一个电阻大很多，则大电阻分得的电流就小很多，在近似计算时，大电阻的分流作用可以忽略不计。

和串联电路一样，并联电路的实际应用也很广泛。例如，利用电阻并联的分流作用，可扩大电流表的量程；工厂里的动力负载、民用电器和照明负载等，都是以并联的方式接到电网上的。

【例 4-7】图 4-14 所示为一组 220V 的电灯(共计 22 盏，并联，每盏灯的功率为 60W)和一只 220V、1100W 的电阻炉并联于 220V 的线路中。求：当 S 断开和闭合时的 I、I_1、I_2 以及整个电路的等效电阻 R'。

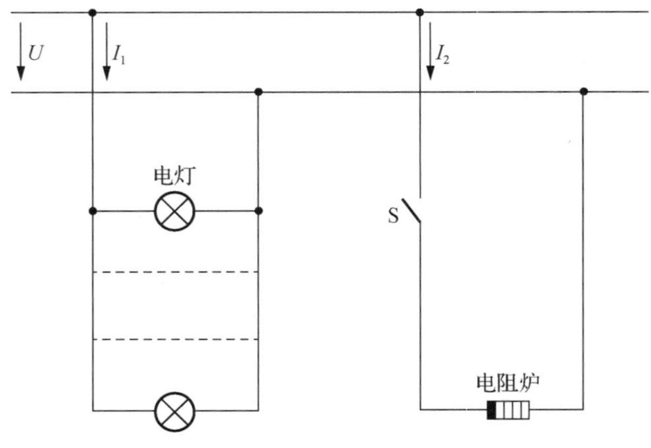

图 4-14　例 4-7 图

解：当 S 断开时

$$I_2 = 0$$

$$I = I_1 = \frac{P_1}{U} = \frac{60 \times 22}{220} = 6(\text{A})$$

此时电路的等效电阻为

$$R = \frac{U}{I} = \frac{220}{6} = 36.66(\Omega)$$

当 S 闭合后

$$I_2 = \frac{P_2}{U} = \frac{1100}{220} = 5(\text{A})$$

$$I = I_1 + I_2 = 6 + 5 = 11(\text{A})$$

此时整个电路的等效电阻为

$$R' = \frac{U}{I} = \frac{220}{11} = 20(\Omega)$$

4.2.2　电源的等效互换

1. 电压源

1)　理想电压源

实际电源工作时，在一定条件下，有的端电压基本不随外电路而变化，如新的干电池、大型电网等。理想电压源如图 4-15 所示，电压源串联等效电路如图 4-16 所示，电压源并联元件等效电路如图 4-17 所示。

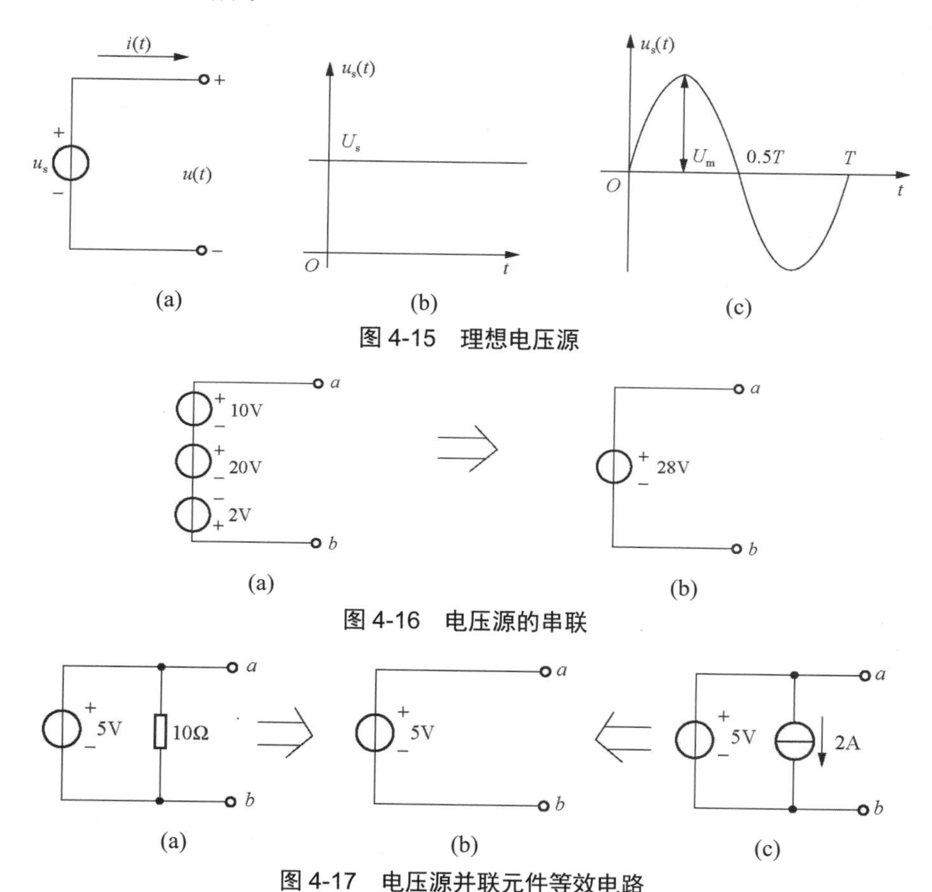

图 4-15　理想电压源

图 4-16　电压源的串联

图 4-17　电压源并联元件等效电路

2)　实际电压源

理想电压源实际上是不存在的，一个实际的电压源在给外电路提供功率的同时，在其电源内部也会有功率损耗，即实际电源是存在内阻的，其端电压随负载电流的增大而下降。因此，对于一个实际电压源，可用一个电压源 U_s 和内阻 R_s 串联的模型来等效，实际电压源如图 4-18 所示。

其向外电路提供的电压和电流的关系为

$$U = U_s - IR_s$$

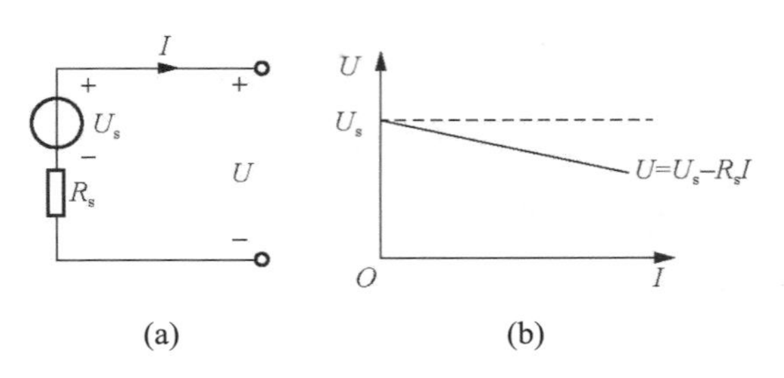

图 4-18　实际电压源

2. 电流源

1)　理想电流源

有些电子器件或设备在一定范围内工作时能产生恒定电流，例如光电池在一定光线照射下，能被激发产生一定值的电流，该电流与光的照度成正比，它的特性比较接近理想电流源。理想电流源如图 4-19 所示，电流源并联等效电路如图 4-20 所示，电流源串联元件等效电路如图 4-21 所示。

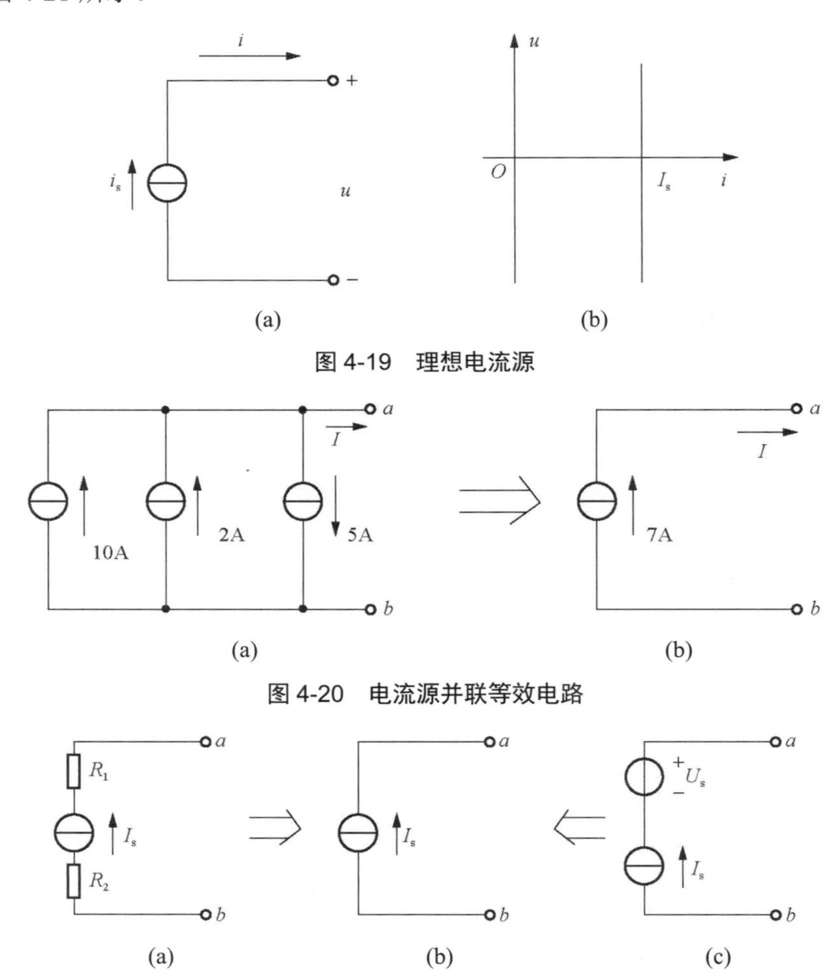

图 4-19　理想电流源

图 4-20　电流源并联等效电路

图 4-21　电流源串联元件等效电路

2)　实际电流源

实际电流源如图 4-22 所示，其向外电路提供的电压和电流的关系为

$$I = I_s - \frac{U}{R_s}$$

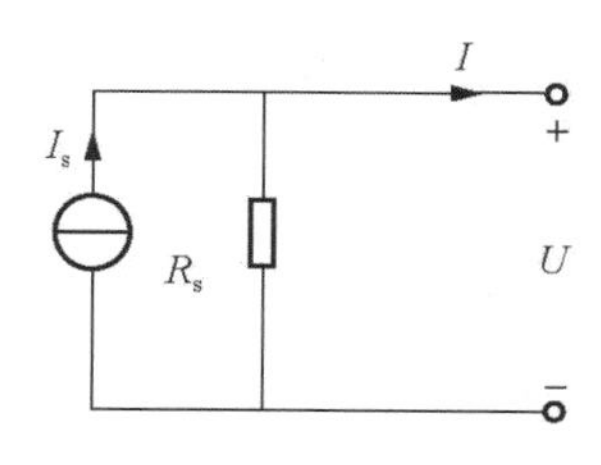

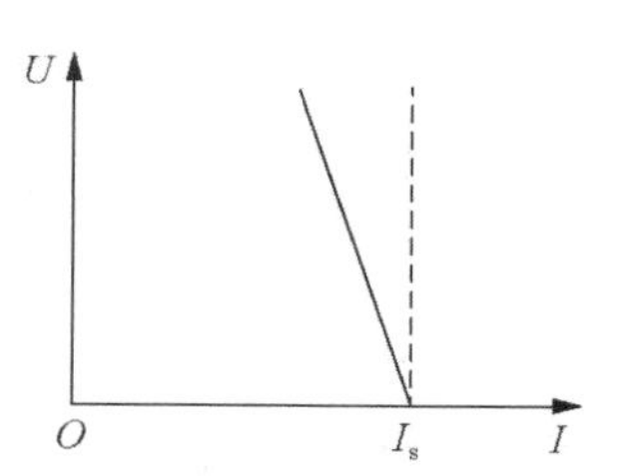

图 4-22　实际电流源

3. 电源等效互换

两种电源模型的等效变换条件为

$$I_s = U_s / R_s$$
$$R_i' = R_i$$

两种电源模型等效如图 4-23 所示。

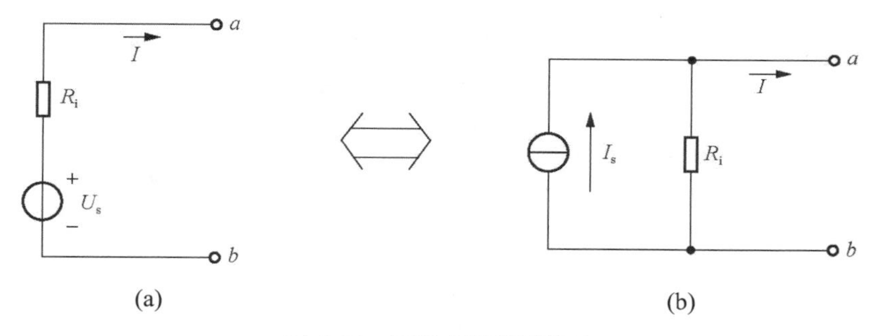

图 4-23　两种电源模型等效

【例 4-8】将图 4-24(a)等效简化成电压源与电阻串联模型。

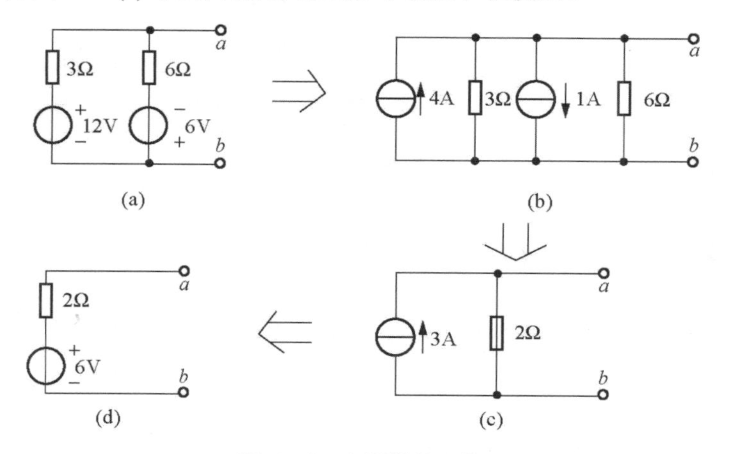

图 4-24　电源等效互换

解：根据电源等效互换原理，将两个串联模型简化成并联模型，得电路如图 4-24(b)所示。将图 4-24(b)中的电流源及电阻分别合并，得电路如图 4-24(c)所示。再将图 4-24(c)的并联模型化为串联模型，得最简电路如图 4-24(d)所示。

【想一想】

通常直流稳压电源的输出端不允许短路，直流恒流源的输出端不允许开路，为什么？

4.3　基尔霍夫定律及应用

基尔霍夫定律是电路中的基本定律，是电路的分析基础，不仅适用于直流电路，也适用于交流电路。

基尔霍夫定律包括电流定律和电压定律。为了叙述方便，先介绍几个有关的电路名词。

1)　复杂电路

不能用简单的串、并联来等效电路的称为复杂电路。

2)　支路

电路中流过同一电流的一个分支称为一条支路，如图 4-25 所示，其中有 6 条支路，即 *aed*，*cfd*，*agc*，*ab*，*bc*，*bd*。

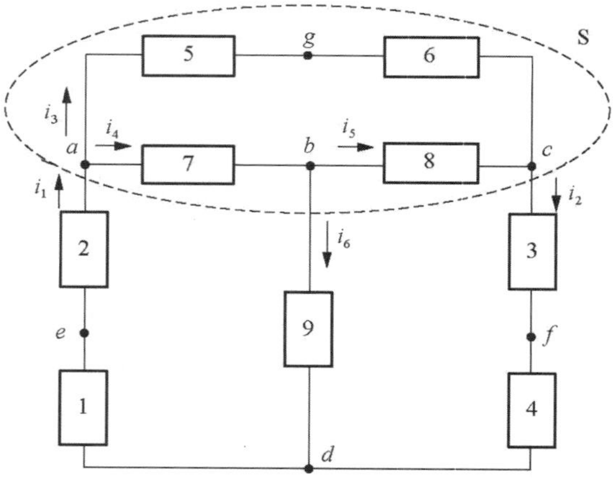

3)　节点

三条或三条以上支路的联结点称为节点。图 4-25 中就有 4 个节点，即 *a*、*b*、*c*、*d*。

图 4-25　电路图

4)　回路

电路中任一闭合路径称为回路。图 4-25 中就有 7 个回路，即 *abdea*，*bcfdb*，*abcga*，*abdfcga*，*agcbdea*，*abcfdea*，*agcfdea*。

5)　网孔

网孔是回路的一种。除了构成回路本身的支路外，回路内部不再含有任何支路，这样的回路叫作网孔。图 4-25 中就有 3 个网孔，即 *abdea*，*bcfdb*，*abcga*。

6)　网络

一般把含元件较多的电路称为网络。

4.3.1　基尔霍夫电流定律(KCL)

在电路中任一瞬间，流入任一节点的所有支路电流的代数和恒等于零，这就是基尔霍夫电流定律，简称 KCL。

写出一般式子，即

$$\sum i = 0 \text{ 或 } \sum i_{进} = i_{出} (\text{直流} \sum I = 0)$$

在列节点电流方程之前，先要选定各支路电流的参考方向，如流进节点的电流取正号，流出节点的电流取负号。例如，有 5 条支路的电流汇聚于一个节点，如图 4-26 所示，参考方向均已选定，其中 i_1、i_2、i_4 是流进节点，取正号，而电流 i_3、i_5 是流出节点，取负号，则该节点的电流方程为

$$i_1 + i_2 - i_3 + i_4 - i_5 = 0$$

基尔霍夫电流定律还可以扩展到电路的任意封闭面。

KCL 广义节点如图 4-27 所示，虚线所围成的闭合面可视为广义节点，图 4-27(a)由 KCL 可以得出：

$$i_1 + i_2 + i_3 = 0$$

同理，图 4-27(b)有：

$$i_1 + i_2 - i_3 = 0$$

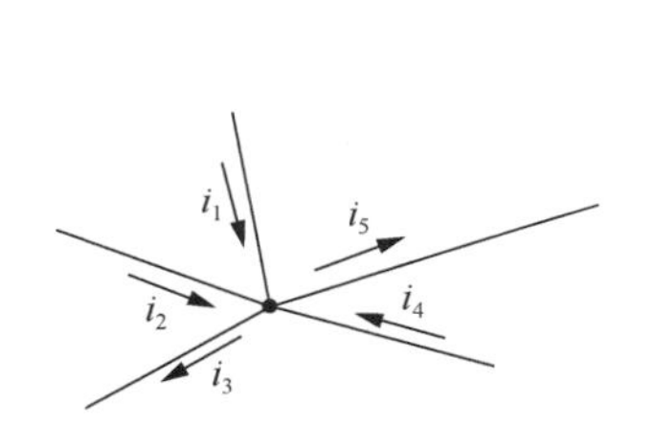

图 4-26　节点电流

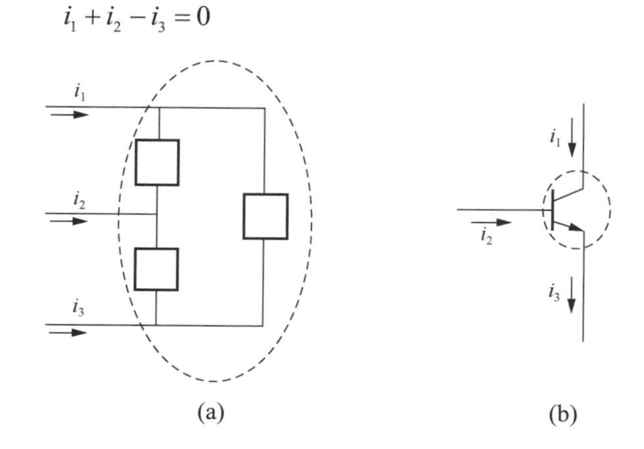

图 4-27　KCL 广义节点

4.3.2　基尔霍夫电压定律(KVL)

在电路中任一瞬间，沿着任一个回路绕行一周，所有电压降的代数和恒等于零，这就是基尔霍夫电压定律，简写为 KVL，用数学表达式表示为

$$\sum U = 0 \text{ 或 } \sum u = 0$$

在写出 KVL 时，先要任意规定回路绕行的方向，凡电压的参考方向与回路绕行方向一致的，则取“+”号，电压的参考方向与回路绕行方向相反者，则取“−”号。回路的绕行方向用箭头表示。在图 4-25 中，对回路 *abcga* 应用 KVL，有：

$$u_{ab} + u_{bc} + u_{cg} + u_{ga} = 0$$

基尔霍夫电压定律不仅适用于闭合回路，还可以推广应用于任一开口电路，但要将开口处的电压列入方程。

开口电路如图 4-28 所示，求 *a*、*b* 两点间的电压。选择 *ab* 间电压的参考方向如图所示，并选择假想回路的绕行方向为逆时针方向，根据 KVL，则有：

$$u_{ab} + u_{S3} + I_3R_3 - R_2I_2 - u_{S2} - I_1R_1 - u_{S1} = 0$$

所以

$$u_{ab} = -u_{S3} - I_3R_3 + u_{S2} + R_2I_2 + u_{S1} + I_1R_1$$

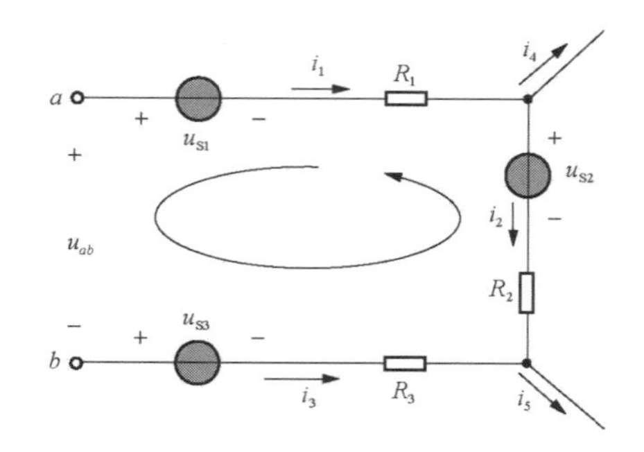

图 4-28　开口电路

应用基尔霍夫定律需注意以下 3 点。

(1)　使用 KCL 时，应先假定各支路电流的参考方向。

(2)　KCL、KVL 与组成支路的元件性质和参数无关。

(3)　KCL 表明每一节点上的电荷是守恒的；KVL 是电压与路径无关的具体体现。

4.3.3　双电源电路的检测

双电源电路如图 4-29 所示，利用基尔霍夫定律可以测量电路的各支路电流及每个元器件两端的电压。

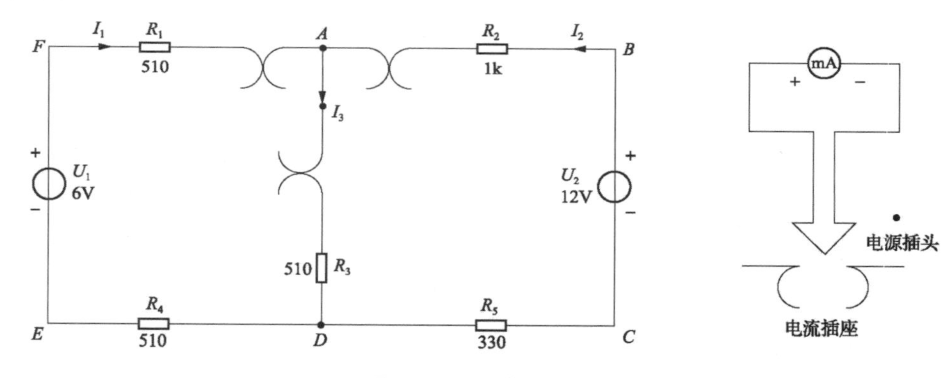

图 4-29　双电源电路

先任意设定三条支路和三个闭合回路的电流正方向，I_1、I_2、I_3 的方向如图 4-29 所示，三个闭合回路的电流正方向可设为 *ADEFA*、*BADCB*、*FBCEF*。

分别将两路直流稳压源接入电路，令 $U_1 = 6\text{V}$，$U_2 = 12\text{V}$。利用万用表分别检测两路电源电压值，将电阻元器件上的电压值和电流值记录于表 4-4 中。

表 4-4　双电源实验数据记录表

被测量	U_{S1}/V	U_{S2}/V	U_1/V	U_2/V	U_3/V	U_4/V	U_5/V	I_1/mA	I_2/mA	I_3/mA
计算值										
测量值										
相对误差										

【注意事项】

(1) 所有需要测量的电压值，均以万用表测量的读数为准。U_{S1}、U_{S2} 也需要测量，不应取电源本身的显示值。

(2) 防止直流电源两个输出端短路。

(3) 用指针式万用表测量电压或者电流时，如果仪表指针反偏，则必须调换仪表极性，重新测量。指针正偏，可读得电压值或电流值。若用数字万用表，则可以直接读出电压值或者电流值。但是应注意：所读出的电压值或电流值的正、负号根据设定的电流参考方向来判断。

项目评价表见表 4-5。

表 4-5　项目评价表

项　目		考核要求	分　值
理论知识	主要变量	能正确识读电路中的变量	15
	参考方向	能正确理解电路中变量的方向	20
	基尔霍夫定理	能正确理解并使用基尔霍夫定理	10
操作技能	准备工作	10min 内完成仪器和元器件的整理工作	10
	变量检测	能正确完成电路中变量的检测	20
	用电安全	严格遵守电工作业章程	10
职业素养	思政表现	能遵守安全规程与实验室管理制度，展现工匠精神	15
项目成绩			
总评			

4.4　支路电流法和网孔电流法

4.4.1　支路电流法

支路电流法是以支路电流为未知量，应用基尔霍夫定律列出与支路电流数目相等的独立方程式，再联立求解。应用支路电流法解题的方法如下(假定某电路有 b 条支路，n 个节点)。

(1) 标定各待求支路的电流参考方向及回路绕行方向。

(2) 应用基尔霍夫电流定律列出$(n-1)$个节点电流方程。

(3) 应用基尔霍夫电压定律列出 n 个网孔电压方程。

(4) 联立方程组求解各支路电流。

例如图 4-30 所示的电路，求元件的电压和电流，其他各量均已经给出。可以支路电流为未知量列方程求解，其步骤如下。

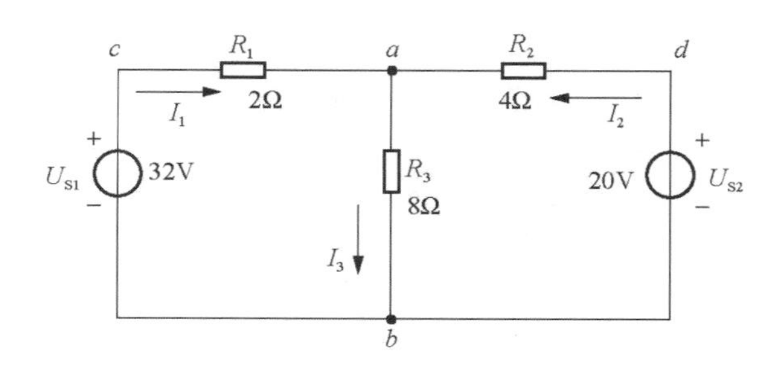

图 4-30　支路电流法

(1)　任意选择各分支电路电流的参考方向，如图 4-30 所示。电路中有三个未知电流，应用 KCL 于节点 a 和 b，得：

$$I_1 + I_2 - I_3 = 0$$
$$-I_1 - I_2 + I_3 = 0$$

以上两式中，第二个方程与第一个方程是同解方程，由于它没有提供新的支路电流，因此第二个方程不是独立的。推广到一般情况，对于具有 n 个节点的电路，当应用 KCL 列出电流方程式时，只有$(n-1)$个节点是独立的。

(2)　选择回路和它的绕行方向，列 KVL 方程。图示电路有三个回路，绕行方向都选为顺时针，由 KVL 方程得：

acba 回路

$$R_1I_1 + R_3I_3 = U_{S1}$$

adba 回路

$$-R_2I_2 - R_3I_3 = -U_{S2}$$

cadbc 回路

$$R_1I_1 - R_2I_2 = U_{S1} - U_{S2}$$

最后一个电压方程式不是独立的，将前两个电压方程式相加即得到它，这是因为最后一个方程没有提供新的支路，但可用它校验结果是否正确。所以应用 KVL 列出的是独立回路的电压方程式。由于每个网孔至少包含一条其他网孔没有的新支路，因此电路的一组网孔正是一组独立的回路。

(3)　列出与未知电流数目相同的独立方程式，联立这些独立方程式，代入数值建立下列二元一次方程组：

$$\begin{cases} I_1 + I_2 - I_3 = 0 \\ 2I_1 + 8I_3 = 32 \\ -4I_2 - 8I_3 = -20 \end{cases}$$

解方程组得：

$$I_1 = 4\text{A}，I_2 = -1\text{A}，I_3 = 3\text{A}$$

在关联参考方向下，各电阻的电压为

$$U_1 = R_1I_1 = 8\text{V}$$
$$U_2 = R_2I_2 = -4\text{V}$$
$$U_3 = R_3I_3 = 24\text{V}$$

为了检查结果是否正确，需要进行校验，只要把结果代入方程式中即可。

4.4.2 网孔电流法

用支路电流法求解电路时，由于支路数较多，所列的方程数就较多，求解电路就比较麻烦。如果引入网孔电流列方程，就可以减少未知量的数目，从而减少方程的个数，使求解电路变得简单。这种以网孔电流为未知量，根据 KVL 列网孔电压方程，求解网孔电流，从而求出支路电流的方法，叫作网孔电流法。

网孔电流是假想的沿着网孔流动的电流，求出网孔电流后，可根据网孔电流与支路电流的关系求出支路电流。

应用网孔电流法解题的步骤如下。

(1) 在电网上标明网孔电流的参考方向和电压绕行方向。若网孔电流和绕行电压均选为顺时针(或逆时针)方向，则网孔方程的全部电阻项均取正号。

(2) 列出各网孔方程。注意自阻总是正的。互阻的正负取决于通过公共电阻的有关网孔电流的参考方向，一致时为正，否则为负。

(3) 求解网孔方程，得到各网孔电流。

(4) 选定各支路电流的参考方向，根据支路电流与网孔电流的线性组合关系，求得各支路电流。

(5) 利用元件的伏安特性，求得各支路电压。

图 4-30 所示电路中，有两条支路，两个网孔，用网孔法求解需列两个方程。设网孔 1 与网孔 2 的电流分别为 I_a、I_b，参考方向如图 4-30 所示，选取网孔的绕行方向与网孔电流的方向一致，则根据 KVL 可得网孔方程为

网孔 1

$$R_1 I_a + R_2(I_a - I_b) + U_{S2} - U_{S1} = 0$$

网孔 2

$$R_2(I_b - I_a) + R_3 I_b + U_{S3} - U_{S2} = 0$$

解方程可求出 I_a、I_b，再求出支路电流与网孔电流的关系，可得：

$$I_1 = I_a$$
$$I_2 = I_a - I_b$$
$$I_3 = I_b$$

【例 4-9】电路如图 4-31 所示，已知 R_1=3Ω，R_2=2Ω，R_3=3Ω，U_{S1}=12V、U_{S2}=6V、U_{S3}=24V，用网孔电流法重新计算支路电流 I_1、I_2、I_3。

解：选两个网孔的电流 I_a、I_b 方向及各支路电流的方向如图 4-31 所示，则由网孔电流法可得各方程为：

$$5I_a - 2I_b = 6$$
$$-2I_a + 5I_b = -18$$

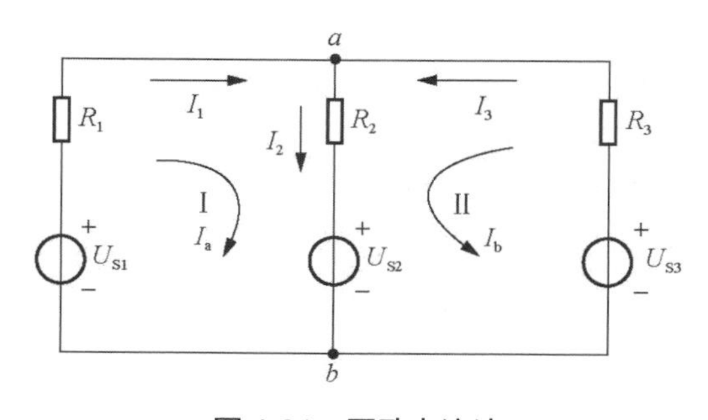

图 4-31　网孔电流法

$$I_a=-\frac{2}{7}\text{A}，I_b=-\frac{26}{7}\text{A}$$

$$I_1=I_a=-\frac{2}{7}\text{A}$$

$$I_2=I_a-I_b=-\frac{2}{7}-\left(-\frac{26}{7}\right)=\frac{24}{7}\text{A}$$

$$I_3=-I_b=-\frac{26}{7}\text{A}$$

所得结果与支路电流法所得结果一致，但所用的方程减少了。

4.5　节点电压法

以节点电压为未知量，列方程求解电路中各未知量的方法，叫作节点电压法。

节点电压法适用于支路多、节点少的电路的分析求解。任选一个节点作为参考节点，其他节点到参考节点之间的电压为相应节点的节点电压，例如图 4-32 中的 U_{13}、U_{23}。

1. 多于两个节点电路

图 4-32 所示为具有 3 个节点 5 条支路的电路，下面以该图为例说明用节点电压法进行电路分析的方法和求解步骤，导出节点电压方程式的一般形式。

各支路电流的参考方向标在图上，根据 KCL，可得

$$I_1+I_2+I_3=0$$

$$I_3+I_{S1}-I_4=0$$

根据欧姆定律和 KVL，可得

$$I_1=\frac{U_{13}-U_{S1}}{R_1}=G_1U_{13}-G_1U_{S1}$$

$$I_2=\frac{U_{13}}{R_2}=G_2U_{13}$$

$$I_3=\frac{U_{13}-U_{23}}{R_3}=G_3(U_{13}-U_{23})$$

$$I_4=\frac{U_{23}}{R_4}=G_4U_{23}$$

将各支路电流代入节点方程并整理，得

$$\begin{cases}(G_1+G_2+G_3)U_{13}-G_3U_{23}=G_1U_{S1}\\(G_3+G_4)U_{23}-G_3U_{13}=I_{S1}\end{cases}$$

因节点 3 为参考节点，则 U_3=0，此时节点 U_{13} 的电压可表示为 U_1、节点 U_{23} 的电压可表示为 U_2，则导出节点电压方程的一般形式如下。

$$\begin{cases}G_{11}U_1+G_{12}U_2=I_{S11}\\G_{21}U_1+G_{22}U_2=I_{S22}\end{cases}$$

式中：G_{11} 是与节点 1 相连接的各支路的电导之和，称为节点 1 的自导；G_{22} 是与节点 2

相连接的各支路的电导之和，称为节点 2 的自导；G_{12}、G_{21} 是连接节点 1 与节点 2 之间支路的电导之和，称为节点 1 和节点 2 之间的互导，$G_{12}=G_{21}$。自导总是正的，互导总是负的。流向节点 1 的理想电流源电流的代数和，用 I_{S11} 表示，流向节点 2 的理想电流源电流的代数和，用 I_{S22} 表示。流入节点的电流取“+”号，流出节点的电流取“−”号。

【例 4-10】用节点电压法求图 4-33 中的电流 I。

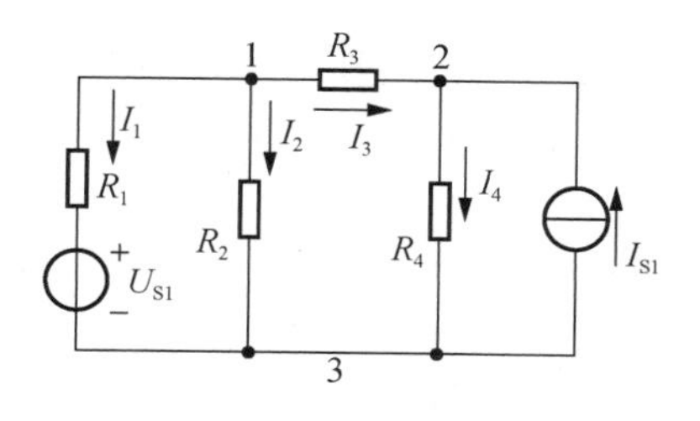

图 4-32　节点电压法

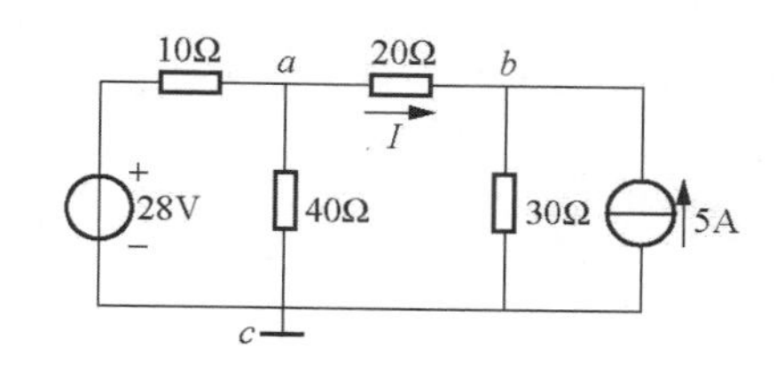

图 4-33　例 4-10 图

解：选择参考点 c，而 a、b 两个独立节点的电位分别记为 V_a 和 V_b，列出 a、b 两节点的电压方程为

$$\left(\frac{1}{10}+\frac{1}{40}+\frac{1}{20}\right)V_a-\frac{1}{20}V_b=2.8$$

$$-\frac{1}{20}V_a+\left(\frac{1}{20}+\frac{1}{30}\right)V_b=5$$

解得 V_a=40V，V_b=84V，则

$$I=\frac{V_a-V_b}{20}=\frac{40-84}{20}=-2.2(\text{A})$$

2. 弥尔曼定理

图 4-34 所示的电路只有两个节点，各条支路都跨接在这两个节点之间。在已知电源电压和电阻的情况下，若能求出两个节点之间的电压(称为节点电压)U_{ab}，那么各支路电流的计算便很容易解决了。

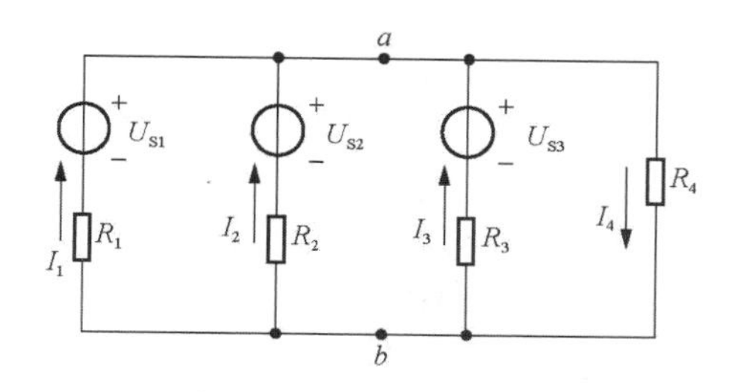

图 4-34　弥尔曼定理

$$U_{ab}=\frac{\dfrac{U_{S1}}{R_1}+\dfrac{U_{S2}}{R_2}+\dfrac{U_{S3}}{R_3}}{\dfrac{1}{R_1}+\dfrac{1}{R_2}+\dfrac{1}{R_3}+\dfrac{1}{R_4}}=\frac{G_1U_{S1}+G_2U_{S2}+G_3U_{S3}}{G_1+G_2+G_3+G_4}$$

上式就是计算节点电压的公式，也是弥尔曼定理的具体应用。

4.6 叠加定理

对于同一个电路，可以采用不同的方法去求解，每一种方法都有自身的方便之处，叠加定理就是一种求解含有多个电源的线性电路的有效方法。

电路的叠加定理叙述为：在线性电路中，某一支路的电流(或电压)，等于这个电路中每个电源单独作用下，在该支路产生的电流(或电压)的代数和。叠加定理如图 4-35 所示。

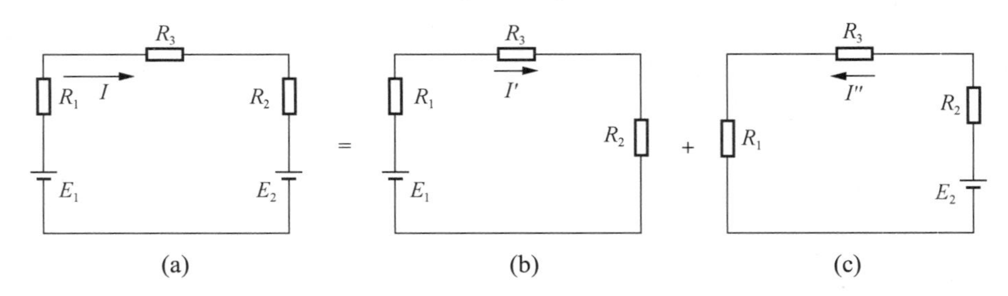

图 4-35　叠加定理

在应用叠加定理进行计算时，应注意以下 3 点。

(1) 叠加定理只适用于线性电路中的电压和电流，不能用它来计算功率。

(2) 某一电源单独作用时，不作用的电压源应短路，电流源应开路，但电源的内阻要保留。

(3) 求支路的电流(或电压)时，电流(电压)分量的参考方向与支路电流(电压)的参考方向一致，电流(或电压)分量取正，反之则取负。

以图 4-36 为例，利用叠加定理可以测量电路的各支路电流及每个元器件两端的电压。

将两路稳压电源的输出分别调节为 12V 和 6V，接入 U_1 和 U_2 处。

令 U_1 电源单独作用(将开关 S_1 投向 U_1 侧，开关 S_2 投向短路侧)，用万用表测量各支路电流以及电阻元器件两端的电压，并记录于表 4-6 中。

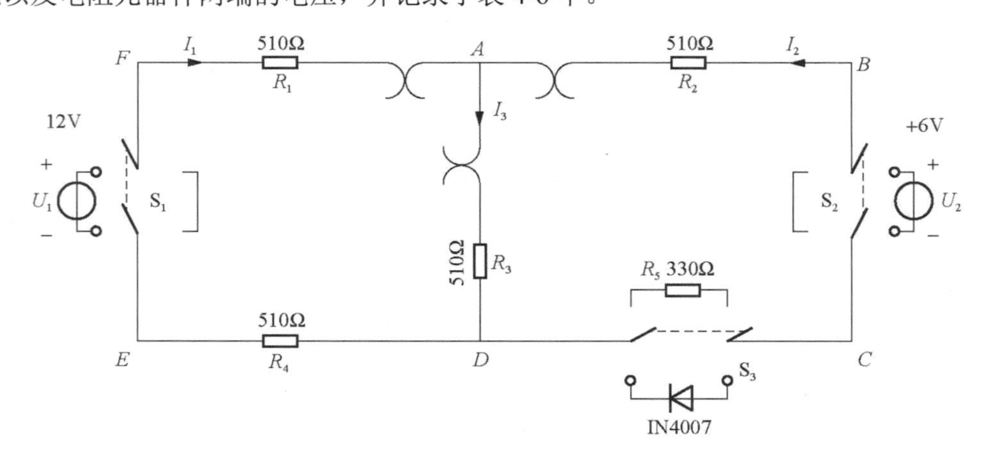

图 4-36　叠加电路

表 4-6　电阻数据

序号	测量 激励方式	R_1 支路		计算	R_2 支路		计算	R_3 支路		计算
		I_1/mA	U_1/ V	P_1/ W	I_2/mA	U_2/ V	P_2/ W	I_3/mA	U_3/ V	P_3/ W
1	U_{s1} 单独激励									
2	U_{s2} 单独激励									
3	U_{s1}、U_{s2} 同时激励									
4	U_{s2} 单独作用									
5	结论									

令 U_2 电源单独作用(将开关 S_1 投向短路侧，开关 S_2 投向 U_2 侧)，用万用表再次测量各支路电流以及电阻元器件两端的电压，并记录下来。

令 U_1 和 U_2 共同作用(将开关 S_1 投向 U_1 侧，开关 S_2 投向 U_2 侧)，重复测量各支路电流以及电阻元器件两端的电压，并记录下来。

将 U_2 电源数值调至+12V，(将开关 S_1 投向短路侧，开关 S_2 投向 U_2 侧)，用万用表再次测量各支路电流以及电阻元器件两端的电压，并记录下来。

将 R_5(330Ω)换成二极管 IN4007(即将开关 S_3 投向二极管 IN4007 侧)，重复上面的测量，并记录数据于表 4-7 中。

表 4-7　二极管数据

序号	测量 激励方式	R_1 支路		计算	R_2 支路		计算	R_3 支路		计算
		I_1/mA	U_1/V	P_1/W	I_2/mA	U_2/V	P_2/W	I_3/mA	U_3/V	P_3/W
1	U_{s1} 单独激励									
2	U_{s2} 单独激励									
3	U_{s1}、U_{s2} 同时激励									
4	结论									

【注意事项】

(1) 用电流插头测量各支路电流时，或者用电压表测量电压降时，应注意仪表的极性，正确判断得值的“+”、“−”后，记录数据到表格中。

(2) 注意仪表量程的及时更换。

项目评价表见表 4-8。

表 4-8　项目评价表

项　目		考核要求	分　值
理论知识	主要变量	能正确识读电路中的变量	15
	参考方向	能正确理解电路中变量的方向	20
	叠加定理	能正确理解并使用叠加定理	10

续表

项　目		考核要求	分　值
操作技能	准备工作	10min 内完成仪器和元器件的整理工作	10
	变量检测	能正确完成电路变量的检测	20
	用电安全	严格遵守电工作业章程	10
职业素养	思政表现	能遵守安全规程与实验室管理制度，展现工匠精神	15
项目成绩			
总评			

4.7　戴维南定理

1. 二端网络

电路复杂时呈网状，所以电路也叫作网络，电路和网络这两个名词可以通用，没有本质区别。具有两个对外连接端钮的电路，称为二端网络。二端网络内含有电源的称为有源二端网络，如图 4-37(a)所示，不含电源的称为无源二端网络，如图 4-37(b)所示。二端网络可以用一个方框来表示，框中 A 表示有源，P 表示无源，分别如图 4-37(c)、(d)所示。

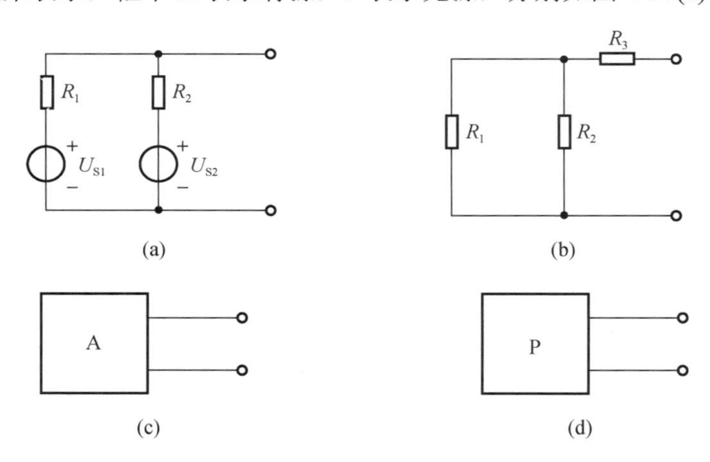

图 4-37　二端网络

一个电阻元件是最简单的无源二端网络，任何线性无源二端网络都可以用一个电阻元件等效代替。那么任何线性有源二端网络是否也可以用一个最简单的有源二端网络来等效代替？这个问题，戴维南定理给了我们明确的答复。

2. 戴维南定理概述

戴维南定理的内容是：任何一个线性有源二端网络，就其对外电路的作用而言，都可以用一个电压源和一个线性电阻串联的电路来等效代替。戴维南等效电路如图 4-38 所示。

戴维南定理又指出：该电源的电压等于有源二端网络的开路电压，而电阻等于二端网络内所有电源置零(电压源短路，电流源开路)时的输入端电阻。所谓输入端电阻，是从网络两端看进去的总电阻，也就是相应无源二端网络的等效电阻。

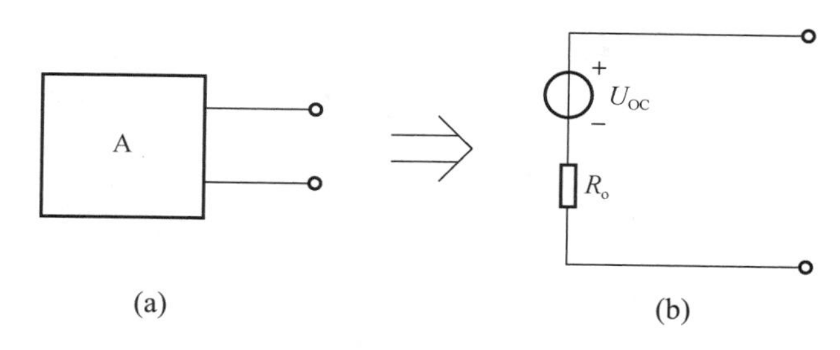

图 4-38　戴维南等效电路

戴维南定理常用来分析计算多电源线性电路中某一支路的电流，其计算步骤如下。

(1) 将待求支路或负载电阻取下，其余部分为一个有源二端网络。

(2) 求取该有源二端网络开路电压 U_{OC}。

(3) 将有源二端网络内的所有电源置零(电压源短路，电流源开路)，求其等效电阻 R_o。

(4) 以电压源 U_{OC} 和电阻 R_o 串联构成的戴维南等效电路代替有源二端网络，并将待求支路接入，得原电路的等效电路，由等效电路求未知量。

其中计算有源二端网络开路电压 U_{OC} 时可以用之前所学过的任何方法，等效电阻 R_o 的计算，通常有三种方法。

(1) 电源置零法。对于不含受控源的二端网络，将独立电源置零后，可以用电阻的串并联等效方法计算。

(2) 开路短路法。求出网络开路电压 U_{OC} 后，将网络端口短路，再计算短路电流 I_{SC}，则等效电阻 $R_o = U_{OC} / I_{SC}$。应注意的是，当 I_{SC}=0 时这种方法不能使用。

(3) 外加电源法。将网络中所有独立电源置零后，在网络端口加电压源 u_S'(或电流源 i_S')，求出电压源输出给网络的电流 i(或电流源的端电压 u)，则 $R_o = u_S' / i$ (或 $R_o = u / i_S'$)。一般情况下，无论网络是否有受控源均可以用后两种方法。

【例 4-11】求图 4-39(a)所示有源二端网络的戴维南等效电路。

解：

(1) 图 4-39(a)所示电路的开路电压(即端钮 a、b 间不接外电路)，可用弥尔曼定理求得，即：

$$U_{ab} = \left(\frac{10}{2} + \frac{8}{2}\right) \bigg/ \left(\frac{1}{2} + \frac{1}{2}\right) = 9\text{V}$$

(2) 将有源二端网络内的电压源置零，即将两个电压源均以短路线代替，如图 4-39(b)所示，求此无源二端网络的等效电阻，得

$$R_o = 2 // 2 = 1\Omega$$

(3) 作出戴维南等效电路，如图 4-39(c)所示。

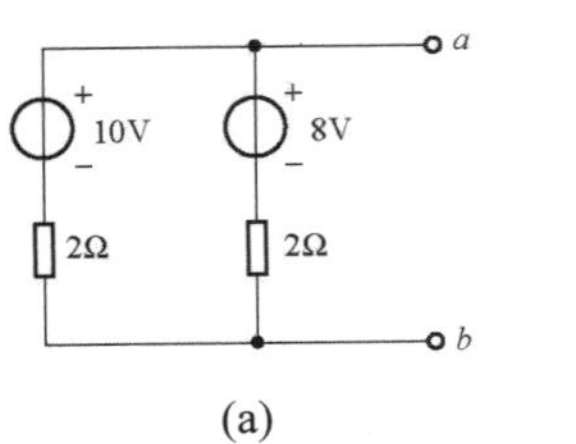

(a)

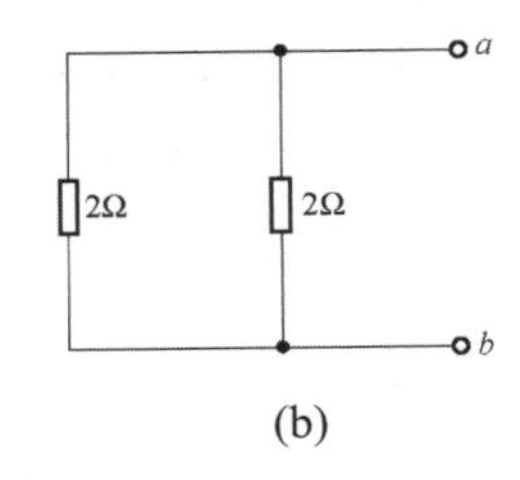

(b)

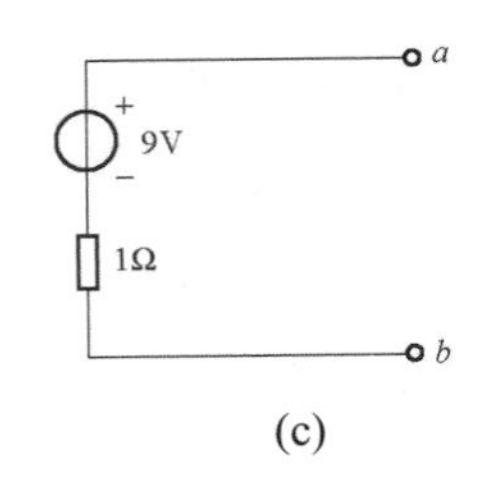

(c)

图 4-39　例 4-11 图

思考与练习

一、判断题

1. 支路电流法是以支路电流为未知量，根据基尔霍夫电流定律列出回路电压方程，从而解得。 (　　)

2. 节点电压法是以支路电流为未知量，根据基尔霍夫电流定律列出节点电压方程，从而解得。 (　　)

3. 一电压源的电压是 20V，串联内阻为 2Ω，当把它等效变换成电流源时，电流源的电流是 40A。 (　　)

4. 戴维南定理最适用于求复杂电路中某一条支路的电流。 (　　)

5. 在分析电路时，可先任意设定电压的参考方向，再根据计算所得值的正负来确定电压的实际方向。 (　　)

二、填空题

1. 一有源二端网络测的短路电流是 4A，开路电压为 10V，则它的等效内阻为________Ω。

2. ________________是分析线性电路的一个重要原理。

3. 基尔霍夫电压定律的数字表达式为____________。

4. 电压的方向是由_______电位指向_______电位。

5. 节点少、网孔多的电路适合利用____________法求解。

三、计算题

1. 如图 4-40 所示的电路，求图中 a、b、c 点的电位。

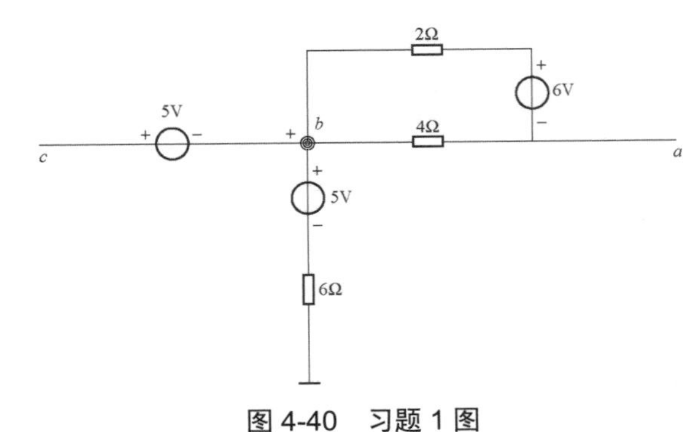

图 4-40　习题 1 图

2. 如图 4-41 所示的电路，图中方块代表电子元件，请根据外电路中的电压和电流的方向计算元件功率，并表明是放出功率还是吸收功率。

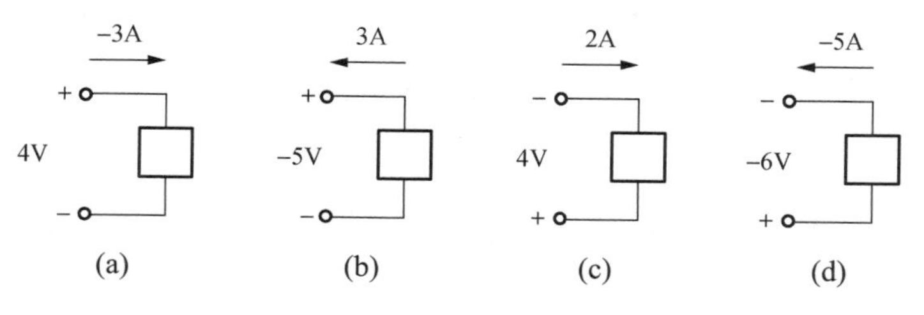

图 4-41　习题 2 图

3. 如图 4-42 所示的电路，I_S=2A，U_S=10V，R_1=2Ω，R_2=5Ω，各支路的电流参考方向如图，请用不同的三种电路分析法求 I_1、I_2。

4. 如图 4-43 所示的电路，请使用戴维南定理求取图中开口电压 U_{ab}。

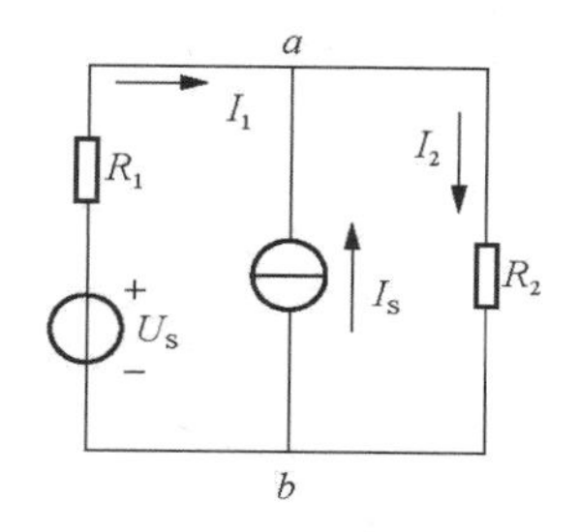

图 4-42　习题 3 图

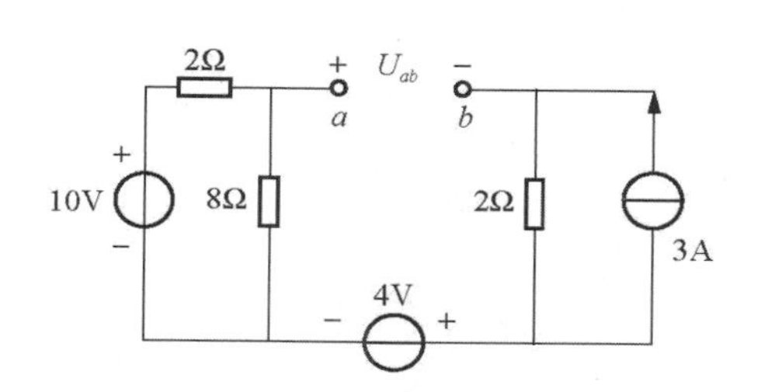

图 4-43　习题 4 图

5. 如图 4-44 所示的电路，用电源等效变换的方法，求图中 1Ω电阻中的电流 I。

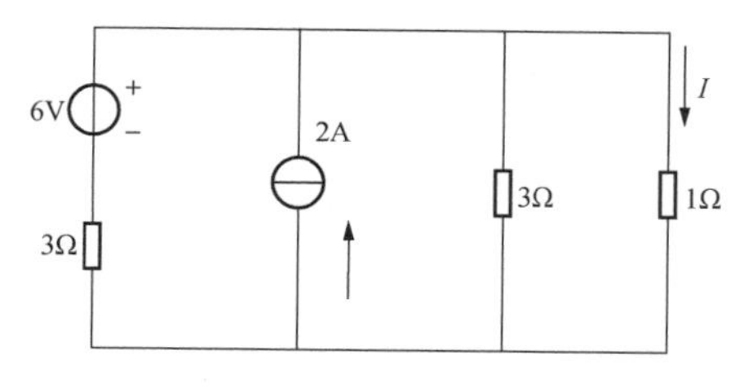

图 4-44　习题 5 图

项目 5

荧光灯照明电路的装调

【项目要点】

通过本项目的学习，应掌握电容、电感元件的标称值等参数意义及元件的伏安特性；掌握一阶动态电路的过渡过程、换路定律、零输入响应、零状态响应、全响应；掌握线性电路三要素分析方法。

5.1　储 能 元 件

储能元件主要有电容元件和电感元件两种。

5.1.1　电容元件

电容元件简称电容。“电容”代表双重含义，既代表电容元件，又表示电容参数。

1. 定义

一个两端元件其存储的电荷 q 与其端电压 u 的比值称为电容。

$$C=\frac{q}{u}$$

若 q 与 u 呈线性关系，则电容 C 称为线性电容。线性电容的电容量为一常量，与其两端电压大小无关。本书仅分析研究线性电容(电子技术中 PN 结结电容为非线性电容)。

电容的单位为法(拉)，用字母 F 表示。1F 表示电容存储电荷 1 库仑(c)，两端电压为 1 伏特(V)。法拉单位偏大，常用微法(μF)、纳法(nF)和皮法(pF)表示。

$$1\mathrm{F}=10^{6}\mu\mathrm{F}=10^{9}\mathrm{nF}=10^{12}\mathrm{pF}$$

2. 电容计算

常见的电容器是平板电容器，两块金属板，中间充有介质。其电容容量为

$$C=\frac{\varepsilon S}{d}$$

其中，S 为平板电容的极板面积，d 为板间间距、ε 为极板间介质介电常数。

3. 电容元件的伏安关系

设电容 C 两端电压为 u_c，流过的电流为 i_c，电容元件伏安关系如图 5-1 所示，则有

$$i_c(t)=\frac{\mathrm{d}q}{\mathrm{d}t}=\frac{\mathrm{d}(Cu_c)}{\mathrm{d}t}=\pm C\frac{\mathrm{d}uc(t)}{\mathrm{d}t} \tag{5-1}$$

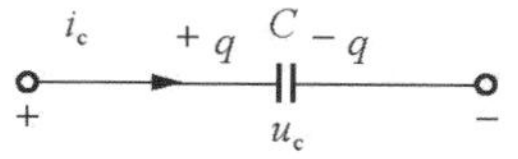

图 5-1　电容元件伏安关系

式(5-1)中正负号取法：若 u_c 和 i_c 参考方向一致，取“+”号；若相反，取“−”号。

式(5-1)表明，任一时刻电容中的电流 $i_c(t)$与该时刻电容两端电压 $u_c(t)$的变化率 $\mathrm{d}u_c/\mathrm{d}t$ 成正比，而与该时刻电容两端的电压无关。

若电压恒定不变(即直流电压)，则 $\mathrm{d}u_c/\mathrm{d}t=0$，其电流为 0。即电容对直流相当于开路。

式(5-1)也可以变换为积分形式

$$u_c(t)=\pm\frac{1}{C}\int i_c(t)\mathrm{d}t \tag{5-2}$$

由于电容是储能元件，电容电压的变化是一个充电或放电过程，因此应用式(5-2)计算 u_c 时，与电容初始电压值有关，写成定积分形式

$$u_c(t)=u_c(t_0)\pm\frac{1}{C}\int_{t_0}^{t}i_c(t)\mathrm{d}t$$

其中 $u_c(t_0)$为 t=0 时刻电容的初始电压，$u_c(t)$为电容 C 从时刻 t_0 开始充电(此时 i_c 与 u_c 参考方向一致，取“+”号)或放电(此时 i_c 与 u_c 参考方向相反，取“−”号)至 t 时刻的电压。

4. 电容储能

$$W_c(t)=\frac{1}{2}Cu_c^2(t) \tag{5-3}$$

式(5-3)表明，电容储能与电容 C 和电容电压的平方成正比。

5. 电容并联

电容并联电路，其等效电容(总电容)等于各个电容之和。

$$C=C_1+C_2+C_3+\cdots+C_n$$

6. 电容串联

电容串联电路，其等效电容的倒数等于各电容倒数之和。

$$\frac{1}{C}=\frac{1}{C_1}+\frac{1}{C_2}+\cdots+\frac{1}{C_n}$$

两个电容串联时，等效电容为

$$C=\frac{C_1C_2}{C_1+C_2}$$

类似于两个电阻并联上乘下加，但需要注意的是，该计算公式仅适用于两个电容串联，而不适用于 3 个或 3 个以上电容串联。

多个电容串联后，每个电容也会像电阻一样取得分压，但其分得的电压不是与电容的大小成正比，而是与电容的大小成反比。

5.1.2 电感元件

电感元件简称电感。“电感”代表双重含义，既代表电感元件，又表示电感参数。

1. 定义

一个两端元件，其交链的磁通链 ψ 与其电流 i 的比值称为电感。

若磁通链 ψ 与其电流 i 呈线性关系，则电感 L 称为线性电感。线性电感的电感量为一常量，与其流过的电流大小无关。本章主要分析研究线性电感(电感线圈中的介质为铁磁物质时，属非线性电感)。

电感的单位为亨(利)，用字母 H 表示，1H 表示磁通链为 1 韦伯的电感中的电流为 1A。亨利单位有时偏大，通常用毫亨(mH)和微亨(μH)表示。

$$1\text{H}=10^3\,\text{mH}=10^6\,\mu\text{H}$$

2. 电感计算

常见的电感是螺旋管电感，即用导线绕成的线圈，其电感为

$$L=\frac{\mu N^2 S}{l}$$

其中，N 为线圈匝数；S 为线圈截面积；l 为线圈长度；μ 为线圈内介质的磁导率。

3. 电感元件的伏安关系

设电感 L 两端的电压为 u_L，流过的电流为 i_L，电感元件伏安关系如图 5-2 所示，则有：

$$u_L(t)=\frac{d\psi}{dt}=\frac{d(Li_L)}{dt}=\pm L\frac{di_L(t)}{dt} \tag{5-4}$$

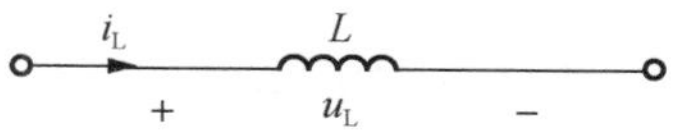

图 5-2　电感元件伏安关系

式中正、负的号取法：若 i_L 与 u_L 参考方向一致，取“+”号；若相反，取“−”号。式(5-4)表明，任一时刻电感两端电压 $u_L(t)$与该时刻电感中电流的变化率 $di_L(t)/dt$ 成正比，而与该时刻电感中的电流无关。若电路中电流恒定不变(即稳恒直流电流)，则 $di_L(t)/dt=0$，其两端电压为 0，即电感对直流相当于短路。

式(5-4)也可变换为积分形式：

$$i_L(t)=i_L(t_0)\pm\frac{1}{L}\int_{t_0}^{t}U_L(t)dt \tag{5-5}$$

由于电感是储能元件，电感中电流的变化是一个充电或放电过程。因此应用式(5-5)计算 i_L 时，与电感中初始电流值有关，写成定积分形式。

其中，$i_L(t_0)$为 t=0 时刻电感的初始电流，$i_L(t)$为电感从时刻 t_0 开始充电(此时 i_L 与 u_L 参考方向一致，取“+”号)或放电(此时 i_L 与 u_L 参考方向相反，取“−”)至 t 时刻的电流。

4. 电感储能

$$W_L(t)=\frac{1}{2}Li_L^2(t) \tag{5-6}$$

式(5-6)表明，电感储能与电感 L 和电感中电流的平方成正比。

5. 无互耦电感的串联和并联

电感线圈之间一般均存在互耦，本节仅分析在无互耦理想化的情况下，两个电感元件模型的串联和并联。

1)　电感串联

等效电感

$$L=L_1+L_2$$

电感分压比

$$u_{L1}:u_{L2}=L_1:L_2$$

2)　电感并联

等效电感

$$\frac{1}{L}=\frac{1}{L_1}+\frac{1}{L_2}$$

电感分流比

$$i_{L_1}:i_{L_2}=L_2:L_1$$

需要指出的是，理想化电感元件对直流相当于短路，无所谓分压分流，上述分压分流比仅是对交流而言的。对正弦交流的稳态响应将在后面项目中详细分析。

5.2 动 态 电 路

5.2.1 过渡过程

电路的状态分为稳态和暂态两种。电路从一种稳定状态到另一种稳定状态所经历的中间过程，就叫作电路的过渡过程，也叫暂态过程。例如，教室中的荧光灯照明电路，开关未闭合时，电灯是熄灭的，这是一种稳定状态；开关闭合后，电灯要点亮并且亮度要逐渐稳定下来，当电灯的亮度稳定后，照明电路又进入新的稳态，而电灯从不亮到亮度稳定要经过一段时间，这段时间电路的参数在发生变化，这个过程就是荧光灯照明电路所经历的过渡过程。

电路在什么情况下才能产生过渡过程呢？可以通过下面的实验进行了解。

过渡过程实验电路如图 5-3 所示。三只相同的灯泡分别与 R、L 和 C 串联(选择合适的 L、C 值)，然后再并联在一起接入电路，当开关 K 与 1 接通时，可以看到灯 D_3 立刻点亮，灯 D_2 要逐渐变亮，然后亮度稳定下来，而灯 D_1 开始最亮，然后逐渐变暗，最后熄灭。而当开关 K 与 1 断开并与 2 接通后，灯 D_3 会立即熄灭，灯 D_2 要逐渐熄灭，而原来不亮的灯 D_1 也要亮一下然后逐渐熄灭。为什么会出现这种现象呢？这一现象告诉我们，与电阻串联的电灯没有经历过渡过程，而与电感和电容串联的电灯经历了一个过渡过程，说明过渡过程的产生与电感和电容这两个储能元件有关，这两个储能元件称为动态元件，含有动态元件的电路称为动态电路。

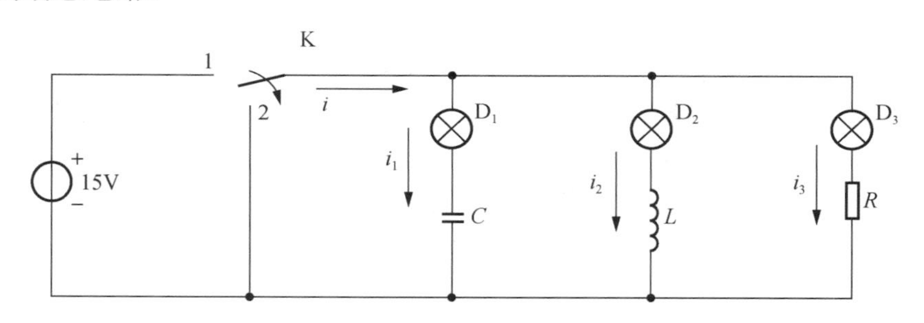

图 5-3 过渡过程实验

从上面的现象可以看到，含有动态元件的动态电路，在开关 K 动作时产生了过渡过程，如果没有开关的切换，电路的稳态始终不会被破坏。一般把电路的接通、切换、短路、断路、外部干扰、电路参数的改变及电源的变化称作换路。引起电路过渡过程的原因有两个：①电路中必须含有动态元件；②电路发生换路。在实际的电力系统中，当减负荷、增负荷、发生短路或断路事故以及有外部干扰时，都有可能产生过渡过程，造成一定的过电压和过电流，危及设备的安全运行。当然，元件的参数改变也会引起换路。另一方面，过渡过程又可以被加以利用，如在数字电子电路中，利用电容的充放电过程实现脉冲的产生和变换。

在过渡过程中，电路的电流、电压都遵循特定的规律。

5.2.2　换路定律

1. 电感电路

在电阻和电感的串联电路与直流电源接通之前，电路中电流为 0，当与电源接通后，电感中的电流不能跃变，必定从 0 逐渐增加到一定数值。其原因是：若电流可以跃变，即 dt=0，则电感上的电压 u_i=di_L/dt→∞，这显然与电源电压为有限值相矛盾。因此，RL 串联电路接通电源瞬间，电流不能跃变。

若换路时刻为计时起点，即 t=0，换路前的最后时刻计为 t=0₋，换路后的初始时刻计为 t=0₊，则电感电路的换路定律表述为：在换路后的一瞬间，电感中的电流应保持换路前一瞬间的数值而不能跃变，即：

$$i_L(0_+)=i_L(0_-)$$

2. 电容电路

在电阻和电容的串联电路与直流电源接通之前，电容上的电压为 0，当与电源接通后，电容两端的电压不能跃变，必定从 0 逐渐增加到一定数值。其原因是：若电压可以跃变，即 dt=0，则电路中的电流 i_C=Cdu_C/dt→∞，这显然与电源电流为有限值相矛盾。因此，电容电路的换路定律表述为：在换路后的一瞬间，电容中的电压应保持换路前一瞬间的数值而不能跃变，即：

$$u_C(0_+)=u_C(0_-)$$

换路定律仅适用于换路瞬间，即换路后的瞬间，电容电压和电感电流都应保持换路前瞬间的数值而不能跃变。而其他的量，如电容上的电流、电感上的电压、电阻上的电压和电流都是可以跃变的。

3. 初始值的计算

换路后的最初瞬间(t=0₊)时刻的电流、电压值统称为初始值。研究线性电路的过程时，电容电压的初始值 $u_C(0_+)$及电感电流的初始值 $i_L(0_+)$可按换路定律来确定。其他可以跃变的量，其初始值要根据 $u_C(0_+)$、$i_L(0_+)$和应用基尔霍夫定律及欧姆定律来确定。

【例 5-1】已知电路如图 5-4 所示，$R_1=10\Omega$，$R_2=20\Omega$，$U_S=10V$，且换路前电路已达稳态，试求：① t=0 时刻，S 开关从位置 1 合到位置 2，求 $u_C(0_+)$、$i_C(0_+)$；②设 S 开关换路前合在位置 2，且已达到稳态。t=0 时刻，S 开关从位置 2 合到位置 1，再求 $u_C(0_+)$、$i_C(0_+)$。

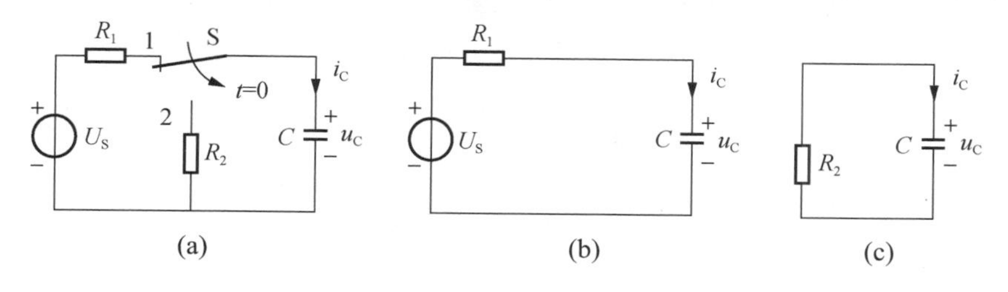

图 5-4　例 5-1 图

解：

(1)　换路前，S 在位置 1 且已达到稳态时，电容已充电完毕，如图 5-4(b)所示，此时电容充电电流$i_C(0_-)$。

$$u_C(0_-)=U_S-i_C(0_-)R_1=U_S=10\text{V}$$

换路后，如图5-4(c)所示，按照换路定律：$u_C(0_+)=u_C(0_-)=U_S=10\text{V}$

$$i_C(0_+)=-\frac{u_C(0_+)}{R_2}=-\frac{U_S}{R_2}=\left(-\frac{10}{20}\right)\text{A}=-0.5\text{A}$$

(2) 换路前，S在位置2上且已达到稳态时，电容已放电完毕，如图5-4(c)所示，此时

$$u_C(0_-)=0,\ i_C(0_-)=0$$

换路后，如图5-4(b)所示，按换路定律：$u_C(0_+)=u_C(0_-)=0$，电容相当于短路

$$i_C(0_+)=\frac{U_S-u_C(0_+)}{R_1}=\left(\frac{10-0}{10}\right)\text{A}=1\text{A}$$

【例5-2】已知电路如图5-5所示，$R_1=10\Omega$，$R_2=20\Omega$，$U_S=10\text{V}$，且换路前，电路已达到稳态。试求：

① t=0时刻，S开关从位置1合到位置2，求$u_L(0_+)$、$i_L(0_+)$。

② 设S开关换路前合在位置2，且已达到稳态，t=0时刻，S开关从位置2合到位置1，再求$u_L(0_+)$、$i_L(0_+)$。

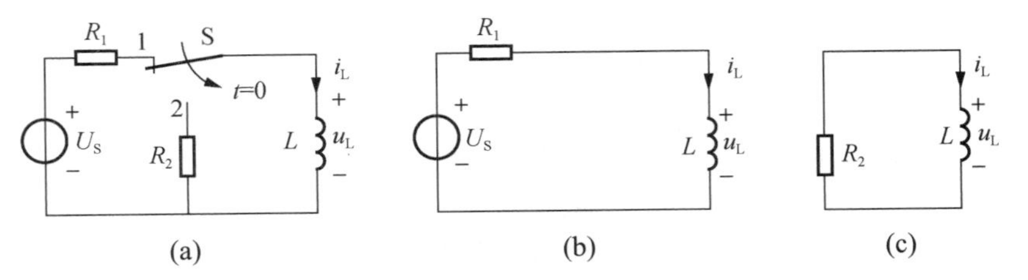

图5-5　例5-2图

解：

(1) 换路前，电路如图5-5(b)所示，电感已充电完毕，达到稳态，对直流相当于短路。

$$u_L(0_-)=0$$

$$i_L(0_-)=\frac{U_S-u_C(0_-)}{R_1}=\frac{U_S}{R_1}=\frac{10}{10}\text{A}=1\text{A}$$

换路后，电路如图5-5(c)所示，按换路定律：$i_L(0_+)=i_L(0_-)=1\text{A}$

$$u_L(0_+)=-i_L(0_+)R_2=(-1\times20)\text{V}=-20\text{V}$$

(2) 换路前，电路如图5-5(c)所示，电感已放电完毕，$u_L(0_-)=0$、$i_L(0_-)=0$。

换路后，电路如图5-5(b)所示，$i_L(0_+)=i_L(0_-)=0$，电感相当于开路。

$$u_L(0_+)=-i_L(0_+)R_1+U_S=(-0\times10+10)\text{V}=10\text{V}$$

从例5-2中，可以总结出以下3点。

(1) 换路瞬间，u_C、i_L不能突变，其他电量均有可能突变，变不变由计算结果决定。

(2) 换路瞬间，$u_C(0_-)=U_0\neq0$，电容相当于恒压源，其值等于U_0；$u_C(0_-)=0$，电容相当于短路。

(3) 换路瞬间，$i_L(0_-)=I_0\neq0$，电感相当于恒流源，其值等于I_0；$i_L(0_-)=0$，电感相当于断路。

4. 稳态值的计算

电路的稳态值是指电路达到新的稳定状态时的电压值、电流值，用$u(\infty)$和$i(\infty)$表示。直流激励下的动态电路，达到新的稳定状态时，电容相当于开路，电感相当于短路，由此可以做出$t=\infty$时的等效电路，其分析方法和直流电路完全相同。

【例 5-3】电路如图 5-6 所示，开关 S 闭合前电路已达稳态，在t=0 时开关 S 闭合，求$t=0_+$和$t=\infty$时的等效电路，并计算初始值$i_1(0_+)$、$i_2(0_+)$和稳态值$i_1(\infty)$、$i_2(\infty)$、$i_L(\infty)$、$u_C(\infty)$。

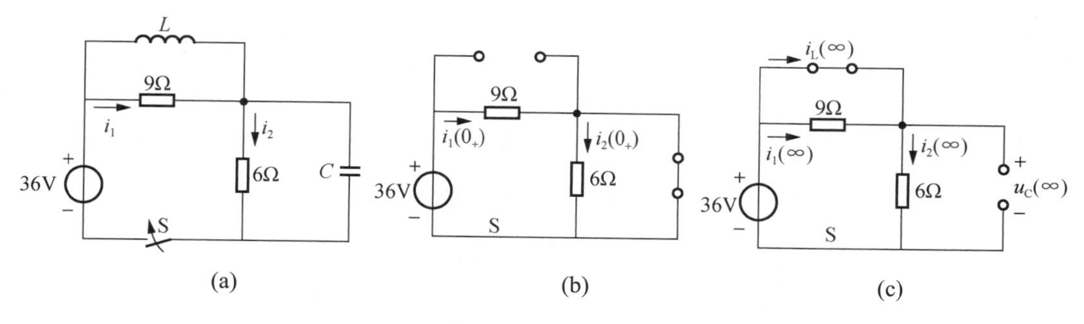

图 5-6　例 5-3 图

解：

(1)　因为 S 闭合前电容与电感均无储能，$u_C(0_-)=0$相当于短路，$i_L(0_-)=0$相当于开路。根据换路定律，有

$$u_C(0_+)=u_C(0_-)=0$$

$$i_L(0_+)=i_L(0_-)=0$$

(2)　计算相关初始值。将图 5-6(a)中的电容用短路代替，电感用开路代替，则得$t=0_+$时的等效电路如图 5-6(b)所示，从而可算出相关初始值，即：

$$i_1(0_+)=\frac{36}{9}\text{A}=4\text{A}$$

$$i_2(0_+)=0\text{A}$$

(3)　计算稳态值。开关 S 闭合后电路到达新的稳定状态时，电感相当于短路，电容相当于开路，做出$t=\infty$时的等效电路如图 5-6(c)所示，得：

$$i_1(\infty)=0\text{A}$$

$$i_2(\infty)=i_L(\infty)=6\text{A} \qquad u_C(\infty)=36\text{V}$$

5.3　一阶线性电路的分析与应用

5.3.1　一阶电路的全响应

只有一个储能元件(电感或电容)的电路称为一阶电路，分析一阶电路中各元件的电压、电流的变化规律常用三要素分析法。

一阶电路中各处电压或电流的响应都是从初始值开始，然后按指数规律逐渐增长或逐渐衰减到新的稳态值，从初始值过渡到稳态值的时间与电路的时间常数τ有关。因此，一阶电路的响应都是由初始值、稳态值及时间常数这三个要素决定的。只要知道了换路后电路的初始值、稳态值及时间常数就可以直接写出一阶电路的响应，这种求解一阶电路响应的方法称为三要素法。设$f(0_+)$表示电压或电流的初始值，$f(\infty)$表示电压或电流的新稳态值，τ表示电路的时间常数，$f(t)$表示要求解的电压或电流，这样，电路的全响应表达式为

$$f(t)=f(\infty)+[f(0_+)-f(\infty)]\mathrm{e}^{-\frac{t}{\tau}}$$

三要素分析法简单方便，尤其对求解复杂的一阶电路特别简便。下面归纳出用三要素法解题的一般步骤。

(1) 根据换路定律：$u_C(0_+)=u_C(0_-)$，$i_L(0_+)=i_L(0_-)$，画出换路瞬间($t=0_+$)时的等效电路，求出响应电流或电压的初始值$i(0_+)$或$u(0_+)$，即$f(0_+)$。

(2) 画出$t=\infty$时的稳态等效电路(稳态时电容视为开路，电感视为短路)，求出稳态下响应电流或电压的稳态值$i(\infty)$或$u(\infty)$，即$f(\infty)$。

(3) 求出电路的时间常数τ。

(4) $\tau=RC$或L/R，其中R值是换路后断开储能元件C或L，由储能元件两端看进去，用戴维南等效电路求得的等效内阻。

(5) 根据所求得的三要素，代入全响应表达式即可得电路中电流或电压的响应表达式。

【例 5-4】已知电路如图 5-7 所示，$R_1=3\Omega$，$R_2=6\Omega$，$C=3\mathrm{F}$，$I_S=1\mathrm{A}$，电路已达稳态。$t=0$时，S 开关闭合，试求u_C、i_C并画出其波形。

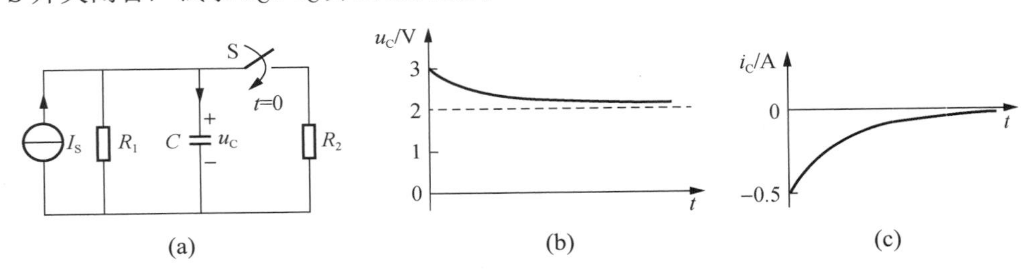

图 5-7 例 5-4 图

解：(1) 求解u_C。换路前，$u_C(0_-)=I_SR_1=(1\times3)\mathrm{V}=3\mathrm{V}$

换路后，$u_C(\infty)=I_S(R_1//R_2)=(3//6)\times1=2\mathrm{V}$

$\tau=(R_1//R_2)C=(3//6)\times3=6\mathrm{s}$

$$u_C=u_C(\infty)+[u_C(0_+)-u_C(\infty)]\mathrm{e}^{\frac{-t}{\tau}}=2+\mathrm{e}^{\frac{-1}{t}}$$

(2) 求解i_C有三种方法均可得到相同的结果。

微分求导：$i_C=C\dfrac{\mathrm{d}u_C}{\mathrm{d}t}$

电路分析法：$i_C=I_S-\dfrac{u_C}{R_1//R_2}$

三要素法：$i_C(0_+)=I_S-\dfrac{u_C}{R_1//R_2}=\left(1-\dfrac{3}{3//6}\right)=-0.5\mathrm{A}$

$i_C(\infty)=0$，因此$i_C=i_C(\infty)+[i_C(0_+)-i_C(\infty)]\mathrm{e}^{\frac{-t}{\tau}}=-0.5\mathrm{e}^{\frac{-1}{6}}\mathrm{A}$

画出 u_C、i_C 波形图分别如图 5-7(b)、(c)所示。

5.3.2　微分电路和积分电路

输出输入电压之间构成微分关系或积分关系的电路称为微分电路或积分电路。微分电路或积分电路在电子技术中有着较为广泛的应用。

1. 微分电路

输出信号与输入信号的微分成正比的电路，称为微分电路。根据微分电路可以求得

$$u_o = Ri = RC\frac{du_C}{dt}$$

因 $u_i=u_C+u_o$，当 $t=t_0$ 时，$u_C=0$，所以 $u_o=u_i$，随后 C 充电，如果 $RC<<t_w$，充电很快，可以认为 $u_C\approx u_i$，则有

$$u_o = Ri = RC\frac{du_C}{dt} \approx RC\frac{du_i}{dt}$$

这就是输出 u_o 正比于输入 u_i 的微分。微分电路和微分电路响应曲线如图 5-8 所示。

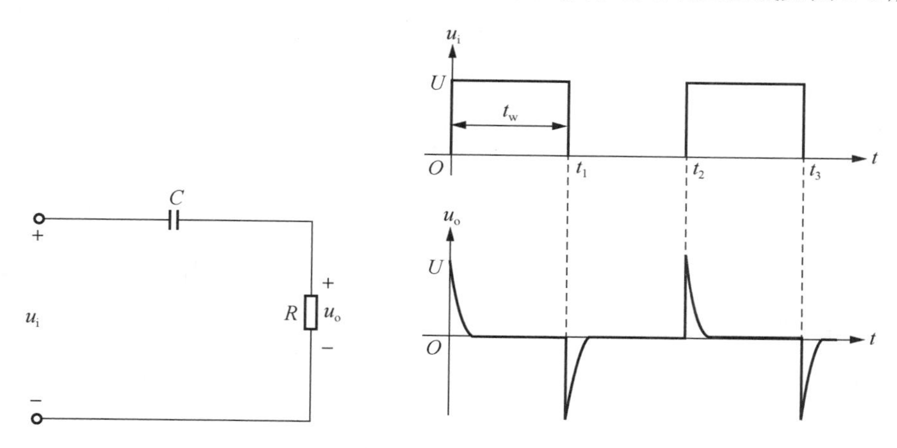

图 5-8　微分电路与微分电路响应曲线

RC 电路的微分条件如下。

(1)　时间常数 $RC<<t_w$。

(2)　输出电压从电阻两端电压取出。

2. 积分电路

输出信号与输入信号的积分成正比的电路，称为积分电路。根据积分电路可以求得

$$u_o = u_C = \frac{1}{C}\int i\mathrm{d}t$$

因 $u_i=u_R+u_o$，$t=t_o$ 时，$u_C=u_o=0$，随后 C 充电，如果 $RC<<t_w$，充电很慢，可以认为 $u_i=u_R=Ri_C$，即 $i_C=u_i/R$，则有

$$u_o = u_C = \frac{1}{C}\int i\mathrm{d}t \approx \frac{1}{RC}\int u_i\mathrm{d}t$$

这就是输出 u_o 正比于输入 u_i 的积分。积分电路和积分电路响应曲线如图 5-9 所示。

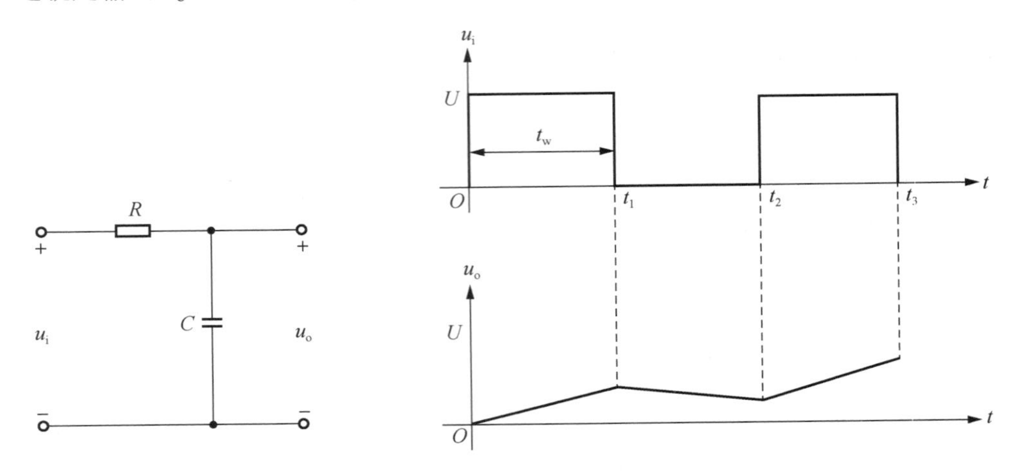

图 5-9　积分电路和积分电路响应曲线

RC 电路的积分条件如下。

(1)　时间常数 $RC>>t_W$。

(2)　输出电压从电容两端取出。

5.4　荧光灯照明电路

5.4.1　荧光灯照明电路的组成与原理

1. 荧光灯照明电路的组成

荧光灯照明电路由灯管、镇流器和辉光启动器及开关组成，如图 5-10 所示。

1)　灯管

荧光灯管是一根玻璃管内壁涂有一层荧光粉(钨酸镁、钨酸钙、硅酸锌等)的灯管，不同的荧光粉可发出不同颜色的光；灯管内充有稀薄的惰性气体(如氩气)和水银蒸气，灯光两端有由钨制成的灯丝，灯丝涂有受热后易于发射电子的氧化物；当灯丝有电流通过时，灯丝发射电子，还可使管内温度升高、水银蒸发。这时，若在灯管两端加上足够的电压，就会使管内氩气电离，从而使灯管由氩气放电过渡到水银蒸气放电，放电时发出不可见的紫外线照射在管壁内的荧光粉上，使灯管发出各种颜色的可见光。

2)　镇流器

镇流器是与荧光灯管相串联的一个元件，实际上是绕在硅钢片上的电感线圈，其感抗值极大。整流器有两个作用：①限制灯管的电流；②产生足够的自感电动势，使灯管容易放电起燃。镇流器一般有两个出头，但有些镇流器为了在电压不足时容易起燃，就多绕了一个线圈，因此也有 4 个出头的镇流器。

3)　辉光启动器

辉光启动器是一个小型的辉光管，在小玻璃管内充有氖气并装有两个电极，其中一个电极由膨胀系数不同的两种金属组成(通常称双金属片)，冷态时两电极分离，受热时双金属片会因受热而变弯曲，使两电极自动闭合。

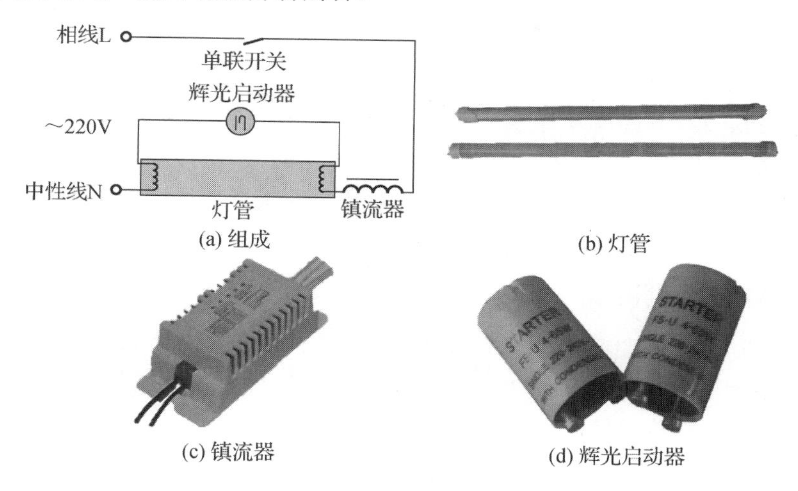

(a) 组成　(b) 灯管　(c) 镇流器　(d) 辉光启动器

图5-10　荧光灯照明电路组成

4)　电容器

由于荧光灯电路镇流器的电感量大，功率因数为0.5～0.6。为了改善线路的功率因数，要求用户在电源处并联一个适当大小的电容器。

2. 荧光灯的发光原理

在图5-10(a)所示的荧光灯电路中，当接通电源时，由于荧光灯没有点亮，电源电压全部加在辉光管的两个电极之间，辉光启动器内的氩气发生电离，电离的高温使得U形电极因受热而趋于伸直，两电极接触，使电流从电源一端流向镇流器→灯丝→辉光启动器→灯丝→电源的另一端，形成通路并加热灯丝。灯丝因有电流(称为启辉电流或预热电流)通过而发热，使氧化物发射电子；同时，辉光管的两个电极接通时，电极间的电压为零，辉光启动器中的电离现象立即停止，使U形电极因温度下降而复原，两电极离开。在两电极离开的一瞬间，使镇流器流过的电流发生突然变化(突降至零)，由于镇流器铁芯线圈的高感作用，产生足够高的自感电动势作用于灯管两端。这个感应电动势连同电源电压一起加在灯管两端，使灯管内的惰性气体分子放电，当水银蒸气弧光放电时，就会辐射出不可见的紫外线，紫外线激发灯管内壁的荧光粉后发出可见光。正常工作时，灯管两端的电压较低(40W灯管的两端电压约为110V，20W的灯管约为60V)，不足以使辉光启动器再次产生辉光放电，因此，辉光启动器仅在启动过程中起作用，一旦启动完成，便处于断开状态。

3. 荧光灯的保养

(1)　不要过于频繁地开关灯。过于频繁地开关灯会导致灯管两端过早地变黑，影响灯管的输出功率，而且要注意关灯后重新启动要等5～15min。

(2)　如果电压很低，灯管两极会在点亮的开始阶段发射出钨，从而使灯管内部产生许多点状污染物，成为灯管损害的原因之一。所以，建议尽量在高电压的条件下开灯。

(3)　注意保持通风的环境，以延长灯管寿命。

5.4.2 荧光灯照明电路的装调

1. 单联开关控制照明电路

单联开关控制荧光灯照明电路主要由单联开关、荧光灯和导线组成。单联开关控制电路如图 5-11 所示。其中单联开关是一种单开单关的开关，共有两个接柱，分别接入进线和出线。在拉动或按动开关按钮时，存在连通或断开两种状态，从而把电路变成通路或断路。在照明电路中，为了安全用电，单联开关要接在火线(相线)上。

2. 双联开关控制照明电路

双联开关控制荧光灯照明电路主要由两只双联开关、荧光灯和导线组成。双联开关控制电路如图 5-12 所示。这种电路可以在两个地方控制一盏灯，通常用于楼梯或走廊上，在楼上、楼下或走廊两端均可控制灯的接通和断开。

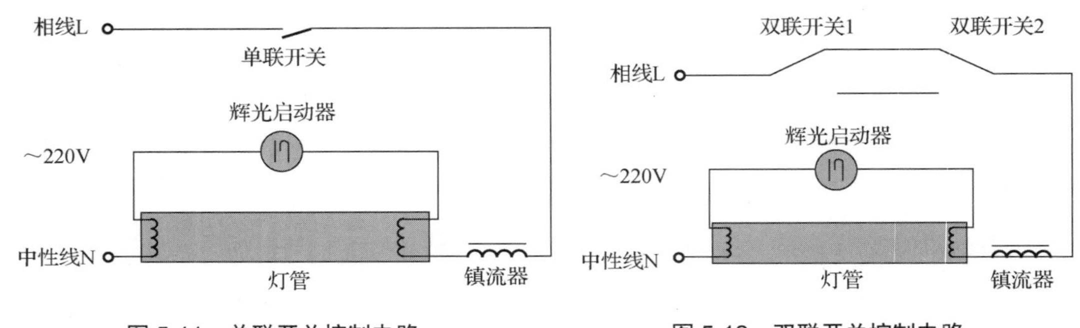

图 5-11 单联开关控制电路　　图 5-12 双联开关控制电路

3. 荧光灯照明电路的安装

荧光灯照明电路如图 5-13 所示，包括电源电压 U、灯管电压 U_1、镇流器电压 U_2、电流 I、灯管电阻 R_1、镇流器直流电阻 R_2、镇流器电感等。正确安装之后，利用万用表测量并记录数据于表 5-1 中。

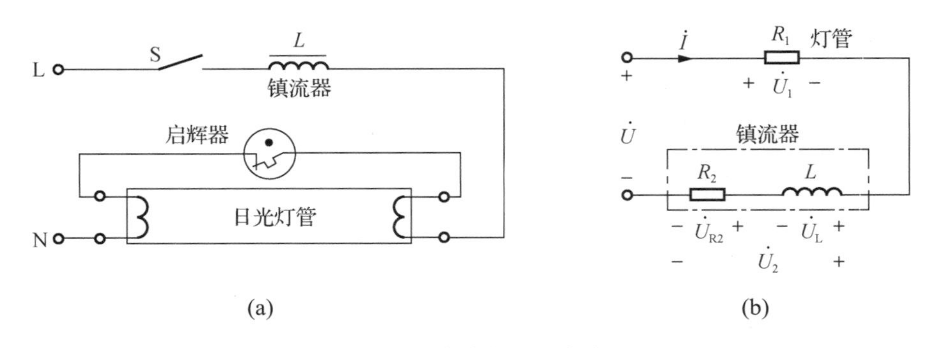

图 5-13 荧光灯照明电路

表 5-1　荧光灯电压及参数

测量值				理论值		
电源电压 U	灯管电压 U_1	镇流器电压 U_2	电流 I	灯管电阻 R	镇流器直流电阻 R_2	镇流器电感 L

【注意事项】

(1)　电路连接好后，必须检查正确才能通电测试，严禁自行通电。

(2)　不允许带电接、拆线。发生异常现象，应立即断开电源开关。

(3)　通电后严禁接触导线裸露部分，防止发生触电事故。

项目考核表见表 5-2。

表 5-2　项目考核表

项　目		考核要求	分　值
理论知识	储能元件	能正确理解储能元件的特点	15
	换路定理	能正确掌握换路的条件	20
	三要素法	能正确理解并使用三要素法	10
操作技能	准备工作	10min 内完成仪器和元器件的整理工作	10
	电路检测	能正确完成电路中变量的检测	20
	用电安全	严格遵守电工作业章程	10
职业素养	思政表现	能遵守安全规程与实验室管理制度，展现工匠精神	15
项目成绩			
总评			

思考与练习

一、判断题

1. 电容的单位为法拉(F)，其中微法(μF)和皮法(pF)之间的换算关系为千进制。　(　　)

2. 将万用表放置于 R×1k 挡，用两支表笔测量被测电感阻值为 0Ω，说明电感线圈内部短路，不能使用。　(　　)

3. 在换路瞬间，电容可能呈现短路的情况。　(　　)

4. 电路只要存在储能元件就一定会产生过渡过程。　(　　)

5. 采用微分电路，可以获取到尖脉冲波。　(　　)

二、填空题

1. 换路瞬间，电容电压________，电感电流________。

2. RL 电路中若 R=10Ω，L=20mH，则过渡过程的时间常数 τ= ____________。

3. RC 电路中若 R=1kΩ，C=2μF，则过渡过程的时间参数 τ=____________。

4. 组成 RC 微分电路的条件是______________________________。

5. 分析过渡过程的三要素法中的三要素为______________________________。

三、计算题

1. 电路如图 5-14 所示，已知 R=600Ω，C=2μF，U_S=250V，开关 S 合上前电容未充电，求开关合上后，电压 u_C 和电流 i。

2. 电路如图 5-15 所示，U_S=6V，U_0=10V，R=2kΩ，C=1μF，利用三要素法求取 u_C 的响应，并绘制响应曲线。

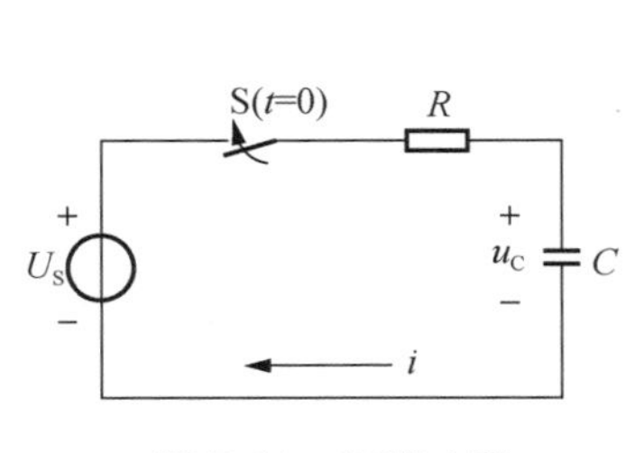

图 5-14　习题 1 图

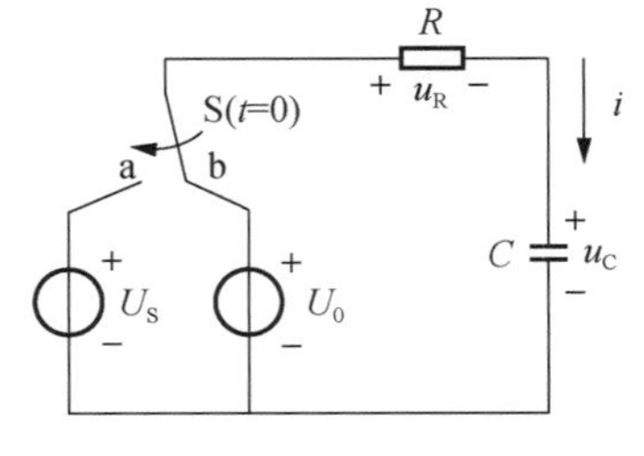

图 5-15　习题 2 图

3. 电路如图 5-16 所示，t<0 时，开关与“1”端闭合，并已达稳态，t=0 时，开关由“1”端转向“2”端，求 t≥0 时的 i_L。

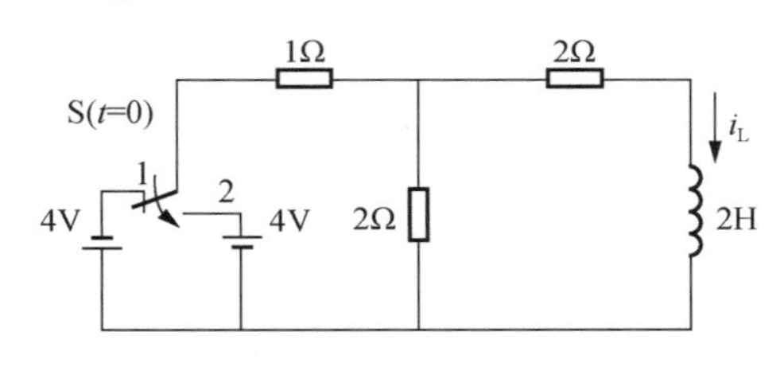

图 5-16　习题 3 图

项目 6

家庭用电线路的装调

【项目要点】

本项目包括正弦交流电的基本概念及电路分析方法；正弦交流电路相量，对称三相电源，三相三线制，相、线电压的关系，相、线电流的关系，对称三相负载星形联结，对称三相负载三角形联结，配电安装工艺，常用电工工具，常用电工材料，生产车间供电线路安装与调试，成本核算与环境保护。

6.1　单相正弦交流应用

6.1.1　正弦交流电的基本概念

1. 正弦交流电的周期与频率

大小和方向随时间作周期性变化的电动势、电压和电流分别称为交变电动势、交变电压和交变电流，统称为交流电。在交流电作用下的电路称为交流电路。

常用的交流电，其电动势、电压和电流是随时间作正弦规律变化的，称为正弦交流电。本章仅讨论正弦交流电，以下所称的交流电均指正弦交流电。

若以横坐标表示时间，纵坐标表示电压，则电压随时间的变化规律可用正弦曲线来表示，正弦函数电压波形图如图 6-1 所示。

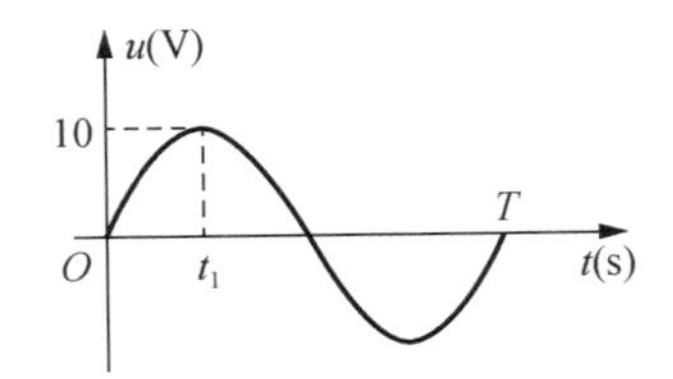

图 6-1　正弦函数电压波形图

交流电循环变化一周所需的时间称为周期，用 T 表示，周期的单位是秒(s)。交流电在某一瞬间的数值称为瞬时值，规定用小写字母来表示，例如 i、u、e 分别表示交变电流、电压、电动势的瞬时值。每秒电流发生变化的次数称为频率，用 f 来表示，频率的单位是赫兹(Hz)，简称赫(即周/秒)。由上述定义可知，频率与周期互为倒数，即：

$$f = \frac{1}{T}$$

我国发电厂发出的交流电，其频率均为 50Hz。这一频率为我国工业用电的标准频率，所以 50Hz 的交流电又称为工频交流电。一般交流电动机、照明、电热等设备，都是按照 50Hz 的交流电来设计制造的。

2. 正弦量的三要素

1)　最大值

图 6-1 所示的正弦量经历一个周期的变化，瞬时值中最大的值叫最大值，也叫振幅值或峰值。

用 I_m、U_m、E_m 分别表示正弦电流、正弦电压和正弦电动势的最大值。

2)　角频率

角频率就是正弦量在单位时间内所经历的电角度，用 ω 表示。由于正弦交流电在一个周期的时间 T 内所经历的电角度是 2π 弧度，所以

$$\omega = \frac{2\pi}{T} = 2\pi f$$

3) 初相

交流发电机所发出的电流、电压都是按正弦规律变化的，所以都可以用正弦函数来表示。例如，一个正弦电压可以表示为

$$u = U_{\mathrm{m}} \sin(\omega t + \varphi) \tag{6-1}$$

式(6-1)中的$(\omega t + \varphi)$是正弦量随时间变化的电角度，它表示正弦函数随时间变化的状态及变化趋势，称为正弦量的相位角，简称相位。t=0 时的相位 φ 称为初相位，简称初相。

初相 φ 的单位与ω的单位一样，都是弧度，有时也用度，计算时二者要统一用相同的单位。

初相的数值与计时起点选择有关，计时起点不同，初相就不同。初相可以大于零，也可以小于零，但规定其绝对值不能超过 180°，即$|\varphi| \leqslant \pi$。

【例 6-1】有三个正弦量分别为：

$i_1 = 5\sin\left(314t - \dfrac{\pi}{2}\right)(\mathrm{A})$，$i_2 = 10\sin\left(500t + \dfrac{3\pi}{2}\right)(\mathrm{A})$，$i_3 = -2\sin\left(314t + \dfrac{\pi}{2}\right)(\mathrm{A})$，试确定三个正弦量的三要素。

解：最大值$I_{1\mathrm{m}} = 5\mathrm{A}$，角频率$\omega_1 = 314\mathrm{rad/s}$，初相$\varphi_1 = -\dfrac{\pi}{2}$。

$$2i_2 = 10\sin\left(500t + \frac{3\pi}{2}\right) = 10\sin\left(500t + \frac{3\pi}{2} - 2\pi\right) = 10\sin\left(500t - \frac{\pi}{2}\right)(\mathrm{A})$$

所以，最大值$I_{2\mathrm{m}} = 10\mathrm{A}$，角频率$\omega_2 = 500\mathrm{rad}/s$，初相$\varphi_2 = -\dfrac{\pi}{2}$。

$$3i_3 = -2\sin\left(314t + \frac{\pi}{2}\right) = 2\sin\left(314t + \frac{\pi}{2} - \pi\right) = 2\sin\left(314t - \frac{\pi}{2}\right)(\mathrm{A})$$

所以，最大值$I_{3\mathrm{m}} = 2\mathrm{A}$，角频率$\omega_3 = 314\mathrm{rad/s}$，初相$\varphi_3 = -\dfrac{\pi}{2}$。

【例 6-2】一个正弦电流的三要素为I_{m}=3A，角频率ω=314 rad/s，初相$\varphi_1 = 30°$。

(1) 写出此电流的正弦量表达式。

(2) 求 t=0.01s 时的瞬时值。

(3) 画出正弦函数的波形图。

解：

(1) 正弦量表达式为

$$i = I_{\mathrm{m}} \sin(\omega t + \varphi) = 3\sin(314t + 30^\circ)(\mathrm{A})$$

(2) t=0.01s 时函数的相位为

$$314t + 30^\circ = 314 \times 0.01 + 30^\circ = \pi + \frac{\pi}{6} = \frac{7\pi}{6}$$

此时电流的瞬时值为

$$i = I_{\mathrm{m}} \sin(\omega t + \varphi) = 3\sin\frac{7\pi}{6} = -3\sin\frac{\pi}{6} = -1.5(\mathrm{A})$$

(3) 正弦函数 i 的波形图如图 6-2 所示。

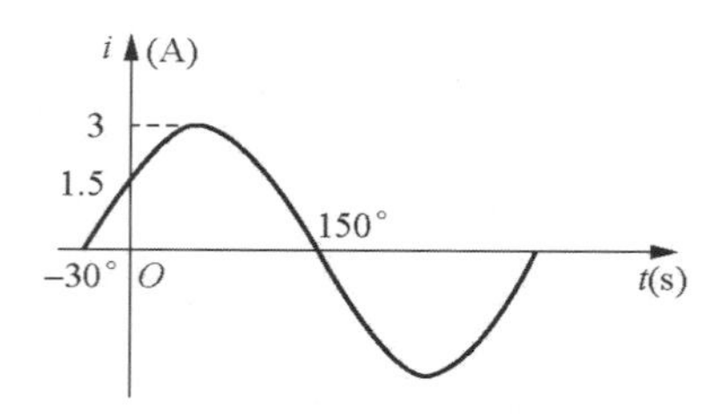

图 6-2　正弦函数 *i* 的波形图

3. 相位差计算

两个同频率正弦量的相位之差，称为相位差。例如：

$$u_1 = U_{m1}\sin(\omega t + \varphi_1)$$

$$u_2 = U_{m2}\sin(\omega t + \varphi_2)$$

则相位差为

$$\varphi_{12} = (\omega t + \varphi_1) - (\omega t + \varphi_2) = \varphi_1 - \varphi_2$$

可见，虽然正弦量的相位是随时间变化的，但同频率正弦量的相位差不随时间改变，等于它们的初相之差。

因此相位差的计算公式为

$$\varphi_{12} = \varphi_1 - \varphi_2$$

【例 6-3】在选定的参考方向下，已知两正弦量的解析式为

$$u = 100\sin(\omega t + 240^\circ)(\text{V}),\quad i = -10\sin(\omega t)(\text{A})$$

求：每个正弦量的振幅值、初相及二者的相位差。

解：

$$u = 100\sin(\omega t + 240^\circ) = 100\sin(\omega t + 240^\circ - 360^\circ) = 100\sin(\omega t - 120^\circ)(\text{V})$$

其振幅值：$U_m = 100(\text{V})$ 初相：

$$i = -10\sin(\omega t) = 10\sin(\omega t + \pi)(\text{A})$$

其振幅值：$I_m = 10(\text{A})$　初相：$\varphi_i = \pi = 180^\circ$。

切记不要错认为 $I_m = -10(\text{A})$，I_m 是只取绝对值的。

其相位差为：$\varphi_{12} = \varphi_u - \varphi_i = -120^\circ - 180^\circ = -300^\circ$

因为 $|-300^\circ| \geqslant \pi$，所以取 $\varphi_{ui} = -300^\circ + 360^\circ = 60^\circ$

4. 正弦量的有效值

正弦交流电的瞬时值是随时间改变的，所以不好用它来计量交流电的大小。那么，用什么量来表示正弦交流电才更确切呢?那就是有效值。

交变电流的有效值是根据其热效应确定的。若使一交变电流 i 和一直流 I 分别通过两个阻值相同的电阻 R，如果在相同的时间 T 内，它们各自在电阻上产生的热量相等，则这两个电流的做功能力是等效的，此直流值叫作该交变电流的有效值。

正弦交流电的有效值与最大值的关系为

$$I=\frac{I_{\mathrm{m}}}{\sqrt{2}}=0.707I_{\mathrm{m}}$$

$$U=\frac{U_{\mathrm{m}}}{\sqrt{2}}=0.707U_{\mathrm{m}}$$

在交流电路中，通常都是计算其有效值。电机、电器等的额定电流、额定电压都用有效值来表示。交流伏特表和安培表的刻度也都是用有效值来表示的，所以交流仪表测得的电流、电压等都是有效值。工程上所说的正弦电流、电压的值指的都是有效值。

6.1.2　正弦量的相量表示法

1. 相量的概念

我们已经学过了正弦量的三角函数(解析式)表示法和正弦量的波形图(正弦曲线)表示法，这两种方法都能比较直观地表示正弦量的三要素，但用来分析电路和进行正弦量的计算都比较烦琐，为此，我们引入一种新的正弦量表示法，即正弦量的相量表示法。

要表示一个矢量，只要给出其大小和方向即可。同样，要表示一个正弦量，只要给出正弦量的三个要素即可。

在正弦量的三个要素中，角频率ω是表示正弦量变化速度的量，在同一个电路中，所有的正弦量角频率都相同，所以角频率的大小不影响正弦量之间的相位关系，正弦量的相位关系完全由它们的初相决定。因此，在表示正弦量时，只要能表示出其大小和初相两个要素即可。把只反映正弦量的两个要素，而隐含着第三个要素的一个旋转矢量叫作相量，用大写字母上方加一个点来表示，$\dot{I}$和$\dot{U}$表示电流与电压的有效值相量，$\dot{I}_{\mathrm{m}}$和$\dot{U}_{\mathrm{m}}$表示电流与电压的最大值相量。

2. 用相量表示正弦量

相量可以反映正弦量的三要素，相量与正弦量之间有一一对应关系，每个正弦量都对应一个相量。

对正弦量$u=U_{\mathrm{m}}\sin(\omega t+\varphi)$可写出其对应的相量为

最大值相量

$$\dot{U}_{\mathrm{m}}=U_{\mathrm{m}}\angle\varphi \tag{6-2}$$

有效值相量

$$\dot{U}=U\angle\varphi \tag{6-3}$$

同样，如果已知一个电流相量

$$\dot{I}=10\angle30^{\circ}(\mathrm{A})$$

则它表示的正弦量为

$$i=10\sqrt{2}\sin(\omega t+30^{\circ})(\mathrm{A})$$

若相量

$$\dot{I}_{\mathrm{m}}=2\angle-30^{\circ}(\mathrm{A})$$

则它表示的正弦量为

$$i = 2\sin(\omega t - 30^\circ)(\mathrm{A})$$

相量只能表示出正弦量三要素中的两个，计算时角频率需另加说明。

3. 相量图

为了计算方便，经常用图形来表示相量，只有同频率的正弦量，其相量才能画在同一复平面上，画在同一复平面上的表示相量的图称为相量图。

电流 $\dot{I} = I\angle 30^\circ$ 和电压 $\dot{U} = U\angle 60^\circ$ 的相量图分别如图 6-3(a)、(b)所示。有时为了方便，在画相量图时，可以不画虚轴，只画实轴。

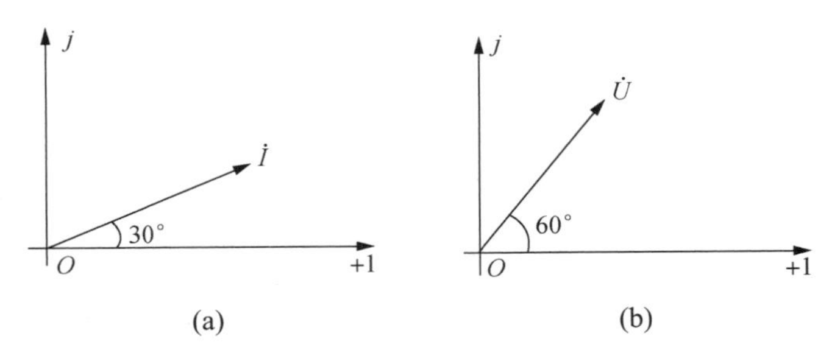

图 6-3　相量图

【例 6-4】正弦量 $u = 141\sin(\omega t - 60^\circ)(\mathrm{V})$，写出该正弦量对应的相量，并画出相量图。

解：
$$\dot{U} = 100\angle -60^\circ = 100\cos(-60^\circ) + \mathrm{j}100\sin(-60^\circ)$$
$$= 100 \times \frac{1}{2} + \mathrm{j}100 \times \left(-\frac{\sqrt{3}}{2}\right) = 50 - \mathrm{j}50\sqrt{3}(\mathrm{V})$$

相量图如图 6-4(a)所示，习惯画成图 6-4(b)。

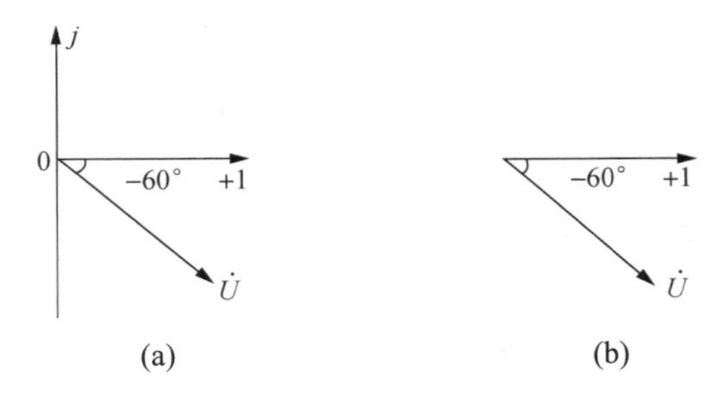

图 6-4　相量图

【例 6-5】已知电流相量和电压相量为：$\dot{I} = -3 + \mathrm{j}4(\mathrm{A})$，$\dot{U} = 176 + \mathrm{j}132(\mathrm{V})$，求它们对应的正弦量。

解：

(1) 电流的极坐标形式为

$$\dot{I} = -3 + \mathrm{j}4 = \sqrt{3^2 + 4^2}\angle \tan^{-1}\left(-\frac{4}{3}\right) = 5\angle 126.9^\circ(\mathrm{A})$$

$$i = 5\sqrt{2}\sin(\omega t + 126.9^\circ)(\mathrm{A})$$

(2) 电压的极坐标形式为

$$\dot{U}=176+\mathrm{j}132=\sqrt{176^2+132^2}\angle\tan^{-1}\left(\frac{132}{176}\right)=220\angle36.9^\circ(\mathrm{V})$$

$$u=220\sqrt{2}\sin(\omega t+36.9^\circ)(\mathrm{V})$$

【例 6-6】 $u_1=8\sqrt{2}\sin(\omega t+60^\circ)\mathrm{V}$，$u_2=6\sqrt{2}\sin(\omega t-30^\circ)\mathrm{V}$，试用相量法求电压 $u=u_1+u_2$。

解：u_1 的相量为：$\dot{U}_1=8\angle60^\circ=8\cos(60^\circ)+\mathrm{j}8\sin(60^\circ)=4+\mathrm{j}4\sqrt{3}(\mathrm{V})$

u_2 的相量为：$\dot{U}_2=6\angle-30^\circ=6\cos(-30^\circ)+\mathrm{j}6\sin(-30^\circ)=3\sqrt{3}-\mathrm{j}3(\mathrm{V})$

所以：$\dot{U}=\dot{U}_1+\dot{U}_2=4+\mathrm{j}4\sqrt{3}+3\sqrt{3}-\mathrm{j}3=9.2+\mathrm{j}3.9=10\angle23^\circ(\mathrm{V})$

$$u=10\sqrt{2}\sin(\omega t+23^\circ)(\mathrm{V})$$

6.1.3　*R*、*L*、*C* 元件的阻抗特性

1. 电阻元件上电压与电流的关系

在直流电路中，电阻元件上电压与电流的关系满足欧姆定律，那么在交流电路中电阻元件上电压和电流的关系又如何呢？从每一瞬时看，二者的关系仍然满足欧姆定律。

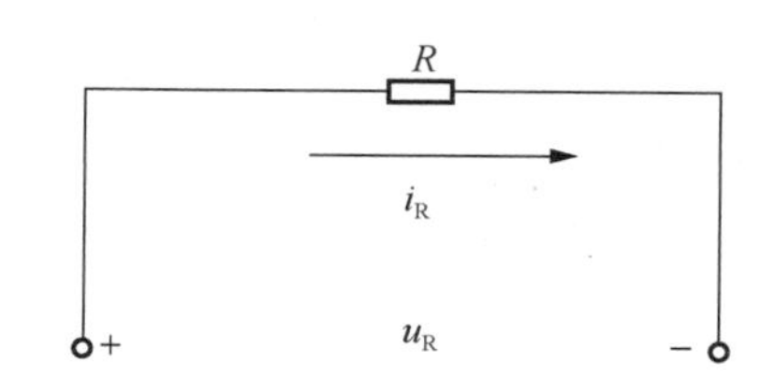

图 6-5　电阻元件

设电压与电流的方向为关联参考方向，如图 6-5 所示，则电压和电流的关系式为

$$i_R=\frac{u_R}{R}$$

当电压与电流的方向为非关联参考方向时，二者的关系为

$$i_R=-\frac{u_R}{R}$$

设 $u_R=U_{Rm}\sin\omega t$，则

$$i_R=\frac{U_R}{R}=\frac{U_{Rm}}{R}\sin\omega t=I_{Rm}\sin\omega t$$

即 $i_R=I_{Rm}\sin\omega t$。

可见 u_R 和 i_R 是同一频率的正弦量，而且在关联参考方向下同相位。

电阻上的电流对应的相量为：$\dot{I}_R=I_R\angle0^\circ$。

电阻上的电压对应的相量为：$\dot{U}_R=RI_R\angle0^\circ=R\dot{I}_R$。

即：

$$\dot{U}_R=R\dot{I}_R \tag{6-4}$$

式(6-4)即为相量形式的欧姆定律。它包含以下两个内容。

(1) 电压相量 $\dot{U}_R$ 与电流相量 $\dot{I}_R$ 同相位。

(2) 电压与电流的大小关系为 $U_R=RI_R$。

【例 6-7】 10Ω电阻上通过的电流为 $i_R=2\sqrt{2}\sin(\omega t+90^\circ)$，求：电压 u_R 及电流、电压的有效值，画出电流、电压的正弦交流曲线。

解：

$$I_R = 2, U_R = RI_R = 10 \times 2 = 20(\text{V})$$

$$U_{Rm} = 20\sqrt{2}\text{V}, u_R = 20\sqrt{2}\sin(\omega t + 90^\circ)$$

电流与电压的正弦交流曲线如图 6-6 所示。

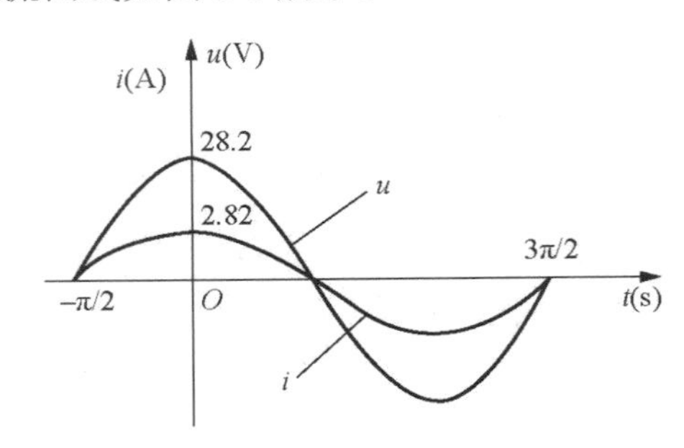

图 6-6　电流与电压的正弦交流曲线

2. 电感元件上电压与电流的关系

把电阻略去不计的线圈看作纯电感元件，当把纯电感元件与电源接通后，就组成一个电感电路。必须指出，实际线圈总是有些电阻的，我们研究这种纯电感元件的目的，是为了了解电感在交流电路中的作用，并为今后进一步分析串联、并联等交流电路打好基础。

一电感元件 L 外接正弦电压 u 时，电感元件中就会有电流 i_L 通过，选择 i_L、u_L、e_L 的参考方向一致，如图 6-7(a)所示。

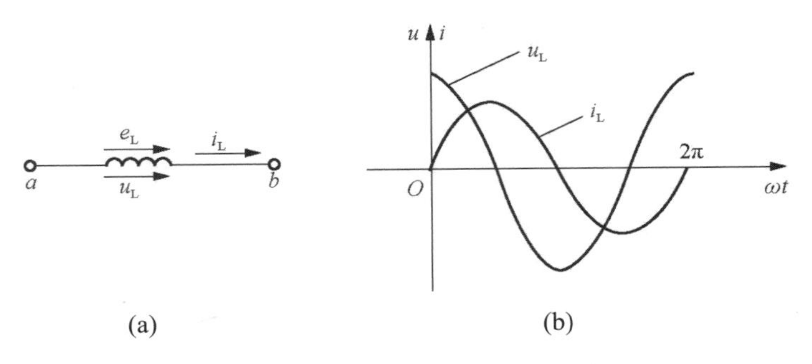

图 6-7　电感元件上电压与电流的关系

则有

$$u_L = -e_L = L\frac{di_L}{dt}$$

设：$i_L = I_{Lm}\sin(\omega t + \varphi_i)$，则

$$u_L = L\frac{di_L}{dt} = L\frac{d}{dt}[I_{Lm}\sin(\omega t + \varphi_i)] = \omega L I_{Lm}\cos(\omega t + \varphi_i)$$

$$= \omega L I_{Lm}\sin\left(\omega t + \varphi_i + \frac{\pi}{2}\right) = U_{Lm}\sin(\omega t + \varphi_u)$$

即

$$u_L = U_{Lm}\sin(\omega t + \varphi_u)$$

电流、电压对应的相量分别为

$$\dot{I}_L = I_L \angle \varphi_i$$

$$\dot{U}_L = \omega L I_L \angle \varphi_i + \frac{\pi}{2} = j\omega L I_L \angle \varphi_i = j\omega L \dot{I} = jX_L \dot{I}_L$$

即

$$\dot{U}_L = jX_L \dot{I}_L$$

其中 $X_L = \omega L = 2\pi f L$ 叫作感抗，单位是欧姆(Ω)。

下面式子中的相量关系式包含了两个电感元件上电压、电流的大小关系：

$$U_{Lm} = X_L I_{Lm},\ U_L = X_L I_L$$

电压、电流的相位关系

$$\varphi_u = \varphi_i + \frac{\pi}{2}$$

可以看出，电感上电压较电流超前 90°，或者说电流滞后电压 90°。波形图如图 6-7(b)所示。

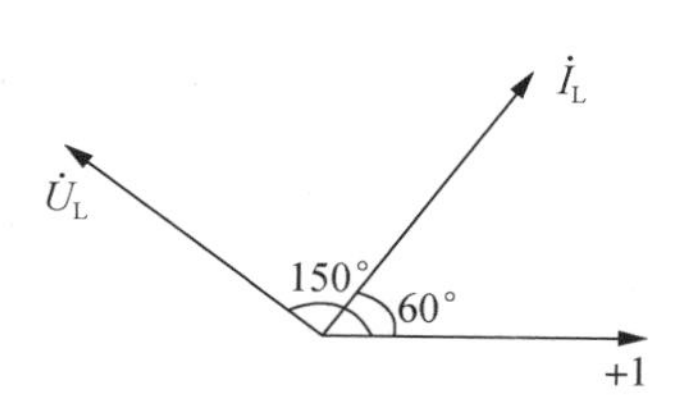

图 6-8　例 6-8 相量图

【例 6-8】 已知通过电感 L=0.2H 的电流 $i = 2\sqrt{2}\sin(314t + 60^\circ)$(A)，求：电感的端电压并画相量图。

解：$X_L = \omega L = 314 \times 0.2 = 62.8(\Omega)$

$$\dot{I}_L = I_L \angle \varphi_i = 2\angle 60^\circ(\text{A})$$

$$\dot{U}_L = jX_L \dot{I}_L = j62.8 \times 2\angle 60^\circ = 125.6\angle 150^\circ(\text{A})$$

相量图如图 6-8 所示。

【例 6-9】 电阻、电感、电容元件串联电路如图 6-9 所示，已知 $R = 30\Omega$，$L = 127\text{mH}$，$C = 40\mu\text{F}$，电源电压 $u = 220\sqrt{2}\sin(314t + 20^\circ)$(V)。

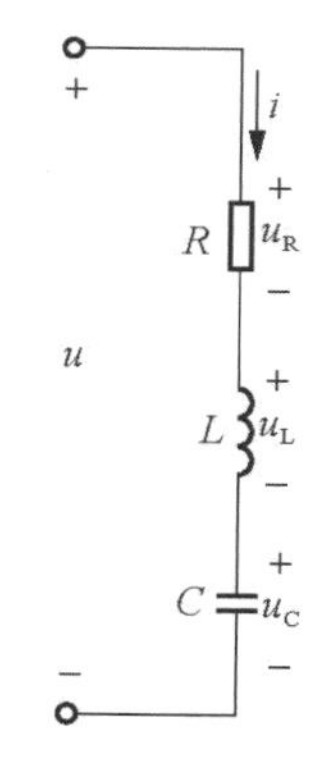

图 6-9　例 6-9 图

求：(1)　感抗、容抗和阻抗值及阻抗角；

(2)　电流的有效值与瞬时值表达式；

(3)　各部分电压的有效值与瞬时值表达式；

(4)　有功功率、无功功率和视在功率；

(5)　判断该电路的性质。

解：(1)　$X_L = \omega L = 314 \times 127 \times 10^{-3} = 40(\Omega)$

$$X_C = \frac{1}{\omega C} = \frac{10^6}{314 \times 40} = 80(\Omega)$$

$$|Z| = \sqrt{R^2 + (X_L - X_C)^2} = \sqrt{30^2 + (40 - 80)^2} = 50(\Omega)$$

$$\varphi = \arctan\frac{X_L - X_C}{R} = \arctan\frac{40 - 80}{30} = -53^\circ$$

(2)　$I = \dfrac{U}{|Z|} = \dfrac{220}{50} = 4.4(\text{A})$

$$I = 4.4\sqrt{2}\sin(314t + 20^\circ + 53^\circ) = 4.4\sqrt{2}\sin(314t + 73^\circ)(\text{A})$$

(3)　$U_R = IR = 4.4 \times 30 = 132(\text{V})$

$u_R = 132\sqrt{2}\sin(314t + 73^\circ)(\text{V})$

$$U_L = IX_L = 4.4 \times 40 = 176(\text{V})$$
$$u_L = 176\sqrt{2}\sin(314t + 73^\circ - 90^\circ) = 176\sqrt{2}\sin(314t + 163^\circ)(\text{V})$$
$$U_C = IX_C = 4.4 \times 80 = 352(\text{V})$$
$$u_C = 352\sqrt{2}\sin(314t + 73^\circ - 90^\circ) = 352\sqrt{2}\sin(314t - 17^\circ)(\text{V})$$

(4) $P = UI\cos\varphi = 220 \times 4.4\cos(-53^\circ) = 580.8(\text{W})$

$$Q = UI\sin\varphi = 220 \times 4.4\sin(-53^\circ) = -774.4(\text{var})$$
$$S = UI = 220 \times 4.4 = 968(\text{V} \cdot \text{A})$$

因为电路中只有电阻消耗功率，而电感和电容只有无功功率，所以，也可以用下列方法计算：

$$P = I^2R = 4.4^2 \times 30 = 580.8(\text{W})$$
$$Q = I^2X_L - I^2X_C = 4.4^2 \times 80 = -774.4(\text{var})$$

(5) 不论是从阻抗角的正、负，还是从电压、电流的相位关系，或是从无功功率的正、负，都很容易得出：电路是容性的。

3. 电容元件上电压与电流的关系

电容元件上电压与电流的关系如图 6-10(a)所示，选定u_C、i_C的参考方向一致，设外接正弦交流电压为：

$$u_C = U_{Cm}\sin(\omega t + \varphi_u)$$

则电路中电流为：

$$i_C = C\frac{du_C}{dt} = C\frac{d}{dt}[U_{Cm}\sin(\omega t + \varphi_u)] = \omega CU_{Cm}\cos(\omega t + \varphi_u)$$
$$= \omega CU_{Cm}\sin\left(\omega t + \varphi_u + \frac{\pi}{2}\right) = \omega CU_{Cm}\sin(\omega t + \varphi_i)$$

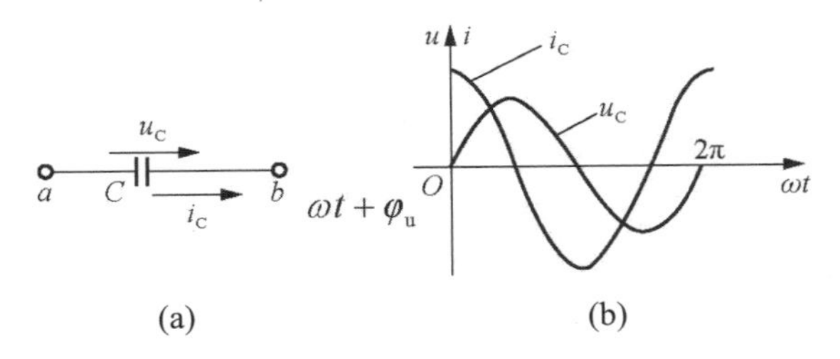

图 6-10　电容元件上电压与电流的关系

即

$$i_C = I_{Cm}\sin(\omega t + \varphi_i)$$

因此得：

$$I_{Cm} = \omega CU_{Cm} = \frac{U_{Cm}}{X_C}$$
$$i_C = C\frac{du_C}{dt} = C\frac{d}{dt}[U_{Cm}\sin(\omega t + \varphi_u)]$$

即

$$I_{Cm}=\frac{U_{Cm}}{X_C}$$

或

$$I_C=\frac{U_C}{X_C}$$

其中

$$X_C=\frac{1}{\omega C}=\frac{1}{2\pi fC}$$

X_C称为容抗，单位是Ω。

电压与电流的相位关系为：

$$\varphi_i=\varphi_u+\frac{\pi}{2}$$

可以看出u_C、i_C为同频率正弦量，关联方向下，i_C比u_C超前90°，波形如图6-10(b)所示。

将电流、电压用相量表示为：

$$\dot{U}_C=U_C\angle\varphi_u$$

即：

$$\dot{I}_C=\omega CU_C\angle\left(\varphi_u+\frac{\pi}{2}\right)=\mathrm{j}\omega C\dot{U}_C=\mathrm{j}\frac{\dot{U}_C}{X_C}$$

$$\dot{U}_C=-\mathrm{j}X_C\dot{I}_C \tag{6-5}$$

式(6-5)称为电容元件上电压与电流的相量关系式。它既包含了电容元件上电压与电流有效值关系，$U_C=I_CX_C$，又包含了电流超前电压π/2。

【例6-10】流过50pF电容的电流为$i=141\sin(300t+60°)(\text{mA})$，试求电容元件两端的电压$u_C$，并绘出相量图。

解：

$$\dot{I}_c=100\times10^{-3}\angle60°=0.1\angle60°(\text{A})$$

$$X_C=\frac{1}{\omega C}=\frac{1}{300\times50\times10^{-6}}=66.7(\Omega)$$

$$\dot{U}_C=-\mathrm{j}X_C\dot{I}_C=-\mathrm{j}66.7\times0.1\angle60°=66.7\angle-90°\times0.1\angle60°=6.67\angle-30°(\text{V})$$

所以$u_C=6.67\sqrt{2}\sin(300t-30°)(\text{V})$，相量图如图6-11所示。

6.1.4　电容特性检测

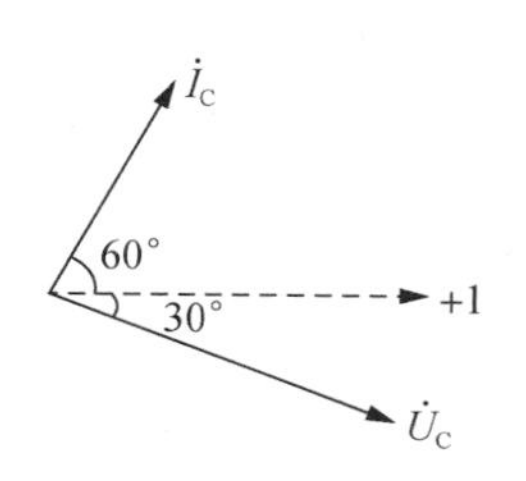

图6-11　例6-10相量图

两波形间相位差测量电路如图6-12所示，将函数信号发生器的输出调成频率1kHz、幅值为2V的正弦波，经RC移相网络获得频率相同但相位不同的两路信号U_i和U_R，分别加到双踪示波器的 Y1 和 Y2 输入端。为了便于稳定波形，比较两波形相位差，应使内触发信号取自被设定作为测量基准的一路信号。

把显示方式开关置于“交替”挡位，将 Y1 和 Y2 输入耦合方式开关置于“⊥”挡位，调节 Y1、Y2 的(↑↓)位移旋钮，使两条扫描基线重合。

将 Y1、Y2 输入耦合方式开关置于“AC”挡位，调节触发电平旋钮、扫速开关及 Y1、Y2 灵敏度开关位置，使在显示屏上显示出易于观察的两个相位不同的正弦波形 u 及 u_R，如图 6-13 所示。根据两波形在水平方向差距 X 及信号周期 X_T，通过下面的公式可求得两波形的相位差，即

$$\theta = \frac{X}{X_T} \times 360^\circ$$

式中：X_T——一周期所占格数；

X——两波形在 X 轴方向差距格数。

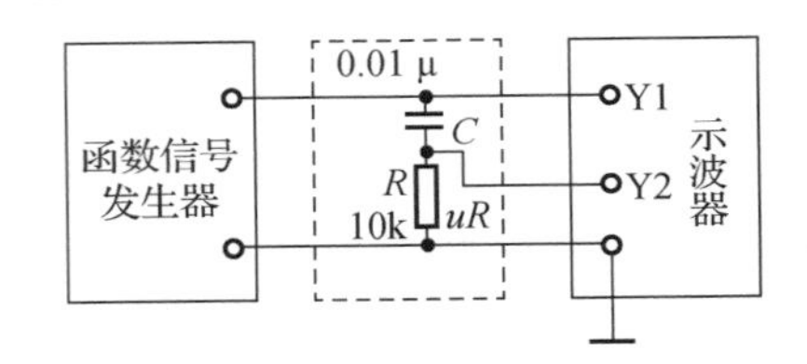

图 6-12　两波形间相位差测量电路

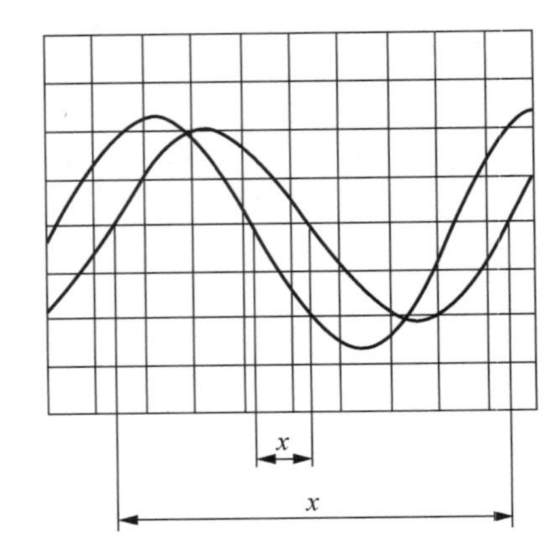

图 6-13　双踪示波器显示两相位不同的正弦波

记录两波形相位差于表 6-1 中。

表 6-1　两波形相位差

一周期格数	两波形 X 轴差距格数	相 位 差	
		实 测 值	计 算 值
X_T=	X=	θ =	θ =

为了读数和计算方便，可适当地调节扫速开关及微调旋钮，使波形一周期占整数格。

【想一想】

在正弦交变信号作用下，R、L、C 电路元件在电路中的阻抗角有什么不同？

项目评价表见表 6-2。

表 6-2　项目评价表

项　目		考核要求	分　值
理论知识	R、L 和 C 阻抗特性	能正确掌握 R、L 和 C 阻抗特性	15
	相量	能正确理解相量的意义	20
操作技能	准备工作	10min 内完成仪器和元器件的整理工作	10
	变量检测	能正确完成电路中变量波形的检测	30
	用电安全	严格遵守电工作业章程	10
职业素养	思政表现	能遵守安全规程与实验室管理制度，展现工匠精神	15
项目成绩			
总评			

6.1.5　RLC 串联电路

RLC 串联电路的相量模型如图 6-12 所示，按习惯选定有关各量的参考方向为关联参考方向，如图 6-14 所示。

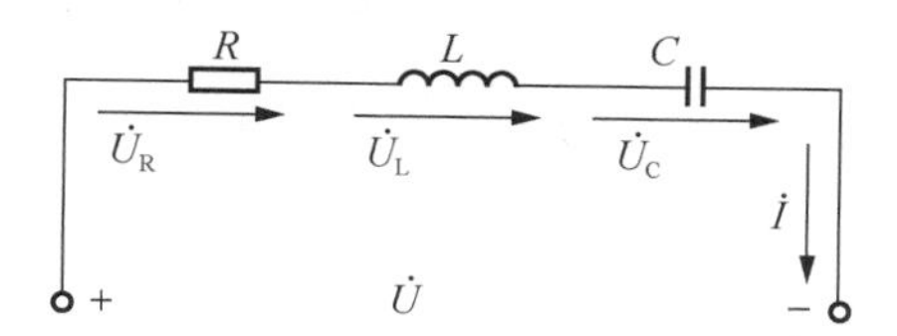

图 6-14　RLC 串联电路

以电流为参考量，设电路中电流为 $i = I_m \sin \omega t$，则对应的相量为：

$$\dot{I} = I\angle 0^\circ$$

电阻上电压 $\dot{U}_R = R\dot{I}$

电感上电压 $\dot{U}_L = jX_L\dot{I}$

电容上电压 $\dot{U}_C = -jX_C\dot{I}$

根据 KVL：

$$\dot{U} = \dot{U}_R + \dot{U}_L + \dot{U}_C = R\dot{I} + jX_L\dot{I} - jX_C\dot{I} = (R + jX_L - jX_C)\dot{I} = Z\dot{I}$$

即

$$\dot{U} = Z\dot{I} \tag{6-6}$$

式(6-6)就是串联电路相量形式的欧姆定律。

其中 $Z = R + j(X_L - X_C) = R + jX = |Z|\angle\varphi$ 叫作复阻抗；$X = X_L - X_C$ 称为电抗；$|Z| = \sqrt{R^2 + (X_L - X_C)^2}$ 为复阻抗的模，可用三角形表示，如图 6-15 所示。

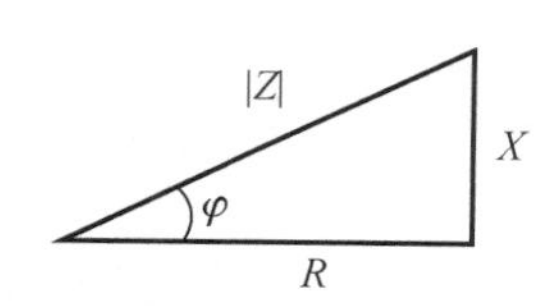

图 6-15　阻抗三角形

$\varphi = \arctan\dfrac{X}{R} = \arctan\dfrac{X_L - X_C}{R}$ 为电压超电流的角度。

根据串联元件的参数不同，串联电路的性质可分为以下三种情况。

(1) 感性电路。当 $X_L>X_C$，即 $X>0$ 时，电抗角ψ为正值，电路呈感性，此时电路中电压超前电流，$U_L>U_C$，相量图如图 6-16(a)所示。

(2) 容性电路。当 $X_L<X_C$，即 $X<0$ 时，电抗角ψ为负值，电路呈容性，此时电路中电压滞后电流，$U_L<U_C$，相量图如图 6-16(b)所示。

(3) 电阻性电路。当 $X=0$，即 $X_L=X_C$、$U_L=U_C$ 时，电抗角$\psi=0$，电路呈电阻性，此时电路中电压与电流同相，相量图如图 6-16(c)所示。

其中 $U_X=U_L-U_C$。

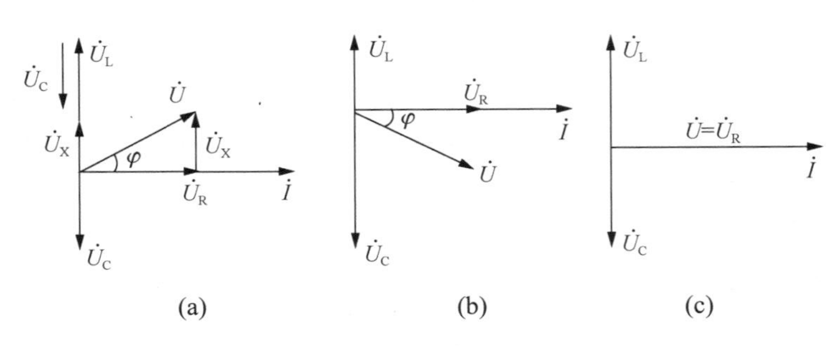

图 6-16 相量图

【例 6-11】已知电阻 $R=30\Omega$，电感 $L=382\text{mH}$，电容 $C=40\mu\text{F}$ 组成的串联电路，接于电压 $u=220\sqrt{2}\sin(314t+100^\circ)(\text{V})$ 的两端，试求 Z、$\dot{I}$、$\dot{U}_R$、$\dot{U}_L$、$\dot{U}_C$ 并画相量图。

解：

$$Z=R+\text{j}(X_L-X_C)=30+\text{j}\left(314\times0.382-\frac{1}{314\times40\times10^{-6}}\right)$$

$$=30+\text{j}40$$

$$=50\angle53.1^\circ(\Omega)$$

令

$$\dot{U}=220\angle100^\circ(\text{V})$$

则：

$$\dot{I}=\frac{\dot{U}}{Z}=\frac{220\angle100^\circ}{50\angle53.1^\circ}=4.4\angle46.9^\circ(\text{A})$$

$$\dot{U}_R=R\dot{I}=30\times4.4\angle46.9^\circ=132\angle46.9^\circ(\text{V})$$

$$\dot{U}_L=\text{j}X_L\dot{I}=120\angle90^\circ\times4.4\angle46.9^\circ=528\angle136.9^\circ(\text{V})$$

$$\dot{U}_C=-\text{j}X_C\dot{I}=80\angle-90^\circ\times4.4\angle46.9^\circ=352\angle-43.1^\circ(\text{V})$$

相量图如图 6-17 所示。

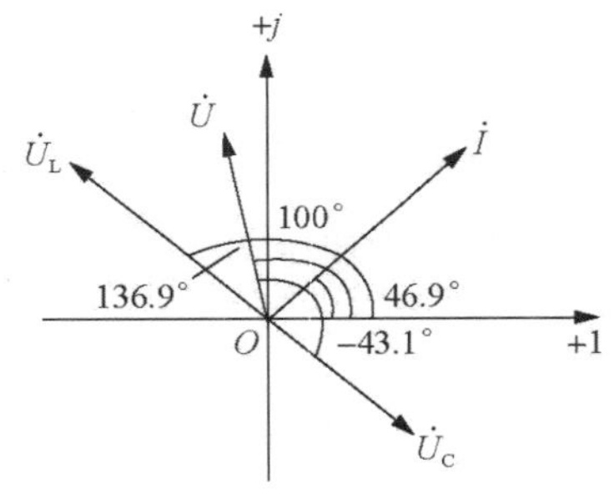

图 6-17 例 6-11 相量图

6.1.6 并联电路的复阻抗计算法

两个复阻抗并联的电路如图 6-18(a)所示，如果把两个复阻抗等效，则可得图 6-18(b)所示的电路。根据基尔霍夫定律的相量形式可得：

$$\dot{I}=\dot{I}_1+\dot{I}_2=\frac{\dot{U}}{Z_1}+\frac{\dot{U}}{Z_2}=\dot{U}\left(\frac{1}{Z_1}+\frac{1}{Z_2}\right)$$

其中：

$$\dot{I}=\frac{\dot{U}}{Z},\ Z=\frac{Z_1Z_2}{Z_1+Z_2}$$

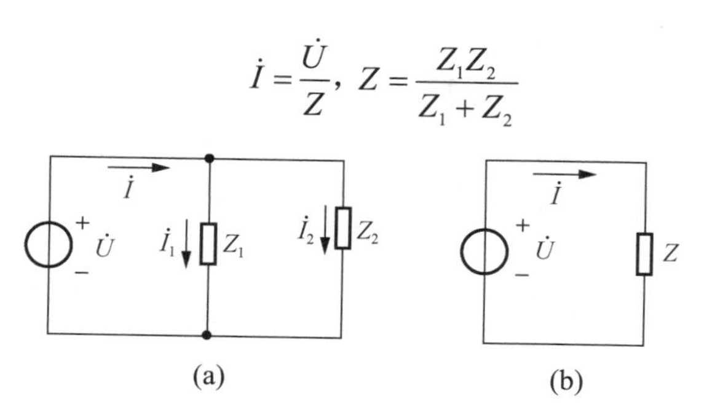

图 6-18　复阻抗等效电路

当多个复阻抗并联时有：

$$\frac{1}{Z}=\sum\frac{1}{Z_{\mathrm{K}}}$$

【例 6-12】两个复阻抗$Z_1=3+\mathrm{j}4\Omega$，$Z_2=10+\mathrm{j}10\Omega$ 并联后接于电压$u=220\sqrt{2}\sin(314t+30^\circ)$的电源上，电路如图 6-18(a)所示，试求其等效复阻抗 Z，支路电流 I_1、I_2 和总电流 I。

解：$\dot{U}=220\angle30^\circ$

$Z_1=3+\mathrm{j}4\Omega=5\angle53.1^\circ(\Omega)$，$Z_2=10+\mathrm{j}10\Omega=10\sqrt{2}\angle45^\circ(\Omega)$

$$\dot{I}_1=\frac{\dot{U}}{Z_1}=\frac{220\angle30^\circ}{5\angle53.1^\circ}=44\angle-23.1^\circ=40.5-\mathrm{j}17.3(\mathrm{A})$$

$$\dot{I}_2=\frac{\dot{U}}{Z_2}=\frac{220\angle30^\circ}{10\sqrt{2}\angle45^\circ}=11\sqrt{2}\angle-15^\circ=15-\mathrm{j}4(\mathrm{A})$$

$$\dot{I}=\dot{I}_1+\dot{I}_2=40.5-\mathrm{j}17.3+15-\mathrm{j}4=55.5-\mathrm{j}21.3(\mathrm{A})=59.4\angle-21^\circ(\mathrm{A})$$

$$Z=\frac{\dot{U}}{\dot{I}}=\frac{220\angle30^\circ}{59.4\angle-21^\circ}=3.7\angle51^\circ$$

6.1.7　正弦交流电路的功率

1. 有功功率

在正弦交流电路中，只有电阻消耗能量，这种消耗的能量称电路的有功功率(P)，即

$$P=UI\cos\varphi=U_{\mathrm{R}}I=I^2R$$

有功功率的单位为 W(瓦)。

2. 无功功率

电感和电容虽然不消耗能量，但与电源之间进行着周期性的能量交换，这种交换功率称无功功率(Q)，为

$$Q=UI\sin\varphi=U_{\mathrm{X}}I=I^2X$$

无功功率的单位为乏尔，符号为 var，简称乏。

3. 视在功率

电路中电流与总电压的乘积称为视在功率(S)，即：

$$S = UI = \sqrt{P^2 + Q^2}$$

视在功率的单位为伏安(V • A)。它是电器设备的容量。

正弦交流电的三个功率满足三角形关系，φ 为总电压与总电流的夹角，如图 6-19 所示。

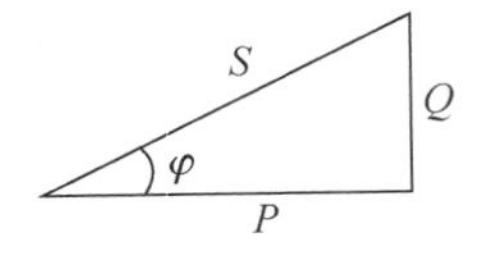

图 6-19 功率三角形

【例 6-13】已知 R=8Ω，X_L=4Ω，X_C=10Ω，串接于电压 $u = 40\sqrt{2}\sin(\omega t + 120^\circ)(\text{V})$，求：$Z$、$i$ 及功率 P、Q、S。

解：$Z = R + \text{j}(X_L - X_C) = 8 + \text{j}(4 - 10) = 8 - \text{j}6 = 10\angle -36.9^\circ(\Omega)$

$$\dot{I} = \frac{\dot{U}}{Z} = \frac{40\angle 120^\circ}{10\angle -36.9^\circ} = 4\angle 156.9^\circ(\text{A})$$

所以

$$i = 4\sqrt{2}\sin(\omega t + 156.9^\circ)(\text{A})$$

有功功率

$$P = UI\cos\varphi = 40 \times 4\cos(-36.9^\circ) = 128(\text{W})$$

无功功率

$$Q = UI\sin\varphi = 40 \times 4\sin(-36.9^\circ) = -96(\text{var})$$

视在功率

$$S = UI = 40 \times 4 = 160(\text{V} \bullet \text{A})$$

4. 功率因数的提高

电源发出的有功功率 P=Scosφ，其中 cosφ 称功率因数。功率因数的大小影响着电路的有功出力，负载的功率因数低会造成以下不良后果：首先，电源设备的有功出力不能充分利用；其次，使供电线路的功率损失和电压降增加。常用电路的功率因数见表 6-3。

目前市场上的大功率家用电器，大致分为电阻性和电感性两大类。电阻性负载的家用电器以纯电阻为负载参数，电流通过时会转换成光能、热能，如白炽灯、电水壶、电炒锅、电饭煲、电熨斗等。电感性负载的家用电器电能转变为机械能或其他形式的能量，如以电动机作动力的洗衣机、电冰箱、抽油烟机、电风扇、空调等。

比如，同样 40W 的白炽灯和荧光灯，假定白炽灯 cosφ=1，而荧光灯 cosφ=0.5，根据 P=UIcosφ，可以计算出白炽灯的电流为 0.182A，而荧光灯电流为 0.364A，明显，在相同功率的情况下，荧光灯对发电设备与供电设备的容量要求比较大，一般供电局要求用户的 cosφ=0.85，否则要受处罚。

表 6-3 常用电路的功率因数

纯电阻电路	cosφ=1(φ=0)
纯电感电路或纯电容电路	cosφ=0 (φ= ±90°)

续表

RLC 串联电路		$0< \cos\varphi <1(-90° < \varphi <90°)$
电动机	空载	$\cos\varphi=0.2\sim0.3$
	满载	$\cos\varphi=0.7\sim0.9$
日光灯 (RLC 串联电路)		$\cos\varphi=0.5\sim0.6$

由于感性负载的功率因数有时比较低，使家庭用电的总功率因数达不到要求的 0.85 以上，需进行功率因数的提高，称为无功功率的补偿。

图 6-20(a)所示为感性电路并联电容提高线路的功率因数。并联电容之前线路的电流有 $\dot{I}=\dot{I}_1$，电路的功率因数就是 $\cos\varphi_1$。并联电容后，线路的总电流减小了，整个电路的功率因数由原来的 $\cos\varphi_1$ 提高到了 $\cos\varphi$。提高电路功率因数的电容器，称为补偿电容器，其电流相位超电压 90°，其相量图如图 6-20(b)所示。

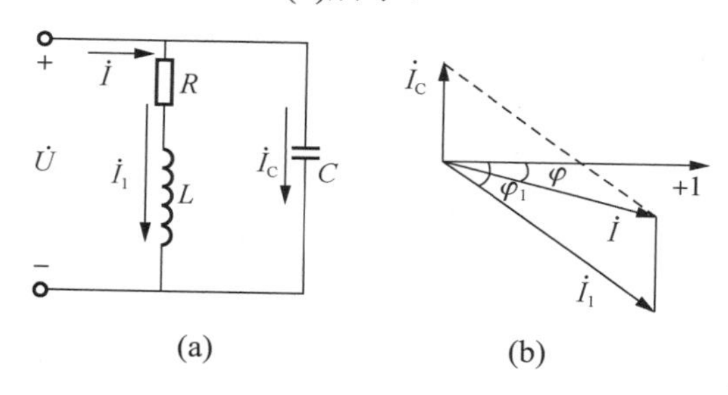

图 6-20　并联电容补偿功率因数

并联电容前 $P=UI_1\cos\varphi_1$，$I_1=\dfrac{P}{U\cos\varphi_1}$。

并联电容后 $P=UI\cos\varphi$，$I=\dfrac{P}{U\cos\varphi}$。

一般情况下很难做到完全补偿(即：$\cos\varphi=1$)，那么功率因数补偿成感性好，还是容性好呢？

在 φ 角相同的情况下，补偿成容性要求使用的电容容量更大，经济上不划算，所以一般工作在欠补偿状态，补偿电容状态如图 6-21 所示。

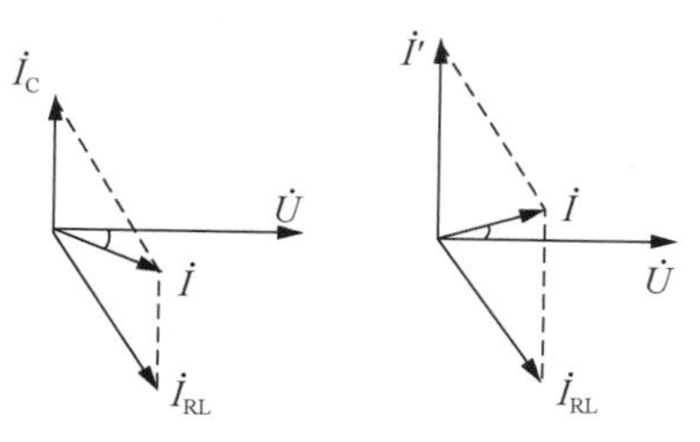

(a) 欠补偿　　(b) 过补偿(电容较大)

图 6-21　补偿电容

6.1.8 谐振电路

1. 串联谐振

1) 串联谐振定义和条件

在电阻、电感、电容串联的电路中，当电路端电压和电流同相时，电路呈电阻性，这种状态叫作串联谐振。

先做一个简单的实验，串联谐振电路如图 6-22 所示，将元件 R、L 和 C 与一个小灯泡串联，接在频率可调的正弦交流电源上，并保持电源电压不变。

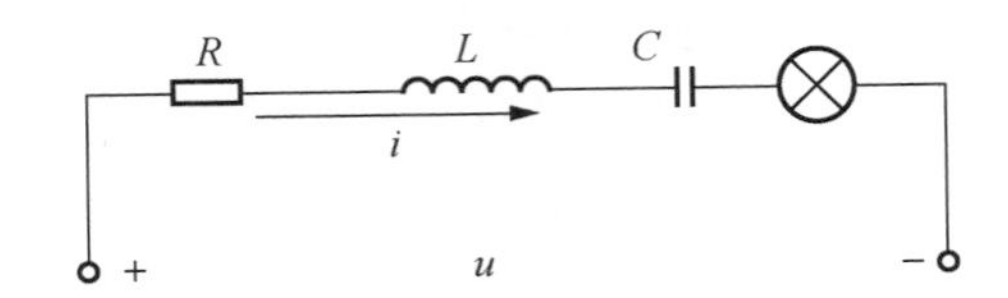

图 6-22 串联谐振电路

实验时，将电源频率逐渐由小调大，发现小灯泡也慢慢地由暗变亮。当达到某一频率时，小灯泡最亮；当频率继续增加时，又会发现小灯泡又慢慢地由亮变暗。小灯泡亮度随频率改变而变化，意味着电路中的电流随频率而变化，怎么解释这个现象呢?

在电路两端加上正弦电压 u，根据欧姆定律有

$$I=\frac{U}{|Z|}$$

式中

$$|Z|=\sqrt{R^2+(X_L-X_C)^2}=\sqrt{R^2+\left(\omega L-\frac{1}{\omega C}\right)^2}$$

当容抗和感抗恰好相等时，阻抗最小且为纯电阻，所以电流最大，且与端电压同相，这就发生了串联谐振。

根据上述分析，串联谐振的条件为：

$$X_L=X_C$$

即

$$\omega_0 L=\frac{1}{\omega_0 C}$$

$$\omega_0=\frac{1}{\sqrt{LC}}$$

$$f_0=\frac{1}{2\pi\sqrt{LC}}$$

ω_0 称为谐振角频率，f_0 称为谐振频率。

2) 串联谐振的特点

(1) 串联谐振时，$X_L=X_C$，故谐振时电路的阻抗大小为

$$|Z_0|=R$$

其值最小，且为纯电阻性。

(2) 串联谐振时，因阻抗最小，在电源电压一定时，电流最大，其值为

$$I_0=\frac{U}{|Z_0|}=\frac{U}{R}$$

由于电路呈纯电阻性，故电流与电源电压同相 $\varphi=0$。

(3) 电阻两端电压等于总电压，电感和电容两端的电压相等，其大小为总电压的 Q 倍，即：

$$U_{\mathrm{R}}=I_0R=\frac{U}{R}R=U$$

$$U_{\mathrm{R}}=I_0X_{\mathrm{L}}=\frac{\omega_0L}{R}U=\frac{1}{\omega_0CR}U=I_0X_{\mathrm{C}}=U_{\mathrm{C0}}=QU$$

式中 Q 称为串联谐振电路的品质因数，其值为

$$Q=\frac{\omega_0L}{R}=\frac{1}{\omega_0CR}$$

谐振电路中的品质因数一般可达 100 左右，可见，电感和电容上的电压比电源电压大很多倍，故串联谐振也叫电压谐振。所以在电子技术中，由于外来信号微弱，常常利用串联谐振来获得一个与信号电压频率相同，但大很多倍的电压。

3) 串联谐振的应用

在收音机中，常常利用串联谐振电路来选择电台信号，这个过程叫调谐。当各种不同频率信号的电波在天线上产生感应电流时，如图 6-23 所示，电流经过线圈 L_1 感应到线圈 L_2，如果 L_2C 回路对某一信号频率发生谐振时，回路中该信号的电流最大，则在电容器两端产生一个高于该信号电压 Q 倍的电压 U_{CO}；而对于其他各种频率的信号，因为没有发生谐振，在回路中电流很小，从而被电路抑制掉。所以，可以通过改变电容器的电容 C，以改变回路的谐振频率来选择需要的电台信号。

2. 并联谐振

由于串联谐振时电路的阻抗最小，因此串联谐振电路适合于低内阻信号源，对于高内阻信号源，则应该采用并联谐振电路。工程上最常见的并联谐振电路就是由电容和线圈构成的并联电路，其电路模型如图 6-24 所示。

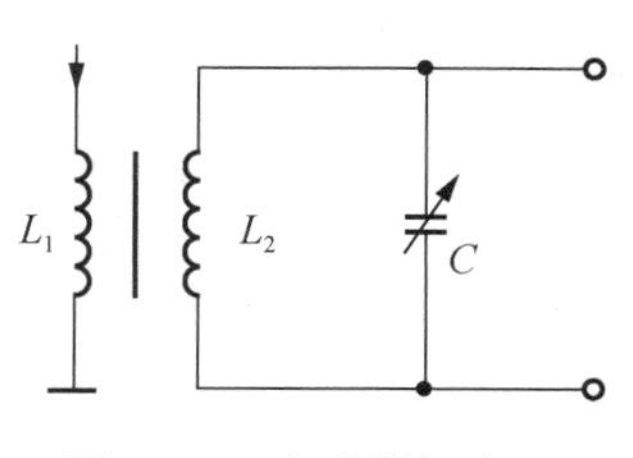

图 6-23　串联谐振应用

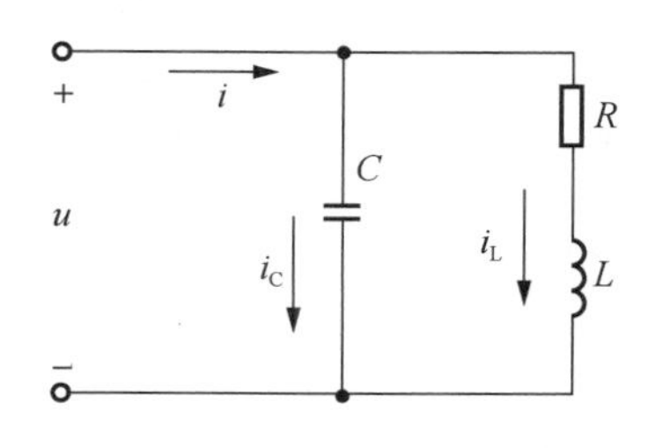

图 6-24　并联谐振电路

1) 并联谐振的条件

并联谐振的条件与串联谐振相同，即：

$$X_{\mathrm{C}}=X_{\mathrm{L}}$$

2) 并联谐振的特点

(1) 阻抗的模最大，电路特性呈现为电阻性，回路的端电压与电流同相。

$$Z_0 = \frac{L}{RC}$$

(2) 当输入的信号源为恒流源时，并联回路的端电压最大。两个支路电流的大小近似相等，等于总电流的 Q 倍，因此并联谐振也叫作电流谐振。

$$I_{L0} = I_{C0} \approx QI_0$$

6.1.9 RLC 串联电路谐振的检测

串联电路中电阻 R_1=100Ω，电容 C_1=0.1μF，电感 L_1=5mH，可组成串联谐振电路，参考电路如图 6-25 所示，也可以自拟电路参数。

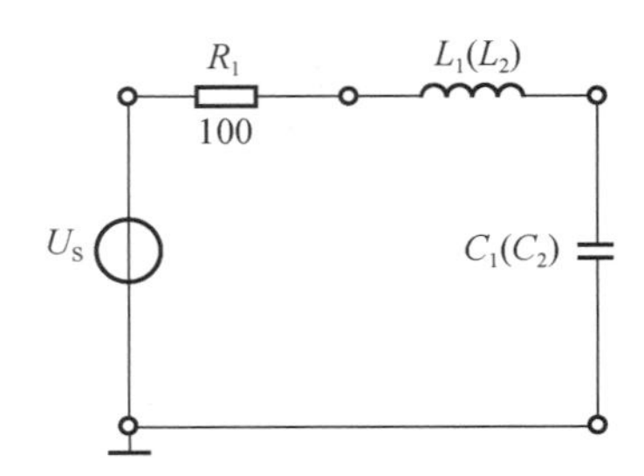

图 6-25　串联谐振电路

计算出谐振频率 f_0 和品质因数 Q 的值并记入表 6-4 中。在调频过程中，要始终保持电源电压不变，测量并记录下电路谐振时对应频率 f_0 及各量。

表 6-4　RLC 串联电路测试记录表

序号	电路状态		测量					计算				
			f	U_R	U_L	U_C	U_X	Z	I	X_L	X_C	X
1	谐　　振											
2	$0.7U_{R0}$	$f_1 < f_0$										
		$f_2 > f_0$										
3	$0.5U_{R0}$	$f_3 < f_0$										
		$f_4 > f_0$										
4	$0.3U_{R0}$	$f_5 < f_0$										
		$f_6 > f_0$										
5	当 U_C 最大时											
	当 U_L 最大时											
电路参数：U_S= 3V，　R_1= 100Ω，　L_1=5mH，　C= 0.1μF												
计　　算：$f_0=1/2\pi\sqrt{LC}$ =　　　　　，　Q=												

【注意事项】

(1) 实验调试过程要始终保持信号源输出幅度 3V 不变，改变频率时尤其需注意。

(2) 电压表或毫伏表量程要选择合适，测量前必须先把测试笔短接调零。

(3) 为了加快调测速度、节奏，做到调测时心中有数，要根据电路参数计算出电路的固有谐振频率 f_0、电路品质因数 Q 值。这样不仅便于选择频率范围、量程，还可随时判断测量结果是否正确，不然只能事倍功半，或测试结果根本无意义。

(4) 测电路谐振时的电感电压 U_{L0} 与电容电压 U_{C0} 时，表笔“–”端应接 L、C 元件之间，并且一定要根据电路 Q 值大小(Q 值越大、$U_L=U_C=QU_S$ 电压越高)情况换用大的量程或合适的量程。

项目评价表见表 6-5。

表 6-5　项目评价表

项　目		考核要求	分　值
理论知识	RLC 串联特性	能正确掌握 RLC 串联特性	15
	谐振主要参数	能正确理解谐振参数的意义	20
操作技能	准备工作	10min 内完成仪器和元器件的整理工作	10
	变量检测	能正确完成电路中主要参数的检测	30
	用电安全	严格遵守电工作业章程	10
职业素养	思政表现	能遵守安全规程与实验室管理制度，展现工匠精神	15
项目成绩			
总评			

6.2　三相正弦交流电

6.2.1　对称三相电源

1. 对称三相电源的构成

在一个发电机上同时产生三个有效值相等、频率相同、相位互差 120° 的正弦电压，这样的电源就是对称三相交流电源(本书如没有特别说明，均为对称三相交流电源)。其电动势称三相交流电动势，采用三相交流电源供电的体系叫作三相制。

目前，我们国家广泛使用三相制方式供电，因为它具有供电效率高、输变电节省材料、运行稳定、使用方便、便于维护等优点。通常我们使用的单相正弦交流电多数也是从三相电源获得的。

单相发电机含有一个绕组，运行时产生一个感应电动势，而三相发电机含有三个绕组，运行时每个绕组都相当于一个电源。所以，三个绕组同时感应出三个电动势，这三个电动势的大小及相位关系由三个绕组的空间关系决定。

三相发电机的示意电路如图 6-26 所示，各相绕组的首端分别以 A、B、C 标记，尾端分别以 X、Y、Z 标记，则 AX 绕组叫作 A 相，它产生的电动势记为 e_A，绕组 BY 叫作 B 相，它产生的电动势记为 e_B，绕组 CZ 叫作 C 相，它产生的电动势记为 e_C。若三个绕组的匝数、尺寸等参数都相同，三相绕组的首端或尾端互差 120° 角，则它们产生的三相电动势为：

$$\begin{cases} e_A = E_m \sin \omega t(\text{V}) \\ e_B = E_m \sin(\omega t - 120^\circ)(\text{V}) \\ e_C = E_m \sin(\omega t - 240^\circ) = E_m \sin(\omega t + 120^\circ)(\text{V}) \end{cases}$$

它们有效值相等、频率相同、相位互差 120° ，称为对称三相电动势。其对应的正弦电压为：

$$\begin{cases} u_A = U_{Am} \sin \omega t = U_m \sin \omega t(\text{V}) \\ u_B = U_{Bm} \sin(\omega t - 120^\circ) = U_m \sin(\omega t - 120^\circ)(\text{V}) \\ u_C = U_{Cm} \sin(\omega t - 240^\circ) = U_m \sin(\omega t + 120^\circ)(\text{V}) \end{cases}$$

可见，u_B 滞后 u_A 120°， u_C 滞后 u_B 120°， u_C 滞后 u_A 240°(或者说 u_C 超前 u_A 120°)。

将上述三个正弦电压用相量表示可得：

$$\begin{cases} \dot{U}_A = U\angle 0^\circ(\text{V}) \\ \dot{U}_B = U\angle -120^\circ(\text{V}) \\ \dot{U}_C = U\angle 120^\circ(\text{V}) \end{cases}$$

对称三相正弦电压达到最大值或零值的顺序称为相序，上述相位顺序称为正相序(见图 6-26)，即 A—B—C—A，反之称为负相序。一般的三相电源都为正相序。工程上通常以黄、绿、红三种颜色分别表示 A、B、C 三相。

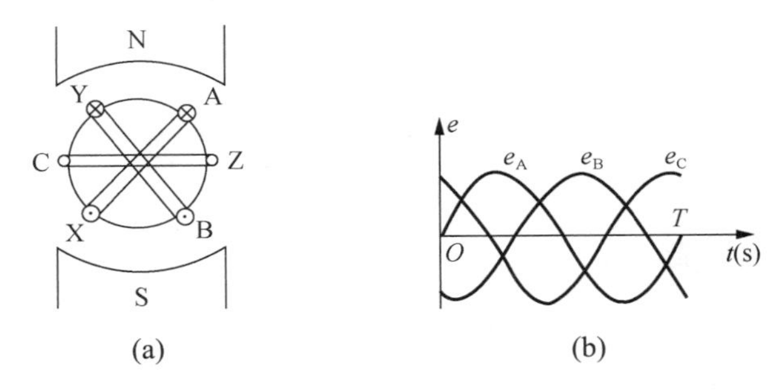

图 6-26　对称三相电源

2. 三相电源的连接

三相发电机的三相绕组每一相都是一个独立的电源，可以接上负载作为三个单相电路。但是实际上三相电源都不是作为独立电源对外供电的，而是按照一定方式连接后对外供电。通常三相电源有两种连接方式：星形连接和三角形连接。

1)　三相电源的星形连接

将三相绕组的尾端 X、Y、Z 连在一起，作为一个公共点，首端分别引出一条线，这样的连接方式叫作星形连接，用符号 Y 表示。其中的公共点叫作中点或零点，从中点引出的一条线叫作中线，从每相的首端引出的线叫作端线或相线。三相电源星形连接如图 6-27 所示。

2)　相电压与线电压

三相电源作星形连接时，共有 4 条引出线，即 1 条中线和 3 条端线，电源的这种连接叫作三相四线制，若三相绕组连接时只有三条端线而没有中线，则称为三相二线制。图 6-27 的连接方式就是三相四线制。这种连接方式由两种输出电压，一种是每相绕组两端的电压，也就是端线到中线的电压，叫作相电压，分别以 u_A、u_B、u_C 来表示，对于对称三相电源，通常用 U_P 来表示相电压的有效值；另一种是端线与端线之间的电压，叫作线电压，分别用符号 u_{AB}、u_{BC}、u_{CA} 来表示，对于对称三相电源，通常用 U_L 来表示线电压的有效值。三相电压相量关系如图 6-28 所示，图中标出了相电压 U_P 和线电压 U_L 的参考方向。

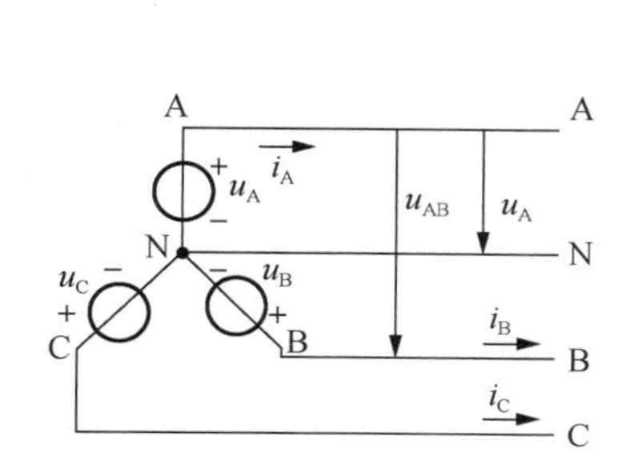

图 6-27　三相电源星形连接

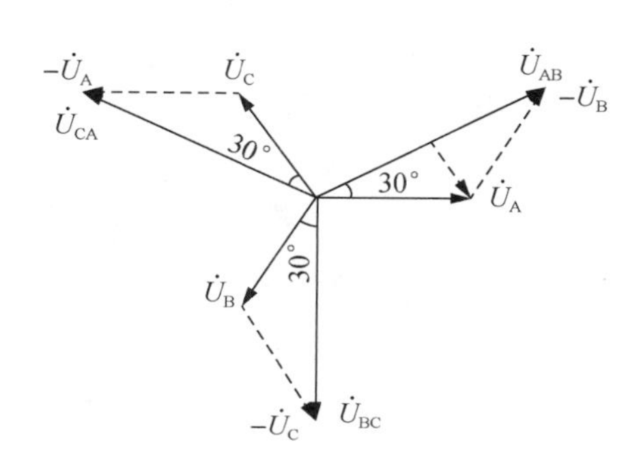

图 6-28　三相电压相量关系

3)　相电压与线电压的关系

根据基尔霍夫定律可得：

$$u_{AB} = u_A - u_B$$
$$u_{BC} = u_B - u_C$$
$$u_{CA} = u_C - u_A$$

用相量表示：

$$\dot{U}_{AB} = \dot{U}_A - \dot{U}_B$$
$$\dot{U}_{BC} = \dot{U}_B - \dot{U}_C$$
$$\dot{U}_{CA} = \dot{U}_C - \dot{U}_A$$

根据相量图 6-28 可得：

$$\begin{cases} \dot{U}_{AB} = \sqrt{3}\dot{U}_A \angle 30^\circ \\ \dot{U}_{BC} = \sqrt{3}\dot{U}_B \angle 30^\circ \\ \dot{U}_{CA} = \sqrt{3}\dot{U}_C \angle 30^\circ \end{cases}$$

由上式可以看出，线电压超前相应的相电压 30°，大小等于相电压的 $\sqrt{3}$ 倍，大小关系用公式表示为：

$$U_L = \sqrt{3}U_P$$

【例 6-14】对称三相 Y 连接的电源，已知 A 相相电压为 220V，初相为零，写出其他两个相电压及三个线电压的相量式。

解：

$$\begin{cases}\dot{U}_A = 220\angle 0^\circ(\text{V}) \\ \dot{U}_B = \dot{U}_A\angle -120^\circ = 220\angle -120^\circ(\text{V}) \\ \dot{U}_C = \dot{U}_A\angle 120^\circ = 220\angle 120^\circ(\text{V})\end{cases}$$

由公式$U_L = \sqrt{3}U_P$知：

$$\dot{U}_{AB} = \sqrt{3}\dot{U}_A\angle 30^\circ = \sqrt{3}\times 220\angle 30^\circ = 380\angle 30^\circ(\text{V})$$

$$\dot{U}_{BC} = \sqrt{3}\dot{U}_B\angle 30^\circ = \sqrt{3}\times 220\angle -120^\circ \times\angle 30^\circ = 380\angle -90^\circ(\text{V})$$

$$\dot{U}_{CA} = \sqrt{3}\dot{U}_C\angle 30^\circ = \sqrt{3}\times 220\angle 120^\circ \times\angle 30^\circ = 380\angle 150^\circ(\text{V})$$

4) 三相电源的三角形连接

将三相绕组首尾相连，构成一个三角形，三个连接点就是三角形的三个顶点，从三角形的三个顶点引出三条端线与负载相连，这种连接方式叫作三角形连接，或叫做△连接。三相电源三角形连接如图 6-29 所示。

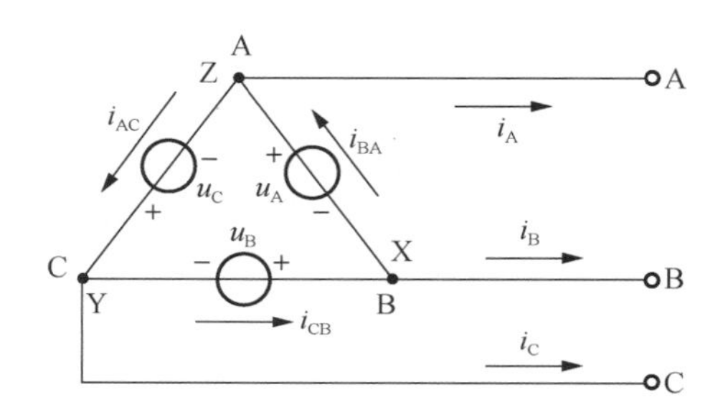

图 6-29　三相电源三角形连接

由于三角形连接的电源没有中点，所以三角形连接时只有三根端线而没有中线，只能接成三相三线制，而线电压就等于相电压。

我国国家电网三相电源均为星形连接的三相四线制，故本书如没有特别说明，三相电源均为星形连接。

6.2.2　三相负载的连接

1. 三相负载的星形连接 Y—Y

把三相负载的一端连在一起，另一端分别与三相电源的端线相连，这种连接方式就叫作负载的星形连接，如图 6-30 所示。其中三个负载相连的点，叫作负载的中性点，用 N 来表示。当电源和负载都作星形连接时，可以用一条导线把电源的中点和负载的中点连接起来，接成三相四线制，这条导线就是中线(零线)。如负载对称，也可以不接中线，接成三相三线制。

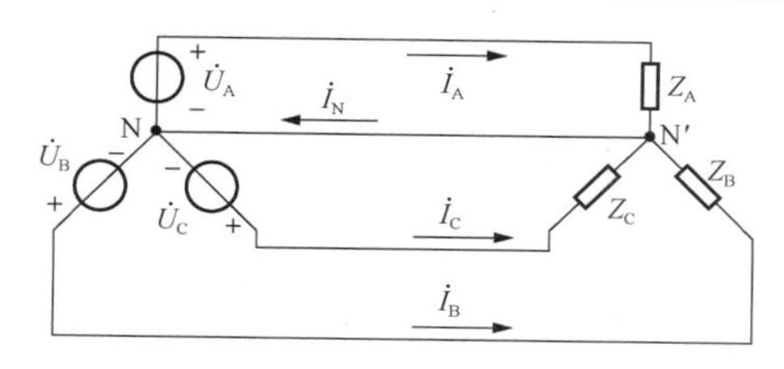

图 6-30　三相四线制

从图 6-30 中可以看出，每相负载两端的电压就是其对应相电源的相电压，因此，各相的相电流就可以很方便地计算出来，该电流也就是电路的线电流，其计算公式如下：

$$\begin{cases} \dot{I}_A = \dfrac{\dot{U}_A}{Z_A} \\ \dot{I}_B = \dfrac{\dot{U}_B}{Z_B} \\ \dot{I}_C = \dfrac{\dot{U}_C}{Z_C} \end{cases}$$

中线电流可由 KCL 得出：

$$\dot{I}_N = \dot{I}_A + \dot{I}_B + \dot{I}_C$$

由于三相电压总是对称的，若三相负载也对称，即 $Z_A = Z_B = Z_C = Z$，则这样的电路叫作对称三相电路。此时三个线电流的有效值相等，若用 I_L 表示线电流的有效值，用 I_P 表示相电流的有效值，则 $I_L = I_P = I_A = I_B = I_C$，计算可以简化为：

$$\begin{cases} \dot{I}_A = \dfrac{\dot{U}_A}{Z_A} = \dfrac{\dot{U}_A}{Z} = I_A \angle \varphi_A = I_L \angle \varphi_A \\ \dot{I}_B = I_L \angle (\varphi_A - 120^\circ) \\ \dot{I}_C = I_L \angle (\varphi_A + 120^\circ) \end{cases}$$

$$\dot{I}_N = \dot{I}_A + \dot{I}_B + \dot{I}_C = 0$$

【例 6-15】三相四线制电路中，对称相电压 $\dot{U}_A = 220\angle 0^\circ (\text{V})$，三相负载为：$Z_A = 8 + \text{j}6(\Omega)$，$Z_B = 20(\Omega)$，$Z_C = 3 + j4(\Omega)$，试求各相电流。

解：

$$\dot{I}_A = \frac{\dot{U}_A}{Z_A} = \frac{220\angle 0^\circ}{10\angle 36.9^\circ} = 22\angle -36.9^\circ (\text{A})$$

$$\dot{I}_B = \frac{\dot{U}_B}{Z_B} = \frac{\dot{U}_A\angle -120^\circ}{20} = \frac{220\angle -120^\circ}{20} = 11\angle -120^\circ (\text{A})$$

$$\dot{I}_C = \frac{\dot{U}_C}{Z_C} = \frac{\dot{U}_A\angle 120^\circ}{3 + \text{j}4} = \frac{220\angle 120^\circ}{5\angle 53.1^\circ} = 44\angle 66.9^\circ (\text{A})$$

【例 6-16】对称三相四线制电路中，负载复阻抗 $Z = 10 + \text{j}10(\Omega)$，相电流 $\dot{I}_A = 4\angle 30^\circ (\text{A})$，试求相电压和线电压的相量式。

解：$\dot{U}_A = \dot{I}_A Z = 4\angle 30^\circ \times (10 + \text{j}10) = 40\sqrt{2}\angle 75^\circ (\text{V})$

$$\dot{U}_B=\dot{U}_A\angle-120^\circ=40\sqrt{2}\angle-45^\circ(\text{V})$$
$$\dot{U}_C=\dot{U}_A\angle120^\circ=40\sqrt{2}\angle195^\circ=40\sqrt{2}\angle-165^\circ(\text{V})$$
$$\dot{U}_{AB}=\sqrt{3}\dot{U}_A\angle30^\circ=40\sqrt{6}\angle105^\circ(\text{V})$$
$$\dot{U}_{BC}=\dot{U}_{AB}\angle-120^\circ=40\sqrt{6}\angle-15^\circ(\text{V})$$
$$\dot{U}_{CA}=\dot{U}_{AB}\angle120^\circ=40\sqrt{6}\angle225^\circ=40\sqrt{6}\angle-135^\circ(\text{V})$$

2. 三相负载的三角形连接

把三相负载依次相连，接成一个闭合回路，在连接点处分别引出三条线与电源的端线相连，负载的这种连接方式叫作三角形连接，电路如图 6-31 所示。负载作三角形连接时，没有中线，所以不论电源怎样连接，都是三相三线制。

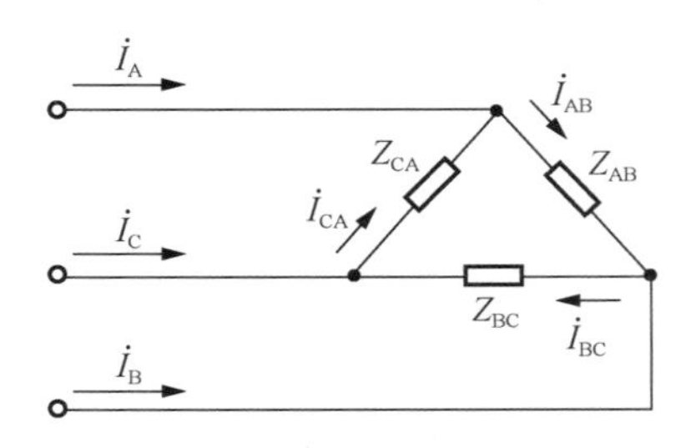

图 6-31　负载三角形连接

负载作三角形连接时，由于每相负载都接在电源的两根端线之间，所以，负载的相电压就是线电压，即：

$$U_P=U_L$$

各相负载的相电流为

$$\begin{cases}\dot{I}_{AB}=\dfrac{\dot{U}_{AB}}{Z_{AB}}\\[2mm]\dot{I}_{BC}=\dfrac{\dot{U}_{BC}}{Z_{BC}}\\[2mm]\dot{I}_{CA}=\dfrac{\dot{U}_{CA}}{Z_{CA}}\end{cases}$$

电路的线电流可根据基尔霍夫电流定律求出：

$$\begin{cases}\dot{I}_A=\dot{I}_{AB}-\dot{I}_{CA}\\\dot{I}_B=\dot{I}_{BC}-\dot{I}_{AB}\\\dot{I}_C=\dot{I}_{CA}-\dot{I}_{BC}\end{cases}$$

如果负载对称，即 $Z_A=Z_B=Z_C=Z$，则三个相电流和三个线电流都对称，其相量关系如图 6-32 所示。由相量图可得，线电流等于相电流的 $\sqrt{3}$ 倍，即：

$$I_L=\sqrt{3}I_P$$

线电流与相电流的相量关系为

$$\begin{cases} \dot{I}_{\text{A}} = \sqrt{3}\dot{I}_{\text{AB}}\angle -30^\circ \\ \dot{I}_{\text{B}} = \sqrt{3}\dot{I}_{\text{BC}}\angle -30^\circ \\ \dot{I}_{\text{C}} = \sqrt{3}\dot{I}_{\text{CA}}\angle -30^\circ \end{cases}$$

为了计算方便，可以只计算一个相电流或线电流，而其他电流可由对称关系得出。

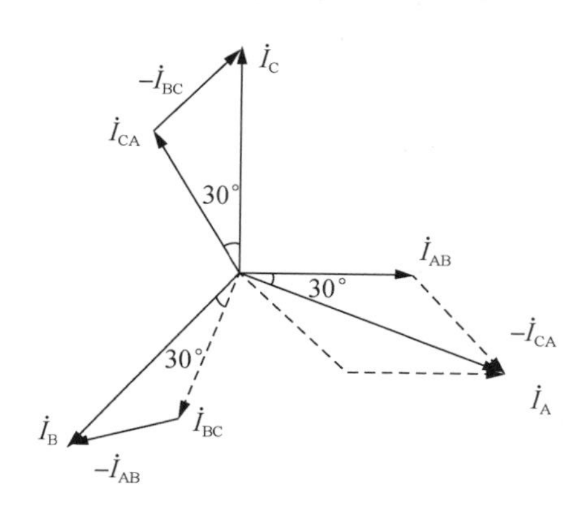

图 6-32　电流相量关系

【例 6-17】对称三相电路，负载为三角形连接，每相复阻抗为 $Z = 10\angle 50^\circ\Omega$，线电压大小为 220V，若以 u_{AB} 为参考量求其他各线电流及相电流的相量式。

解：

$$\dot{U}_{\text{AB}} = 220\angle 0^\circ(\text{V})$$

则：

$$\dot{I}_{\text{AB}} = \frac{\dot{U}_{\text{AB}}}{Z} = \frac{220\angle 0^\circ}{10\angle 50^\circ} = 22\angle -50^\circ(\text{A})$$

由对称关系得：

$$\dot{I}_{\text{BC}} = \dot{I}_{\text{AB}}\angle -120^\circ = 22\angle -170^\circ(\text{A})$$

$$\dot{I}_{\text{CA}} = \dot{I}_{\text{AB}}\angle 120^\circ = 22\angle 70^\circ(\text{A})$$

由公式 $I_{\text{L}} = \sqrt{3}I_{\text{P}}$ 可得：

$$\dot{I}_{\text{A}} = \sqrt{3}\dot{I}_{\text{AB}}\angle -30^\circ = 22\sqrt{3}\angle -80^\circ = 38\angle -80^\circ(\text{A})$$

由对称关系得：

$$\dot{I}_{\text{B}} = \dot{I}_{\text{A}}\angle -120^\circ = 38\angle -80^\circ \times \angle -120^\circ = 38\angle -200^\circ = 38\angle 160^\circ(\text{A})$$

$$\dot{I}_{\text{C}} = \dot{I}_{\text{A}}\angle 120^\circ = 38\angle -80^\circ \times \angle 120^\circ = 38\angle 40^\circ(\text{A})$$

6.2.3　三相电路的功率

1. 三相电路的功率计算

1)　有功功率

三相电路的有功功率为

$$P = P_A + P_B + P_C = U_A I_A \cos\varphi_A + U_B I_B \cos\varphi_B + U_C I_C \cos\varphi_C$$

式中，φ_A、φ_B、φ_C 分别为 A、B、C 三相的相电压和相电流的相位差。

电路对称时，$U_A = U_B = U_C = U_P$，$I_A = I_B = I_C = I_P$，$\varphi_A = \varphi_B = \varphi_C = \varphi_P$，所以各相负载的功率相等，此时有：

$$P = 3U_P I_P \cos\varphi = \sqrt{3} U_L I_L \cos\varphi$$

2) 无功功率

三相电路的无功功率为

$$Q = Q_A + Q_B + Q_C = U_A I_A \sin\varphi_A + U_B I_B \sin\varphi_B + U_C I_C \sin\varphi_C$$

电路对称时

$$Q = 3U_P I_P \sin\varphi = \sqrt{3} U_L I_L \sin\varphi$$

3) 视在功率

三相电路的现在功率为

$$S = \sqrt{P^2 + Q^2} = 3U_P I_P = \sqrt{3} U_L I_L$$

2. 三相电路的功率因数

$$\lambda = \cos\varphi = \frac{P}{S}$$

【例 6-18】有一个三相对称纯电阻负载，每相电阻 R=22Ω，电源线电压为 380V。试求：

(1) 负载作星形连接时，三相总功率是多少?

(2) 负载作三角形连接时，消耗的功率又是多少？

解：

(1) 负载作星形连接时，相电流为

$$I_P = I_L = \frac{U_P}{R} = \frac{\frac{U_L}{\sqrt{3}}}{R} = \frac{\frac{380}{\sqrt{3}}}{22} = 10(\text{A})$$

三相功率为

$$P = \sqrt{3} U_L I_L \cos\varphi = \sqrt{3} \times 380 \times 10 \times \cos\varphi 0^\circ = 6\,582(\text{W}) = 6.58(\text{kW})$$

(2) 负载作三角形连接时，相电流为

$$I_P = \frac{U_P}{R} = \frac{U_L}{R} = \frac{380}{22} = 17.3(\text{A})$$

三相功率为

$$P = 3U_P I_P \cos\varphi = 3 \times 380 \times 17.3 \times 1 = 19.7(\text{kW})$$

3. 三相功率的测量

三相电路功率的测量一般有三种方法，即一表法、二表法和三表法。

1) 用三表法和一表法测量三相四线制电路的功率

三表法的接线方式如图 6-33(a)所示，三块表的电流线圈分别串在各端线上，用以测量各相电流；三个电压线圈分别并在端线与中线之间，用以测量各相的相电压，所以各表所指示的就是各相的功率，三块表的读数之和就是三相的总功率。如三相电路为对称电路，可用一表法测量，该表的读数乘以 3 就是三相电路的功率。

2)　两表法测量三相三线制电路的功率

对于三相三线制电路，采用两表法测量功率时的接线方式如图 6-33(b)所示，两个电流线圈分别串联在 A 相和 B 相上，用以测量 i_A 和 i_B 两个线电流，而电压线圈分别并联在端线 AC 与 BC 之间，用以测量两个线电压 u_{AC} 和 u_{BC}，两个功率表的读数的代数和就是三相电路的总功率。

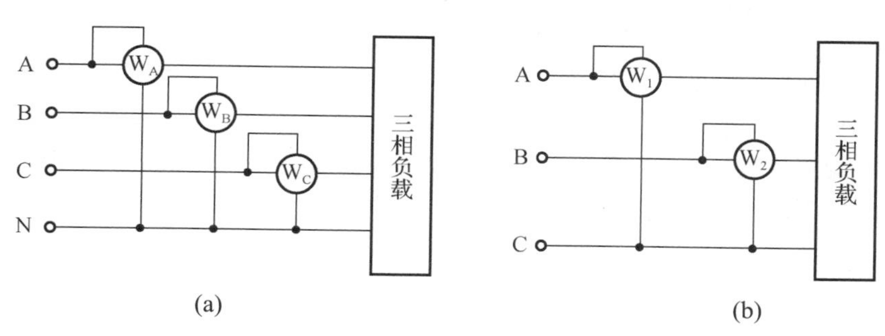

图 6-33　三相功率的测量

6.3　家庭用电线路的设计与安装

6.3.1　家庭用电线路的设计

1. 家庭用电负荷的计算

1)　家庭用电负荷的计算

过去按每平方米建筑面积 25W 标准设计供电设施，两居室用户的用电量不超过 1400W，三居室用户不超过 1700W。现行国家标准规定，一般两居室住宅用电负荷为 4000W，进户铜导线截面不应小于 $10mm^2$，这满足了大多数住户的要求，但对于电热设备多的住户宜按 6～12kW/户考虑。

常用家用电器的容量范围大致如下：

微波炉为 600～1500W；电饭煲为 500～1700W；电磁炉为 300W～1800W；电炒锅为 800～2000W；电热水器为 800～2000W；电冰箱为 70～250W；电暖器为 800～2500W；电烤箱为 800～2000W；消毒柜为 600～800W；电熨斗为 500～2000W；空调器为 600～5000W。

考虑到远期用电的发展，每户的用电量应按最有可能同时使用的电器最大功率总和计算，所有家用电器的说明书上都标有最大功率，可以根据其标注的最大功率计算出总用电量。

一定要按照电能表的容量来配置家用电器。如果电能表容量小于同时使用的家用电器最大使用容量，则必须更换电能表，并同时考虑入户导线的端面积是否符合容量的要求。

2)　导线的选择

进户线是按每户用电量及考虑今后发展的可能性选取的，每户用电量为 4～5kW，电表为 5(20)A，进户线为 BV-3×$10mm^2$，每户用电量 6～8kW，电表为 15(60)A，进户线为

$BV\text{-}3\times16mm^2$；每户用电量为10kW，电表为20(80)A，进户线为$BV\text{-}2\times25+1\times16mm^2$。这样选择既可满足要求，又留有一定的余量。户配电箱各支路导线为：照明回路为$BV\text{-}2\times2.5mm^2$，普通插座回路为$BV\text{-}3\times2.5mm^2$，厨房回路、空调回路均为$BV\text{-}3\times40mm^2$。

铜心线电流密度一般环境下可取4～5A/mm^2。

住宅内常用的电线截面有：1.5mm^2、2.5mm^2、4mm^2、6mm^2、10mm^2、16mm^2、25mm^2、35mm^2、50mm^2等。另外，住宅电气电路一定要选用铜导线，因为使用铝导线会埋下很多安全隐患，住宅一旦施工完毕，很难再次更换导线，因此，不安全的隐患会持续多年。

居民家庭用的熔丝应根据用电容量的大小来选用。如使用容量为5A的电表时，熔丝应大于6A小于10A；如使用容量为10A的电表时，熔丝应大于12A小于20A，也就是选用的熔丝应是电表容量的1.2～2倍。选用的熔丝应是符合规定的一根，而不能以小容量的熔丝多根并用，更不能用铜丝代替熔丝使用。

2. 配线结构

住宅小区低压0.4/0.23kV配电系统。

低压配电系统，应接线灵活、保护可靠。采用放射式配电，由配电房引出YJV22型电缆埋地敷设到每栋楼。每栋楼在3个单元或以下有一个供电电源，若每栋楼有4个单元，则采用两路电源，从两端供电，可降低进线电缆截面，减少低压供电线路长度。之所以选用YJV型电缆，是由于该型电缆在整个温度范围内有优良的电气性能，具有优异的热稳定性和老化稳定性，工作寿命可长达40年，但价格较高。若采用架空线路，价格虽低，但影响小区的美观。出线开关应选用性能优良、质量稳定可靠、经国家认证的名优产品。

出线开关的数量应考虑要有一定数量的备用回路。馈电电缆的选择，应考虑负荷、发展、裕量、电压等级、敷设方式、环境等因素，还要考虑出线开关与电缆的保护配合。

空调用电、照明与插座、厨房和卫生间的电源插座应该分别设置独立的回路。除了空调电源插座外，其他电源插座应加装漏电保护器，卫生间应作局部等电位连接。

1)　照明电路

一般商品房，仅将楼梯间灯具选用带玻璃罩的吸顶式灯具。住户内均使用普通灯座、吸顶式安装。这样选型是由于住户装修时，会将开发商选用的灯具、开关拆掉，换装上住户自己选用的灯具及开关。客厅开关，宜采用多联开关，有条件也可用调光开关或单联开关及电子开关。楼梯间用节能延时开关，其种类较多，通过几年的使用，已不宜用声控开关，因为不管在室内还是室外，只要有声音达到其动作值时，开关动作，灯亮，而这时楼梯间无人，不需灯亮。现在大多采用的是“神箭牌”GYZ系列产品，该产品的灯头内设有一特殊的开关装置，夜间有人走入其控制区(7m)内，灯亮，经过延时3min后灯自熄。与常规方式相比，该产品省掉了一个开关和灯至开关间的电线及其布管，经使用效果不错，作为楼梯间照明值得选用。

照明用断路器一般可选DZ12系列塑料外壳式，其体积小巧、结构新颖、性能优良可靠，装在照明配电箱中，用于宾馆、公寓、高层建筑、广场、航空港、火车站和工商企业等单位的交流50Hz单相230V及以下的照明线路中，作为线路的过载、短路保护以及在正常情况下作为线路的不频繁转换之用。

照明开关必须接在火线上，如果将照明开关装设在零线上，虽然断开时电灯也不亮，但灯头的相线仍然是接通的，而人们以为灯不亮，就会错误地认为电灯处于断电状态。而实际上灯具上各点的对地电压仍是 220V 的危险电压，如果灯灭时人们触及这些实际上带电的部位，就会造成触电事故。所以各种照明开关或单相小容量用电设备的开关，只有串接在火线上，才能确保安全。

(1) 白炽灯，因为其寿命短、光效低，建议用在点燃时间短、开关频繁的场所。比如，楼梯或洗手间。

(2) 日光灯作为显色指数高、寿命长、节能、高效的光源，可以在不影响附近电子设备正常工作、满足环境要求及装修格调的基础上，作为首选光源。

(3) 新型高效节能灯虽然寿命长、高效节能、显色指数高，但是其价格比较昂贵，可用在长期连续照明的场所。

(4) 当使用一种光源不能满足光色要求时，可采用多种混光的办法。另外，住宅电气照明应根据辨别颜色的不同要求，合理选择光源的显色性。

2) 插座电路

普通插座回路设一路还是两路，可根据住户面积的大小及所设插座数量的多少来考虑。如果住户面积比较大，普通插座数量多、线路长，既要考虑线路和电气装置的漏电流，又要考虑漏电断路器的动作电流，建议设两个普通插座回路。

住户插座的设置，要考虑住户使用方便、用电安全，其数量不宜少于下列数值。

(1) 起居室。电源插座 4 组，空调插座 1 个。

(2) 主卧室。电源插座 4 组，空调插座 1 个。

(3) 次卧室。电源插座 3 组。

(4) 餐室。电源插座 1 组。

(5) 厨房。电源插座 3 组。

(6) 卫生间。电源插座 1 组。

每组插座为一个单相二孔和一个单相三孔组合。插座的选型要根据住宅档次、经济实力、售价等因素综合考虑。

3) 空调回路

空调是一种耗电量较大的电器，并且在特定的季节里，空调的工作时间较长，这点是与其他大功率家电的不同之处；同时空调的正常启动与电源的电压变化关系密切。

如果将其与其他电器合用一路线路，一来往往由于共用线路截面不足，造成导线发热形成隐患；二来空调机中的大启动电流造成较大的电压降，会影响其他电器的正常工作，甚至停机，所以要求空调插座使用单独回路，且一个空调回路最多只能带两部空调。另外，柜式空调必须独占一个回路。

3. 漏电断路器的选择

一般应根据用电线路的相数(单相电路还是三相线路)、额定电压、负载电流、漏电动作电流、预期的短路电流、负载类型等选择漏电断路器相应合适的额定值。一般家用的漏电断路器应选用漏电动作电流为 30mA 及以下快速动作的产品。例如，DZL18-20 系列家用漏电开关，适用于交流 50Hz，额定电压 220V，额定电流 20A 及以下的单相线路中，既可作为人身触电保护，也可作为线路、设备的过载、过压保护及用于防止因设备绝缘损坏，产生接地故障电流而引起的火灾危险等。

购买的漏电断路器应该有安全认证标志。目前，漏电断路器只要带有长城认证标志(CCEE)或 CCC 认证标志，均认为符合规定要求。从抗干扰角度来说，应尽量避免使用微处理器等数字集成电路的漏电断路器，因为漏电继电器工作于强电包围的环境之中，是典型的弱电控制强电的电子设备，很容易受到干扰而造成误动。

不要以为装了漏电断路器就绝对安全！

4. 电度表(电能表)的选择

1) 看懂产品铭牌标识

选购电能表首先要注意型号和各项技术数据。

电能表的铭牌上都标有一些字母和数字，如“DD862，220V，50Hz，5(20)A，1950r/kW·h……”，其中 DD862 是电能表的型号，DD 表示单相电能表，数字 862 为设计序号，一般家庭使用需选用 DD 系列的电能表，设计序号可以不同；220V、50Hz 是电能表的额定电压和工作频率，它必须与电源的规格相符合；也就是说，如果电源电压是 220V，就必须选用这种 220V 电压的电能表，不能采用 110V 电压的电能表；5(20)A 是电能表的标定电流值和最大电流值，括号外的 5 表示额定电流为 5A，括号内的 20 表示允许使用的最大电流为 20A，这样，我们可以知道这只电能表允许室内用电器的最大总功率为 $P=UI=220\text{V}\times20\text{A}=4400\text{W}$。

2) 计算自家总用电量

选购电能表前，需要把家中所有用电电器的功率加起来，比如，电视机 65W+电冰箱 93W+洗衣机 150W+白炽灯 4 只共 160W+电熨斗 300W+空调 1800W=2568W。选购电能表时，要使电能表允许的最大总功率大于所有用电电器的总功率(如上面算出的 2568W)，而且还应留有适当的余量。2568W 用电量家庭选购 5(20)A 的电能表就比较合适，因为即使家中所有用电电器同时工作，电流的最大值 $I=P/U=2568/220=11.7(\text{A})$，没有超过电能表的最大电流值 20A，同时还有一定余量，因此是安全可靠的。

3) 单相电子式电能表的选购

(1) 由于电子式电能表与感应式电能表相比，具备准确度高、功耗低、启动电流小、负载范围宽、无机械磨损等诸多优点，因此得到越来越广泛地应用。但目前市场上电子式电能表厂家繁多，质量参差不齐，选择不好，不仅不能发挥电子式电能表的优点，反而会带来不应有的损失并增加维护管理的工作量。

(2) 电子式电能表与我们熟悉的感应式电能表(又称机械表)，既有相同的地方，也有不相同的地方，且不同的地方更多，特别是表的内部，感应式电能表采用的是电磁感应元件，里面是铁心、线圈加机械传动装置；而电子式电能表则主要是采用电子元件，即：电阻、电容加集成电路等。因此，应根据电子式电能表的这一特性进行选择。

4) 照明客户选配电能表计算公式

照明客户选配电能表时，应根据该户的负载电流不大于电能表额定电流的 80%，但不得小于电能表允许误差规定的最小负载电流的原则来选择。负载电流 I=负载功率(W 或 V·A)/220(V)。

5. 弱电部分

一般每户设两对电话线入室，两个以上电视插座，可视防盗对讲话机一部，信息插座一个，水、电、气表远传计量系统，小区另设有周界安全防范电视监控和局域网，以满足住户上网的需要。

1)　电话

由市话网进入小区，小区内设有电话总交接箱，每单元一层楼梯间内设有电话分线箱，由分线箱引出两对线并穿 PVC 管暗设到住户客厅和主卧室的电话插座。也曾用过每户一对线接两个电话插座，但由于现在市售的子母电话机的子机通话性能大多不能令人满意，所以现在有时采用每户设两对电话线，装两部电话机，都要交月租费，同时在邮电部门开通"一线通"(ISDN 高速上网、可视电话、图文传真、数据)业务。

2)　电视

电视信号常采用三种方式接入：①利用城市有线电视网络，在小区内设电视放大器总箱，由总箱引出若干条支路向每栋楼的放大器箱输送信号，再由放大器箱向本楼的各单元及住户(当时采用串接分支器)输送信号，由于住户装修时，有的会改动电视插座接线，造成其后面的住户无电视信号，现在已不采用；②干网为光纤网，小区内设电视放大器总箱，然后用同轴电缆送到每栋楼的电视放大器箱，户内为分支分配器；③主干网为同轴电缆，其余同第②种。不管采用哪种方式，在每个单元入口处均设手孔井，布线为穿管暗设，每层楼梯间内设转线盒，距地 0.5～1.8m，以 0.5m 为好。

6.3.2　家庭用电线路的安装

1. 电度表的安装

用电笔找出电源的火线和地线，按表上的线路图接到单相电度表的 4 个接线柱上，1、3 进线，2、4 出线，进线 1 是相线，3 是零线，出线 2 是相线，4 是零线。电表应放正，并装在干燥处，高度为 1.8～2.1m，便于抄表和检修。装好后，打开电灯，电度表转盘应从左向右转动。

2. 配电板的安装

目前配电装置已分体安装，由电度表供电部门统一安装(安装在室外)、统一管理，室内配电装置主要是电片保护器(熔丝盒)和控制器(总开关)。用电器也分路控制，有照明控制、插座控制、空调控制等。

安装配电板，布局要整齐、对称、整洁、美观，导线应横平、竖直，弯曲成直角。

电度表和配电板安装电路如图 6-34 所示。

3. 照明灯具的安装

白炽灯、高压汞灯与可燃物之间的距离不应小于 50cm，卤钨灯则应大于 50cm。严禁用纸、布等可燃材料遮挡灯具。100W 以上的白炽灯、卤钨灯的灯管附近导线应采用非可燃材料(瓷管、石棉、玻璃丝)制成的护套保护，不能用普通导线，以免高温破坏绝缘层，引起短路。灯的下方不能堆放可燃物品。

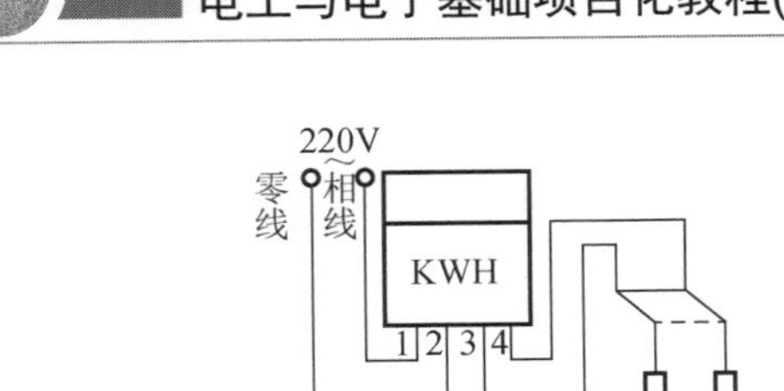

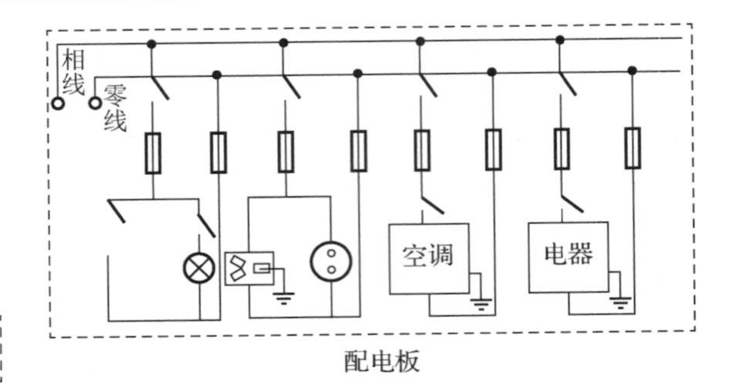

图 6-34　电度表和配电板的安装示意

灯泡距地面的高度一般不低于 2m，如低于 2m，应采取防护措施。经常碰撞的场所应采用金属网罩防护，湿度大的场所应有防止水滴的措施。

日光灯镇流器安装时应注意通风散热，不准将镇流器直接固定在可燃天花板或板壁上。镇流器与灯管的电压和容量必须相同，配套使用。

在低压照明中，要选择足够的导线截面，防止发热量过大而引起危险。有大量可燃粉尘的地方，如粮食加工厂、棉花加工厂等要采用防尘灯具。爆炸场所应安装相应的防爆照明灯具。

4. 插座的安装

电源插座之间的距离宜控制在 2.5m 左右，一般插座暗设于墙内。安装高度在 1.8m 以下的插座应采用带安全门的防护型产品。卫生间的插座应采用防溅式，不能设在淋浴器的侧墙上，安装高度为 1.5～1.6m。排气扇插座距地 1.8～2.2m；厨房插座距地 1.5～1.6m；抽油烟机电源插座距地 1.6～1.8m。插座的安装高度应结合当地的实际、人们的生活习惯、装修特点来确定。如客厅电源插座，安装高度距地 0.3m，如果在有插座的那面墙外侧放置长度为 2m 左右的电视机柜，柜高 50～55cm，这时，电源插座距地 0.3m 就不合适，应改为 0.55～0.6m。电饭煲、微波炉、洗衣机用单相三孔带开关的插座比较方便。客厅内空调插座为单相三孔带开关(有保护门)的产品，卧室中的空调插座安装高度距地 1.8～2.0m，采用带开关的单相三孔插座。

单相三孔插座如何安装才正确？通常情况下，单相用电设备，特别是移动式用电设备，都应使用三芯插头和与之配套的三孔插座。三孔插座上有专用的保护接零(地)插孔，在采用接零保护时，常常有人仅在插座底内将此孔接线桩头与引入插座内的那根零线直接相连，这是极危险的。因为万一电源的零线断开，或者电源的火(相)线、零线接反，其外壳等金属部分也将带上与电源相同的电压，就会导致触电。因此，接线时专用接地插孔应与专用的保护接地线相连。

采用接零保护时，接零线应从电源端专门引来，而不应就近利用引入插座的零线。

5. 漏电断路器的安装

漏电断路器的安装接线应按产品使用说明书规定的要求进行，注意以下几点。

(1) 产品接线端子上标有电源侧和负载侧的，必须按规定接线，不能反接。

(2) 漏电断路器只能使用在电源中性线接地的系统中，对变压器中性线与地绝缘的系统不起保护作用。在接线时，不能将漏电断路器输出端的中性线重复接地，否则漏电断路器将发生误动作。

(3) 单极两线和三极四线(四极)漏电断路器产品上标有 N 极和 L 极，接线时应将电源的中性线接在漏电断路器的 N 极上，火线接在 L 极上。

(4) 漏电断路器在第一次通电时，应通过操作其上的“试验按钮”，模拟检查发生漏电时漏电断路器能否正常动作，在确认动作正常后，方可投入使用。以后在使用过程中，应定期(厂方推荐每个月一次)操作“试验按钮”，检查漏电断路器的保护功能是否正常。

6. 防雷、接地、安全保护

多层住宅的防雷，从设计上讲，应根据《民用建筑电气设计规范》的有关规定进行设计。工程做法上，屋面上一般采用暗装式避雷网，材料为镀锌扁钢-25×4 或镀锌圆钢ϕ100，从施工角度看，应首选圆钢。引下线做法有两种：一种是利用构造柱主筋，另一种是利用镀锌扁钢-25×4 或ϕ10 镀锌圆钢。引下线一端与避雷网焊接，另一端与接地体焊接，首选利用建筑物柱内主筋的做法，既施工方便又节省材料和资金。接地体的做法也有两种：一种是沿建筑物四周敷设镀锌扁钢-40×4，另一种是利用建筑物基础钢筋，应该充分利用建筑物基础钢筋做自然接地体。

接地方式为联合接地，保护接地、工作接地、防雷接地共用同一接地体。接地系统为 TN-C-S，在进户总配电箱处做重复接地。卫生间必须做局部等电位联结，这个问题必须引起足够的重视。目前，有相当多人认识不清，一是认为没必要，二是认为会给施工带来麻烦，加大工程成本，甚至有的工程设计图中明确说明卫生间做局部等电位联结，而开发商方将其取消，有的施工方提出取消。等电位联结是接地故障保护的一项基本措施，在发生接地故障时，它可以显著地降低电气装置外露导电部分的预期接触电压，减少保护电器动作不可靠的危险性，消除或降低从建筑物外部窜入电气装置外露导电部分的危险电压的影响，是防止间接接触电击及接地故障引起的爆炸和火灾的重要措施。

国家有文件规定，给水管不准用镀钵钢管，这样进入卫生间的给、排水管均采用塑料管，所选浴缸为玻璃钢材料制成，坐便器、洗脸盆为陶瓷制器，电气布线用 PVC 管暗设。

思考与练习

一、判断题

1. 某元件两端的交流电压相位超前于流过它的电流 90°，则该元件是电感元件。（　）
2. RL 串联电路的电路总阻抗为 R+jwL。（　）
3. 并联谐振时电路中总阻抗最小，总电流最大。（　）
4. 相量中的幅角表示正弦量的相位。（　）
5. 工厂为了提高功率因数，常并联适当的电容。（　）

二、填空题

1. 正弦量的三要素为：____________、______________、____________。

2. 正弦交流电压 u=100sin(628t+60°)V，它的有效值为__________，初相位为_________，角频率为_________。

3. 正弦量用相量形式表示时，只有在______________时可进行计算。

4. 用万用表交流电压挡测得某 RL 串联电路的总电压为 100V，电阻两端电压为 60V，则电感两端的电压为___________V。

5. 用万用表交流电压挡测得某 RC 串联电路的两端电压为 50V，电阻两端电压为 30V，则电容两端的电压为__________V。

三、计算题

1. 写出下列正弦量对应的相量。

(1) $u=220\sqrt{2}\sin\omega t\text{V}$

(2) $u=10\sqrt{2}\sin(\omega t+30^\circ)\text{V}$

2. 写出下列相量对应的正弦量($f=50\text{Hz}$)。

(1) $\dot{U}=220\angle 50^\circ\text{V}$

(2) $\dot{U}=380\angle 120^\circ\text{V}$

3. 对下列相量进行极坐标式和直角坐标式的互换。

(1) $20\angle 60^\circ$ ________________

(2) 20−30j ________________

(3) $220\angle -120^\circ$ ________________

(4) −7−j4________________

4. 已知正弦向量 $\dot{A}=8\angle -60^\circ$， $\dot{B}=10\angle 150^\circ$，试求 $\dot{A}+\dot{B}$ 、 $\dot{A}-\dot{B}$ 、 $\dot{A}\times\dot{B}$ 、 $\dot{A}\div\dot{B}$ 。

5. RC 并联电路中，流过电阻的电流为 $i_1=2\sqrt{2}\sin(300t+45^\circ)\text{A}$ ，流过电容的电流为 $i_2=6\sqrt{2}\sin(300t+120^\circ)\text{A}$ ，试求 RC 并联电路的总电流 i。

6. 一个电阻为 10Ω，两端流过正弦交流电压 $u=220\sqrt{2}\sin(314t+30^\circ)\text{V}$ ，试求电阻中电流的正弦表达式。

7. 日光灯电路如图 6-35 所示，已知 $u=220\sqrt{2}\sin 314t\text{V}$ ，R_L=28Ω，R=280Ω，L=1.65H，求取该电路的电流 I 的表达式，并求出电阻 R 两端的电压 U_1 和 LR_L 串联电路两端的电压 U_2。

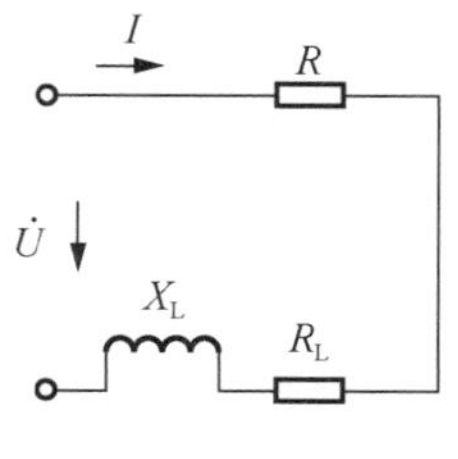

图 6-35　习题 7 图

8. 求取图 6-35 电路中的功率因数及电路的总功率，如果要使功率因数提高到 0.85，求所需并联的电容值，并画出电路图。

9. 在 RLC 串联电路中，R=25Ω，L=1.65H，C=1.47μF，两端电压为 $u=36\sqrt{2}\sin(10t+60^\circ)\text{V}$，试求电路中的电流 i、u_R、u_C 和电路的视在功率、有功功率和无功功率。

10. 某三相对称负载，每相负载为 Z=(3+j4)Ω，接成三角形，接在线电压为 380V 的三相电源上，如图 6-36 所示，求线电流 I_U、I_V、I_W。

11. 若三相对称 380V 电源连接不对称负载，如图 6-37 所示。其中 $Z_U=5-6\text{j}$，$Z_W=20\angle 85^\circ$，$Z_V=40\Omega$，求该电路中性线上的电流 I_N。

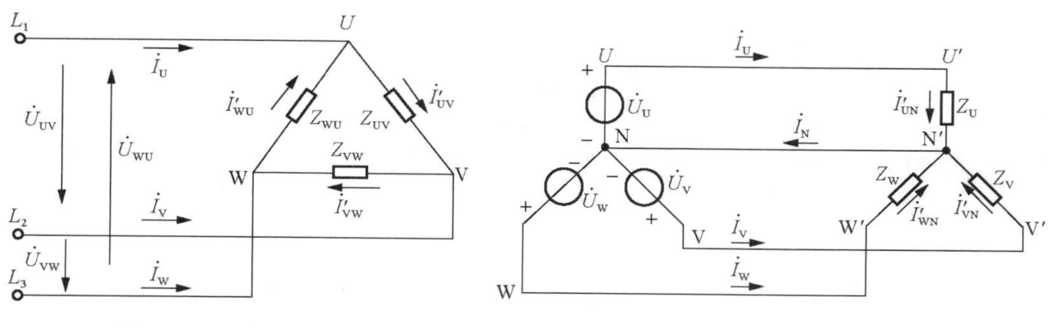

图 6-36　习题 10 图　　　图 6-37　习题 11 图

项目 7

直流稳压电源

【项目要点】

项目包括半导体的基本特性；二极管结构与类型、伏安特性、主要参数；特殊二极管特性；二极管识别和检测；二极管的应用。

在工农业生产和科学研究中，主要应用交流电，但某些场合，例如，电解、电镀、蓄电池的充电、直流电动机等都需要直流电源供电，特别是电子线路、电子设备和自动控制装置都需要稳定的直流电源。针对实际生产对电源的需求，项目情景教学重点是直流稳压电源，即由交流电源经整流、滤波、稳压而得到的直流稳压电源。其原理框图如图 7-1 所示。

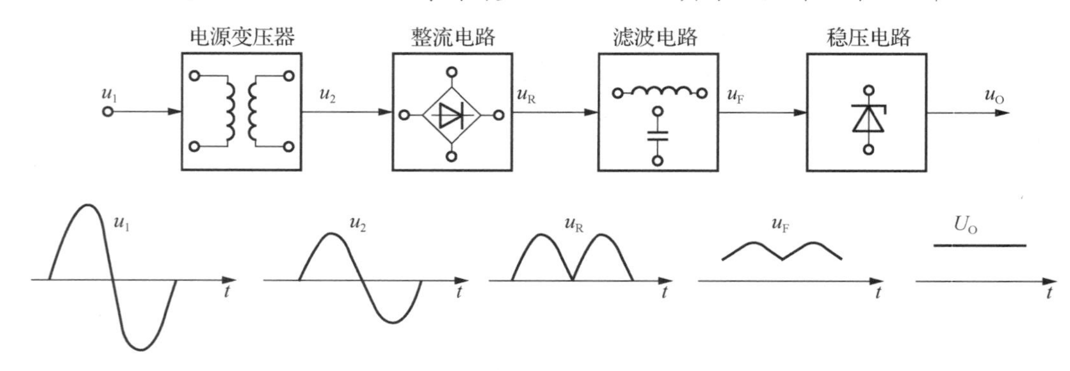

图 7-1　直流电源原理框图

7.1　半导体基本知识

7.1.1　半导体导电特性

1. 本征半导体

常用的半导体材料有硅(Si)和锗(Ge)，高纯度的硅和锗都是单晶体结构，纯净的具有单晶结构的半导体称为本征半导体。它们最外层价电子数都是 4，所以称为 4 价元素，硅和锗的原子结构简化模型如图 7-2 所示。在这种晶体结构中，原子与原子之间形成了共价键结构，最外层的 4 个价电子不仅受自身原子核的束缚，还要受共价键的束缚。硅和锗共价键结构如图 7-3 所示。

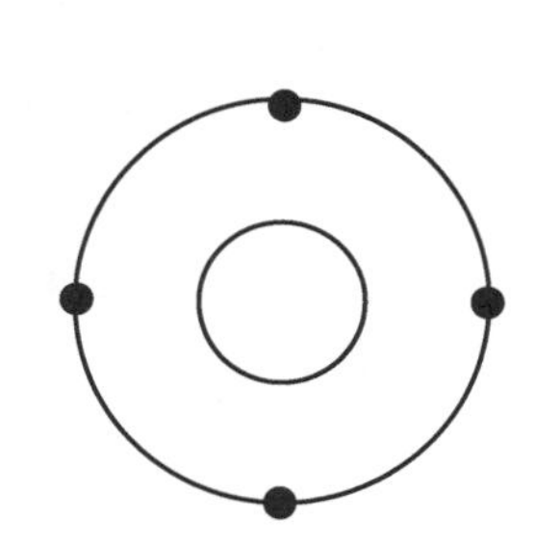

图 7-2　硅和锗的原子结构简化模型

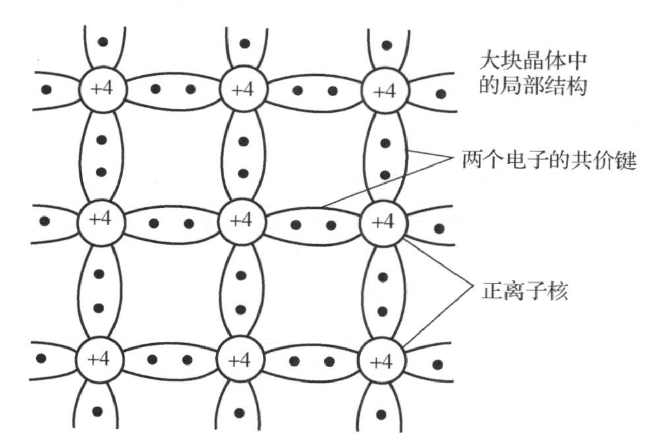

图 7-3　硅和锗共价键结构

2. 杂质半导体

本征半导体中两种载流子的浓度很低，因此，导电能力很差。若在本征半导体中掺入某些微量杂质，其导电能力将大大增强，将掺入杂质的半导体称为杂质半导体。杂质半导体又分为 N 型半导体和 P 型半导体，如图 7-4 所示。

1)　N 型半导体

在本征半导体硅或锗中掺入磷(P)、砷(As)等 5 价元素，由于这类元素的原子最外层有 5 个价电子，因此在构成的共价键结构中，由于存在多余的价电子而产生大量自由电子。这种半导体主要靠自由电子导电，称为电子半导体或 N 型半导体，其中自由电子为多数载流子，热激发形成的空穴为少数载流子。

2)　P 型半导体

在本征半导体硅或锗中掺入硼(B)、铝(AL)等 3 价元素，由于这类元素的原子最外层只有 3 个价电子，因此在构成的共价键结构中，由于缺少价电子而产生大量空穴。这种半导体主要靠空穴导电，称为空穴半导体或 P 型半导体，其中空穴为多数载流子，热激发形成的自由电子为少数载流子。

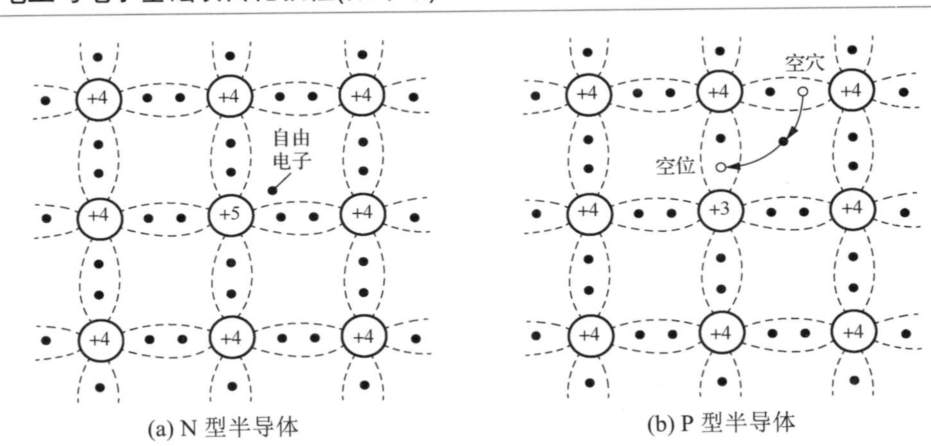

图 7-4　杂质半导体

7.1.2　PN 结

1. PN 结的形成

PN 结形成过程如图 7-5 所示，其中图 7-5(a)所示的晶片，两边分别形成 P 型半导体和 N 型半导体，由于两侧的半导体类型不同，存在电子和空穴的浓度差，因此，P 区的空穴向 N 区扩散并与 N 区电子复合，N 区的电子向 P 区扩散并与 P 区空穴复合，在 P 区和 N 区的接触面就会产生正负离子层，通常称这个正负离子层为 PN 结。因为 N 区失去电子产生正离子，N 区一侧带正电，P 区失去空穴得到电子产生负离子，P 区一侧带负电，则 PN 结便产生了内电场，内电场的方向从 N 区指向 P 区。内电场对扩散运动起到阻碍作用，电子和空穴的扩散运动随着内电场的加强而逐步减弱，直至停止，在界面处形成空间电荷区，如图 7-5(b)所示。

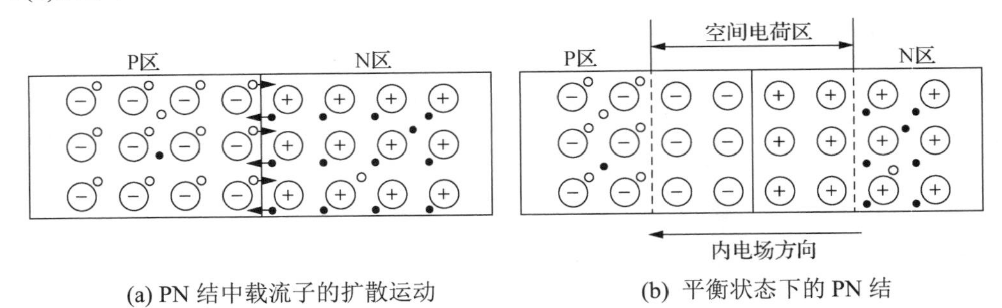

图 7-5　PN 结的形成

2. PN 结的特性

1)　PN 结正向导通特性

PN 结正向导通特性如图 7-6(a)所示。当 PN 结外加正向电压(也叫正向偏置)时，即 P 区接电源正极，N 区接电源负极，外加电场与内电场方向相反，削弱了内电场，空间电荷区变薄，多数载流子的扩散运动加强，N 区电子不断扩散到 P 区，P 区空穴不断扩散到 N 区，形成较大的正向电流 I_f。外电场越大，正向电流越大，这意味着 PN 结的正向电阻变小。

2)　PN 结反向截止特性

PN 结反向截止特性如图 7-6(b)所示。当 PN 结外加反向电压(也叫反向偏置)时，即 N 区接电源正极，P 区接电源负极，外加电场与内电场方向相同，增强了内电场，空间电荷区变厚，多数载流子的扩散运动难以进行，少数载流子的漂移运动加强，形成很小的反向漂移电流 I_R，即 PN 结呈现出很高的反向电阻。

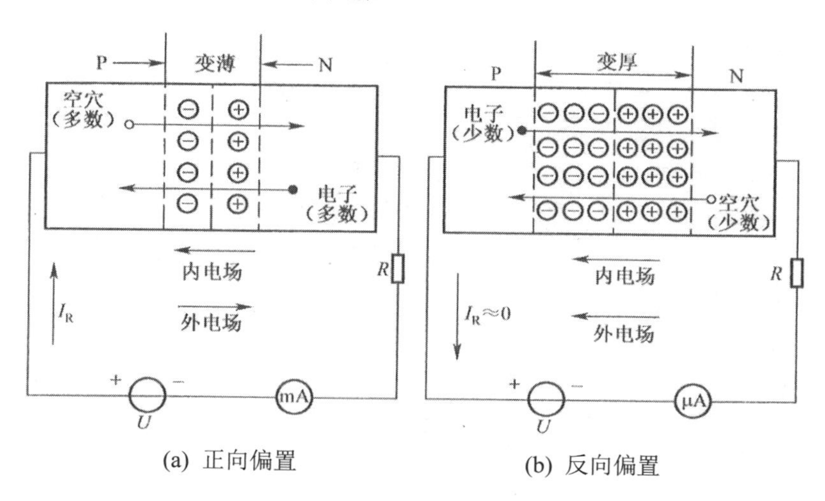

图 7-6　PN 结的导电特性

由以上分析可知，PN 结具有单向导电特性，即 PN 结加正方向电压时，电阻很小，正向电流较大，PN 结处于导通状态；加反向电压时，PN 结电阻很大，反向电流很小，PN 结处于截止状态。

7.2　半导体二极管

将 PN 结加上相应的电极引线和管壳，就形成了二极管。P 端引出的电极称为阳极(正极)A，N 端引出的电极称为阴极(负极)K，符号图形如图 7-7 所示，在电路中用“V”或者“VD”表示。

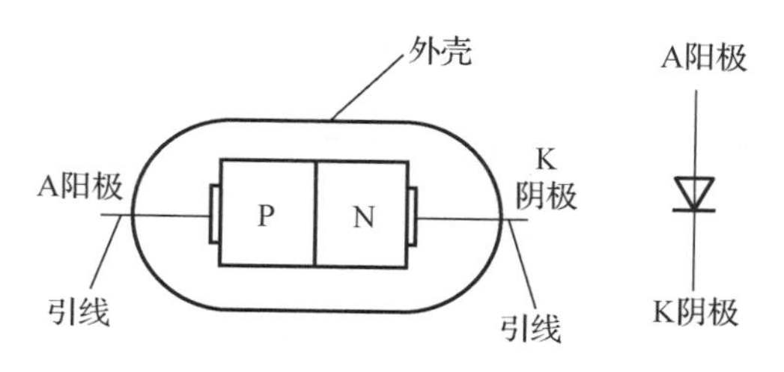

图 7-7　二极管结构及其符号

7.2.1 二极管的结构与类型

1. 二极管的结构

晶体二极管是由P型半导体材料和N型半导体材料结合而形成的单晶半导体器件。

2. 二极管的分类

二极管的种类很多，分类方法也不尽相同。

(1) 根据材料不同，可分为锗二极管、硅二极管和砷化镓二极管。锗二极管和硅二极管又分为P型和N型两种。

(2) 根据制作工艺不同，二极管可分为面接触型和点接触型。

(3) 根据用途不同，可分为整流二极管、检波二极管、稳压二极管、开关二极管、阻尼二极管、发光二极管、磁敏二极管、文敏二极管、变容二极管、光敏二极管、快恢复二极管、双向触发二极管等。

(4) 根据封装形式不同，可分为玻璃封装二极管、塑料封装二极管、金属封装二极管等。

(5) 根据工作频率不同，可分为高频二极管、中频二极管、低频二极管等。

(6) 根据功率大小，可分为大功率二极管、中功率二极管、小功率二极管等。

7.2.2 二极管的伏安特性

由于二极管的核心是PN结，因此二极管具备PN结的单向导电特性。在二极管的两端加正向电压，二极管导通，加反向电压，二极管截止，这种特性可以用流过二极管的电流和二极管两端电压之间的关系曲线表征出来，该曲线称为二极管的伏安曲线。实际测得的二极管的伏安曲线如图7-8所示，靠近电流轴内侧的曲线为锗二极管的伏安曲线，靠近电流轴外侧的曲线为硅二极管的伏安曲线。

1. 正向特性

二极管正向特性如图7-8所示。给二极管两端加一个可调的正向电压，在正向电压很小时，外电场不足以克服PN结的内电场，此时流过二极管的正向电流很小，如曲线②段。逐步增加正向电压，流过二极管的正向电流急剧增加，二极管呈现小电阻状态，二极管将进入完全导通状态，如曲线①段。两段曲线中间有一个转折点，这个转折点好像一个门槛，因此该转折点电压称为门槛电压(又称为死区电压)，用U_{th}表示。硅管的U_{th}约为 0.5V，锗管的U_{th}约为0.1V。

二极管正向导通后，稍微增加二极管两端的电压，正向电流将迅速增长，此时这个电压称为二极管的管降压，对于硅管为0.2～0.3V，对于锗管为0.6～0.7V。

需要注意的是，由于二极管的管降压总是存在且基本恒定为一定数值，根据功率等于电压降与流过电流的乘积可知，二极管的正向电流并不能无限增加，否则发热量会超过散热能力，从而烧坏内部的PN结。

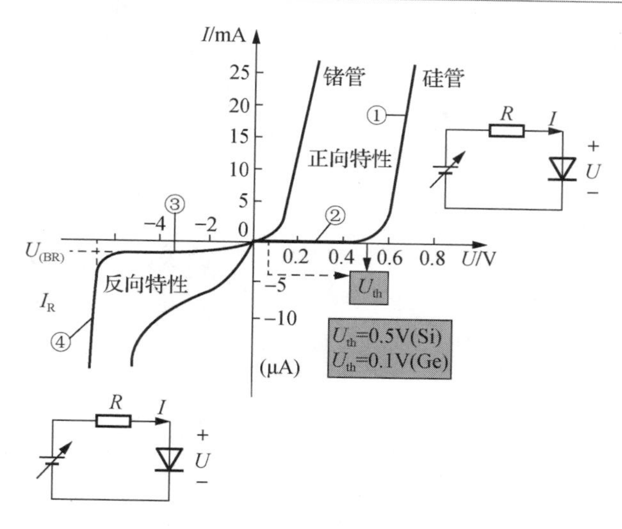

图 7-8　二极管的 *U-I* 特性曲线

2. 反向特性

二极管反向特性如图 7-8 所示。给二极管两端加一个可调的方向电压，在反向电压作用下，少数载流子会很容易通过 PN 结，但是由于少数载流子数量少，所以定向移动产生的反向电流很小，如曲线③段。一般硅管的反向电流比锗管小得多。

3. 反向击穿特性

当反向电压持续增加时，因为在一定温度、光照等条件下，少数载流子数量是一定的，所以在一定范围内反向电流不会有太大的变化，当反向电压增加到一定限度，PN 结的温度将上升，从而少数载流子的数量将增加，反向电流也将急剧增加，如曲线④段，这叫二极管的反向击穿，而击穿时的电压称为反向击穿电压，用 U_{br} 表示。

反向击穿可以分为雪崩击穿和齐纳击穿，这两种击穿都是可逆的，在断电后可以恢复到原来的状态，其中齐纳击穿多数出现在特殊二极管中，比如稳压二极管。但是如果反向电压和反向电流的乘积过高，超过二极管的耗散功率时，将造成二极管热击穿而损坏。热击穿是不可逆的，应尽量避免。

7.2.3　二极管的主要参数

1. 额定电流

二极管的额定电流是指其正常连续工作时，能通过的最大正向电流值。在使用时电路的最大电流不能超过此值，否则二极管就可能因过热而烧毁。

2. 最高反向工作电压

二极管的最高反向工作电压是指二极管正常工作时所能承受的最高反向电压值。它是击穿电压值的一半，也就是说将一定的电压反向加在二极管两端，二极管的 PN 结不致引起击穿。在使用时，一般不要超过此值。

3. 最大反向电流

二极管的最大反向电流是指二极管在最高反向工作电压下允许通过的反向电流。最大反向电流的大小反映了二极管单向导电性能的好坏。

4. 最高工作频率

二极管的最高工作频率是指二极管在正常工作下的最高频率。如果通过二极管的电流频率大于此值，二极管将不能起到应有的作用。在选用二极管时应选用满足电路频率要求的二极管。

5. 正向电压降

二极管的正向电压降是指二极管导通时其两端产生的正向电压降。此值越小越好。

6. 功率损耗

二极管的正向点降压是指二极管在正常工作时所消耗的功率。

7.2.4 特殊二极管

1. 稳压二极管

稳压二极管是电路中常用的二极管，是一种用于稳定电压，且工作在反向击穿状态下的二极管。其具体的伏安特性曲线如图 7-9 所示。

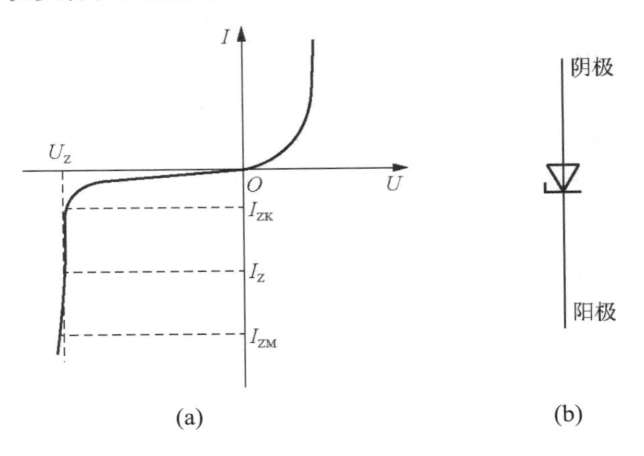

图 7-9 稳压管 *U-I* 曲线和符号

反向击穿状态是指给二极管加反向电压，当加到一定值后二极管被击穿，此时流过二极管的电流虽在变化，但电压的变化却很小，即电压维持在一个恒定值范围内。稳定二极管就是利用二极管的此种特性进行稳压的。如果通过二极管的反向电流在一定范围内变化时，则二极管两端的反向电压就能保持基本不变；如果反向电流超过允许值，稳压二极管就会被烧毁。因此，稳压二极管一定要在允许的工作电流范围内使用。

稳压二极管的参数除与前述的相同外，还有其特有参数——稳定电压。稳定电压是指稳压二极管在起稳压作用时，其两端的反向电压值。稳压二极管型号不同，其稳压值也不同。

稳压二极管的种类很多，从封装形式上分为塑料封装稳压二极管、金属封装稳压二极管、玻璃封装稳压二极管，目前应用较多的为塑料封装稳压二极管。

稳压二极管从其本身消耗的功率大小上可分为小功率稳压二极管(1W 以下)和大功率稳压二极管。

根据内部结构分为普通稳压二极管和温度互补型稳压二极管。温度互补型稳压二极管在工作时，一个反向击穿，一个正向导通，其管压温度的变化特性正好相反，所以二者能起到互补作用。

稳压二极管一般采用硅材料制成，其热稳定性比锗材料的稳压二极管要好得多。

稳压管主要用于稳压电路、限幅电路、电感或者线圈的续流回路等场合。稳压管电路如图 7-10 所示，一般应用在小功率负载场合。

2. 发光二极管

发光极管(LED，Light Enitting Diode)是由某些产生光辐射的半导体制成，通以正向电流就会发光的特殊二极管，采用不同的材料，可发出红、黄、绿、橙、蓝等不同颜色的光。

通常发光二极管的伏安特性与普通二极管相似，不过它的正向导通电压在 1.7～3.5V 之间；同时发光的亮度随通过的正向电流增大而增强，工作电流为几个毫安到几十毫安，因此，使用时必须串联限流电阻以控制通过发光二极管的电流，典型工作电流为 10mA 左右，高强度的工作电流 50mA 即可。发光极管的反向击穿电压一般大于 5V，但为使器件稳定可靠地工作，一般使其工作在 5V 以下。

发光二极管主要用作显示器件，可单个使用，如用作电源指示灯、测控电路中的工作状态指示灯等；也常常做成条状发光器件，制成 7 段或 8 段数码管，用以显示数字或字符；还可以发光二极管为像素，组成矩阵式显示器件，用以显示图像、文字等，在电子广告、影视传媒、交通管理等方面得到广泛应用。

3. 开关二极管

开关二极管是一种由导通变为截止或由截止变为导通所需的时间很短的二极管，常见的有 2AK、2CK 等系列，主要用于计算机、脉冲和数字电路中。开关二极管的符号与一般二极管的符号相同，常见的开关二极管应用电路如图 7-11 所示。

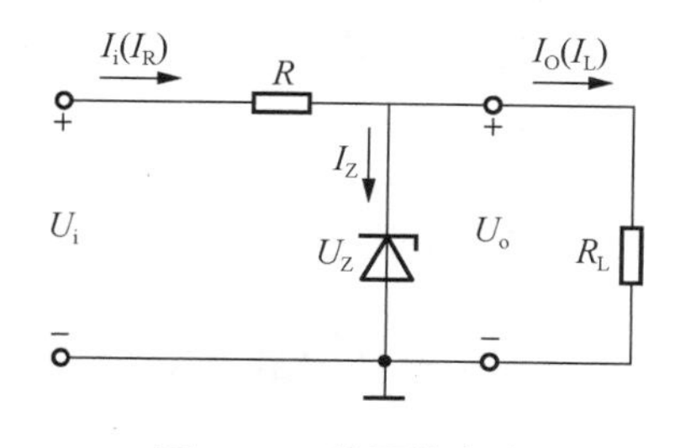

图 7-10　稳压管电路

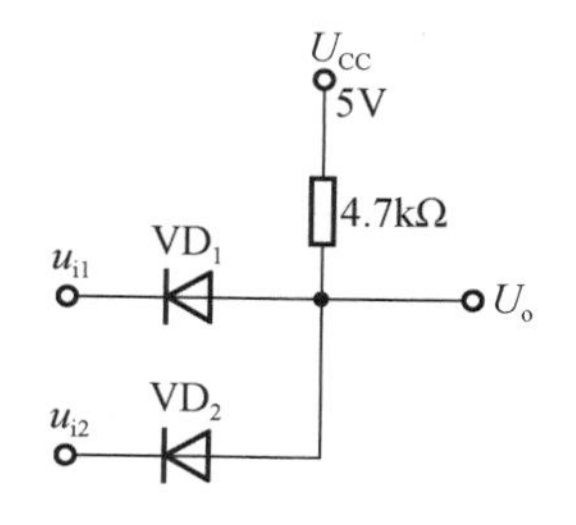

图 7-11　开关二极管应用电路

判断这类电路中二极管导通的原则是：假设二极管截止，分析二极管的正、负极的电位，如果正极的电位高于负极，则导通，否则截止。假设图中的开关二极管是理想的(导通压为 0V)，u_{i1} 和 u_{i2} 分别为 0V 和 5V 时，可以分析得到结果，见表 7-1。

表 7-1　二极管状态表

u_{i1}	u_{i2}	二极管工作状态		U_o
		VD_1	VD_2	
0V	0V	导通	导通	0V
0V	5V	导通	截止	0V
5V	0V	截止	导通	0V
5V	5V	截止	截止	5V

4. 检波二极管

检波二极管的特点是结电容小、工作频率高、反向电流小。它的作用是把调制在高频载波上的音频信号检出来。检波二极管多用点接触结构，封装形式多用玻璃分装，以保证良好的高频特性。

检波二极管一般选用 2PA 系列和进口的 1N60、1N34、1S34 等型号的二极管。2AP 系列的二极管型号较多，常用的有 2AP～2AP7、2AP9～2AP11、2AP12～2AP17 等。选择检波二极管时，主要考虑的是经过二极管的工作频率要满足电路的要求。

7.2.5　二极管的识别与检测

二极管使用中其正、负极性不可接反，否则有可能造成二极管的损坏。通常二极管外壳上有型号的标记，常用的标记有箭头、色环和色点三种方式，如图 7-12(a)、(b)、(c)所示，箭头所指方向或靠近色环的一端为二极管的负极(K)，另一端为正极(A)；有色点的一端为正极(A)，另一端为负极(K)；对于金属封装的二极管，正、负极性很容易从其外形来判断，如图 7-12(d)所示；对于发光二极管、变容二极管等，引脚引线较长的为正极，引脚线较短的为负极。

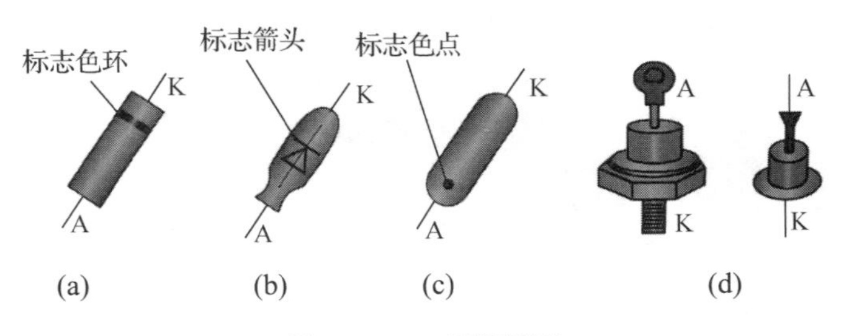

图 7-12　二极管类型

若不能由标记(如标记不清)来判断正、负极，则可用万用表进行判断。这部分在前面已经描述过。

利用数字万用表的蜂鸣挡，根据测得的正向电压大小，还可以判断二极管材料。如果显示的电压为 1.5～1.9V，则被测二极管是发光二极管；如果显示的电压为 0.5～0.7V，则被测二极管是硅材质二极管；如果显示的电压为 0.1～0.3V，则被测二极管是锗材质二极管；如果显示电压小于 0.1V，或者蜂鸣，则表示二极管已经击穿。通过对具体实物参数进行检测，将测试结果记录于表 7-2 中。

表 7-2　参数与性能测试

参数 型号	作用	符号	I_F	U_{RM}	正向电压/mV	反向电压/mV	材料	质量判断好坏
IN4007								
IN4733								
Re-LED								

项目评价表见表 7-3。

表 7-3　项目评价表

项　目		考核要求	分　值
理论知识	二极管特性	能正确掌握二极管特性	10
	稳压管特性	能正确理解稳压管的工作区	5
	主要参数	能正确理解二极管主要参数	20
操作技能	准备工作	10min 内完成仪器和元器件的整理工作	10
	二极管检测	能正确完成二极管的检测	30
	用电安全	严格遵守电工作业章程	10
职业素养	思政表现	能遵守安全规程与实验室管理制度，展现工匠精神	15
项目成绩			
总评			

【注意事项】

(1)　测二极管正向特性时，稳压电源输出应由小至大逐渐增加，应时刻注意电流读数不得超过 35mA，同时不可超出反向承受电压。

(2)　进行不同的试验时，应先估算电压和电流值，合理地选择仪表的量程，勿使仪表超量程，仪表极性亦不可接错。

7.2.6　二极管应用

1. 低电压稳压电路

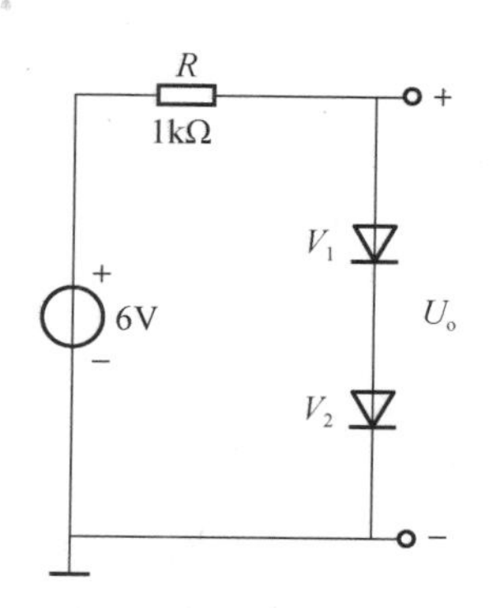

图 7-13　低压稳压电路

稳压电路是电子电路中常见的组成部分，利用二极管正向压降恒定的特点，可构成低电压稳压电路，如图 7-13 所示。图中二极管均为硅管，R 为限流电阻，用于降压和防止二极管因电流过大而损坏。由于二极管正向导通时的电压为 0.7V，而且基本不再随输入电压的增大而增大，即导通后具有恒压特性，所以图 7-13 所示电路能提供稳定的 1.4V 电压输出。这种低电压稳压电路常常在互补功率放大电路中用作偏置电路。

2. 钳位电路

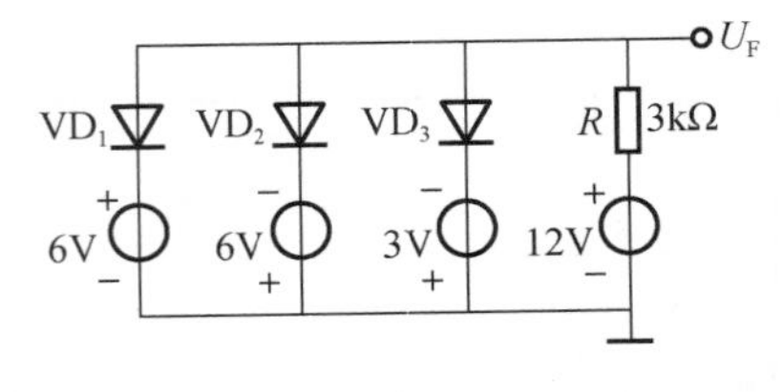

图 7-14　钳位电路

在多个二极管并联组成的钳位电路中，一次只能有一个二极管导通，而另一个处于截止状态，那么它的正反向压降就会被钳制在二极管正向导通压降 0.5～0.7V 以下，从而达到保护电路的目的。钳位电路如图 7-14 所示。

3. 限幅电路

在电子电路中，为了限制输出电压的幅度，常利用二极管构成限幅电路。图 7-15(a)所示为利用二极管正向压降来对输入信号进行双向限幅的电路，图中，二极管为硅管，其导通时管压降为 0.7V。采用恒压降模型可得等效电路如图 7-15(b)所示。若输入电压为一正弦波信号，幅度为 2V，则当 u 为正半周时，幅值小于 0.7V，二极管 VD_1、VD_2 均截止，输出电压 u_o 等于输入电压 u_i；当 u>0.7V 时，VD_2 导通，VD_1 仍截止，输出电压 u_o 恒等于 VD_2 的导通电压 0.7V。当 u 为负半周时，二极管 VD_1 始终截止，u>−0.7V 时，VD_2 也截止，输出电压 u_o 等于输入电压 u_i；u<−0.7V 时，VD_1 导通，输出电压 u_o 恒等于 VD_1 的导通电压−0.7V。由此可得图 7-15(c)所示输出电压波形，输出电压的幅度被限制在±0.7V 之间。

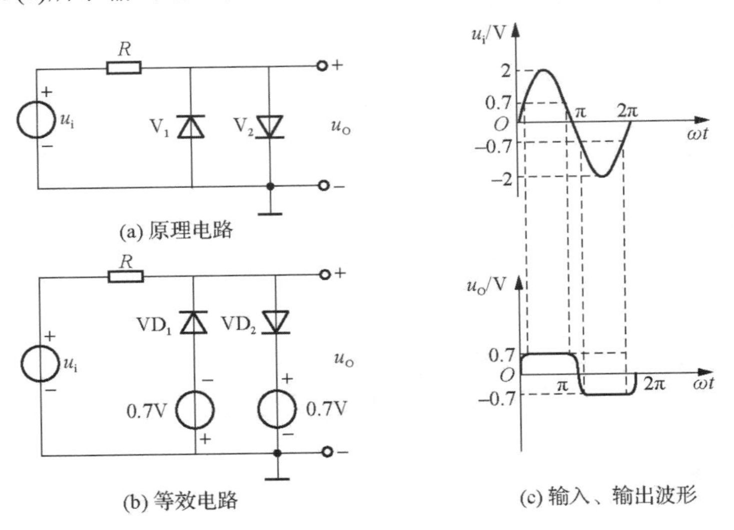

图 7-15　限幅电路

4. 整流电路

利用二极管的单向导电性将交流电变为直流电，称为整流。

1)　单相半波整流电路

半波整流电路是一种利用二极管的单向导电特性来进行整流的常见电路。除去半周，剩下半周负责整流的方法，叫半波整流，具体电路如图 7-16 所示。为了便于分析，我们同样规定图 7-16 中 u_2 中大于 0 的部分为正半周(即设 a 点电位低于 b 点电位为正半周)，且图中的二极管 VD 是理想的。

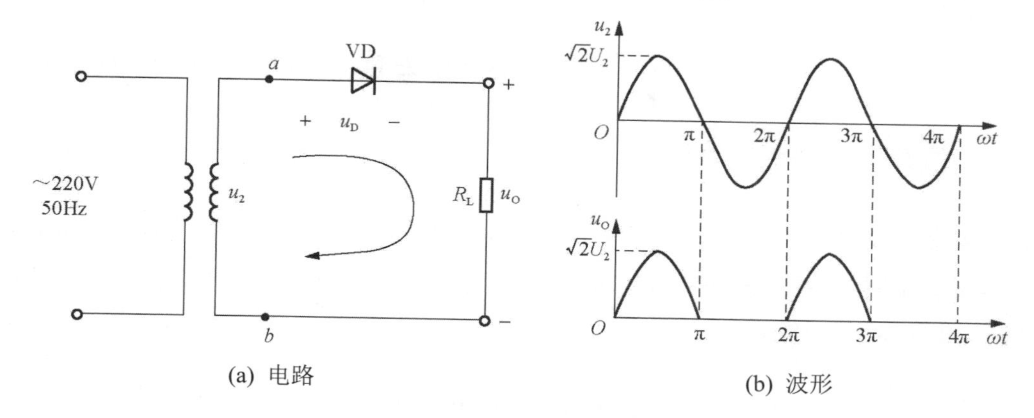

(a) 电路　　(b) 波形

图 7-16　单项半波整流电路及波形图

正半周时：由于 a 点电位高于 b 点电位，二极管 VD 导通，u_2、VD、R_L 构成闭合串联回路，电流按照 a→VD→ R_L →b 的方向流动，此时，u_o=u_2。负半周时：由于 b 点电位高于 a 点电位，二极管 VD 截止，电路处于开路状态，回路没有电流，因此，u_o=0，负载上没有电流流过。因此可以得到输入输出波形如图 7-16(b)所示，输出波形只保留了半个周，因此称为半波。

2)　单相全波整流电路

单相全波整流电路是利用二极管的单向导电特性进行整流的常见电路。一个回路负责正半周，另一个回路负责负半周的整流方法，叫全波整流，如前面介绍的单相桥式整流电路就是单相全波整流电路的一种，这里主要介绍的是一种使用双输出变压器和两个二极管构成的单相全波整流电路，具体电路及波形图如图 7-17 所示。

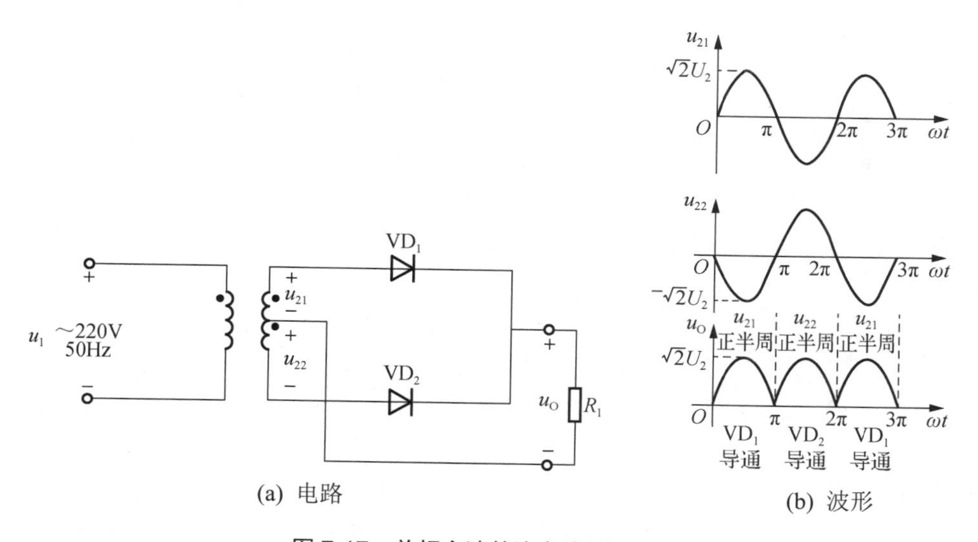

(a) 电路　　(b) 波形

图 7-17　单相全波整流电路及波形图

7.3 直流稳压电路

7.3.1 单相桥式整流电路

1. 电路组成

针对单相全波整流电路的缺点，可以通过单相桥式整流电路进行改进，改进后的单相桥式整流电路如图 7-18 所示。

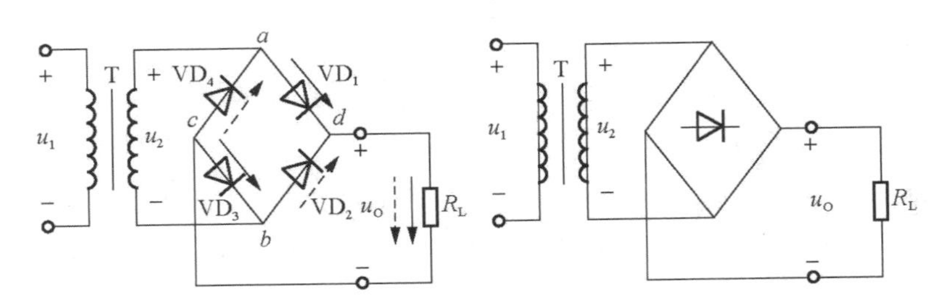

图 7-18 单相桥式整流电路

2. 电路分析

分析整流电路时为了简单起见，4 个整流二极管全部作为理想二极管对待，即正向导通时电阻为零，正向饱和电压为零，反向电阻无穷大。

图 7-18 中 u_1 为电网电压，一般为 220V/50Hz 的正弦波形，u_2 为变压器二次绕组的输出，与 u_1 相比，只是幅度按照一定比例降低，其余基本参数一致，它的波形如图 7-19 所示。为了便于分析，我们规定 u_2 中大于 0 的部分为正半周(即设 a 点电位高于 b 点电位为正半周)，小于 0 的部分为负半周(即设 a 点电位低于 b 点电位为负半周)。

正半周时：由于 a 点电位高于 b 点电位，二极管 VD_1 和 VD_3 导通，u_2、VD_1、R_L、VD_3 构成闭合串联回路，电流按照 $a \to VD_1 \to R_L \to VD_3 \to b$ 的方向流动，如图 7-18 所示。此时 c 点电位等于 a 点电位，即 $u_c=u_a$，d 点电位等于 b 点电位，即 $u_d=u_b$，所以 $u_0=u_c-u_d=u_a-u_b=u_2$，因此正半周时，负载上输出电压等于输入电压，负载上流过的电流等于 VD_1、VD_3 上流过的电流。

负半周时：由于 b 点电位高于 a 点电位，二极管 VD_2 和 VD_4 导通，u_2、VD_2、R_L、VD_4 构成闭合串联回路，电流按照 $b \to VD_2 \to R_L \to VD_4 \to a$ 的方向流动，如图 7-19 所示。此时，c 点电位等于 b 点电位，即 $u_c=u_b$，d 点电位等于 a 点电位，即 $u_d=u_a$，所以 $u_o=u_c-u_d=u_b-u_a=-u_2$，因此负半周时，负载上输出电压等于输入电压，极性相反，负载上流过的电流等于 VD_2、VD_4 上流过的电流。

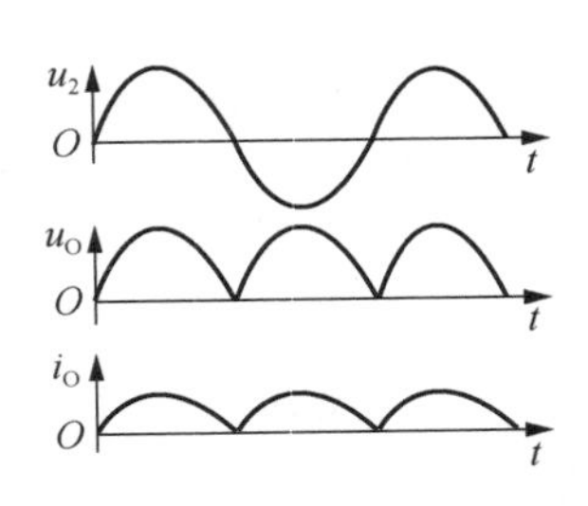

图 7-19 变压器输出电压波形图

这样就可以得到如图 7-19 所示 u_o 和 i_o 的波形，它们都是单方向的全波脉动直流波形，由于这种波形和英文字母 M 形似，有时也称为 M 波。

3. 整流参数计算

1)　整流二极管平均电流

由上述分析可知，负载上得到的电压 U_T 是脉动直流电压 U_o，波动比较大，一般用平均值表征其大小，可以用式(7-1)计算：

$$U_L = U_o = 0.9U_2 \tag{7-1}$$

式中，U_2 为 u_2 的有效值。

而桥式整流电路中，二极管 VD_1、VD_3 和 VD_2、VD_4 是两两轮流导通的，所以流经每个二极管的平均电流应该为负载电流 I_L 的一半。

$$I_{VD} = \frac{1}{2}I_L = \frac{U_L}{2R_L} = \frac{0.45U_2}{R_L} \tag{7-2}$$

2)　整流二极管最大反向电压

最大反向电压是整流二极管截止时，二极管上出现的最大反向电压。因此，正半周时 VD_2、VD_4 截止，此时，VD_2、VD_4 承受的最大反向电压均为 u_2 的最大值，即

$$U_{RM} = \sqrt{2}U_2 \tag{7-3}$$

同理，负半周时，VD_1、VD_3 截止，承受同样大小的电压。

3)　整流二极管的选择原则

上述计算值仅仅为理论临界值，在实际工程应用中，应考虑电网电压的波动、器件参数的差异以及电路负载的冲击等，一般按照理论临界值的 2～3 倍以上选择器件。因此，选择的整流二极管正向电流 $I \geqslant (2\sim3)I_{VD}$，最大反向电压 $U_P \geqslant (2\sim3)U_{RM}$。

4. 整流桥堆

整流电路的优点是输出电压高、纹波较小、二极管承受的最大反向电压较低、效率较高等；但缺点是二极管用得较多。针对这一缺点，市场上已经有各种规格的一体化桥式整流电路，即整流桥堆。

目前整流桥堆的封装有 4 种：方桥、扁桥、圆桥、贴片 MINI 桥。其中：方桥主要封装有 BR3、BR6、BR8、GBPC、KBPC、KBPC-W、GBPC-W；扁桥主要封装有 KBP、KBL、KBU、KBJ、GBU、GBJ、D3K；圆桥主要封装有 WOB、WOM、RB-1；贴片 MINI 桥主要封装有 BDS、MBS、MBF、ABS。

桥堆的表面一般标有“+”“-”“～”三种标号，其中“～”是两个交流输入端，“+”和“-”分别是整流后脉动直流电压的正输出端和负输出端。

7.3.2　滤波电路

整流电路虽然把交流电变换为直流电，但输出电压脉动较大，除了在一些特殊场合可以直接作为放大器的电源外，通常都要采取一定的措施，尽量降低输出电压的脉动成分。滤波电路的作用就是把脉动较大的直流电压变成基本上平稳的电压。常用的滤波电路有电容滤波电路、电感滤波电路和复式滤波电路等，这里仅介绍电容滤波电路。

1. 电容滤波电路工作原理

桥式整流电容滤波电路如图 7-20(a)所示。电容滤波电路主要是利用电容的充、放电作用，使输出电压趋于平滑。

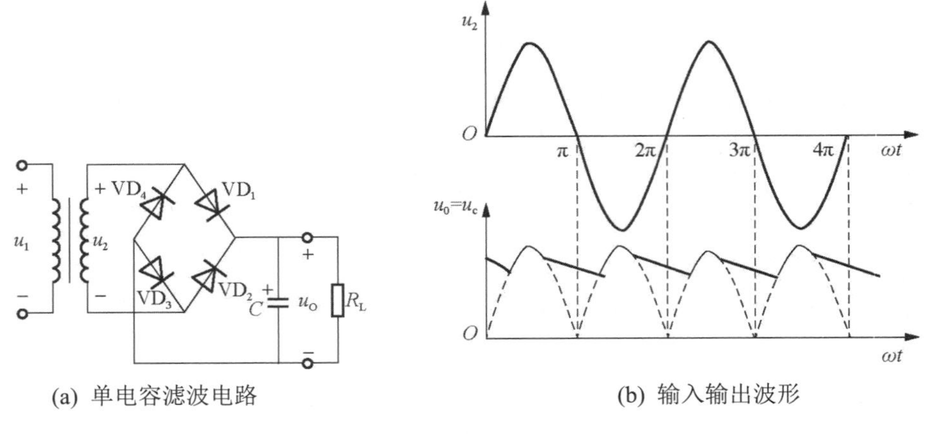

(a) 单电容滤波电路　　(b) 输入输出波形

图 7-20　电容滤波电路

(1) 假设上电阶段，u_2从正半周开始，即u_2从 0 开始上升，$u_2>u_c$，二极管 VD_1、VD_3 导通，VD_2、VD_4截止，u_2通过二极管 VD_1、VD_3给电容 C 充电。此时，充电电阻小，充电时间短，几乎可以跟踪u_2的上升速度，电容器很快充电到u_2的最大值，此时$u_c=\sqrt{2}U_2$。

(2) u_2从峰值下降到 0 的阶段，$u_2<u_c$，二极管VD_1～VD_4截止，电容将通过负载放电，放电时间一般比较缓慢，u_c将呈指数规律缓慢下降。显而易见，此阶段两个电压同时下降，但是u_2的下降速度快于u_c。

(3) 负半周，$|u_2|$从 0 重新上升，$|u_2|<u_c$之前，二极管VD_1～VD_4截止，电容将继续通过负载R_L放电，u_c将呈指数规律继续缓慢下降。

(4) $|u_2|>u_c$之后，二极管VD_1、VD_3导通，VD_2、VD_4截止，u_2通过二极管VD_2、VD_4给电容 C 充电，此时，充电电阻小，充电时间短，几乎可以跟踪$|u_2|$的上升速度，电容器很快充电到u_2的最大值，此时$u_c=\sqrt{2}U_2$。如此反复不断，负载上就得到了一个比脉动直流电压纹波小很多的直流电压，波形图如图 7-20(b)所示。图中虚线表示$|u_2|$的波形，实线表示u_L及u_c的波形。

2. 整流参数计算

(1) 整流二极管平均电流I_{VD}。由上述分析可知，负载上得到的直流电压与电容上的电压相等，波动很小，一般可以用下式计算：

$$U_L=(1.1\sim1.2)U_2 \tag{7-4}$$

式中，U_2为u_2的有效值。

二极管 VD_1、VD_3 和 VD_2、VD_4 是两两轮流导通的，所以流经每一个二极管的平均电流应该为负载上电流的一半。

$$I_{\mathrm{VD}}=\frac{1}{2}I_{\mathrm{L}}=\frac{U_{\mathrm{L}}}{2R_{\mathrm{L}}} \tag{7-5}$$

(2) 整流二极管最大反向电压 U_{RM}。整流二极管截止时，二极管上出现最大反向电压，因此，正半周时，VD_2、VD_4 截止，此时，VD_2、VD_4 承受的最大反向电压均为 u_2 的最大值，即

$$U_{\mathrm{RM}}=\sqrt{2}U_2 \tag{7-6}$$

同理，负半周时，VD_1、VD_3 截止，承受同样大小的反向电压。

(3) 二极管的选择。实际工程应用中，一般按照理论临界值的 2～3 倍以上选择器件，因此，选择的整流二极管正向电流 $I_{\mathrm{P}}\geqslant(2\sim3)I_{\mathrm{V}}$，最大反向电压 $U\geqslant(2\sim3)U_{\mathrm{RM}}$。

(4) 电容 C 的选择。负载上的直流电压值和纹波的大小与电容 C 有关，C 越大，负载电压越稳定，纹波越小。为了保证负载电压的平滑度，C 一般按照下式进行选择。

$$\tau=R_{\mathrm{L}}C\gg(3\sim5)\frac{T}{2} \tag{7-7}$$

式中，T 为交流电源的周期，一般电网电压周期为 20ms。

(5) 变压器的选择。变压器的输出电压有效值 U_2 可以根据负载上需要的直流电压 U_{L} 求得，电流一般按照 $(1.5\sim2)I_{\mathrm{L}}$ 选择。实际工程中，考虑到电网电压的波动等因素的影响，变压器制造商会按照变压器的二次电压值 10%的余量进行生产。

7.3.3 单相桥式整流滤波电路装调

使用万用表对元器件进行检测，如果发现元器件有损坏，要说明情况，并更换新的元器件。

桥式整流滤波电路如图 7-21 所示，搭建电路。

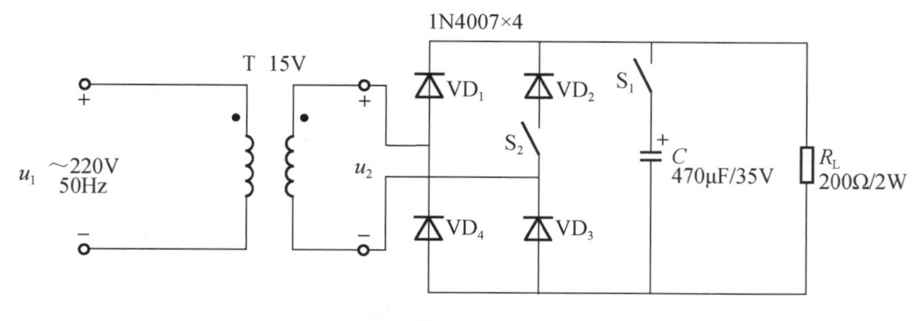

图 7-21　桥式整流滤波电路

(1) 断开开关 S_1，分别使用示波器检测 u_2、u_o 的电压值和波形，并记录。

(2) 断开开关 S_2，分别使用示波器检测 u_o 的电压平均值和波形，并记录。

(3) 闭合开关 S_1、S_2，使用万用表的直流电压挡检测 u_o 的电压平均值，使用示波器的交流耦合模式观察输出波形 u_o 的波形，并记录。

【注意事项】

(1) 连接极性电容时，一定要注意极性不能接错。

(2) 禁止带电连接电路。

(3) 使用万用表测量电压时一定要注意选择正确的挡位，特别禁止在电流挡测量电压。

项目评价表见表 7-4。

表 7-4　项目评价表

项　目		考核要求	分　值
理论知识	桥式整流	能正确掌握桥式整流工作原理	10
	滤波	能正确掌握滤波的工作原理	5
	主要参数	能正确理解元器件主要参数	20
操作技能	准备工作	10min 内完成仪器和元器件的整理工作	10
	安装调试	能正确完成电路的装调	30
	用电安全	严格遵守电工作业章程	10
职业素养	思政表现	能遵守安全规程与实验室管理制度，展现工匠精神	15
项目成绩			
总评			

7.3.4　稳压电路

1. 稳压二极管稳压电路

稳压电源电路从结构上可以分为并联型和串联型两种，其中稳压二极管的稳压电源是一种典型的并联型电压源，具体电路如图 7-22 所示。三端稳压器稳压电源是一种典型的串联型电压源。

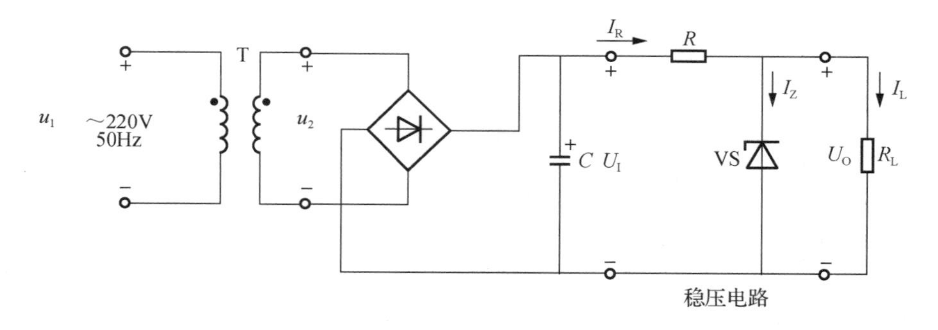

图 7-22　稳压二极管稳压电路

2. 三端稳压器稳压电路

随着集成电路的发展，集成稳压电路也成为广泛使用的普及型产品，并具有使用简单、价格便宜和稳压效果好等许多优点。主要产品有 W7800 系列和 W7900 系列固定式三端稳压器，它们的内部除了有调整管、采样电路、基准电压源和比较放大器等基本模块外，还包括防止损坏的保护电路等。外观有图 7-23 所示的金属封装和塑料封装两种，将它们的输入端接上整流滤波电路即可工作。

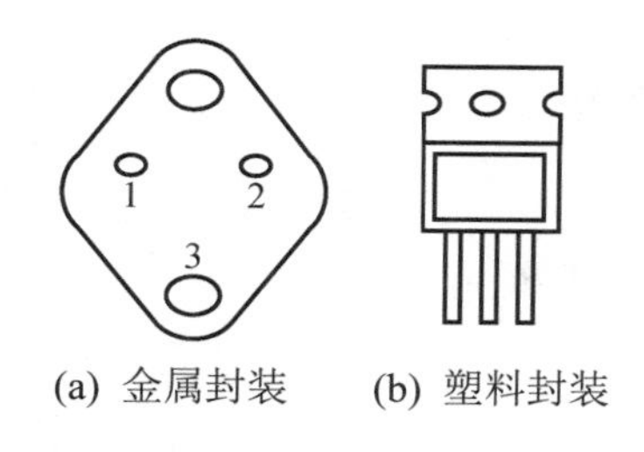

(a) 金属封装　(b) 塑料封装

图 7-23　三端集成稳压器实物外形图

W7800 系列三端集成稳压器如图 7-23 所示，它的 1 端为输入端，2 端为输出端，3 端为公共端。W7800 系列产品的输入输出均为正电压，固定的输出电压有 5V、6V、9V、12V、15V、18V、24V 等。不同厂家的型号名称前面的字母略有区别，但型号的后两位均用输出电压值表示，如输出 5V 的型号有 LM7805、MC7805 或 W7805 等。W7900 系列产品的电路结构与 W7800 系列相似，不同的是它们的输入输出均为负电压，三个端子中 3 端为输入端，2 端为输出端，1 端为公共端。

三端集成稳压器应用电路如图 7-24 所示。其中图 7-24(a)为 W7800 系列产品组成的输出正电压的稳压电路，它的输入端接整流滤波电路的输出端。图中的 C_i 主要用来消除可能产生的高频寄生振荡，C_o 为了瞬时增减负载电流时不致引起输出电压有较大的波动。W7900 系列产品组成输出负电压的稳压电路，它的电路与 W7800 系列相同。图 7-24(b)为同时输出正、负电压的上下对称结构的稳压电路，电路中变压器的初级中间抽头和两块集成稳压器的公共端接地，以保证两路输出电压分别为要求的正负极性。

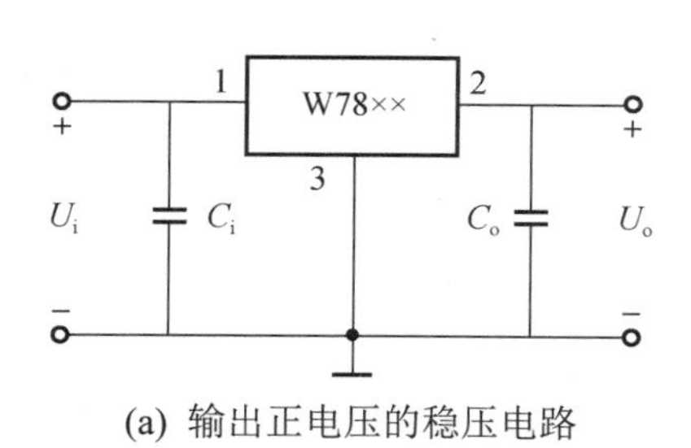

(a) 输出正电压的稳压电路

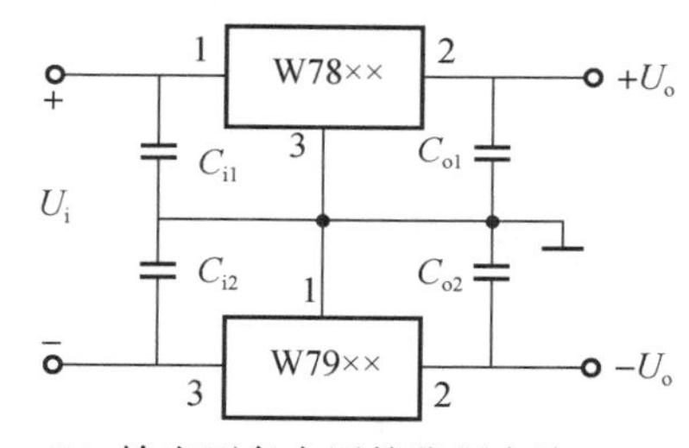

(b) 输出正负电压的稳压电路

图 7-24　稳压应用电路

除了以上固定三端集成稳压器外，还有可调式三端集成稳压器。它的三个端子分别为调整端、输入端和输出端，根据型号系列不同有正电压输出(如 W117、W217、W317)和负电压输出(如 W137、W237、W337)两种。正电压输出和负电压输出的可调式稳压器的调整端与输入端的内部电压分别恒等于±1.25V，它们的输出电压分别在±1.25～±37V 之间连续可调，如图 7-25 所示。

可调式三端集成稳压器在使用中一定要注意器件有足够的散热条件，尤其当输入电压和输出电流一定时，输出电压越小三端稳压器的功耗越大。

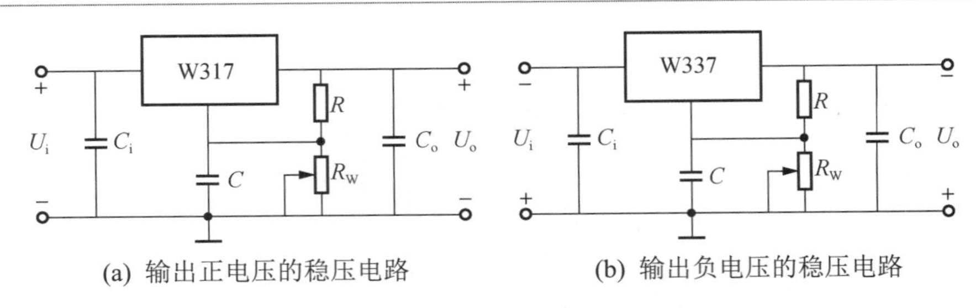

(a) 输出正电压的稳压电路　　(b) 输出负电压的稳压电路

图 7-25　可调式三端集成稳压

7.3.5　三端稳压器稳压电路装调

使用万用表对元器件进行检测，如果发现元器件有损坏，说明情况，并更换新的元器件。

稳压器稳压电路如图 7-26 所示，搭建电路。

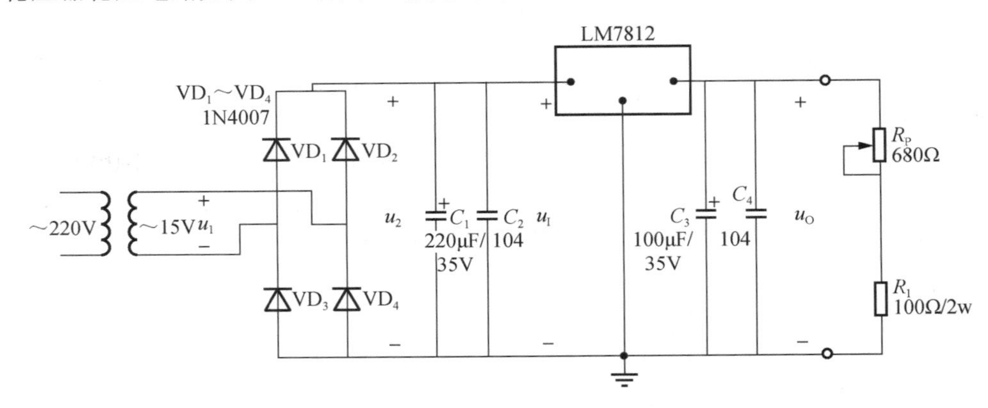

图 7-26　稳压器稳压电路

使用万用表的直流电压挡，测量稳压器件的输入输出电压的平均值 U_i 和 U_o，并记录。使用示波器的交流耦合模式观察输入和输出电压的波形 u_i 和 u_o，并记录于表 7-5 中。

表 7-5　稳压电路数据表

	输入电压		输出电压		
	平均值 U_i/V	波形 u_i/V	理论值 U_o/V	测量值 U_o/V	波形 u_o/V
万用表测量		—			—
示波器测量	—		—	—	

【注意事项】

(1)　在连接极性电容时，一定要注意不能接错。

(2)　禁止带电连接电路。

(3)　使用万用表测量电压时，一定要注意选择正确的挡位，禁止在电流挡测量电压。

项目评价表见表 7-6。

表 7-6　项目评价表

项　目		考核要求	分　值
理论知识	稳压器	能正确识别稳压器	10
	主要参数	能正确选择合适元器件	20
操作技能	准备工作	10min 内完成仪器和元器件的整理工作	10
	安装调试	能正确完成电路的装调	30
	用电安全	严格遵守电工作业章程	15
职业素养	思政表现	能遵守安全规程与实验室管理制度，展现工匠精神	15
项目成绩			
总评			

思考与练习

一、判断题

1. 自由电子是多子的半导体称 N 型半导体，而空穴是多子的半导体称 P 型半导体。（　　）
2. 单相全波整流电路负载上的平均电压是单相半波的两倍，每个二极管承受的最大反向电压也为单相半波的两倍。（　　）
3. 滤波电路能将脉动的直流电压变成比较平滑的直流电压。（　　）
4. 在桥式整流电路中，二极管输出电流是脉冲波。（　　）
5. 电容滤波是利用电容元件有隔直通交的特性，因此使用时应将电容与负载串联。（　　）

二、填空题

1. 二极管的单向导电性是指：正向______________，反向______________。
2. 采用三端式集成稳压电路 7912 的稳压电源，其输出________________。
3. 通常稳压管是工作在 PN 结的__________。
4. 桥式整流电路中负载上的平均电压为________，每个二极管承受的最大反向电压约为________。
5. 电容滤波只适合____________的场合。

三、简答题

1. 电路如图 7-27 所示，R=1kΩ，U_{REF}=3V，画出输出电压 u_{o} 的波形(二极管作为压降为 0.7V 的恒压降二极管处理)。

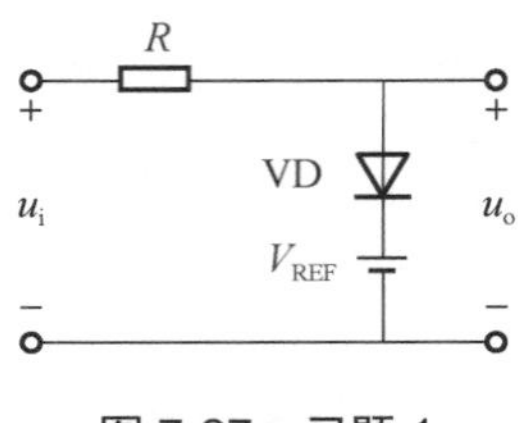

图 7-27　习题 1

2. 将图 7-27 中 R 和 VD 的位置互换，再次绘制输出电压波形。

微课资源

扫一扫：获取相关微课视频。

7-1　集成整流(桥堆)

7-2　电容滤波

7-3　电容滤波

7-4　电容滤波

7-5　电感滤波

7-6　桥式整流仿真

7-7　限幅仿真

7-8　滤波电路

项目 8

三极管放大电路

【项目要点】

由于微弱的声音被转换成电信号(经过话筒传感器)后，其能量小，不能直接驱动扬声器(执行机构)，因此，必须经放大电路放大为足够强的电信号，以驱动扬声器，使其发出比人讲话大得多的声音。为了达到放大的目的，必须采用具有放大作用的电子器件。晶体管和场效应管便是常用的放大器件。

8.1 半导体三极管

半导体三极管具有放大和开关作用，应用非常广泛。它有双极型和单极型两种类型，双极型半导体三极管通常简称为晶体管(Bipolar Junction Transistor，BJT)，它有空穴和自由电子两种载流子参与导电；单极型半导体三极管通常称为场效应晶体管(Field Effect Transistor，FET)，它是一种利用电场效应控制输出电流的半导体器件，由一种载流子(多子)参与导电，故称为单极型半导体三极管。

8.1.1 三极管的结构与分类

1. 三极管的结构与图形符号

三极管由发射结、集电结、N 型半导体与 P 型半导体构成，有三个电极，即基极(B)、发射极(E)、集电极(C)。PNP 型三极管由两块 P 型半导体和一块 N 型半导体构成，NPN 型三极管由两块 N 型半导体和一块 P 型半导体构成。P 型半导体与 N 型半导体的交界处称为 PN 结，基极与集电极之间的 PN 结称为集电结，基极与发射极之间的 PN 结称为发射结。三极管的结构及图形符号如图 8-1 所示。

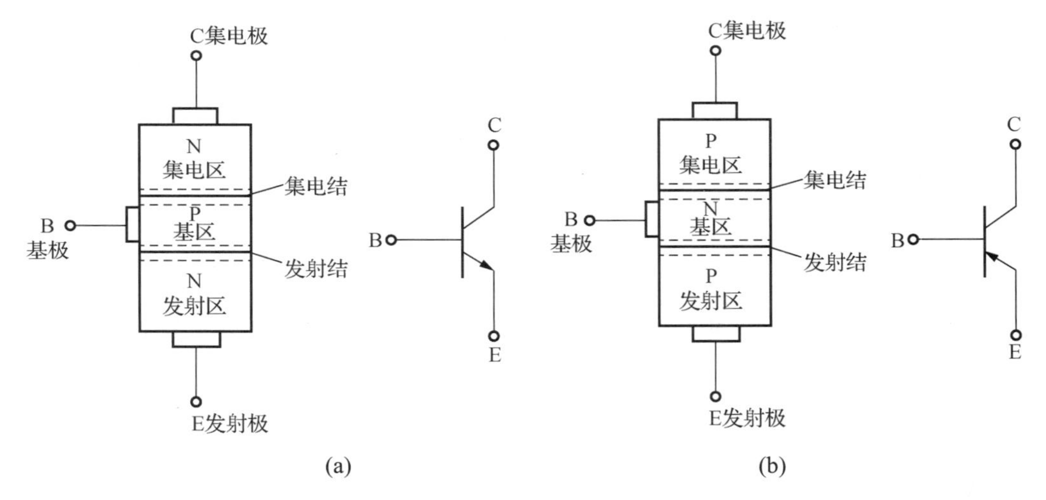

图 8-1 NPN 型和 PNP 型三极管的结构示意图和图形符号

2. 三极管的分类

根据所采用的材料和极性的不同，三极管可分为硅材料的 NPN 与 PNP 三极管、锗材料的 NPN 与 PNP 三极管。

根据用途的不同，三极管可分为高中频放大三极管、低频放大三极管、低噪声放大三极管、光电三极管、开关三极管、高低压三极管、达林顿三极管、带阻尼三极管等。

根据功率的不同，三极管可分为小功率三极管、中功率三极管、大功率三极管等。

根据频率的不同，三极管可分为低频三极管、高频三极管、超高频三极管等。

根据工艺的不同，三极管可分为平面型三极管、合金型三极管、扩散型三极管等。

根据封装形式不同，三极管可分为金属封装三极管、玻璃封装三极管、陶瓷封装三极管、塑料封装三极管等。

8.1.2　三极管的工作原理

为了分析三极管的电流分配和放大作用，下面先介绍一个实验，实验电路如图 8-2 所示。若使三极管工作在放大状态，必须满足一定的外部条件：加电源电压 U_{BB} 使发射结正偏，而电源电压 $U_{CC}>U_{BB}$，保证集电结反偏。

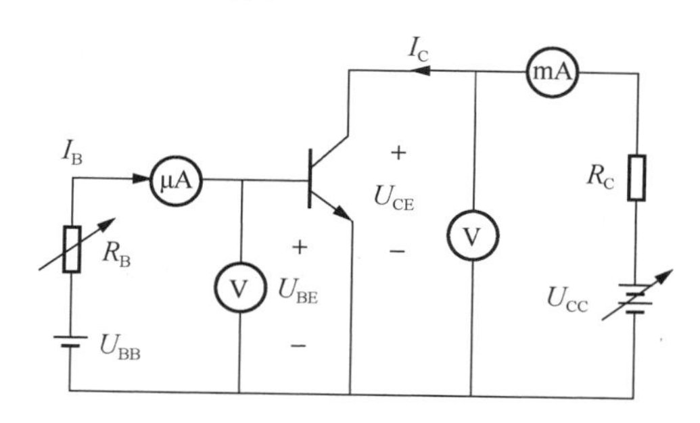

图 8-2　测定三极管的实验电路

改变电阻 R_B，则基极电流 I_B、集电极电流 I_C 和发射极电流 I_E 都会发生变化，实验所得数据见表 8-1。

表 8-1　三极管各极电流实验数据

I_B /μA	0	20	30	40	60
I_C /mA	≈0	1.4	2.3	3.2	4.7
I_E /mA	≈0	1.42	2.33	3.24	4.76
I_C / I_B	0	70	76	80	78

从表 8-1 中的实验数据可得出如下结论。

(1)　$I_E=I_C+I_B$，三极管三个电流之间的关系符合基尔霍夫电流定律。

(2)　$I_E \approx I_C$，I_B 虽然很小，但对 I_C 有控制作用，I_C 随 I_B 的变化而变化。两者在一定范围内保持比例关系，即 $\beta=I_C/I_B$，即基极电流较小的变化可以引起集电极电流较大的变化。这表明基极电流对集电极具有小量控制大量的作用，这就是三极管的电流放大作用。

8.1.3　三极管的特性曲线

三极管的特性曲线反映了三极管各极电压与电流之间的关系，是分析和设计三极管各种电路的重要依据。由于三极管有三个电极，因此，要用两种特性曲线来表示，即输入特性曲线和输出特性曲线。

1. 输入特性曲线

三极管的输入特性曲线是指输入电压与基极电流之间的关系，由图 8-3 可以看出，三极管的输入特性曲线与二极管的伏安特性曲线很相似，也存在一段死区。硅管的死区电压约为 0.5V，锗管的死区电压约为 0.1V。正常导通后，硅管的正向导通压降约为 0.7V，锗管的正向导通压降约为 0.3V。

2. 输出特性曲线

三极管的输出特性曲线是指当基极电流 i_B 为一常数时，集电极电流 i_C 与集电极、发射极之间的电压 u_{CE} 之间的关系曲线，如图 8-4 所示。对应不同的 i_B，可以得到一组输出特性曲线。根据三极管的工作状态不同，可将输出特性分为三个区域。

(1) 截止区。i_B 以下的区域。此时 $i_C \approx 0$，集电极、发射极之间只有微小的反向饱和电流，类似开关的断开状态，没有放大作用，呈高阻态。此时，发射结和集电结都反向偏置，三极管处于截止状态，

(2) 放大区。各条输出特性曲线近似平行于横轴的曲线族部分。在此区域，i_C 的大小随 i_B 变化，$i_C=\beta i_B$，发射结正向偏置，集电结反向偏置，三极管处于放大状态。

(3) 饱和区。输出特性曲线近似直线上升的区域。在该区域，$u_{CE}<1V$，处于临界饱和状态。三极管的集电极、发射极之间近似短路，类似开关的闭合状态。此时，i_C 不受 i_B 的控制，无电流放大作用，发射结和集电结都正向偏置，三极管处于饱和状态。

综上所述，三极管工作在放大区，具有电流放大作用，常用来构成各种放大电路；三极管工作在截止区和饱和区，相当于开关的断开和闭合，常用于开关控制和数字电路。

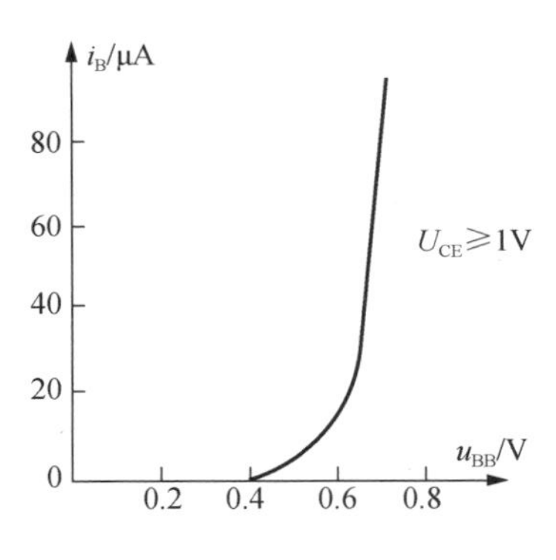

图 8-3　输入特性曲线

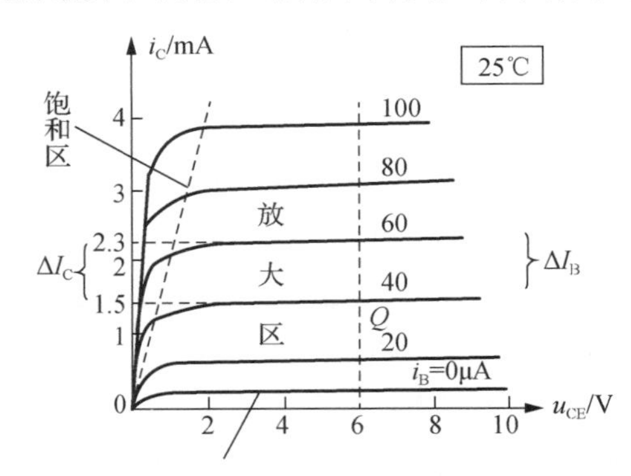

图 8-4　输出特性曲线

8.1.4　三极管的主要参数

三极管的主要参数可分为直流参数、交流参数、极限参数，选用三极管时的重要依据。因此，了解三极管的参数可以避免因选用和使用不当而引起的三极管的损坏。

1. 直流参数

(1) 集电极-基极反向电流 I(CBO)。当发射极开路，在集电极与基极加上规定的反向电压时，集电极的漏电流就称作 I(CBO)，此值越小表明晶体管的热稳定性越好。一般小功率

三极管的 I(CBO)约为 10μA，硅三极管更小一些。

(2) 集电极-发射极反向电流 I(CEO)，也称作穿透电流，它是指基极开路时，在集电极与发射极之间加上规定的反向电压时集电极的漏电流，此值越小越好。硅三极管的 I(CEO)一般较小，在 1μA 以下。如果测试中发现此值较大，此管就不宜使用。

2. 极限参数

(1) 集电极最大允许电流 I(CM)。当三极管的β值下降到最大值的一半时，三极管的集电极电流就称为集电极最大允许的电流。因此，实际应用时 I(C)要小于 I(CM)。

(2) 集电极最大允许耗散功率 P(CM)。当三极管工作时，集电极要耗散一定的功率而使集电结发热，当温度过高时就会导致参数变化，甚至烧毁三极管。因此规定，三极管集电极温度升高到不至于将集电结烧毁所消耗的功率，就称为集电极最大消耗功率。使用时为了提高 P(CM)值，可给大功率三极管加上散热器，散热器越大，其 P(CM)值就提高得越多。

(3) 集电结-发射极反向击穿电压 U_{BR}(CEO)。当基极开路时，集电极与发射极之间允许加的最大电压称作 U_{BR}(CEO)。在实际应用时，加到集电极与发射极之间的电压一定要小于 U_{BR}(CEO)，否则将损坏三极管。

8.1.5 三极管的识别与检测

1. 三极管的选用

选用晶体管既要满足设备及电路的要求，又要符合节约的原则。根据用途不同，一般应考虑以下几个因素：频率、集电极电流、耗散功率、反向击穿电压、电流放大系数、稳定性及饱和压降等。这些因素具有相互制约的关系，在选管时应抓住主要矛盾，兼顾次要因素。

首先，根据电路工作频率确定选用低频管还是高频管，低频管的特征频率一般在 3MHz 以下，而高频管的特征频率达几十兆赫、几百兆赫，甚至更高。选管时应使 f 为工作频率的 3～10 倍以上。原则上讲高频管可以代替低频管，但高频管的功率一般比较小，动态范围窄，在替代时应注意功率要求。

其次，根据晶体管实际工作的最大集电极电流 i_{Cmax}、最大管耗 P_{Cmax} 和电源电压 U 选择合适的管子。要求晶体管的极限参数满足 $P_{CM} > p_{Cmax}$、$I_{CM} > i_{Cmax}$、$U_{(BR)CEO} > u_{CEmax}$。需要注意：小功率管的 P 值是在常温(25℃)下测得的，大功率管则是在常温下加规定规格散热片的情况下测得的，若温度升高或不满足散热要求，P_{CM} 将会下降。

对于β值的选择，不是越大越好。太大容易引起自激振荡，且一般高β值管的工作多不稳定，受温度影响大。通常β值选为 40～120 之间。不过对于低噪声、高β值的管子，如 9014 等，β值达数百时温度稳定性仍然较好。另外，对整个电路来说，还应从各级的配合来选择β值。例如前级用高β值的管子，后级就可以用低β值的管子；反之，前级用低β值的管子，后级就可以用高β值的管子。

应尽量选用穿透电流 I_{CEO}、饱和压降小的管子，I_{CEO} 越小，电路的温度稳定性就越好。

通常硅管的稳定性比锗管的稳定性好得多，但硅管的饱和压降比锗管的大。目前电路中多采用硅管。

2. 三极管的识别与检测

除了利用模拟万用表检测三极管之外，还可以使用数字万用表测量。将万用表置于测量β(或 h_{FE})挡，并进行校正。若万用表的β值读数较大，则说明假设正确，万用表的β值读数就是晶体管的共射极电流放大系数。若β值读数较小，则改将另一个引脚设为集电极，重新测量β值，这时若β值读数较大，则说明假设正确，若β值读数仍较小，则说明被测晶体管放大能力很弱，为劣质管。测量数据结果记录于表 8-2 中。

表 8-2　参数与性能测试

参数 型号	材质	NPN/PNP	引脚示意图	电流放大倍数	判断质量好坏
9013	硅	NPN			
3DG6	硅	NPN			
8050					

【注意事项】

(1) 测量三极管时，手不要碰到器件的引脚，以免人体电阻的介入影响测量的准确性。

(2) 进行测量时，元器件应轻拿轻放。

项目评价表见表 8-3。

表 8-3　项目评价表

项　目		考核要求	分　值
理论知识	三极管工作原理	能正确掌握三极管特性	10
	伏安特性	能正确理解稳压管的工作区	5
	主要参数	能正确理解三极管主要参数	20
操作技能	准备工作	10min 内完成仪器和元器件的整理工作	10
	三极管检测	能正确完成三极管的检测	30
	用电安全	严格遵守电工作业章程	10
职业素养	思政表现	能遵守安全规程与实验室管理制度，展现工匠精神	15
项目成绩			
总评			

8.2　基本放大电路的装调

在生产实践、科学研究中经常需要对微弱的信号放大后进行观察、测量和利用。放大微弱信号的任务由放大电路来完成。以三极管为放大核心，外接电源、电阻等元件可构成放大电路。

8.2.1　放大电路的基本概念

1. 放大的概念与本质

放大电路在实际应用中十分广泛，从日常使用的手机、音响，到复杂的自动化控制系统等领域，都有各种各样的放大电路。以简单的语音扩音器为例，传声器(传感器)将语音转换成微弱的电信号，经放大电路进行放大后，驱动扬声器(执行器)发出比原来大得多的声音，其中放大一般包括电压放大和电流放大两个过程。

扬声器获得的能量远大于传声器输出的能量，那么扬声器的能量是从哪里获得的呢？实际上，放大器不能产生能量，它只是按照传声器输出信号的变化规律，将直流电压源的能量转换成扬声器所需要的能量，所以放大的本质就是能量的搬移，同时，为了保证扬声器得到的声音不发生畸变，放大的基本要求是不失真。

2. 放大电路的组成原理

放大电路一般由三大部分构成，其组成框图如图 8-5 所示。第一部分是具有放大作用的半导体器件，可以是晶体管、场效应晶体管及集成电路等，它是整个放大电路的核心器件。第二部分是偏置电路，为放大器件提供合适的偏置电压，保证放大器件工作在线性放大状态。第三部分是耦合电路，将输入信号连接到放大器件的输入端，将输出负载连接到放大器件的输出端。

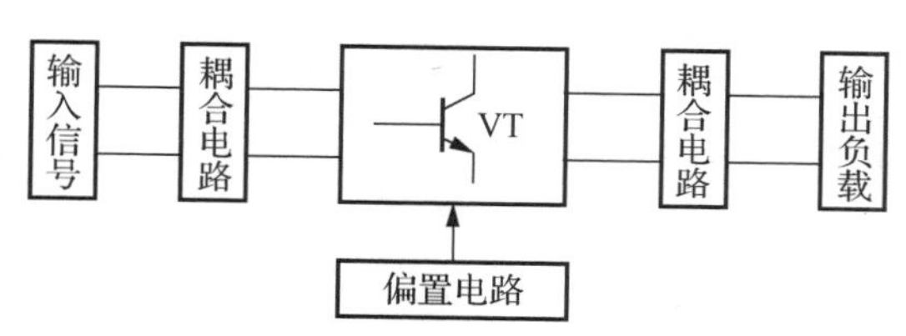

图 8-5　放大电路组成框图

对于偏置电路，分立元器件放大电路中常用的偏置方式有分压偏置和自偏置；集成电路中广泛采用电流源偏置电路。

对于耦合方式，常见的有直接耦合和间接耦合。其中，间接耦合又包括阻容耦合和变压器耦合两种方式，这种耦合方式可以有效地隔绝直流的相互影响，可以使电路前后相互独立，因此常用于分立元器件放大电路中。直接耦合是指前后电路直接连接，容易相互影响。由于电容和变压器不具备集成能力，所以集成电路中主要使用直接耦合。

3. 放大电路的主要性能指标

为了便于理解放大电路的性能指标，我们将放大电路看成端口网络，它的等效模型如图 8-6 所示。图中$\dot{U}_s$、R_s是信号源电压和内阻，$\dot{U}_i$、$\dot{I}_i$是输入电压和电流，R_i、R_o、R_L是输入、输出等效电阻和负载电阻，$\dot{U}'_o$是开路输出电压，$\dot{I}_o$、$\dot{U}_o$是有载输出电流和电压。

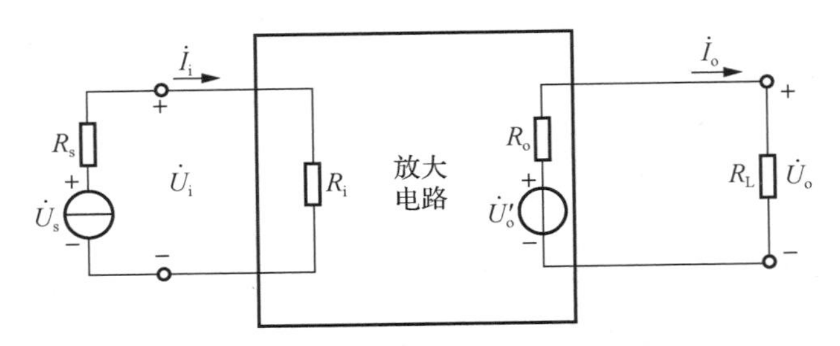

图 8-6　放大电路的等效模型

1)　输入电阻、输出电阻

输入电阻 R_i 是从放大器输入端视入的等效电阻，是输入电压 $\dot{U}_i$ 和输入电流 $\dot{I}_i$ 的比值，即

$$R_i = \frac{\dot{U}_i}{\dot{I}_i}$$

由图 8-6 可知，输入电阻 R_i 与信号源构成简单串联分压关系，因此 R_i 越大，放大电路从信号源(前级电路输出)获取信号的幅度越高；反之越低。所以输入电阻 R_i 反映了放大电路从信号源(前级电路输出)获取信号幅度的能力。

输出电阻 R_o，的大小决定放大电路带负载的能力。R_o 越小，负载 R 的变化对输出电压的影响就越小。R_o 是在信号源短路($\dot{U}_S$ =0，保留 R)和负载开路(R_L=∞)的条件下，从输出端的视入等效电阻，即

$$R_o = \frac{\dot{U}_o}{\dot{I}_o}\bigg|_{\substack{R_L = \infty \\ \dot{U}_S = 0}}$$

2)　放大倍数

放大倍数也称为增益，它表示输出信号和输入信号的变化量之比，用来衡量放大器的放大能力，一般包括电压放大倍数、电流放大倍数、功率放大倍数，其定义式分别如下：

电压放大倍数为

$$\dot{A}_u = \frac{\dot{U}_o}{\dot{U}_i}$$

电流放大倍数为

$$\dot{A}_i = \frac{\dot{I}_o}{\dot{I}_i}$$

功率放大倍数为

$$A_p = \frac{P_o}{P_i}$$

8.2.2　共射放大电路

1. 放大电路的组成

图 8-7(a)所示的电路，发射极是输入回路和输出回路的公共端(交流回路，交流电通过直流电源时相当于短路)，所以称为共发射极放大电路。电源 U_{BB} 的作用是保证三极管发射结正偏，U_{CC} 的作用是保证三极管集电结反偏并提供放大电路的电能。由于 U_{BB} 与 U_{CC} 共地，所以 U_{BB} 也可用 U_{CC} 来代替。采用单电源的基本放大电路如图 8-7(b)所示。U_{CC} 一般在几伏到十几伏之间，提供电流 i_B 和 i_C。

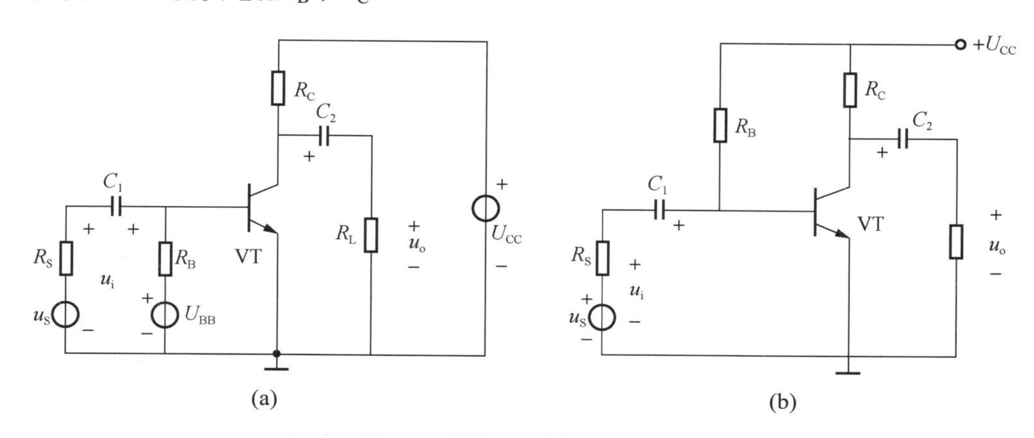

图 8-7　基本共发射极放大电路

(1)　三极管 VT。放大元件，具有放大作用，是放大器的核心，利用基极电流 i_B 控制集电极电流 i_C。产生放大作用的外部条件是：发射结正向偏置，集电结反向偏置。

(2)　偏置电阻 R_B。用来调节基极偏置电流 i_B，使晶体管有一个合适的工作点，一般为几十千欧到几百千欧。

(3)　集电极负载电阻 R_C。将集电极电流 i_C 的变化转换为电压的变化，以获得电压放大，一般为几千欧。

(4)　耦合电容 C_1、C_2。利用其“通交流、隔直流”的特性来传递交流信号，起到耦合的作用。同时，又使放大电路与信号源及负载间的直流相隔离，起到隔直的作用。为了减小传递信号的电压损失，C_1、C_2 应选得足够大，一般为几微法至几十微法，通常采用电解电容器。连接时注意极性。

2. 放大电路的工作原理

1)　交、直流字母表示法

在分析放大电路的工作原理之前，先对有关字母表示进行说明：直流分量用大写字母、大写下标表示，如 I_B、U_{BE} 等；交流分量用小写字母、小写下标表示，如 i_b、u_{be} 等；瞬时值(总量)是交、直流叠加量，用小写字母、大写下标表示，如 i_B、u_{BE} 等。

2)　放大原理

在图 8-7(b)所示的放大电路中，只要选取合适的 R_B、R_C、U_{CE}，三极管就能工作在放大

区。当加入交流电压信号 u_i 后，在输入回路中有

$$u_{BE}=U_{BE}+u_{be}=U_{BE}+u_i$$

因为有 C_1 的隔直作用，原来的 I_B 不变，只是增加了交流分量，即

$$i_B=I_B+i_b$$

在输出回路中，因为三极管工作在放大区，所以

$$i_C=\beta i_B=\beta I_B+\beta i_b=I_C+i_c$$

依据 KVL，在输出回路中有

$$U_{CC}=u_{CE}+i_C R_C$$

经过电容 C_2 的输出电压为

$$u_0=u_{ce}=-i_C R_C$$

3)　放大器输入输出波形

放大器输入输出波形如图 8-8 所示，由图可见，u_o 与 u_i 相位相反，这种现象称为放大器的反相作用，只要选取合适的 R_C，u_o 就会比 u_i 大得多，起到电压放大的效果。

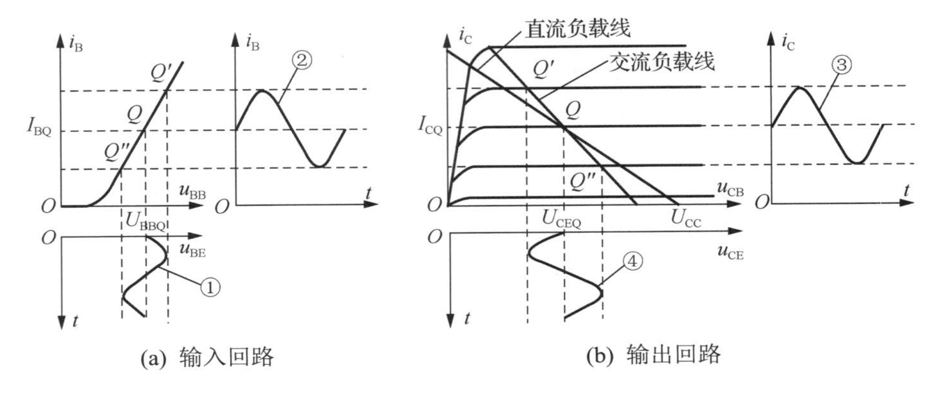

图 8-8　放大器输入输出波形

3. 放大电路的静态分析

三极管是放大电路的核心，要使三极管正常发挥作用，必须设置合适的静态工作点。

1)　设置静态工作点的意义

静态是指放大电路无交流信号输入时，电路中的电流、电压都不变的状态。

静态时，三极管各极电流和电压值称为静态值(I_{BQ}、I_{CQ}、U_{CEQ})，反映到图形上为一个点 Q，称为静态工作点。静态分析主要是确定放大电路中的静态值 I_{BQ}、I_{CQ}、U_{CEQ}。

从减少电能损耗的角度看，静态值越小越好，但当 I_{BQ} 太小时，交流信号电压 u_i 的负半波的全部或部分会使三极管进入截止区，失去对负半波的放大作用，称这种进入截止区产生的失真为截止失真，也叫顶部失真，如图 8-9(a)所示。相反，I_{BQ} 太大，除了增加电能损耗外，当输入电压信号正半波到来时，电路就会进入饱和区，i_b 对 i_c 失去控制，同样不能正常放大，称这种进入饱和区产生的失真为饱和失真，也叫底部失真，如图 8-9(b)所示。截止失真和饱和失真统称为非线性失真。

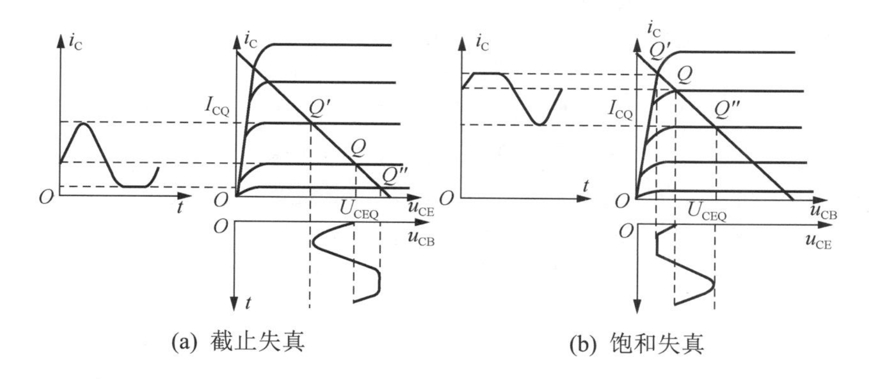

(a) 截止失真　　　　(b) 饱和失真

图 8-9　非线性失真

2)　估算法求静态工作点

处于静态下的电路，只有直流分量而无交流分量，电容 C_1、C_2 对直流开路，可画出放大电路的直流通路，如图 8-10 所示。由图可得：

$$I_{BQ} = \frac{U_{CC} - U_{BEQ}}{R_B}$$

$$I_{CQ} = \beta I_{BQ}$$

$$U_{CEQ} = U_{CC} - I_{CQ} R_C$$

4. 放大电路的动态分析

放大电路加交流输入信号时的工作状态叫作动态。动态分析是在静态值确定后分析信号的传输情况，考虑的只是电压、电流的交流分量。可画出放大电路的交流通路，如图 8-11 所示。在交流通路上，电容 C_1、C_2 对交流信号相当于短路；直流电源的内阻很小，对交流信号也相当于短路。

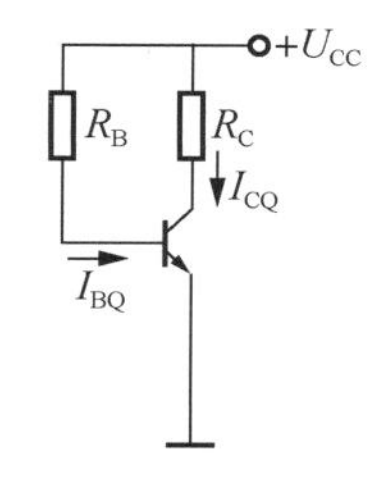

图 8-10　放大电路的直流通路

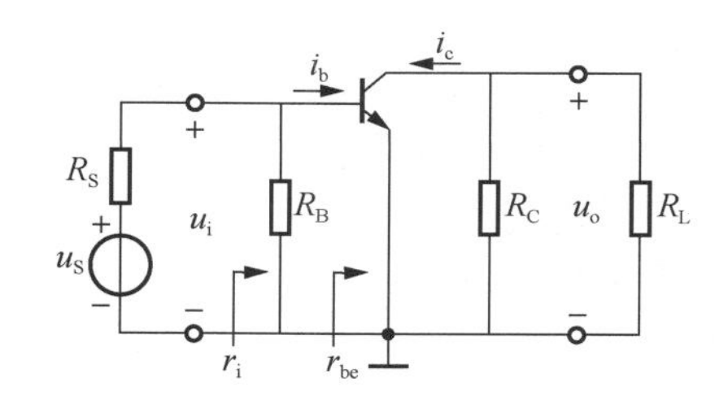

图 8-11　放大电路的交流通路

对放大电路进行动态分析的目的主要是：获得用元件参数表示的放大电路的电压放大倍数、输入电阻和输出电阻这三个参数，以便了解该放大器对输入信号的放大能力，以及与信号源和负载进行最佳匹配的条件。

微变等效电路分析法：虽然三极管是非线性元件，但当输入小信号时，信号只在静态工作点附近的小范围内变动，三极管可近似看作线性器件，可用线性电路的方法来分析，这种分析方法叫作微变等效电路分析法。

1)　三极管微变等效电路

如图 8-12(a)所示，三极管输入特性曲线在 Q 点附近的微小范围内可以认为是线性的，所以三极管的输入电阻也就可近似等效为线性电阻，用 r_{be} 表示，通常可用下面的公式来估算：

$$r_{be}=\frac{du_{BE}}{di_B}\approx r_{bb'}+(1+\beta)\frac{26mV}{I_{EQ}}$$

如图 8-12(b)所示，三极管输出特性曲线在放大区域内可认为是水平线，集电极电流的微小变化 I_C 仅与基极电流的微小变化 I_B 有关，而与电压 u_{CE} 无关，故集电极和发射极之间可等效为一个受 i_b 控制的电流源，这样，三极管可用图 8-12(c)所示的微变等效电路来代替。

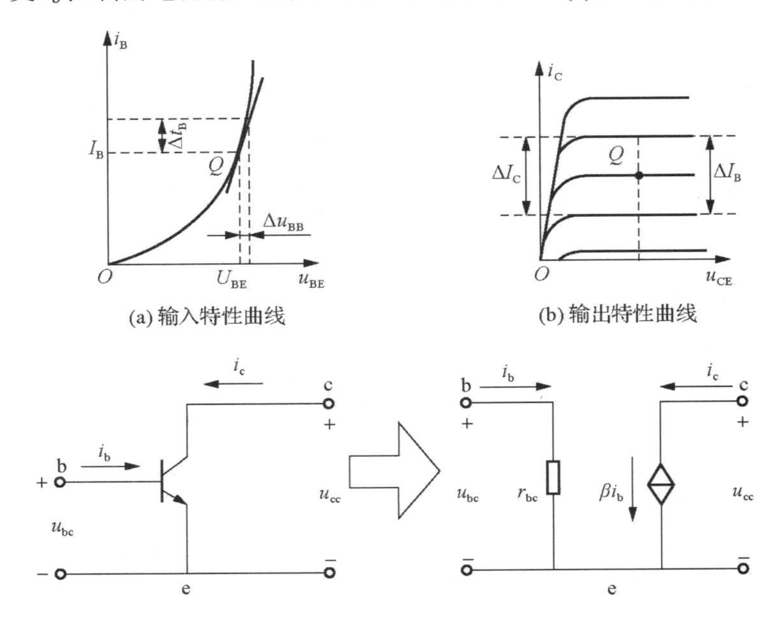

图 8-12　三极管的输入、输出特性曲线

2)　放大电路微变等效电路

放大电路交流通路中的三极管用微变等效电路来代替，便可得到放大电路微变等效电路，如图 8-13 所示。

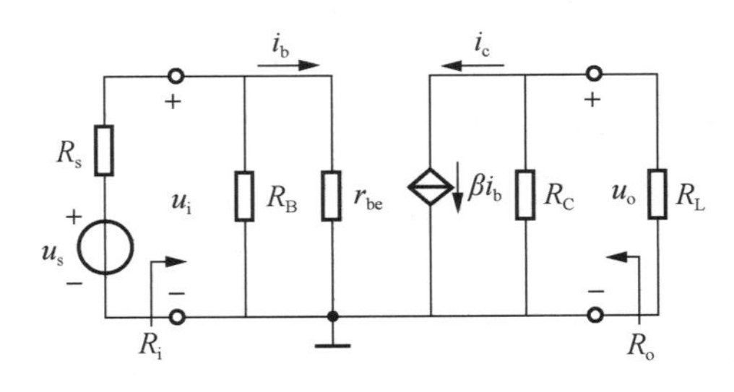

图 8-13　放大电路微变等效电路

(1)　电压放大倍数。反映了放大电路对电压的放大能力，定义为放大电路的输出电压与输入电压的比值，即：

$$A_u = \frac{\dot{U}_o}{\dot{U}_i} = \frac{-\beta \dot{I}_b R'_L}{\dot{I}_b r_{be}} = -\frac{\beta R'_L}{r_{be}}$$

式中 $R'_L = R_C // R_L$。

由于 $R'_L < R_C$，因此，接上负载电阻以后，电压放大倍数减小，而且负载电阻 R_L 越小，电压放大倍数就越小。

(2) 输入电阻 R_i。从放大电路的输入端看进去的交流等效电阻。

$$R_i = R_B // r_{be} \approx r_{be}$$

输入电阻 R_i 的大小决定了放大电路从信号源吸取电流(输入电流)的大小。为了减轻信号源的负担，总希望 R_i 越大越好。

(3) 输出电阻 R_o。除去负载电阻，从放大电路的输出端看进去的交流等效电阻。

$$R_o = R_C$$

R_o 是衡量放大电路带负载能力的一项性能指标。对于负载而言，放大器的输出电阻越小，负载电阻 R_L 的变化对输出电压的影响越小，表明放大器带负载能力越强，因此，总希望 R_o 越小越好。

【例 8-1】 如图 8-14 所示，已知 U_{CC}=12V，R_B=300kΩ，R_C= R_L= R_S=3kΩ，β=50，求：

(1) 将 R_L 接入和断开两种情况下电路的电压放大倍数 A_u。

(2) 输入电阻 R_i 和输出电阻 R_o。

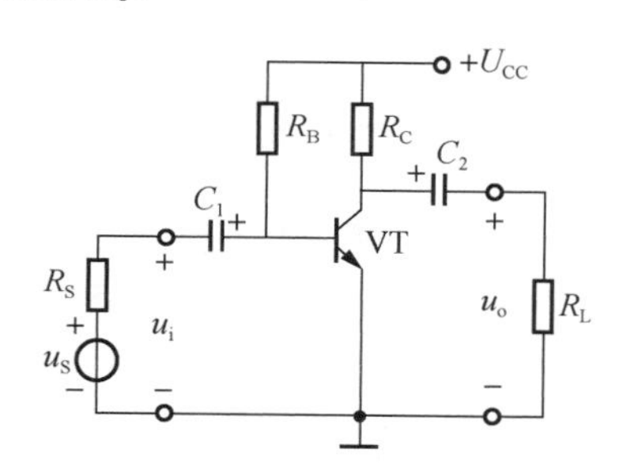

图 8-14 例 8-1 图

解：画出放大电路的直流通路如图 8-15(a)和微变等效电路如图 8-15(b)所示，先求静态工作点，即：

$$I_{BQ} = \frac{U_{CC} - U_{BEQ}}{R_B} \approx \frac{U_{CC}}{R_B} = \frac{12}{300} = 40(\mu A)$$

$$I_{CQ} = \beta I_{BQ} = 50 \times 0.04 = 2(mA)$$

$$U_{CEQ} = U_{CC} - I_{CQ} R_C = 12 - 2 \times 3 = 6(V)$$

再求三极管的动态输入电阻，即：

$$r_{be} = 300\Omega + (1+\beta)\frac{26(mV)}{I_{EQ}(mA)} \approx 300\Omega + (1+50)\frac{26mV}{2mA} = 963\Omega = 0.963k\Omega$$

(1) R_L 接入时的电压放大倍数 A_u 为：

$$A_u = -\frac{\beta R'_L}{r_{be}} = -\frac{50 \times \dfrac{3\times3}{3+3}}{0.963} \approx -78$$

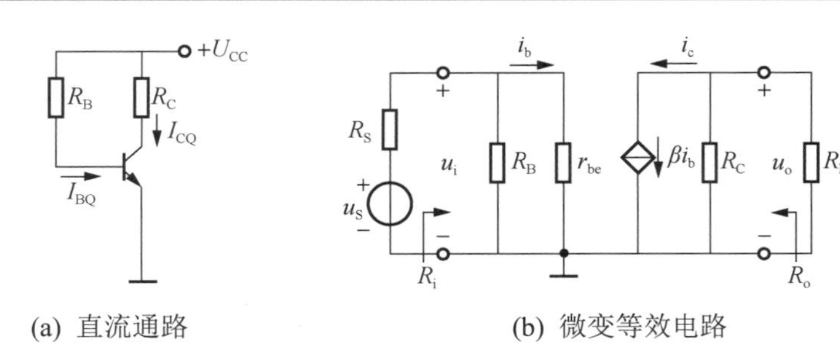

图 8-15　放大电路的直流通路和微变等效电路

R_L 断开时的电压放大倍数 A_u 为：

$$A_u = -\frac{\beta R_C}{r_{be}} = -\frac{50 \times 3}{0.963} \approx -156$$

(2)　输入电阻 R_i 为：

$$R_i = R_B // r_{be} = 300 // 0.963 \approx 0.963(\mathrm{k\Omega})$$

输出电阻 R_o 为：

$$R_O = R_C = 3(\mathrm{k\Omega})$$

8.2.3　稳定静态工作点的放大电路

从前面对放大电路的分析可以看出，合理设置静态工作点是保证放大电路正常工作的先决条件，静态工作点位置过高、过低都可能使信号失真。但前面分析时只考虑放大电路的内部因素，而没有考虑外部条件。当外部条件，主要是温度条件变化时，会使设置好的静态工作点移动，使原来合适的静态工作点变得不合适而产生失真。

当温度升高时，三极管的参数 I_{CEO}、β 等都将增大，使 i_C 增大，静态工作点上移。如果在原放大电路的基础上改进一下，使 i_C 上升的同时使 i_B 下降，以达到自动稳定工作点的目的，这就是稳定静态工作点的放大电路，如图 8-16 所示。稳定静态工作点放大电路的直流通路如图 8-17 所示。

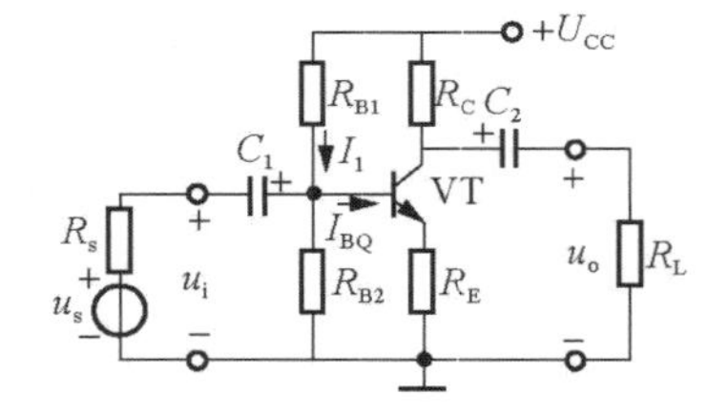

图 8-16　稳定静态工作点的放大电路

1. 电路的特点

图 8-16 所示的电路与前述的电路相比，利用 R_{B1}、R_{B2} 的分压固定基极电位；因 $I_2 >> I_B$，使 $I_2 \approx I_1$，可认为基极直流电位基本上为一固定值，即：

$$U_B = \frac{R_{B2}}{R_{B1} + R_{B2}} U_{CC}$$

U_B 与温度基本无关，所以，此电路又称为分压式偏置放大电路，原来的电路称为固定偏置放大电路。其稳定静态工作点的过程如下：

温度 $\uparrow \rightarrow I_C \uparrow \rightarrow I_E \uparrow \rightarrow U_E(=I_E R_E) \uparrow \rightarrow U_{BE}(=U_B - I_E R_E) \downarrow \rightarrow I_B \downarrow \rightarrow \boldsymbol{I_C} \downarrow$

这种利用I_{CQ}的变化，通过电阻R_E的取样反过来控制U_{BEQ}，使I_{EQ}、I_{CQ}基本保持不变的自动调节作用称为负反馈。

2. 静态分析

由图8-17所示直流通路求Q点的值。在$I_2 >> I_B$的条件下，有

$$U_B = \frac{R_{B2}}{R_{B1}+R_{B2}} U_{CC}$$

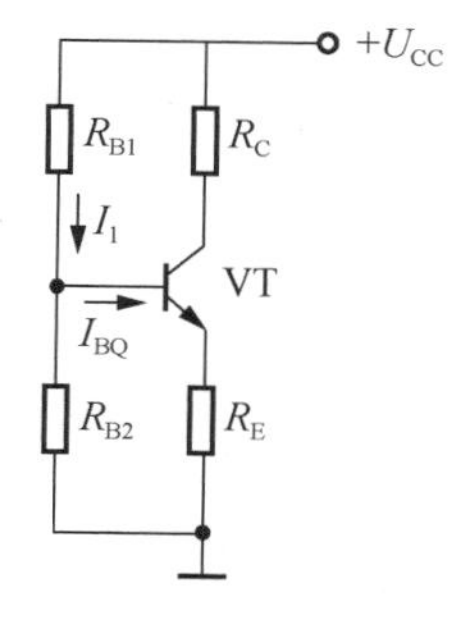

图8-17　直流通路

集电极电流为：

$$I_{CQ} \approx I_{EQ} = \frac{U_B - U_{BEQ}}{R_E}$$

由上式可见，该电路中集电极静态电流I_{CQ}仅与直流电压及电阻R_E有关，因此P随温度变化时，I_{CQ}基本不变。

基极电流为：

$$I_{BQ} = \frac{I_{CQ}}{\beta}$$

集电极—发射极电压为：

$$U_{CEQ} \approx U_{CC} - I_{CQ}(R_C + R_E)$$

3. 动态分析

动态指标的计算与固定偏置放大电路的计算方法相同，不再重复。

注意：并联发射极旁路电容C_E后，既能稳定静态工作点，又不降低电压放大倍数。

【例8-2】电路如图8-16所示，已知U_{CC}=12V，R_{B1}=20kΩ，R_{B2}=10kΩ，R_C=3kΩ，R_E=2kΩ，R_L=3kΩ，β=50。试估算静态工作点，并求电压放大倍数、输入电阻和输出电阻。

解：

(1) 用估算法计算静态工作点

$$U_B = \frac{R_{B2}}{R_{B1}+R_{B2}} U_{CC} = \frac{10}{20+10} \times 12 = 4(\text{V})$$

$$I_{CQ} \approx I_{EQ} = \frac{U_B - U_{BEQ}}{R_E} = \frac{4-0.7}{2} = 1.65(\text{mA})$$

$$I_{BQ} = \frac{I_{CQ}}{\beta} = \frac{1.65}{50}(\text{mA}) = 33(\mu\text{A})$$

$$U_{CEQ} \approx U_{CC} - I_{CQ}(R_C + R_E) = 12 - 1.65 \times (3+2) = 3.75(\text{V})$$

$$r_{be} = 300 + (1+\beta)\frac{26(\text{mV})}{I_{EQ}(\text{mA})} = 300\Omega + (1+50)\frac{26\text{mV}}{1.65\text{mA}} = 1100\Omega = 1.1\text{k}\Omega$$

(2) 求电压放大倍数。

$$A_u = -\frac{\beta R_L'}{r_{be}} = -\frac{50 \times \frac{3\times 3}{3+3}}{1.1} \approx -68$$

思考：如本题中，旁路电容C_E开路后，电压放大倍数有什么变化，为什么？

(3) 求输入电阻和输出电阻。

$$r_i = R_{B1} // R_{B2} // r_{be} = 20//10//1.1 = 0.994(\text{k}\Omega)$$

$$R_O = R_C = 3\text{k}\Omega$$

8.2.4 共集电极放大电路

1. 放大电路的组成

共集电极放大电路如图 8-18 所示，输入电压从基极对地(集电极)之间输入，输出电压从发射极对地(集电极)之间输出，集电极是输入与输出的公共端(见交流通路)，所以称为共集电极放大电路。由于输出信号取自发射极，故又称为射极输出器。

2. 静态分析

直流通路如图 8-19 所示。

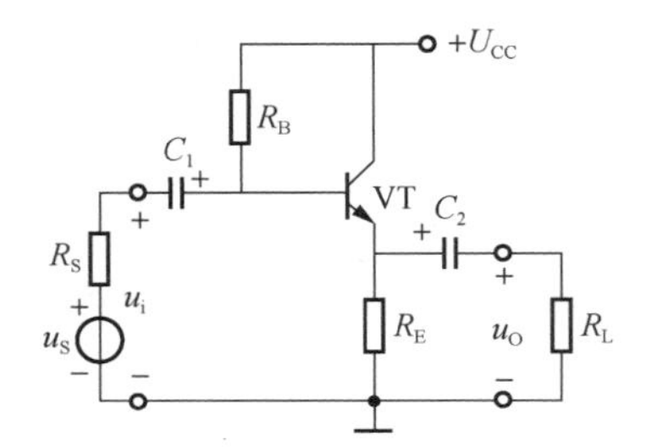

图 8-18 共集电极放大电路

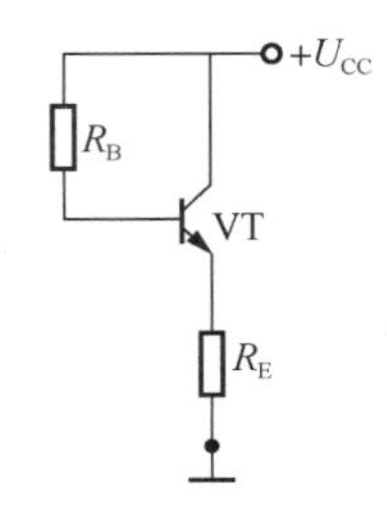

图 8-19 直流通路

$$I_{BQ} = \frac{U_{CC} - U_{BEQ}}{R_B + (1+\beta)R_E}$$

$$I_{CQ} = \beta I_{BQ}$$

$$U_{CEQ} = U_{CC} - I_{EQ}R_E \approx U_{CC} - I_{CQ}R_E$$

3. 动态分析

射极输出器的微变等效电路如图 8-20 所示。

1) 电压放大倍数

$$A_u = \frac{\dot{U}_o}{\dot{U}_i} = \frac{(1+\beta)R'_L}{r_{be} + 1 + \beta R'_L}$$

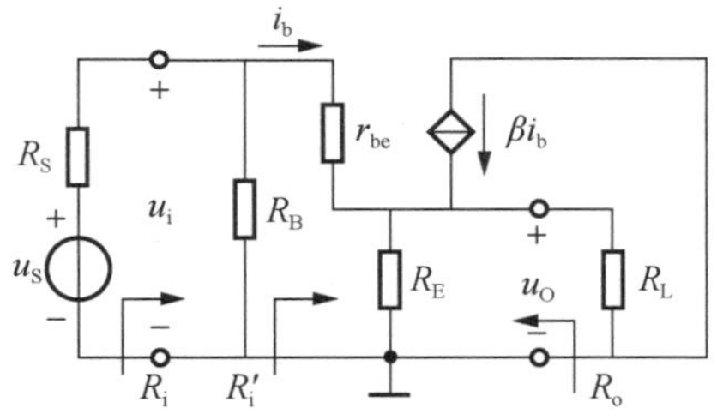

图 8-20 射极输出器的微变等效电路

可见，电压放大倍数小于 1，但 $r_{be} << (1+\beta)R'_L$，故 A_u 非常近似于 1，电路没有电压放大作用，但仍具有电流放大和功率放大作用。此外，输出电压跟随输入电压变化，所以此电路又称为电压跟随器。

2)　输入电阻

$$R_i = R_b // [r_{be} + 1 + \beta R'_e]$$

可见，射极输出器的输入电阻比共发射极放大电路的输入电阻大得多，可达几十千欧到几百千欧。

3)　输出电阻

$$R_o = R_E // \frac{r_{be} + R'_S}{\beta}$$

4. 射极输出器的用途

综上所述，射极跟随器具有较高的输入电阻和较低的输出电阻，这是射极跟随器最突出的优点。射极跟随器常用作多级放大器的第一级或最末级。用作第一级时，其高的输入电阻可以减轻信号源的负担，提高放大器的输入电压；用作最末级时，其低的输出电阻可以减小负载变化对输出电压的影响，并宜于与低阻负载相匹配，向负载传送尽可能大的功率。

【例 8-3】如图 8-18 所示电路，已知 U_{CC}=12V，R_B=20kΩ，R_E=2kΩ，R_L=3kΩ，R_S=100Ω，β=50，试估算静态工作点，并求出电压放大倍数、输入电阻和输出电阻。

解：

(1)　用估算法计算静态工作点。

$$I_{BQ} = \frac{U_{CC} - U_{BEQ}}{R_B + (1+\beta)R_E} = \frac{12 - 0.7}{200 + (1+50) \times 2} \text{mA} \approx 0.0374\text{mA} = 37.4\mu\text{A}$$

$$I_{CQ} = \beta I_{BQ} = 50 \times 0.0374 = 1.87(\text{mA})$$

$$U_{CEQ} \approx U_{CC} - I_{CQ}R_E = 12 - 1.87 \times 2 = 8.26(\text{V})$$

(2)　求电压放大倍数 A_u、输入电阻 R_i 和输出电阻 R_o。

$$r_{be} = 300 + (1+\beta)\frac{26(\text{mV})}{I_{EQ}(\text{mA})} = 300 + (1+50)\frac{26}{1.87} = 1(\text{k}\Omega)$$

$$A_u = \frac{\dot{U}_o}{\dot{U}_i} = \frac{(1+\beta)R'_L}{r_{be} + 1 + \beta R'_L} = \frac{(1+50) \times 1.2}{1 + (1+50) \times 1.2} \approx 0.98$$

8.2.5　单管放大电路的装调

使用万用表对元器件检测，如果发现元器件有损坏，说明情况，并更换新的元器件。

单管放大电路如图 8-21 所示，搭建电路，安装完毕后，应认真检查接线是否正确、牢固。

调节可调电位器 R_{Pb}，使得 $U_{CQ} \approx U_{CC}/2$=6V，置 u_i=0，用万用表测量晶体管三个电极对地电压，并记录于表 8-4 中。

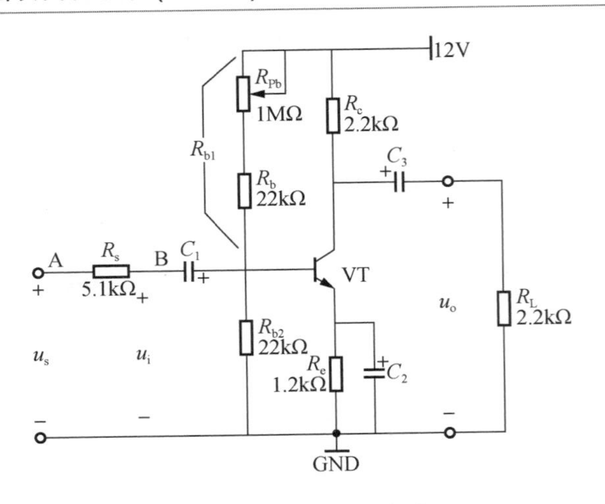

图 8-21　单管放大电路

表 8-4　静态工作点(U_{CQ}≈U_{CC}/2=6V)

计 算 值			测 量 值			
U_{BEQ}/V	U_{CEQ}/V	I_{CQ}/mA	U_{BQ}/V	U_{CQ}/V	U_{EQ}/V	U_{CEQ}/V

在放大电路输入端(B 点)u_i 加入频率 1kHz、电压峰-峰 U_{ip-p} 值为 30mV 的正弦信号，用示波器观察输入输出波形，并记录于表 8-5 中。

表 8-5　电压放大倍数测量

R_C/kΩ	R_L/kΩ	U_{ip-p}/mV	u_i/mV	U_{Op-p}/V	u_o/V	A_u
2.2	∞					
2.2	2.2					

画出输入输出波形。

测量最大不失真输出电压幅度。

保持电位器 R_{Pb} 不变，调节信号发生器使输入 u_i 逐渐增大，用示波器观察输出电压波形的截止失真，并记录波形和最大不失真输入电压 u_i 的大小。

调节输入电压 u_i=200mV，调节电位器 R_{Pb}，观察输出电压幅值的变化情况，把观察到的截止失真和饱和失真的波形记录下来，并使用万用表分别测量晶体管的三个电极电压，测量数据记录于表 8-6 中。

表 8-6　电压测量表

	U_{BQ}/V	U_{CQ}/V	U_{EQ}/V	U_{CEQ}/V
饱和失真				
截止失真				
$U_{ip-pmax}$/mV				

【注意事项】

(1) 连接极性电容时，一定要注意极性不能接错。

(2) 禁止带电连接电路。

(3) 使用万用表测量电压时一定要注意选择正确的挡位，特别禁止在电流挡测量电压。

项目评价表见表 8-7。

表 8-7　项目评价表

项　目		考核要求	分　值
理论知识	三极管	能正确识别三极管	10
	主要参数	能正确选择合适元器件	20
操作技能	准备工作	10min 内完成仪器和元器件的整理工作	10
	元器件检测	能正确完成元器件检测	10
	安装调试	能正确完成电路的装调	20
	用电安全	严格遵守电工作业章程	15
职业素养	思政表现	能遵守安全规程与实验室管理制度，展现工匠精神	15
项目成绩			
总评			

8.3 多级放大电路

在实际应用中，单级放大电路的输出往往不能满足负载的要求，为了推动负载工作，经常是将若干个放大电路串接起来组成多级放大电路。

8.3.1 多级放大电路

1. 多级放大电路的组成

多级放大电路的组成框图如图 8-22 所示，包括输入级、中间级、输出级等几部分。前级是后级的信号源，后级是前级的负载。

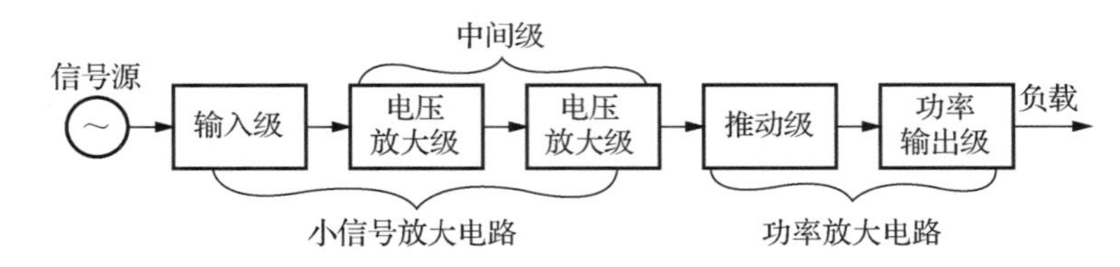

图 8-22 多级放大电路的组成框图

2. 多级放大电路的耦合方式

多级放大电路中相邻两级之间的连接方式叫作耦合。常用的耦合方式有阻容耦合和直接耦合两种。

1) 阻容耦合

阻容耦合是指各级通过耦合电容与下级输入电阻连接的耦合方式，如图 8-23 所示。

优点：各级静态工作点互不影响，可以单独调整到合适位置；不存在零点漂移问题。

缺点：不能放大变化缓慢的信号和直流信号；由于需要大容量的耦合电容，因此，不能在集成电路中采用。

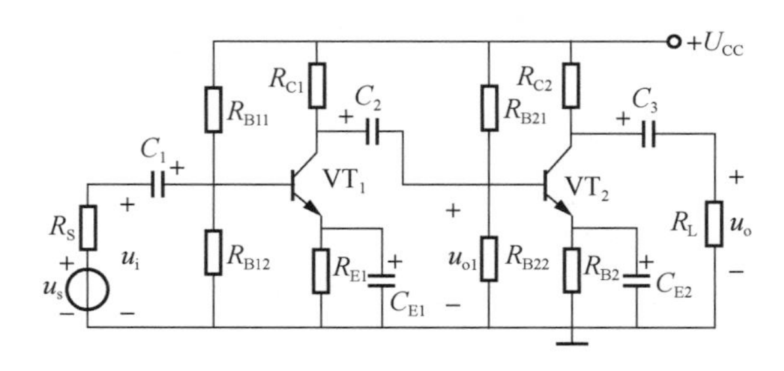

图 8-23 阻容耦合放大电路

2) 直接耦合

前述的阻容耦合对低频信号传输效率低，特别是对缓慢变化的信号几乎不能通过。在实际中常常需要对缓慢变化的信号(例如反映温度、流量变化的电信号)进行放大，因此，需要把前一级的输出端直接接到下一级的输入端，这种耦合方式叫作直接耦合，如图 8-24 所示。

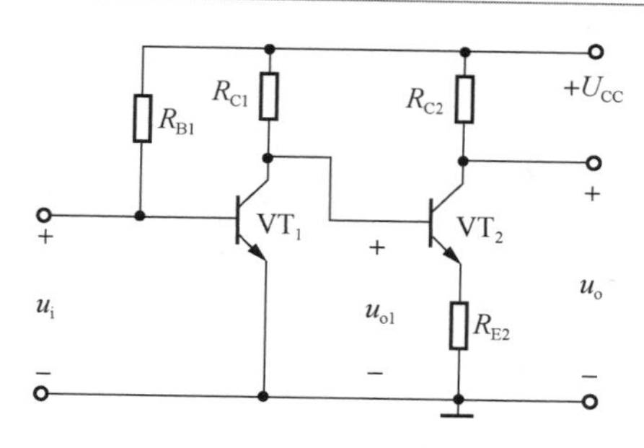

图 8-24　直接耦合放大电路

优点：能放大变化很缓慢的信号和直流信号；由于没有耦合电容，故非常适宜于大规模集成电路。

缺点：各级静态工作点互相影响；存在零点漂移问题。

3. 多级放大电路的分析方法

下面以阻容耦合放大电路为例，说明多级放大电路的分析方法。

(1) 静态分析。各级单独计算。

(2) 动态分析。

① 电压放大倍数等于各级电压放大倍数的乘积。注意，计算前级的电压放大倍数时，必须把后级的输入电阻考虑到前级的负载电阻之中。如计算第一级的电压放大倍数时，其负载电阻就是第二级的输入电阻。

② 输入电阻就是指第一级的输入电阻。

③ 输出电阻就是指最后一级的输出电阻。

8.3.2　多级放大电路的装调

使用万用表对元器件进行检测，如果发现元器件有损坏，说明情况，并更换新的元器件。两级放大电路如图 8-25 所示，搭建电路。

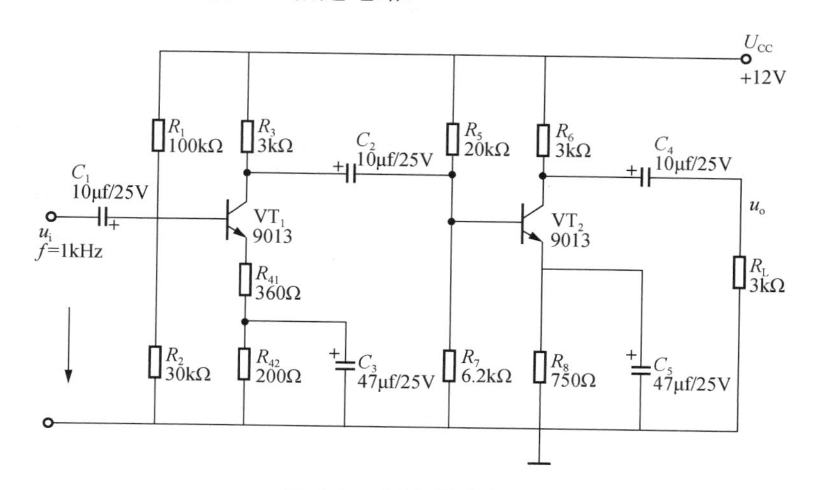

图 8-25　两级放大电路

使用示波器的直流耦合模式观察输入、第一级输出和第二极输出电压波形 u_i、u_{c1} 和 u_o，并记录。

调节信号发生器使输入 u_i 逐渐增大，用示波器观察输出电压波形的截止失真，并记录波形和最大不失真输入电压 u_i 的大小。

$U_{ip\text{-}pmax}$=____________mV

【注意事项】

(1) 在连接极性电容时，一定要注意极性不能接错。

(2) 禁止带电连接电路。

(3) 使用万用表测量电压时一定要注意选择正确的挡位，特别禁止在电流挡测量电压。

项目评价表见表 8-8。

表 8-8 项目评价表

项目		考核要求	分值
理论知识	三极管	能正确识别三极管	10
	主要参数	能正确选择合适元器件	20
操作技能	准备工作	10min 内完成仪器和元器件的整理工作	10
	元器件检测	能正确完成元器件检测	10
	安装调试	能正确完成电路的装调	20
	用电安全	严格遵守电工作业章程	15
职业素养	思政表现	能遵守安全规程与实验室管理制度，展现工匠精神	15
项目成绩			
总评			

思考与练习

一、判断题

1. 普通的晶体三极管又叫双极型晶体管。 (　　)

2. 构成晶体三极管的三层半导体分别称为发射区、集电区和栅区。 ( )

3. 阻容耦合的多级放大电路，既能放大直流信号，又能放大交流信号。 ( )

4. 射极输出器能够放大电压。 ( )

5. 三极管的静态工作点 Q 过高，则将产生饱和失真，此时可以通过增大偏置电阻 R_B 或减小偏置电阻 R_C 来减小失真。 ( )

二、填空题

1. 三极管是由__________个 PN 结组成的器件。

2. 若要三极管工作在放大状态，那么集电结__________，发射结__________。

3. 共发射极放大电路中__________的大小与集电极电阻无关。

4. 在微变等效电路中，耦合电容可以看成是__________。

5. 分压式偏置放大电路中对静态工作点起到稳定作用的器件是__________。

三、计算题

1. 电路如图 8-26 所示，已知 R_b=500kΩ，R_c=6.8kΩ，U_{CC}=20V，R_L=6.8kΩ，三极管 β=45。试求：

(1) 该电路的静态工作点。

(2) 画出该电路的微变等效电路。

(3) 该电路的电压放大倍数 A_u，输入电阻 R_i，输出电路 R_o。

2. 分压偏置型电路如图 8-27 所示，已知 U_{CC}=12V，R_c=R_e=2kΩ，R_{b1}=20kΩ，R_{b2}=10kΩ，R_L=2kΩ，三极管 β=40。

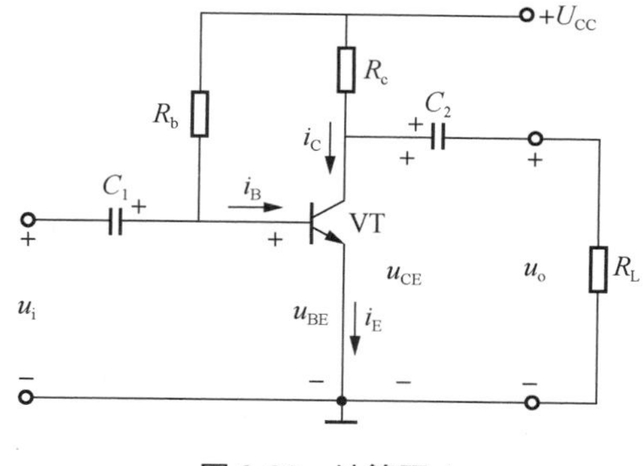

图 8-26 计算题 1

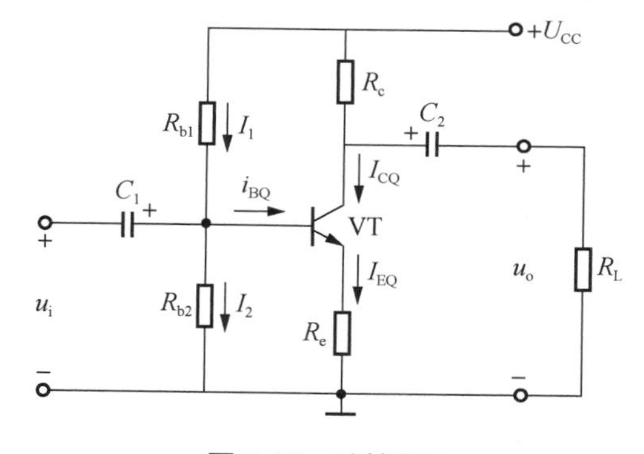

图 8-27 计算题 2

试求：

(1) 静态工作点。

(2) 画出微变等效电路图。

(3) 输入电阻 R_i、输出电阻 R_o 和电压放大倍数 A_u。

微课资源

扫一扫：获取相关微课视频。

8-1　放大电路介绍

8-2　放大电路主要指标

8-3　电压放大电路元件特点

8-4　电压放大电路动态分析

8-5　电压放大电路动态分析

8-6　分压稳定电路

8-7　单管放大电路仿真性能分析

8-8　多级放大电路(1)

8-9　多级放大电路(2)

8-10　多级放大电路(3)

8-11　多级放大电路(4)

8-12　多级放大电路(5)

项目 9

晶闸管调光电路

【项目要点】

主要学习单结晶体管和晶闸管的工作特点，识别和检测方法，单结晶极管触发电路(阻容移相桥触发电路)的工作原理，触发电路装调方法，利用单结晶极管触发电路控制晶闸管调光电路的方法。

9.1 晶 闸 管

晶体闸流管又名可控硅，简称晶闸管(SCR)，是在晶体管的基础上发展起来的一种大功率半导体器件。它的出现使半导体器件由弱电领域扩展到强电领域。晶闸管也像半导体二极管那样具有单向导电性，但它的导通时间是可控的，主要用于整流、逆变、调压及开关等方面。

9.1.1 晶闸管的结构

晶闸管外形如图 9-1 所示，有小型塑封型(小功率)、平面型(中功率)和螺栓型(中、大功率)几种。单向晶闸管的内部结构如图 9-2(a)所示，它是由 PNPN 四层半导体材料构成的三端半导体器件，三个引出端分别为阳极 A、阴极 K 和门极 G。单向晶闸管的阳极与阴极之间具有单向导电的性能，其内部可以等效为由一只 PNP 三极管和一只 NPN 三极管组成的复合管，如图 9-2(b)和图 9-2 (c)所示。图 9-2(d)是其电路图形符号。

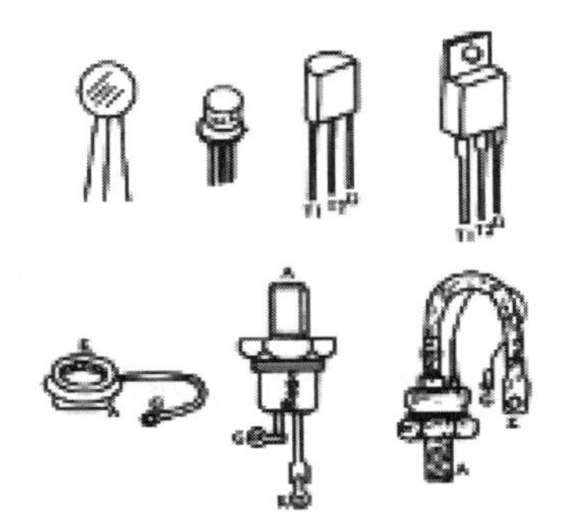

图 9-1　晶闸管外形

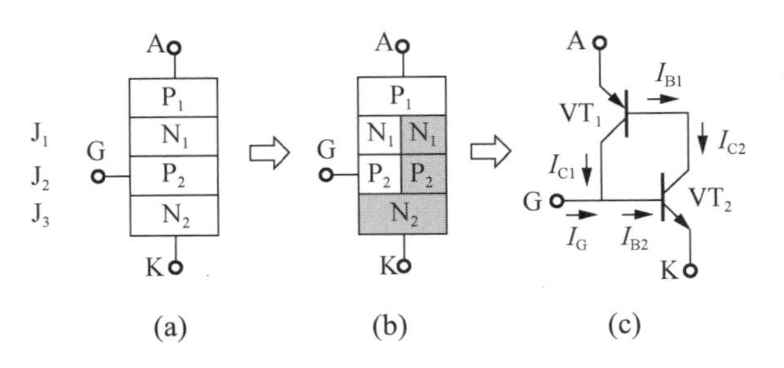

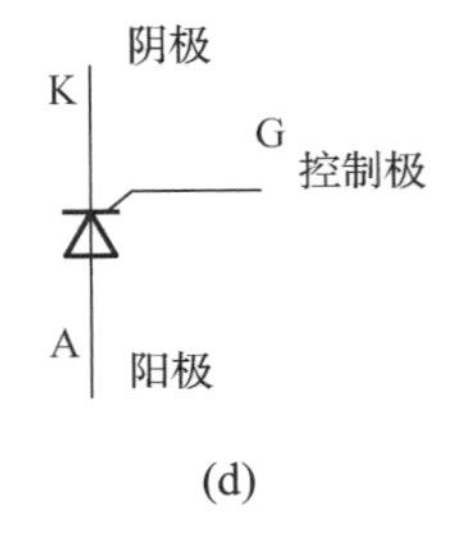

图 9-2　晶闸管结构和图形符号

9.1.2 晶闸管的工作原理

1. 工作条件测试

晶闸管测试过程如图 9-3 所示。在图 9-3(a)中，晶闸管加正向电压，即晶闸管阳极接电源正极，阴极接电源负极，开关 S 不闭合，观察灯泡的状态。灯______(亮、不亮)。

在图 9-3(b)所示的电路中，晶闸管加正向电压，且开关 S 闭合，观察灯泡的状态。灯________(亮、不亮)；再将开关 S 打开，如图 9-3(c)所示，灯________(亮、不亮)。

在图 9-3(d)所示的电路中，晶闸管加反向电压，即晶闸管阳极接电源负极，阴极接电源正极。将开关 S 闭合，灯________(亮、不亮)；开关 S 不闭合，灯______(亮、不亮)。

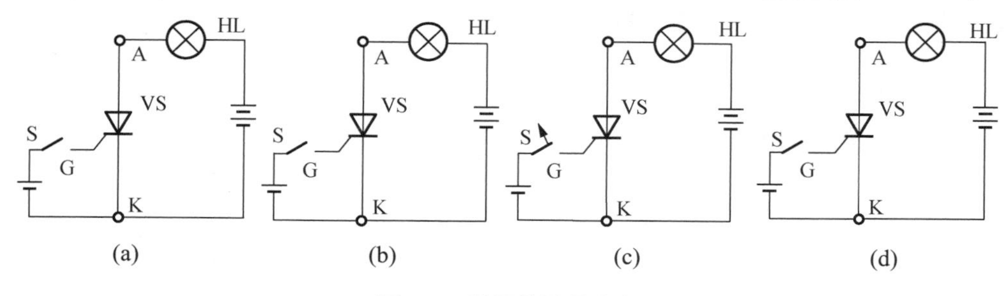

图 9-3　晶闸管导通试验

总结：

晶闸管导通必须具备的条件是：

2. 工作特点

晶闸管具有放大作用。下面以常用的 NPN 型晶体管为例进行讨论。晶闸管放大电路如图 9-4 所示，当晶闸管的阳极和阴极电压 $U_{AK}<0$，无论晶闸管原来是什么状态，无论门极 G 加什么电压，都会使灯熄灭，晶闸管始终处于关断状态。

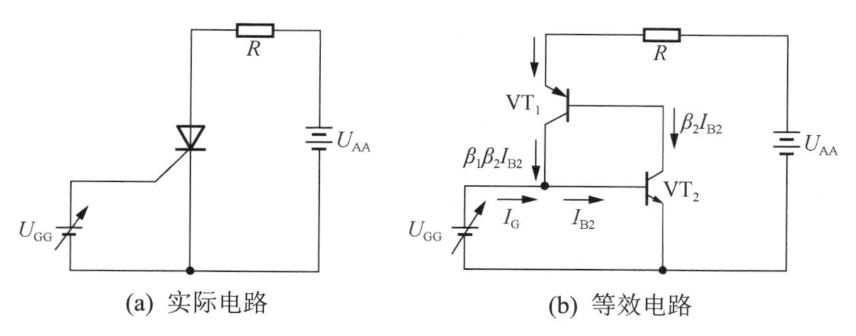

图 9-4　晶闸管放大电路

当 $U_{AK}>0$ 时，只有 $U_{GK}>0$，晶闸管才能导通使灯发亮，说明晶闸管具有正向阻断能力。晶闸管一旦导通，门极 G 将失去控制作用，即无论 U_G 如何，晶闸管均保持导通状态。晶闸管导通后的管压降为 1V 左右，主电路中的电流 I 由 R 以及 U_{AA} 的大小决定。

其实，在 I 逐渐降低(通过调整 R)至某一个小数值时，刚刚能够维持晶闸管导通。如果继续降低 I，则晶闸管同样会关断。该小电流称为晶闸管的维持电流 I_H。

综上所述，可得如下结论。

(1) 晶闸管与硅整流二极管相似，都具有反向阻断能力，但晶闸管还具有正向阻断能力，即晶闸管正向导通必须具有一定的条件：阳极加正向电压，同时控制极也加正向触发电压。

(2) 晶闸管一旦导通，控制极即失去控制作用。要使晶闸管重新关断，必须做到以下两点之一：①将阳极电流减小到小于维持电流 I_H；②将阳极电压减小到零或使之反向。

9.1.3 晶闸管的伏安特性

晶闸管的伏安特性是指晶体管各电极间电压与电流的关系，它是分析晶闸管放大电路的重要依据。晶闸管伏安特性可用晶体管图示仪测出，也可以通过实验的方法测得。晶闸管的伏安特性曲线如图 9-5 所示。

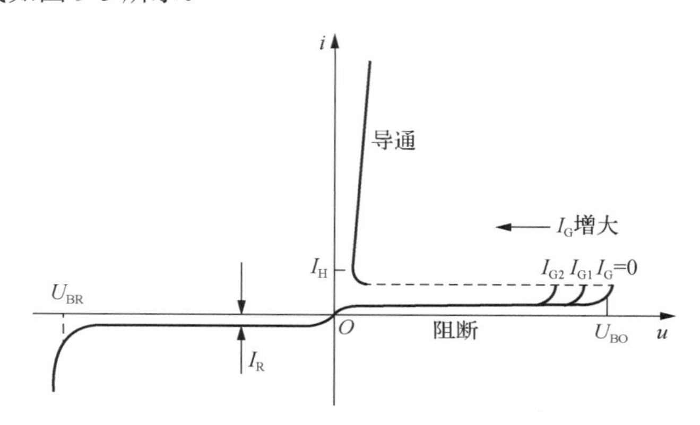

图 9-5 晶闸管的伏安特性曲线

以晶闸管的控制电流 I_G 为参变量，阳极电流 i 与 A-K 间电压 u 的关系称为晶闸管的伏安特性，即

$$i = f(u)|I_G$$

$u>0$ 时的伏安特性称为正向特性。从图 9-5 所示的伏安特性曲线可知，当 $I_G=0$ 时，u 逐渐增大，在一定限度内，由于 J_2 反向偏置，i 为很小的正向电流，曲线与二极管的反向特征类似；当 u 增大到一定数值后，晶闸管导通，i 骤然增大，u 迅速下降，曲线与二极管的正向特性类似；电流的急剧增大容易造成晶闸管损坏，应当在 A-K 回路加电阻(通常为负载电阻)限制阳极电流。使晶闸管从阻断到导通的 A-K 电压 u 称为转折电压 U_{BO}。正常工作时，应在控制极和阴极间加触发电压，因而 I_G 大于 0；且 I_G 愈大，转折电压愈小，如图 9-5 所示。

$u<0$ 时的伏安特性称为反向特性。从图 9-5 所示的伏安特性曲线可知，晶闸管的反向特性与二极管的反向特性相似。当晶闸管的阳极和阴极之间加反向电压时，由于 PN 结反向偏置，因而只有很小的反向电流 I_R；当反向电压增大到一定数值时，反向电流骤然增大，管子被击穿。

9.1.4　晶闸管的主要参数

1. 额定正向平均电流(I_F)

在环境温度小于 40℃和标准散热条件下，允许连续通过晶闸管阳极的工频(50Hz)正弦波半波电流的平均值即为额定正向平均电流。

2. 维持电流(I_H)

在控制极开路且规定的环境温度下，晶闸管维持导通时的最小阳极电流即为维持电流。正向电流小于I_H时，管子自动阻断。

3. 触发电压(U_G)和触发电流(I_G)

室温下，当 u=6V 时使晶闸管从阻断到完全导通时最小的控制极直流电压和电流即分别为触发电压和触发电流。一般地，U_G为 1～5V，I_G为几十至几百毫安。

4. 正向重复峰值电压(U_{DRM})

控制极开路条件下，允许重复作用在晶闸管上的最大正向电压即为正向重复峰值电压。一般 $U_{RRM}=U_{BO}\times80\%$，U_{BO}是晶闸管在I_G为零时的转折电压。

5. 反向重复峰值电压(U_{RRM})

控制极开路的条件下，允许重复作用在晶闸管上的最大反向电压即为反向重复峰值电压。一般 $U_{RRM}=U_{BO}\times80\%$。

除以上参数外，还有正向平均、控制极反向电压等参数。

9.1.5　晶闸管的基本应用

1. 单相半波可控整流电路

单相半波可控整流电路如图 9-6(a)所示。它与单相半波整流电路相比较，所不同的只是用晶闸管代替了整流二极管。

具有电感性负载的可控整流电路可用电感元件 L 和电阻元件 R 串联表示，如图 9-6 所示。晶闸管触发导通时，电感元件中存储了磁场能量，当 U_2过零变负时，电感中产生感应电势，晶闸管不能及时关断，造成晶闸管的失控。为了防止这种现象的发生，必须采取相应措施。

通常是在负载两端并联二极管 VD 来解决，具体电路如图 9-7 所示。当交流电压 U_2过零值变负时，感应电动势 e_L产生的电流可以通过这个二极管形成回路，因此这个二极管称为续流二极管。这时 VD 的两端电压近似为零，晶闸管因承受反向电压而关断。有了续流二极管以后，输出电压 VD 的波形就和电阻性负载时一样。

值得注意的是，续流二极管的方向不能接反，否则将引起短路事故。

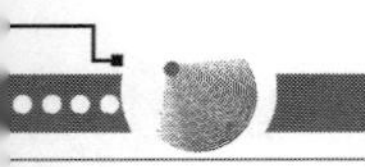

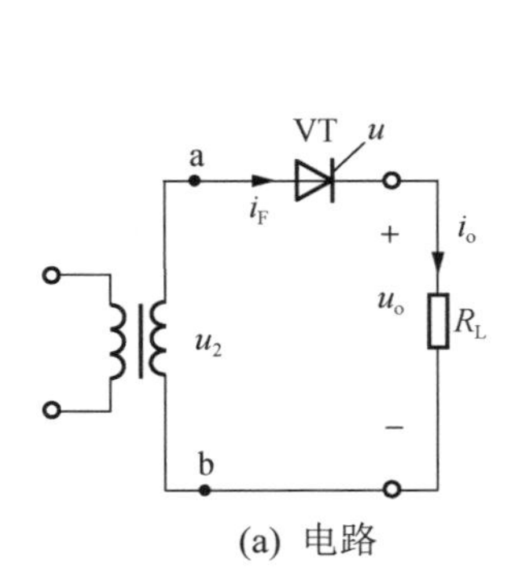

(a) 电路

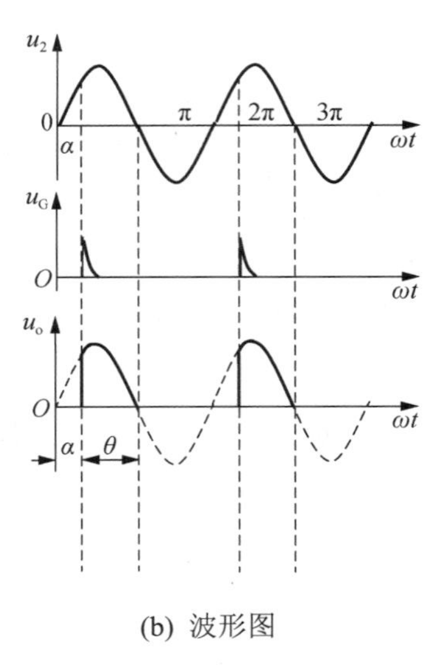

(b) 波形图

图 9-6　单相半波可控整流电路与波形

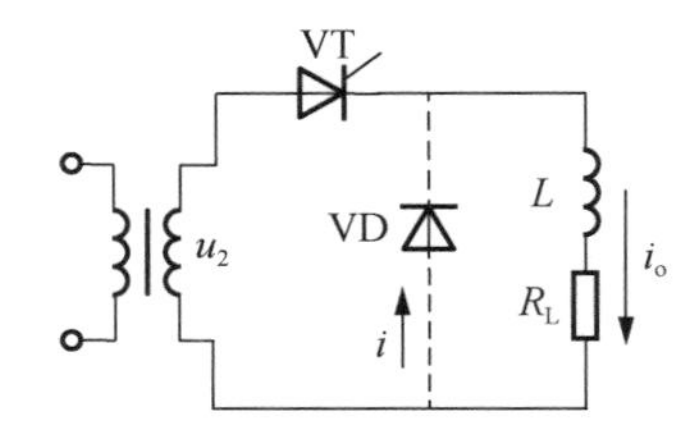

图 9-7　具有电感性负载的单相半波可控整流电路

2. 单相桥式半控整流电路

单相桥式半控整流电路和波形如图 9-8 所示。其主电路与单相桥式整流电路相比，只是其中两个桥臂中的二极管被晶闸管 VT_1、VT_2 所取代。

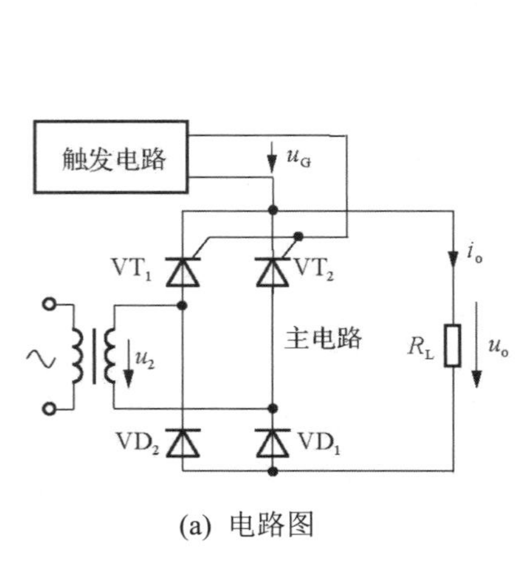

(a) 电路图

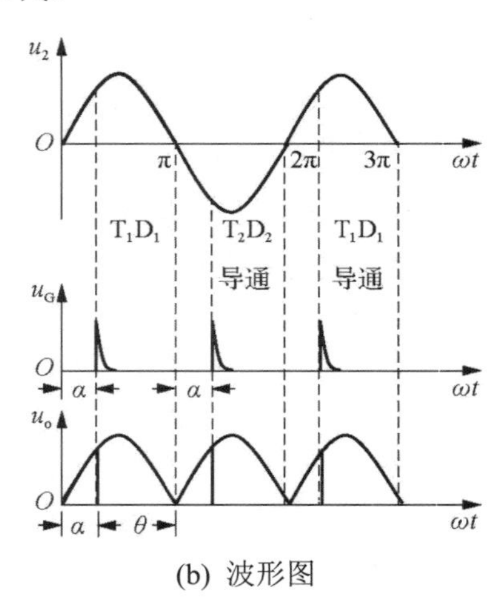

(b) 波形图

图 9-8　单相桥式半控整流电路与波形

9.2　单结晶体管

PN 结除了构成二极管、三极管和晶闸管外，还可以构成具有负阻特性的单结晶体管。

9.2.1　单结晶体管的结构

单结晶体管的外形与普通三极管相似，具有三个电极，但不是三极管，而是具有三个电极的二极管，管内只有一个 PN 结，所以称为单结晶体管。这三个电极中，一个是发射极，两个是基极，所以也称为双基极二极管，其结构和符号如图 9-9 所示。

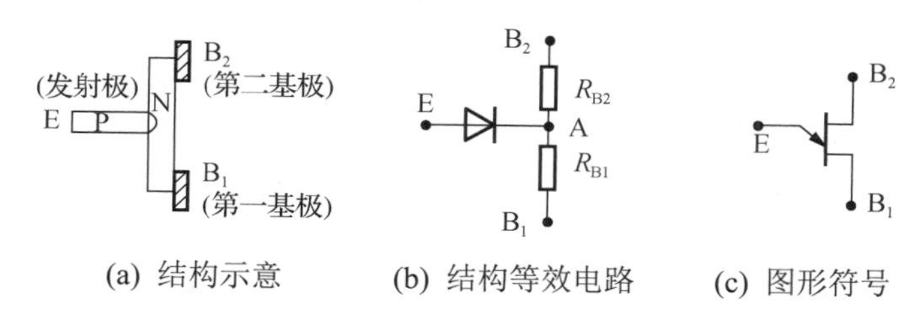

(a) 结构示意　(b) 结构等效电路　(c) 图形符号

图 9-9　单结晶体管的结构和图形符号

9.2.2　伏安特性

单结晶体管的等效电路如图 9-9(b)所示，两基极间的电阻为 $R_{BB}=R_{B1}+R_{B2}$，用 D 表示 PN 结。R_{BB} 的阻值范围为 2～15kΩ之间。如果在 B_1、B_2 两个基极间加上电压 U_{BB}，则 A 与 B_1 之间即 R_{B1} 两端得到的电压为

$$U_A=\frac{R_{B1}}{R_{B1}+R_{B2}}U_{BB}=\eta U_{BB}$$

式中，η 称为分压比，它与管子的结构有关，一般在 0.3～0.8 之间，η 是单结晶体管的主要参数之一。

单结晶体管的伏安特性是指它的发射极电压 U_E 与流入发射极电流 I_E 之间的关系。伏安特性的测量电路如图 9-10(a)所示，在 B_2、B_1 间加上固定电源 E_B，获得正向电压 U_{BB} 并将可调直流电源 U_{EE} 通过限流电阻 R_E 接在 E 和 B_1 之间。

当外加电压 $U_E<\eta U_{BB}+U_D$ 时(U_D 为 PN 结正向压降)，PN 结承受反向电压而截止，故发射极回路只有微安级的反向电流，单结晶体管处于截止区，如图 9-10(b)的 aP 段所示。

在 $U_E=\eta U_{BB}+U_D$ 时，对应于图 9-10(b)中的 P 点，该点的电压和电流分别称为峰点电压 U_P 和峰点电流 I_P。由于 PN 结承受了正向电压而导通，此后 R_{B1} 急剧减小，U_E 随之下降，I_E 迅速增大，单结晶体管呈现负阻特性，负阻区如图 9-10(b)中的 PV 段所示。

V 点的电压和电流分别称为谷点电压 U_V 和谷点电流 I_V。过了谷点以后，I_E 继续增大，U_E 略有上升，但变化不大，此时单结晶体管进入饱和状态，图中对应于谷点 V 以右的特性，称为饱和区。当发射极电压减小到 $U_E<U_V$ 时，单结晶体管由导通恢复到截止状态。

综上所述，峰点电压 U_P 是单结晶体管由截止转向导通的临界点。

$$U_P = U_D + U_A \approx U_A = \eta U_{BB}$$

所以，U_P由分压比η和电源电压U_{BB}决定。

谷点电压U_V是单结晶体管由导通转向截止的临界点。一般U_V=2～5V(U_{BB} = 20V)。

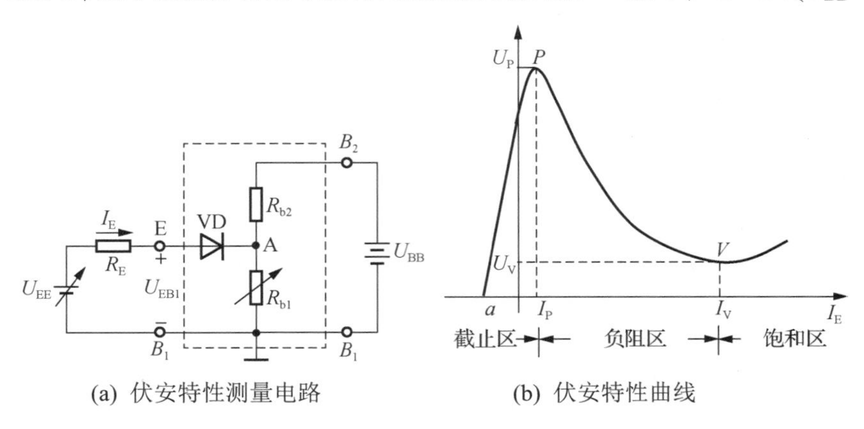

(a) 伏安特性测量电路　　(b) 伏安特性曲线

图 9-10　晶闸管的伏安特性

国产单结晶体管的型号有 BT31、BT32、BT33 等。BT 表示半导体特种管，3 表示三个电极，第四个数字表示耗散功率分别为 100MW、200MW、300MW。

9.2.3　晶闸管和单结晶体管的识别与检测

对于晶闸管的三个电极，可以用万用表粗测其好坏。依据 PN 结单向导电原理，用万用表欧姆挡测试元件三个电极之间的阻值，可初步判断管子是否完好。

如用万用表 R×1kΩ挡测量阳极 A 和阴极 K 之间的正、反向电阻都很大，在几百千欧以上，且正、反向电阻相差很小；用 R×10 挡或 R×100 挡测量控制极 G 和阴极 K 之间的阻值，其正向电阻应小于或接近于反向电阻，这样的晶闸管是好的。如果阳极与阴极或阳极与控制极间有短路，阴极与控制极间为短路或断路，则晶闸管是坏的。

用万用电表 R×1kΩ挡分别测量 A-K、A-G 间正、反向电阻；用 R×10Ω挡测量 G-K 间正、反向电阻，记入表 9-1 中。

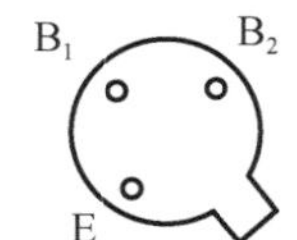

图 9-11　单结晶体管管脚

单结晶体管 BT33 管脚排列、结构图及电路符号如图 9-11 所示。好的单结晶体管 PN 结正向电阻R_{EB1}、R_{EB2}均较小，且R_{EB1}稍大于R_{EB2}，PN 结的反向电阻R_{B1E}、R_{B2E}均应很大，根据所测阻值，即可判断出各管脚及管子的质量优劣。

用万用电表 R×10Ω挡分别测量 EB1、EB2 间正、反向电阻，记入表 9-2 中。

表 9-1　A-K、A-G 间正、反向电阻记录表

R_{AK}/kΩ	R_{KA}/kΩ	R_{AG}/kΩ	R_{GA}/kΩ	R_{GK}/kΩ	R_{KG}/kΩ
结论(质量好坏)					

表 9-2　EB1、EB2 间正、反向电阻记录表

R_{EB1}/Ω	R_{EB2}/Ω	$R_{B1E}/k\Omega$	$R_{B2E}/k\Omega$
结论(质量好坏)			

9.3　晶闸管调光电路

9.3.1　尖脉冲发生电路

1. 工作过程

利用单结晶体管的负阻特性和 RC 电路的充放电特性，可组成单结晶体管振荡电路。其基本电路如图 9-12 所示。

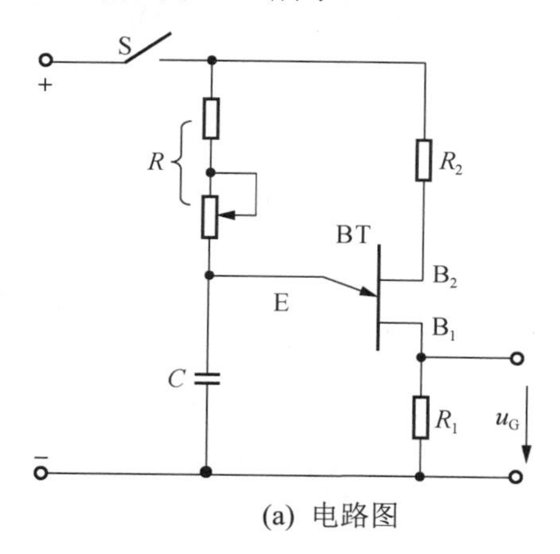

(a) 电路图

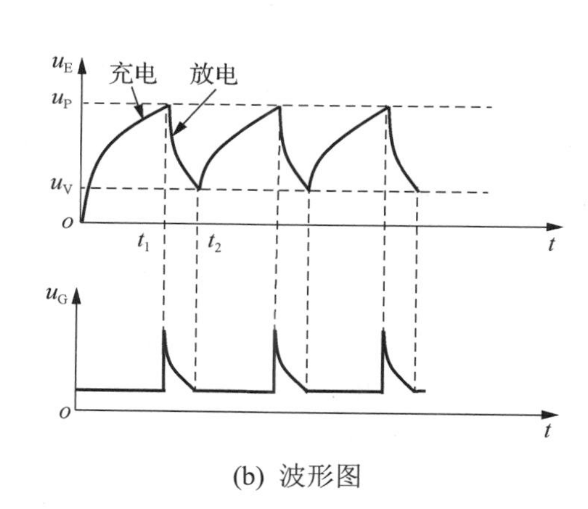

(b) 波形图

图 9-12　单结晶体管振荡电路

当合上开关 S 接通电源后，将通过电阻 R 向电容 C 充电(设 C 上的起始电压为 0)，电容两端电压 u_C 按 $\tau=RC$ 的指数曲线逐渐增加。当 u_C 升高至单结晶体管的峰点电压 u_P 时，单结晶体管由截止变为导通，电容向电阻 R_1 放电，由于单结晶体管的负阻特性，且 R_1 又是一个 50～100Ω的小电阻，电容 C 的放电时间常数很小，放电速度很快，于是在 R_1 上输出一个尖脉冲电压 u_G。在电容的放电过程中，u_E 急剧下降，当 $u_E \leqslant u_V$(谷点电压)时，单结晶体管便跳变到截止区，输出电压 u_G 降到零，即完成一次振荡。

放电一结束，电容又开始重新充电并重复上述过程，结果在 C 上形成锯齿波电压，而在 R_1 上得到一个周期性的尖脉冲输出电压 u_G，如图 9-12(b)所示。

调节 R(或变换 C)以改变充电的速度，从而调节图 9-12(b)中的 t_1 时刻，如果把 u_G 接到晶闸管的控制极上，就可以改变控制角α的大小。

2. 振荡电路装调测试

(1) 将元器件按要求整形，插入通用电路板的相应位置，并连接好导线，振荡电路如图 9-13 所示。

(2) 闭合开关，接通电源。分别用示波器观察电容 C 两端电压 u_c 及电路输出电压 u_o，并在坐标中作出 u_c、u_o 波形。

(3) 调节电路中电位器阻值，观察两波形变化，可以看出，改变电位器阻值将改变输出脉冲的__________(相位、频率、幅值)。

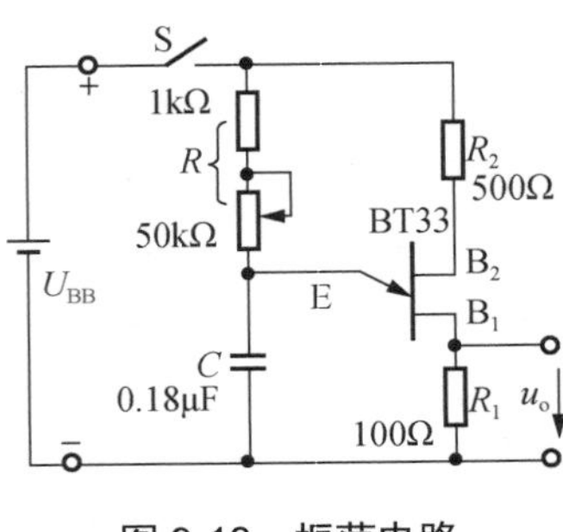

图 9-13　振荡电路

9.3.2　晶闸管调光电路装调

可控整流电路的作用是把交流电转换为电压值可以调节的直流电，电路如图 9-14 所示，主回路由负载 R_L(灯泡)和晶闸管 VS 组成，由单结三极管 VT 及一些阻容元件构成阻容移相桥触发电路。改变晶闸管 VS 的导通角，便可调节主电路的可控输出整流电压(或电流)的数值，这点可由灯泡负载的亮度变化看出。可控整流电路的作用是把交流电转换为电压值可以调节的直流电。通过调节电位器 R_P，可以改变触发脉冲频率，使主电路的输出电压也随之改变，从而达到可控调压的目的。

使用万用表对元器件进行检测，如果发现元器件有损坏，说明情况，并更换新的元器件。

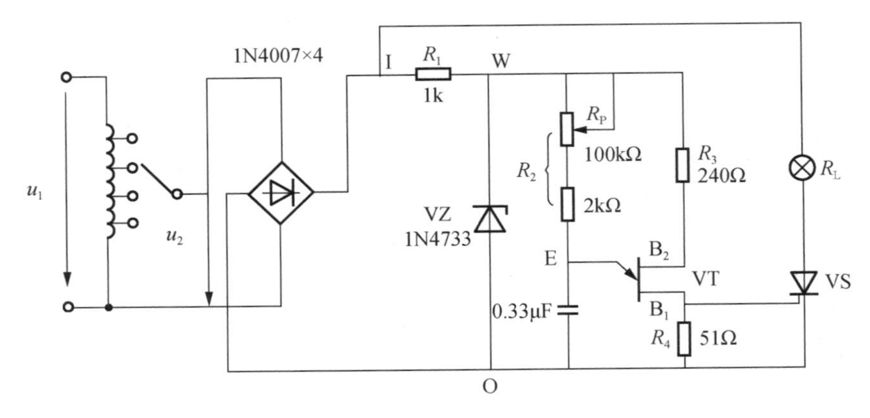

图 9-14　晶闸管调光电路

【注意事项】

(1) 在安装桥式整流时，务必注意二极管的方向。

(2) 轻拿轻放元器件。

(3) 使用万用表测量电压时，一定要注意选择正确的挡位。

项目评价表见表 9-3。

表 9-3　项目评价表

项　目		考核要求	分　值
理论知识	晶闸管、单结晶体管	能正确识别晶闸管、单结晶体管	10
	主要参数	能正确选择合适元器件	20
操作技能	准备工作	10min 内完成仪器和元器件的整理工作	10
	元器件检测	能正确完成元器件检测	10
	安装调试	能正确完成电路的装调	20
	用电安全	严格遵守电工作业章程	15
职业素养	思政表现	能遵守安全规程与实验室管理制度，展现工匠精神	15
项目成绩			
总评			

思考与练习

一、判断题

1. 普通晶闸管的额定电流的大小是以工频正弦半波电流的有效值来标志的。（　　）
2. 单结晶体管是一种特殊类型的三极管。（　　）
3. 晶闸管导通过程中，需要门极提供一定的电压值。（　　）
4. 单结晶体管具有两个发射极。（　　）
5. 可控整流电路的作用是把交流电转换为电压值可以调节的直流电。（　　）

二、填空题

1. 晶闸管是由________个 PN 结组成的元件。
2. 单结晶体管共有三个工作区域，分别是截止区、饱和区和________。
3. 晶闸管关断的条件是________________。
4. 具有电感性负载的可控整流电路为防止产生失控，通常采用____________。
5. 晶闸管调光电路中，通过改变________达到调节输出电压的效果。

三、计算题

1. 电路如图 9-15 所示。已知电源电压 u_2、触发电压 u_G 的波形，绘制负载电压 u_L、负载电流 i_L 的波形。

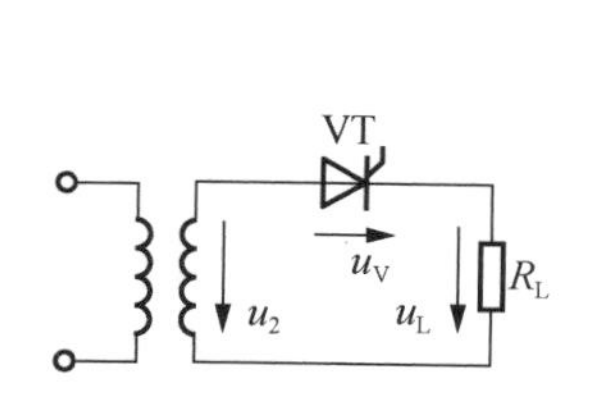

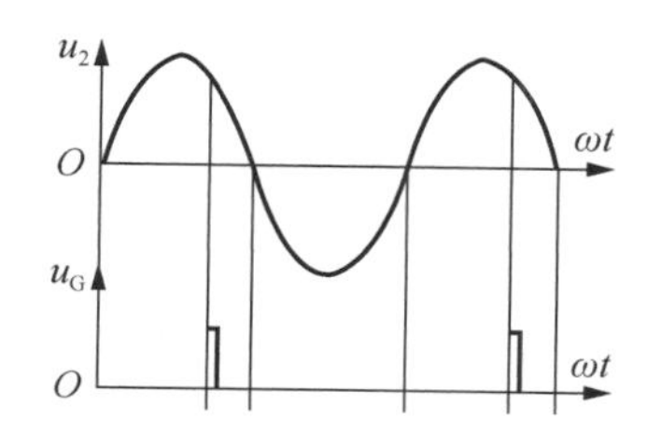

图 9-15　计算题 1

2. 电路如图 9-16 所示。已知电源电压 u_2、触发电压 u_G 的波形，绘制负载电压 u_L、负载电流 i_L 的波形。

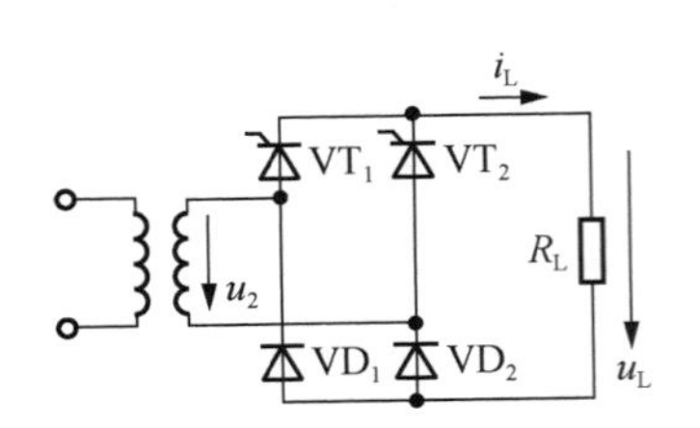

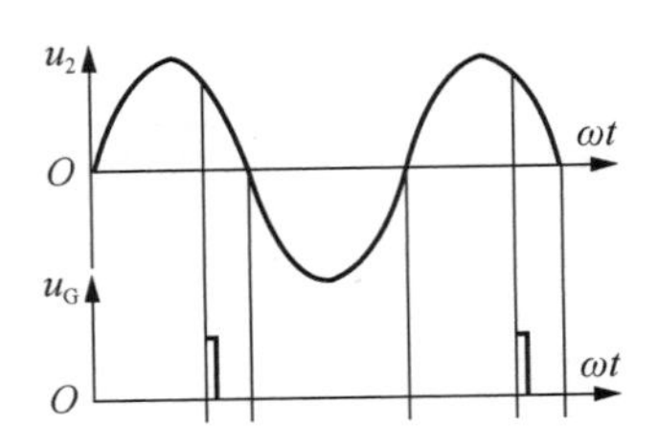

图 9-16　计算题 2

项目 10

简易混音放大电路

【项目要点】

掌握集成运算放大器的基本结构和工作特点，能对简单的混音电路进行安装调试和排故。

10.1 集成运算放大器

集成运算放大电路，简称运放，发展初期主要用于模拟电子计算机中的模拟信号进行各种数学运算而得名。发展至今，运放在信号的产生、处理、变换、测量等方面的应用早已远远超出了数学运算的范围，广泛应用于模拟电子电路的各个领域。

10.1.1 差动放大电路

1. 直接耦合放大电路的零点漂移

直接耦合放大电路的优点是能够放大直流与变化缓慢的信号，但这种耦合方式也带来了零点漂移的问题。

所谓零点漂移，是指放大电路在无输入信号的情况下，输出电压 u_o 却出现缓慢、不规则波动的现象，简称零漂。产生零漂的原因有很多，有温度变化、电源电压波动、晶体管参数变化等，其中最主要的是温度影响，所以零漂又称为温漂。在直接耦合的多级放大电路中，前级的漂移被后级放大，将严重干扰正常信号，甚至使放大器无法正常工作。因此，需要抑制零漂。

抑制零漂的方法有多种，最有效且应用比较广泛的方法是输入级采用差动放大电路。

2. 差动放大电路的工作原理

基本的差动放大电路如图 10-1 所示，它由两个完全对称的单管放大电路组成，采用双端输入、双端输出的连接方式，且 $U_{i1}=U_{i2}$。

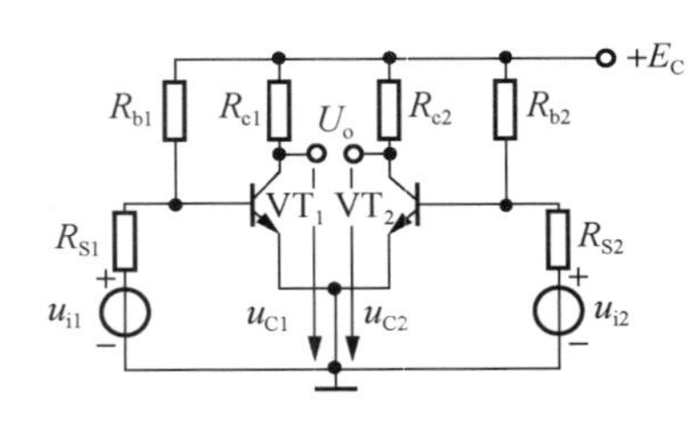

图 10-1 基本差动放大电路

1) 抑制零漂的原理

静态时，$u_{i1}=u_{i2}=0$，由于电路的对称性，两管的集电极电流相等，集电极电位也相等。

当 $u_{i1}=u_{i2}=0$ 时：$u_o=U_{C1}-U_{C2}=0$。

当温度变化时：$u_o=(U_{C1}+\Delta u_{C1})-(U_{C2}+\Delta u_{C2})=0$。

由此即抑制了零漂。

2) 信号输入

(1) 共模输入。

共模信号：两输入端加的信号大小相等、极性相同，即

$$u_{i1}=u_{i2}=u_i$$

$$u_{o1}=u_{o2}=A_u u_i$$

$$u_o=u_{o1}-u_{o2}=0$$

共模电压放大倍数为：

$$A_C=\frac{u_o}{u_i}=0$$

说明电路对共模信号无放大作用，即完全抑制了共模信号。实际上，差动放大电路对

零漂的抑制就是该电路抑制共模信号的一个特例。所以，差动放大电路对共模信号抑制能力的大小，反映了它对零漂抑制能力的大小。

(2)　差模输入。

差模信号：两输入端加的信号大小相等、极性相反，即

$$u_{i1} = -u_{i2} = \frac{1}{2}u_{id}$$

因为两侧电路对称，放大倍数相等，电压放大倍数用 A_d 表示。则

$$u_{o1} = A_u u_{i1}$$

$$u_{o2} = A_u u_{i2}$$

$$u_o = u_{o1} - u_{o2} = A_u(u_{i1} - u_{i2}) = A_u u_{id}$$

$$u_o = u_{o1} - u_{o2} = A_u(u_{i1} - u_{i2}) = A_u u_{id}$$

差模电压放大倍数为：

$$A_d = \frac{u_o}{u_i} = A_u$$

可见，差模放大电路的电压放大倍数等于单管放大电路的电压放大倍数。差动放大电路以多一倍的元件为代价，换取对零漂的抑制能力。

10.1.2　集成运算放大器的组成和符号

1. 集成运放的组成

将三极管、二极管、电阻等元件及连线全部集中制造在同一小块半导体基片上，成为一个完整的固体电路，称为集成电路。在各种模拟集成电路中，集成运算放大器是应用最广泛的器件。集成运算放大器实质上是一种高增益的直接耦合多级放大器，因为最初它被用于各种数学运算中，故名运算放大器。目前，它的应用已远远超出了数学运算领域，在信号的产生、变换、处理、测量等方面，集成运放都起着非常重要的作用。

集成运放的内部主要电路可分为输入级、中间级、输出级和偏置电路等四个基本组成部分，如图 10-2 所示。输入级由差动放大电路组成，其目的是为了减小放大电路的零漂，提高输入阻抗，它的性能对整个集成电路的质量起决定性作用。中间级通常由共发射极放大电路构成，目的是为了获得较强的电压放大倍数。输出级由互补对称功率放大电路构成，目的是为了减小输出电阻，提高电路的带负载能力。偏置电路一般由各种恒流源电路构成，作用是为上述各级电路提供稳定、合适的偏置电流，决定各级的静态工作点。

2. 集成运放的符号

集成运放的电路符号和简化符号如图 10-3 所示。它有两个输入端，标“+”的输入端称为同相输入端，输入信号由此端输入时，输出信号与输入信号相位相同；标“−”的输入端称为反相输入端，输入信号由此端输入时，输出信号与输入信号相位相反。

LM324 通用型集成运放的管脚排列如图 10-4 所示。

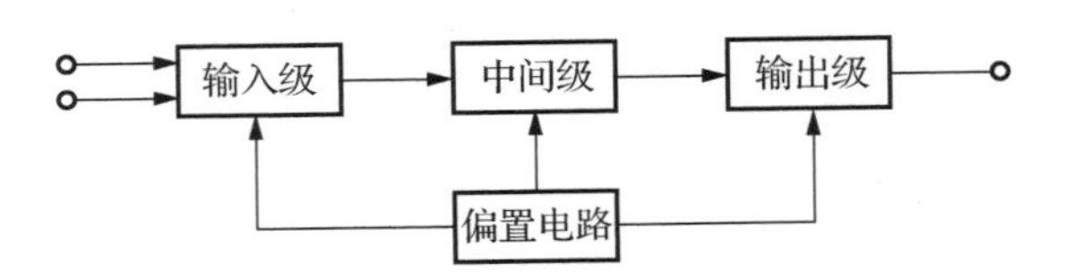

图 10-2　集成运放的组成框图

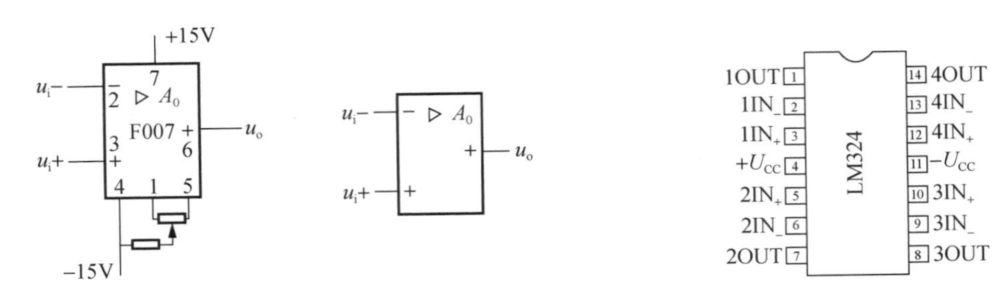

图 10-3　集成运放的符号

图 10-4　LM324 通用型集成运算放大器

10.1.3　集成运放的识别与检测

集成运放在装上电路板之前，需要对其进行检测。

查阅资料，识读集成运放的型号和引脚，记录于表 10-1 中。

表 10-1　集成运放的引脚号和功能

型　号	引脚号和功能
OP07CP	
LM358P	
NE5532	
LM324N	

将万用表的功能开关置于电阻挡(200Ω或者 2kΩ)，选择 LM324 芯片，将黑表笔接运放的接地引脚，红表笔接其他各引脚，测量出其正向电阻值。反之，可测出反向电阻值。记录于表 10-2 中。

表 10-2　集成运放 LM324 引脚对地正反电阻

R	1 脚	2 脚	3 脚	4 脚	5 脚	6 脚	7 脚	8 脚	9 脚	10 脚	11 脚	12 脚	13 脚	14 脚
$R_{正向}$														
$R_{反向}$														

【注意事项】

(1)　在测量时，手不要碰到器件的引脚，以免人体电阻的介入影响测量的准确性。

(2)　轻拿轻放元器件。

(3)　使用万用表测量电压时一定要注意选择正确的挡位。

项目评价表见表 10-3。

表 10-3　项目评价表

项　目		考核要求	分　值
理论知识	集成运放	能正确识别集成运放	10
	主要参数	能正确选择合适元器件	20
操作技能	准备工作	10min 内完成仪器和元器件的整理工作	10
	元器件检测	能正确完成元器件检测	10
	安装调试	能正确完成电路的装调	20
	用电安全	严格遵守电工作业章程	15
职业素养	思政表现	能遵守安全规程与实验室管理制度，展现工匠精神	15
项目成绩			
总评			

10.2　负反馈放大电路

反馈技术在放大电路中应用十分广泛。在放大电路中应用负反馈，可以改善放大电路的工作性能，在自动调节系统中，也可以通过负反馈来实行自动调节。集成运算放大器的各种运算功能也与反馈系统的特性密切相关，因此研究反馈是非常重要的。

10.2.1　反馈的基本概念

反馈：将放大电路输出信号(电压或电流)的一部分或全部，通过某种电路(反馈电路)送回到输入回路，从而影响(增强或削弱)输入信号的过程。输出回路反馈到输入回路的信号称为反馈信号。

为实现反馈，必须有一个连接输出回路和输入回路的中间环节，称为反馈网络，一般由电阻和电容元件组成。引入反馈的放大器叫作反馈放大器，也叫闭环放大器。而没有引入反馈的放大器叫作开环放大器，也叫基本放大器。

反馈放大器的原理框图如图 10-5 所示，通常由基本放大器和反馈网络构成。图中 X_i、X_o、X_f 分别表示放大器的输入信号、输出信号和反馈信号，X_d 则是 X_i 与 X_f 叠加后得到的净输入信号，可以是电压，也可以是电流。

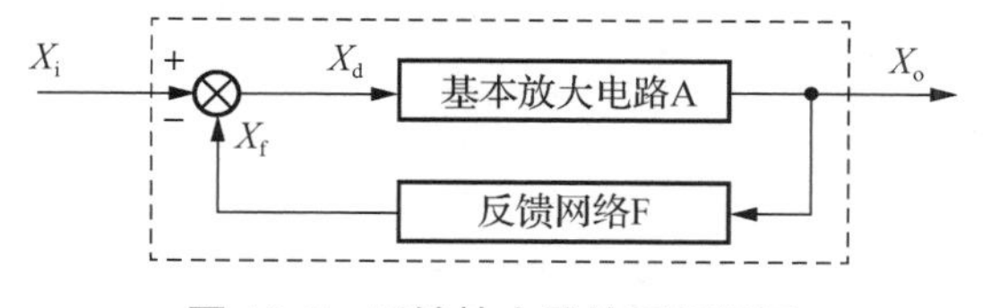

图 10-5　反馈放大器的原理框图

1. 反馈的类型及其判别

1)　有无反馈

放大电路中若存在反馈网路，则会影响放大电路的净输入；否则电路中就没有引入反馈。

2) 正反馈和负反馈及其判别

根据反馈信号对输入信号作用的不同，可分为正反馈和负反馈两种类型。反馈信号加强了输入信号的，叫作正反馈；相反，反馈信号削弱了输入信号的，叫作负反馈。

正、负反馈通常采用瞬时极性法来判别。首先假定输入信号的瞬时极性为正(增加)，然后确定输出信号的瞬时极性，再由输出端通过反馈网络送回输入端，确定反馈信号的瞬时极性(用⊕表示瞬时极性为正，用⊖表示瞬时极性为负)，最后判别反馈到输入端的作用是加强还是削弱了输入信号。加强为正反馈，削弱为负反馈。

三极管及集成运放的瞬时极性如图 10-6 所示。晶体管的基极和发射极瞬时极性相同，而与集电极瞬时极性相反。

集成运算放大器的同相输入端与输出端瞬时极性相同，而反相输入端与输出端瞬时极性相反。

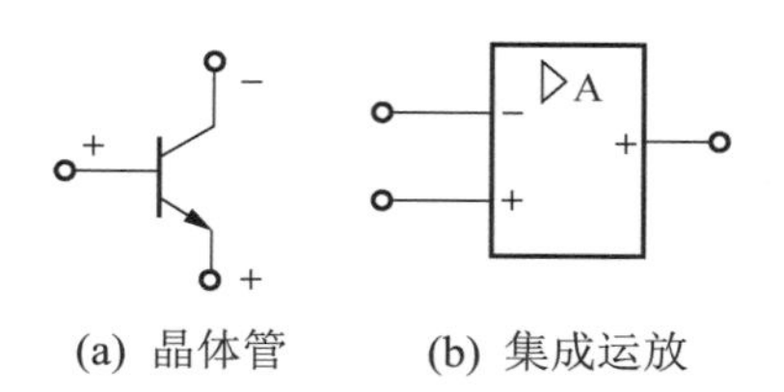

(a) 晶体管　　(b) 集成运放

图 10-6　瞬时极性

【例 10-1】电路如图 10-7 所示，判断电路中的反馈极性。

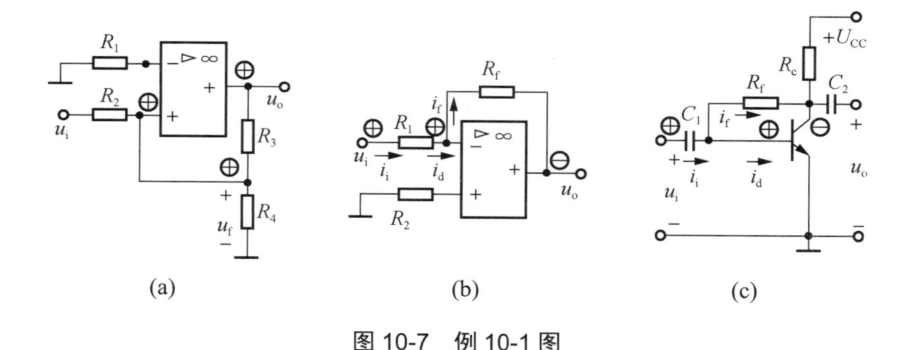

(a)　　(b)　　(c)

图 10-7　例 10-1 图

解：

(1) 反馈信号增加了净输入，故为正反馈。

(2) 反馈信号削弱了净输入，故为负反馈。

3) 直流反馈和交流反馈及其判别

根据反馈信号的交直流性质，可分为直流反馈和交流反馈。可以通过判别反馈元件出现在哪种电流通路中，来确定是直流反馈还是交流反馈(若串联电容则为交流通路，若并联电容则为直流通路)；直流负反馈常用于稳定静态工作点，而交流负反馈主要用于改善放大电路的性能。

交直流反馈电路如图 10-8 所示，R_f回路为交直流反馈，C_2回路为交流反馈。

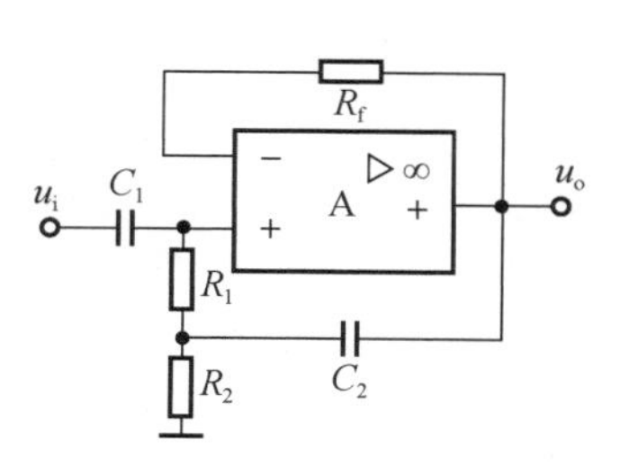

图 10-8　交直流反馈

4)　电压反馈和电流反馈及其判别

(1)　电压反馈。反馈信号的大小与输出电压成比例。

(2)　电流反馈。反馈信号的大小与输出电流成比例。

(3)　判别。若反馈直接引之于输出端则为电压反馈；反之则为电流反馈。

【例 10-2】电路如图 10-9 所示，判断电路中引入的反馈是电压反馈还是电流反馈。

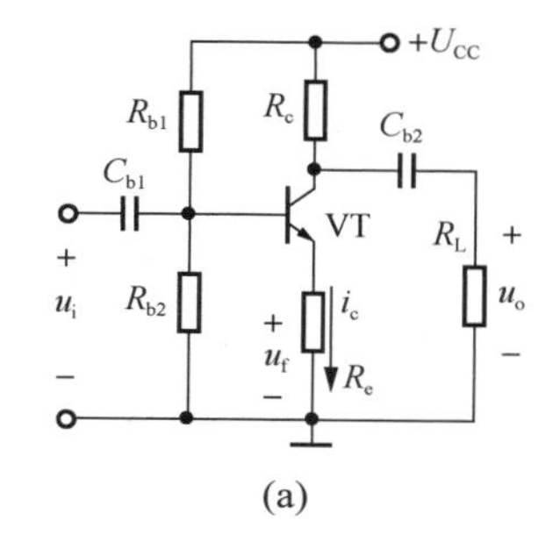

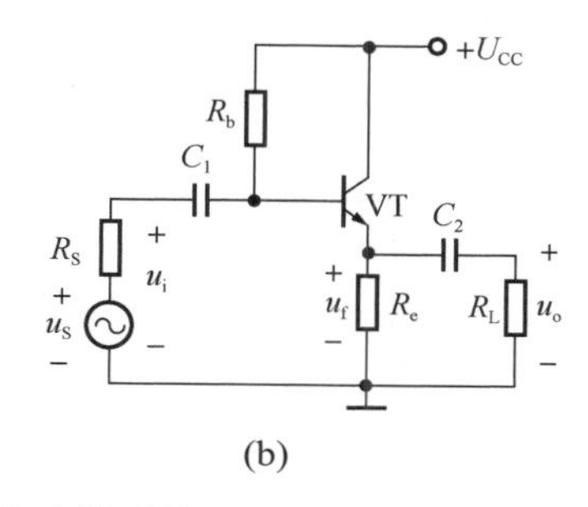

图 10-9　电压与电流反馈

解：

(1)　图 10-9(a)中 R_e 为反馈电阻，反馈不是直接引之于输出端，所以为电流反馈。

(2)　图 10-9(b)R_e 为反馈电阻，反馈直接引之于输出端，所以为电压反馈。

5)　串联反馈和并联反馈及其判别

(1)　串联反馈。输入量与反馈量作用在不同的两点上，此时反馈信号与输入信号是电压相加减的关系。

(2)　并联反馈。输入量与反馈量作用在同一点上，此时反馈信号与输入信号是电流相加减的关系。

对于三极管电路，若反馈信号与输入信号同时加在三极管的基极或发射极，则为并联反馈，如图 10-10(a)所示；若反馈信号与输入信号一个加在基极一个加在发射极，则为串联反馈。如图 10-10(b)所示。

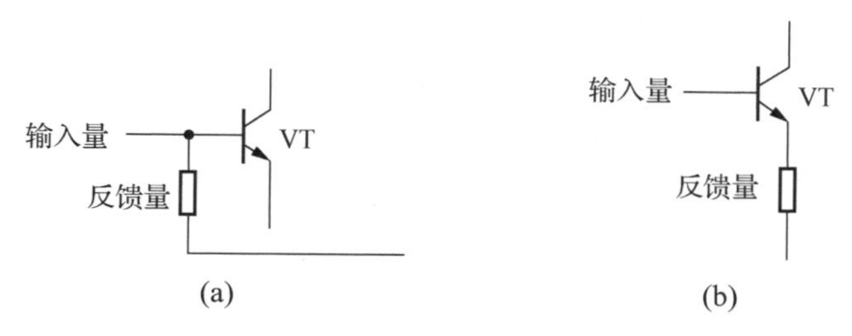

图 10-10　串联与并联反馈

对于运放电路，若反馈信号与输入信号同时加在同相端或反相端，则为并联反馈，如图 10-11(a)所示；若反馈信号与输入信号一个加在同相端一个加在反相端，则为串联反馈，

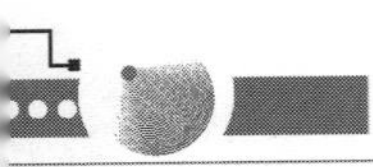

如图 10-11(b)所示。

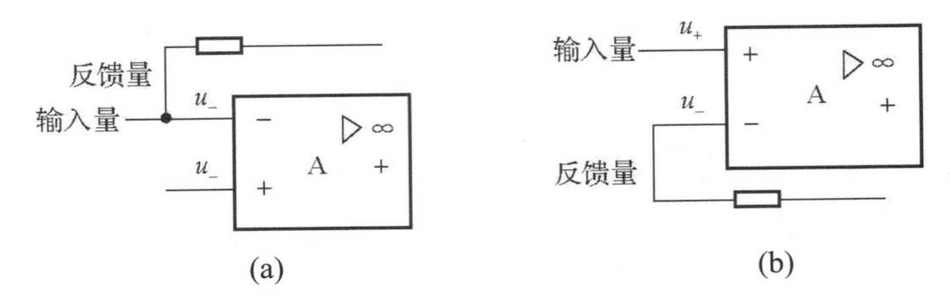

图 10-11　串联与并联反馈

6)　负反馈放大电路的四种组态

按上面的分类，可构成下列 4 种不同类型的负反馈放大电路，电压串联负反馈、电压并联负反馈、电流串联负反馈、电流并联负反馈，如图 10-12 所示。

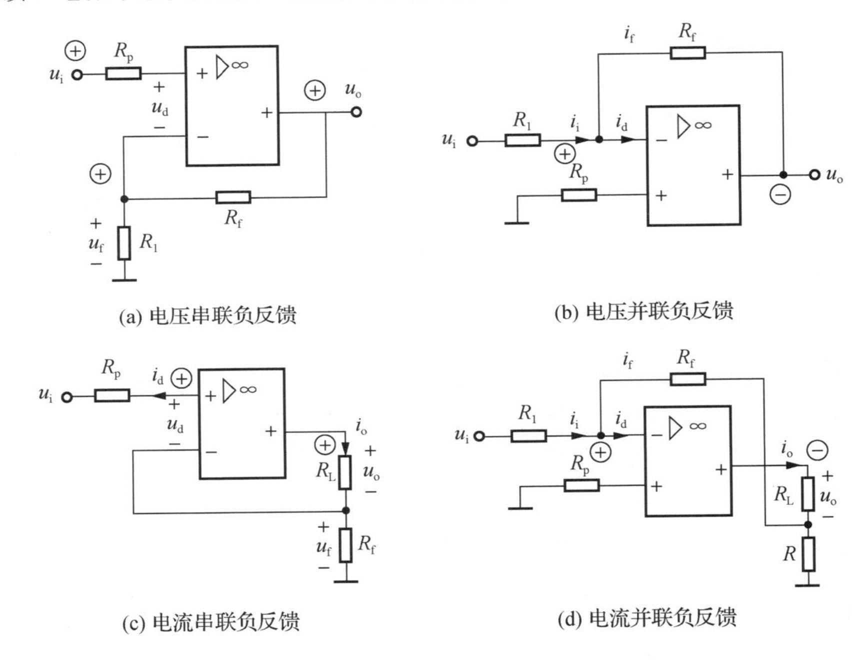

图 10-12　负反馈放大电路的 4 种组态

10.2.2　负反馈对放大电路性能的影响

1. 降低了放大电路的放大倍数，提高了放大倍数的稳定性

引入了负反馈后，闭环放大倍数为

$$A_f = A/(1+AF)$$

式中，A_f 为闭环放大倍数，A 为开环放大倍数，F 为反馈系数。

由此可见，引入负反馈后，闭环放大倍数降低了 $(1+AF)$ 倍。在深度负反馈条件下

$$1+AF>>1$$

因此

$$A_f = A/(1+AF) \approx 1/F$$

表明深度负反馈时的闭环放大倍数仅取决于反馈系数 F，而与开环放大倍数 A 无关。通常反馈网络仅由电阻构成，反馈系数 F 十分稳定，所以，闭环放大倍数必然是相当稳定的，诸如温度变化、参数改变、电源电压波动等明显影响开环放大倍数的因素，都不会对闭环放大倍数产生太大影响。

2. 减小非线性失真

图 10-13(a)所示电路中，无负反馈时产生正半周大、负半周小的失真。

图 10-13(b)所示电路引入负反馈后，失真的信号经反馈网络又送回到输入端，与输入信号反相叠加，得到的净输入信号为正半周小而负半周大，这样正好弥补失真。

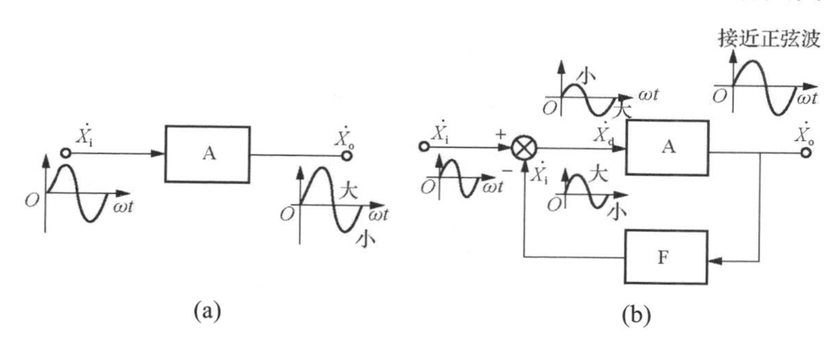

图 10-13　负反馈减小非线性失真

3. 改变输入电阻

对于串联负反馈，由于反馈网络和输入回路串联，总输入电阻为基本放大电路本身的输入电阻与反馈网络的等效电阻两部分串联相加，故可增大放大电路的输入电阻。

对于并联负反馈，由于反馈网络和输入回路并联，总输入电阻为基本放大电路本身的输入电阻与反馈网络的等效电阻两部分并联，故可减小放大电路的输入电阻。

4. 改变输出电阻

对于电压负反馈，由于反馈信号正比于输出电压，反馈的作用是使输出电压趋于稳定，使其受负载变动的影响减小，即使放大电路的输出特性接近理想电压源特性，故而可减小输出电阻。

对于电流负反馈，由于反馈信号正比于输出电流，反馈的作用是使输出电流趋于稳定，使其受负载变动的影响减小，即使放大电路的输出特性接近理想电流源特性，故而可增大输出电阻。

10.3　简易混音电路

10.3.1　集成运放的理想模型

在分析集成运放组成的各种电路时，将实际集成运放作为理想运放来处理，并分清它的工作状态是在线性区还是在非线性区是非常重要的。

1. 运放工作在线性区

当集成运放工作在线性区时，输出电压与差模输入电压之间的关系满足

$$u_o = A_{do}(u_+ - u_-)$$

即输出电压与差模输入电压呈线性关系，由于 A_{do} 值很大，为了使其工作在线性区，集成运放电路都接有深度负反馈，以减小其净输入电压，从而使输出电压不超出线性范围。

理想运放工作在线性区时，满足以下两个条件。

(1) 同相输入端电位等于反相输入端电位，即：

$$u_+ = u_-$$

集成运放两个输入端电位相等，好像是短路的，但不是真正的短路，称为“虚短”。

(2) 两输入端的输入电流为 0，即

$$i_+ = i_- = 0$$

可知流入两个输入端的电流为 0，运放的输入端断路，但不是真正的断路，称为“虚断”。

2. 运放工作在非线性区

由于集成运放的开环差模电压放大倍数 A_{do} 很大，当它工作在开环状态(即未接深度负反馈)或加有正反馈时，只要有很小的差模信号输入，集成运放都将进入非线性区，输出电压立即达到正饱和值 $+U_{om}$ 或负饱和值 $-U_{om}$。

理想运放工作在非线性区时，可以得到以下两条结论。

(1) 输入电压可以不等，输出电压不是正饱和值就是负饱和值。

当 $u_i > 0$，即 $u_+ > u_-$ 时，$u_o = +U_{om}$；

当 $u_i < 0$，即 $u_+ < u_-$ 时，$u_o = -U_{om}$。

(2) 两输入端的输入电流为 0，即

$$i_+ = i_- = 0$$

可见，在非线性区，“虚短”的概念不再成立，但“虚断”仍然成立。

10.3.2 集成运放的线性应用

1. 比例电路

(1) 反相比例电路如图 10-14(a)所示。

图 10-14(a)中，R_1 是信号输入电阻，R_2 是直流平衡电阻，R_f 是反馈电阻。

因为 $u_-=u_+=0$，有

$$i_1 = \frac{u_i}{R_1}$$

又因为 $i_{1-}=0$，有 $i_1=i_f$，即

$$\frac{u_i}{R_1} = -\frac{u_o}{R_f}$$

由此得到

$$\frac{u_o}{u_i} = -\frac{R_f}{R_1} \qquad u_o = -\frac{R_f}{R_1}u_i$$

当 R_f=R_1 时，u_o=−u_i，称为反相器。为了保证集成运放差动输入级静态平衡，要求平衡电阻

$$R_2 = R_1 // R_f$$

该比例电路的反馈是深度电压并联负反馈，其输入电阻不高、输出电阻低。

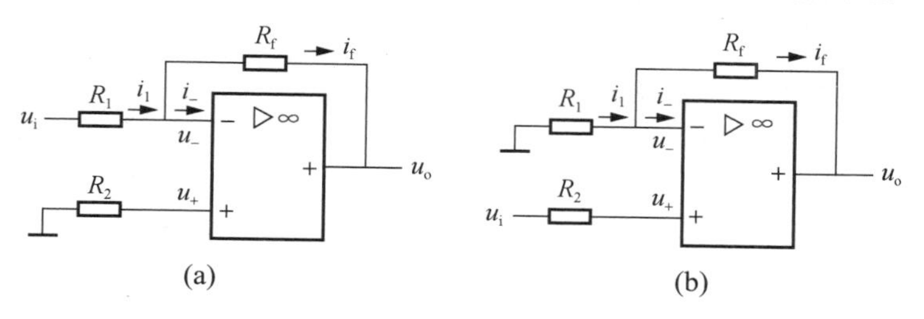

图 10-14　反相比例和同相比例电路

(2)　同相比例电路如图 10-14(b)所示。

因为 $i_- = 0$，有 $i_1 = i_f$

又因为 $u_- = u_+ = u_i$，由此可得

$$\frac{0-u_i}{R_1} = \frac{u_i - u_o}{R_f}，\frac{u_o}{u_i} = 1 + \frac{R_f}{R_1}，u_o = \left(1 + \frac{R_f}{R_1}\right)u_i$$

当 $R_f = 0$ 时，$u_o = u_i$，称为电压跟随器。

为了保证集成运放差动输入级静态平衡，也要求平衡电阻：

$$R_2 = R_1 // R_f$$

该比例电路的反馈是深度电压串联负反馈，其输入电阻很高、输出电阻低。

由上述比例电路可知，运算放大器的闭环放大倍数决定于外围元件的参数，与开环放大倍数无关。

2. 加法电路

反相加法电路如图 10-15(a)所示。由 $i_{11} + i_{12} + i_{13} = i_f$ 和 $u_- = 0$，可以求得：

$$u_o = -\left(\frac{R_f}{R_{11}}u_{i1} + \frac{R_f}{R_{12}}u_{i2} + \frac{R_f}{R_{13}}u_{i3}\right)$$

如果取 $R_{11} = R_{12} = R_{13} = R_f$，可得

$$u_o = -(u_{i1} + u_{i2} + u_{i3})$$

平衡电阻为

$$R_2 = R_{11} // R_{12} // R_{13} // R_f$$

同相加法电路如图 10-15(b)所示。由 $i_{11} + i_{12} + i_{13} = 0$ 和 $u_- = u_+ = \frac{R_1}{R_1 + R_f}u_o$，可知

$$u_o = \left(1 + \frac{R_f}{R_1}\right)\frac{\frac{u_{i1}}{R_{21}} + \frac{u_{i2}}{R_{22}} + \frac{u_{i3}}{R_{23}}}{\frac{1}{R_{21}} + \frac{1}{R_{22}} + \frac{1}{R_{23}}}$$

如果取 $R_{21} = R_{22} = R_{23}$、$R_f = \frac{R_{21}}{2}$，可得

$$u_o = u_{i1} + u_{i2} + u_{i3}$$

电阻平衡条件为$R_{21} // R_{22} // R_{23} = R_1 // R_f$。

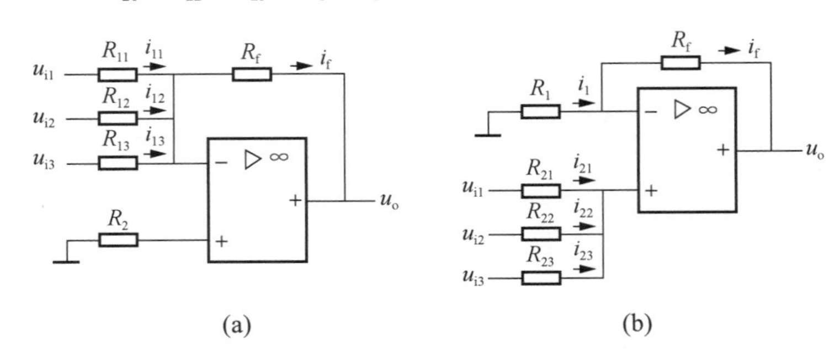

图 10-15　反相加法和同相加法电路

3. 减法电路

典型的减法电路如图 10-16 所示。根据$i_1 = i_f$，可得：

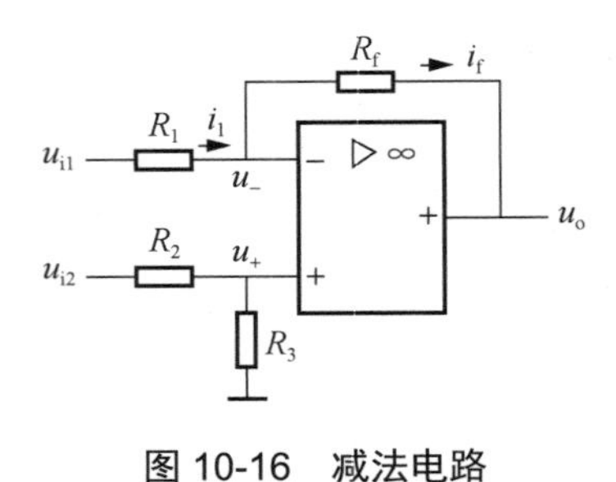

图 10-16　减法电路

$$\frac{u_{i1} - u_-}{R_1} = \frac{u_- - u_o}{R_f}$$

$$u_o = -\frac{R_f}{R_1} u_{i1} + \left(1 + \frac{R_f}{R_1}\right) u_-$$

因为

$$u_- = u_+ = \frac{R_3}{R_2 + R_3} u_{i2}$$

所以

$$u_o = -\frac{R_f}{R_1} u_{i1} + \left(1 + \frac{R_f}{R_1}\right) \frac{R_3}{R_2 + R_3} u_{i2}$$

当$R_1 = R_2 = R_3 = R_f$时，$u_o = u_{i2} - u_{i1}$。

【例 10-3】电路如图 10-17 所示，求电路的输出电压和平衡电阻。

解：第一级为反相比例电路

$$u_{o1} = -\frac{R_{f1}}{R_1} u_{i1}$$

第二级为反相加法电路，输出电压为

$$u_o = -\left(\frac{R_{f2}}{R_2} u_{o1} + \frac{R_{f2}}{R_4} u_{i2}\right) = \frac{R_{f1} R_{f2}}{R_1 R_2} u_{i1} - \frac{R_{f2}}{R_4} u_{i2}$$

平衡电阻为

$$R_2 = R_1 // R_{f1}、R_5 = R_3 // R_4 / R_{f2}$$

4. 积分运算电路

积分运算电路如图 10-18 所示，由$i_1 = i_f$、$i_1 = \frac{u_i}{R_1}$和$i_f = -C_f \frac{du_o}{dt}$，可以得出：

$$u_o = -\frac{1}{R_1 C_f} \int u_i dt$$

u_o是u_i的积分，它与时间t成正比，波形如图 10-19(a)所示，U_{om}为运放的输出饱和电压。

积分电路常用于方波—三角波转换，波形如图 10-19(b)所示。

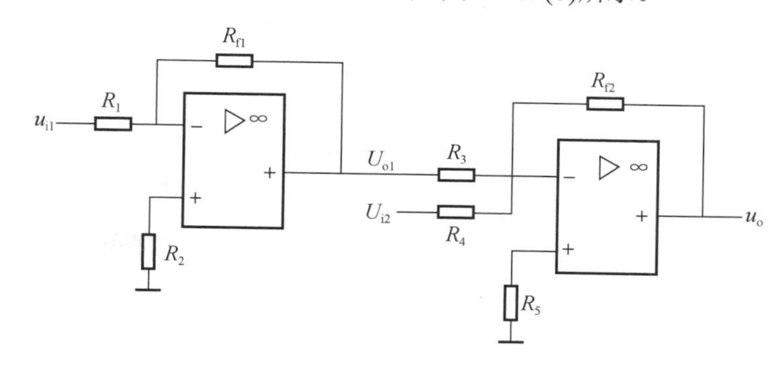

图 10-17　例 10-3 图

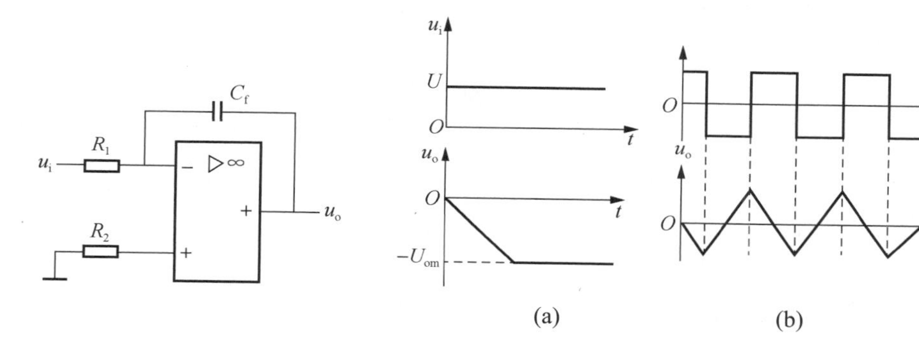

图 10-18　积分运算电路

图 10-19　积分波形图及方波—三角波转换波形图

5. 微分运算电路

微分运算电路如图 10-20(a)所示，由$i_1 = i_f$、$i_1 = \frac{du_i}{dt}$和$i_f = -\frac{u_o}{R_f}$，可求得

$$u_o = -R_f C \frac{du_i}{dt}$$

u_o是u_i的微分。

若u_i为恒定电压U，则在u_i作用于电路的瞬间，微分电路输出一个尖脉冲电压，波形如图 10-20(b)所示。

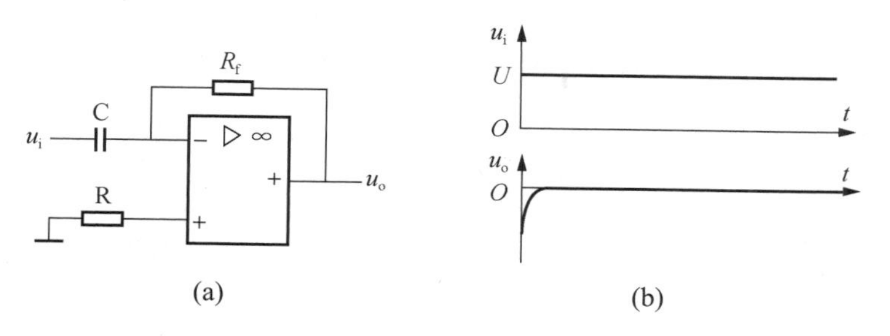

图 10-20　微分运算电路

10.3.3 简易混音电路的装调

使用万用表对元器件进行检测，如果发现元器件有损坏，说明情况，并更换新的元器件。

简易混音电路如图 10-21 所示，搭建电路。

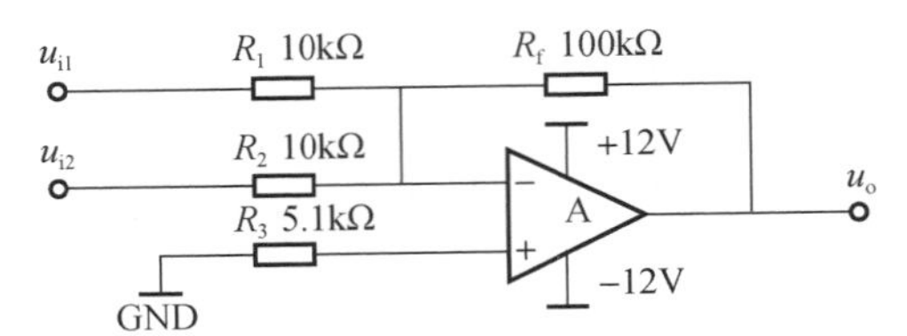

图 10-21 简易混音电路

打开电源，接好±12V 的直流电源，再给 u_{i1} 和 u_{i2} 分别加大小合适的直流信号，使用万用表测量输入输出电压，并记录于 10-4 中。

表 10-4 运放电路测量表

序 号	u_{i1}/V		u_{i2}/V		u_o/V	
	理论值	实测值	理论值	实测值	理论值	实测值
1	0.1		0.2			
2	0.3		0.3			
3	0.5		0.5			
4	1		1			

【注意事项】

(1) 注意集成电路的引脚顺序，接入电源的极性要仔细检查。

(2) 禁止带电连接电路。

(3) 使用万用表测量电压时一定要注意选择正确的挡位，特别禁止在电流挡测量电压。

项目评价见表 10-5。

表 10-5 项目评价表

项 目		考核要求	分 值
理论知识	集成运放	能正确识别集成运放	10
	集成运放的应用	能正确选择合适元器件	20
操作技能	准备工作	10min 内完成仪器和元器件的整理工作	10
	元器件检测	能正确完成元器件检测	10
	安装调试	能正确完成电路的装调	20
	用电安全	严格遵守电工作业章程	15
职业素养	思政表现	能遵守安全规程与实验室管理制度，展现工匠精神	15
项目成绩			
总评			

思考与练习

一、判断题

1. 集成运算放大器主要由输入级、中间级、输出级和偏置电路组成。（　　）
2. 集成运算放大器实际上是高增益的直接耦合多级放大器。（　　）
3. 虚断不论集成运放是否工作在线性放大状态，均能成立。（　　）
4. 判别是电压反馈还是电流反馈的方法是采用瞬时极性法。（　　）
5. 回送到输入端的反馈信号与外加输入信号相位相反，削弱原输入信号的反馈称为负反馈。（　　）

二、填空题

1. 要稳定输出电压且提高输入阻抗的负反馈放大器类型应选＿＿＿＿＿＿。
2. 从反馈角度分析，射极输出器的反馈类型是＿＿＿＿＿＿。
3. 负反馈使放大倍数＿＿＿，放大倍数稳定性＿＿＿，非线性失真＿＿＿，通频带＿＿＿＿。
4. 工作在线性放大状态下的理想集成运算放大器具有的重要特点是＿＿＿＿＿＿。
5. 集成运放第一级采用差动放大电路，主要作用是＿＿＿＿＿＿。

三、综合应用题

1. 在图 10-22 所示的电路中，试求：

(1) 输出电压 u_o 与输入电压 u_i 的运算关系。

(2) 若输入电压 u_i=1V，电容两端的初始电压 u_i=0，求输出电压 u_o 变为 0 所需要的时间。

2. 在图 10-23 所示的放大电路中按要求引入适当的反馈。

(1) 希望加入信号后，i_{c3} 的数值基本不受 R_6 改变的影响。

(2) 希望接入负载后，输出电压 u_o 基本稳定。

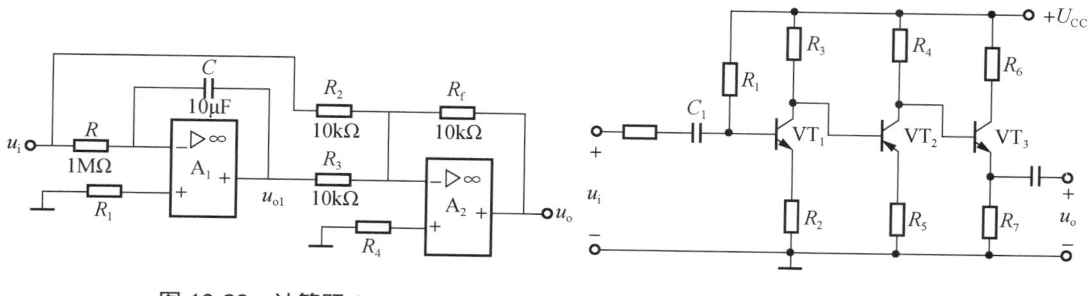

图 10-22　计算题 1

图 10-23　计算题 2

微课资源

扫一扫：获取相关微课视频。

10-1　负反馈习题分析

10-2　多级放大负反馈仿真分析

10-3　同相跟随器(仿真)

10-4　差分放大电路(仿真)

10-5　有源积分(仿真)

10-6　运放综合仿真

项目 11

功率放大器

【项目要点】

一个放大电路中，输出信号往往要求能够驱动一定的负载，使得负载可以得到一定的功率。比如：电影院音响扬声器、电动机控制绕组等。负载要得到一定的功率，除了具有较大的电压之外，还应该具有一定的输出电流，因此需要将放大电路的输出级设计成具有一定电流放大倍数的放大电路，这一类电路一般称为功率放大电路。

11.1 功率放大电路概述

11.1.1 功率放大器的特点和类型

1. 功率放大器的特点

多级放大电路中，最后一级一般为功率放大器，其任务是向负载提供足够大的功率，这就有以下几点要求。

(1) 功率放大器不仅要有较高的输出电压，还要有较大的输出电流。因此，功率放大器中的三极管通常工作在高电压、大电流状态，三极管的功耗也比较大，对三极管的各项指标必须认真选择，且尽可能使其得到充分利用。

(2) 非线性失真也要比小信号的电压放大电路严重得多。

(3) 功率放大器从电源取用的功率较大，为了提高电源的利用率，必须尽可能地提高功率放大器的效率。放大电路的效率是指负载得到的交流信号功率与直流电源供出功率的比值。

2. 功率放大器的分类

按照功放管工作点位置的不同，功率放大器可分为甲类、乙类、甲乙类三种类型。

甲类功率放大电路的静态工作点设置在交流负载线的中点，在整个工作过程中，三极管始终处在导通状态。这种电路失真小，但功率损耗较大，效率较低，最高只能达到50%，如图11-1(a)所示。

乙类功率放大电路的静态工作点设置在交流负载线的截止点，三极管仅在输入信号的半个周期导通。这种电路功率损耗减到最少，输出功率大，效率大大提高，可达到78.5%，但失真较大，如图11-1(b)所示。

甲乙类功率放大电路的静态工作点介于甲类和乙类之间，三极管的导通时间大于半个周期而小于一个周期。三板管有不大的静态偏流，其失真情况和效率介于甲类和乙类之间，如图11-1(c)所示。

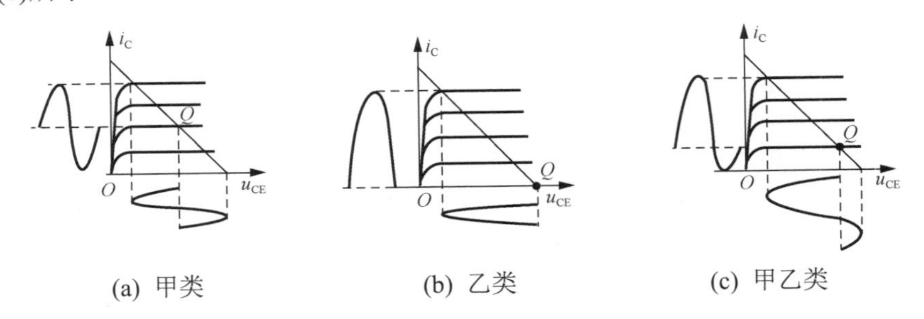

图 11-1 功率放大器的工作状态

1) 乙类互补对称功率放大器(OCL电路)

双电源互补对称功率放大电路如图11-2所示，VT_1是NPN型三极管，VT_2是PNP型三极管，要求两管的特性一致，采用正、负两组电源供电。由此可见，两管的基极和发射极分别接在一起，信号由基极输入，由发射极输出，负载接在公共发射极上，因此，它是由两个射极输出器组合而成的。尽管射极输出器不具有电压放大作用，但有电流放大作用，所以，仍具有功率放大作用，并可使负载电阻和放大电路输出电阻之间较好地匹配。

静态时，U_B=0，U_E=0，偏置电压为零，VT_1、VT_2均处于截止状态，负载中没有电流，电路工作在乙类状态。

动态时，在 u_i 的正半周，VT_1 导通而 VT_2 截止，VT_1 以射极输出器的形式将正半周信号输出给负载；在 u_i 的负半周，VT_2 导通而 VT_1 截止，VT_2 以射极输出器的形式将负半周信号输出给负载，如图 11-3 所示。可见在输入信号 u_i 的整个周期内，VT_1、VT_2 两管轮流交替地工作，相互补充，使负载获得完整的信号波形，故称为互补对称电路或无输出电容功率放大器，简称 OCL 功率放大电路。

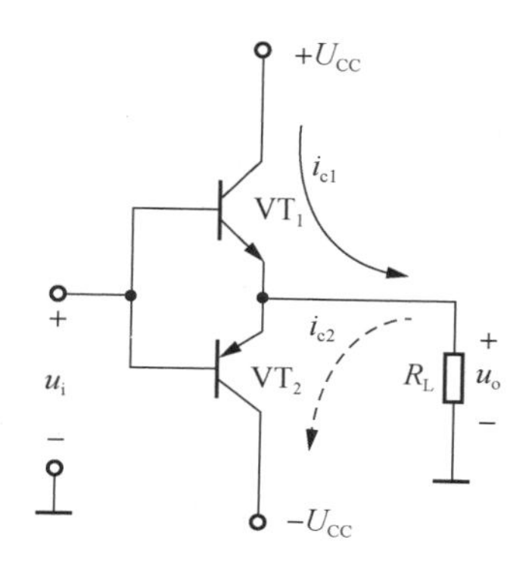

图 11-2　OCL 电路

图 11-3　OCL 功率放大电路波形图及交越失真

从工作波形可以看到，在波形过零的一个小区域内输出波形产生了失真，这种失真称为交越失真。

产生交越失真的原因是由于 VT_1、VT_2 发射极静态偏压放大电路工作在乙类状态，当输入信号 u_i 小于三极管的发射结死区电压时，两个三极管都截止，在这一区域内的输出电压为零，使波形失真。

为减小交越失真，可给 VT_1、VT_2 发射结增加适当的正向偏压，以便产生一个不大的静态偏流，使 VT_1、VT_2 导通时间超过半个周期，即工作在甲乙类状态，如图 11-4 所示。图中二极管 VD_1、VD_2 用来提供偏置电压。静态时三极管 VT_1、VT_2 虽然都已基本导通，但是由于它们对称，U_E 仍为零，负载中仍无电流流过。

2)　OTL 功率放大电路

OCL 功率放大电路采用双电源供电，给使用和维修带来不便，因此，可在放大电路输出端接入一个大电容 C，利用这个大电容 C 的充、放电来代替负电源，称为单电源互补对称功率放大电路或无输出变压器功率放大器，简称 OTL 电路，如图 11-5 所示。

因电路对称，静态时两个三极管发射极连接点电位为电源电压的一半，负载中没有电流。动态时，在 u_i 的正半周，VT_1 导通而 VT_2 截止，VT_1 以射极输出器的形式将正半周信号输出给负载，同时给电容 C 充电；在 u_i 的负半周，VT_2 导通而 VT_1 截止，电容 C 通过 VT_2、R_L 放电，VT_2 以射极输出器的形式将负半周信号输出给负载，电容 C 起到负电源的作用。为了使输出波形对称，必须保持电容 C 上的电压基本维持在 $U_{CC/2}$ 不变，因此，C 的容量必须足够大。

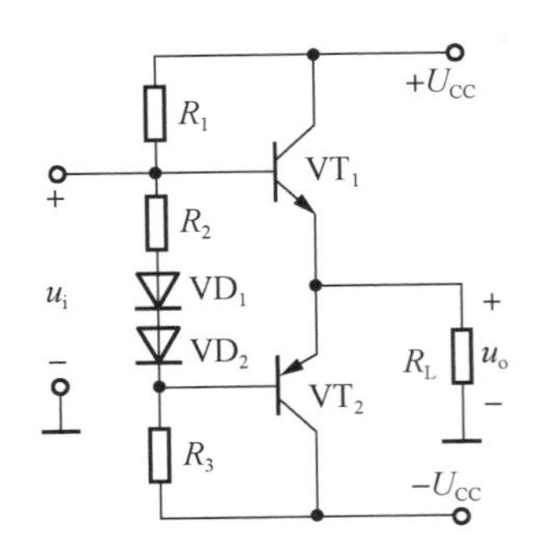

图 11-4　甲乙类互补对称电路

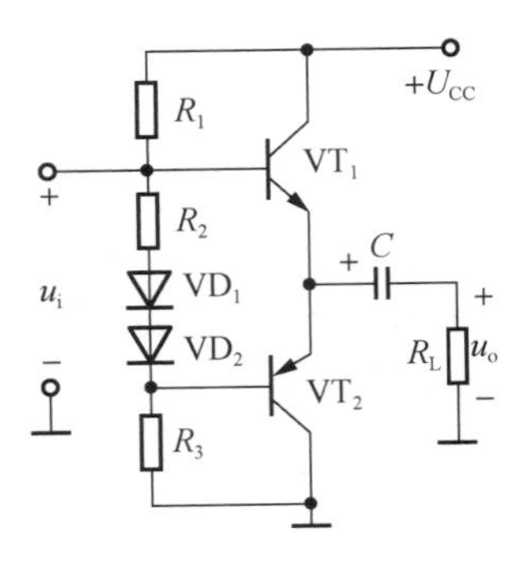

图 11-5　OTL 电路

11.1.2　甲乙类单电源互补对称放大电路的装调

使用万用表对元器件进行检测，如果发现元器件有损坏，说明情况，并更换新的元器件。

TTL 功率放大电路如图 11-6 所示，搭建电路。

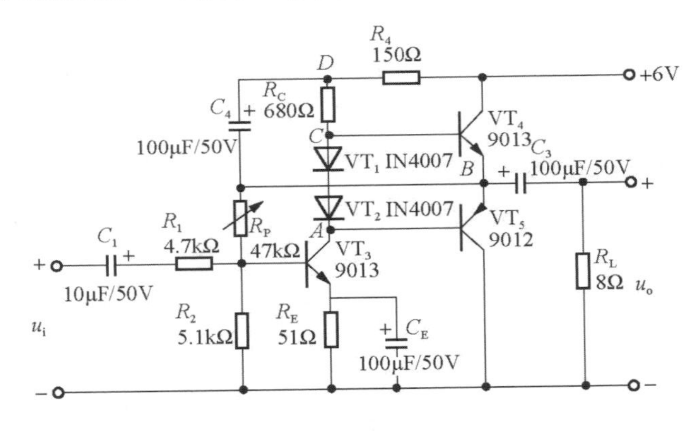

图 11-6　TTL 功率放大电路

调节 R_P 电位器，调整静态工作点 Q，利用万用表测量 B 点的直流电压，使 $U_B=\frac{1}{2}U_{CC}$。

在放大器的输入端输入 1kHz 的正弦信号，逐渐提高输入正弦电压的幅值，使输出达最大值，但失真尽可能小，测量并读出此时输入及输出电压的有效值，数据记录于表 11-1 中。

表 11-1　功率放大电路测量表

u_i	u_o	R_L	$P_{OM}=\frac{u_o^2}{R_L}$

通过示波器记录观察有 VT$_1$、VT$_2$ 正向偏压和无 VT$_1$、VT$_2$ 正向偏压(A、C 两点短接)的输出波形，并记录。

【注意事项】

(1) 连接极性电容时，一定要注意极性不能接错。

(2) 禁止带电连接电路。

(3) 使用万用表测量电压时一定要注意选择正确的档位、量程和极性。

项目评价表见表 11-2。

表 11-2　项目评价表

项　目		考核要求	分　值
理论知识	功率放大器	能正确掌握功率放大器类型	10
	交越失真	能正确理解交越失真	20
操作技能	准备工作	10min 内完成仪器和元器件的整理工作	10
	元器件检测	能正确完成元器件检测	10
	安装调试	能正确完成电路的装调	20
	用电安全	严格遵守电工作业章程	15
职业素养	思政表现	能遵守安全规程与实验室管理制度，展现工匠精神	15
项目成绩			
总评			

11.2　集成功率放大电路

集成功率放大器简称集成功放，是在集成运放的基础上发展起来的。

11.2.1　集成功率放大器的识别

集成功率放大器是把大部分电路及包括功放管在内的元器件集成制作在一块芯片上，为了保证器件在大功率状态下安全、可靠地工作，通常设有过流、过压及过热保护等电路。

目前已生产出多种不同型号、可输出不同功率的集成功率放大器，如 LA4112、LA4270 和 LA4282 1 等。它们的电路结构与运放相似，都是由输入级、中间级和输出级组成，输入级是复合管的差动放大电路，有同相和反相两个输入端，它的单端输出信号传送到中间级共发射极放大电路，以提高电压放大倍数。输出级是甲乙类互补对称功率放大电路。

LA4112 是音频功率集成放大器，其外形及管脚排列如图 11-7 所示，集成功率放大电路如图 11-8 所示。

集成功率放大器都具有外接元件少、工作稳定、易于安装和调试等优点。

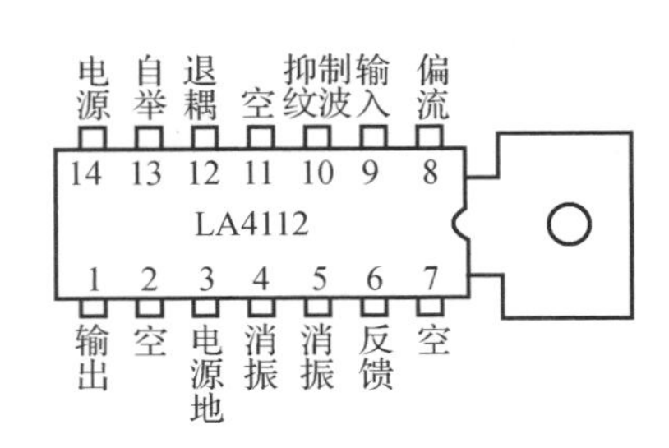

图 11-7　LA4112 的外形及管脚排列

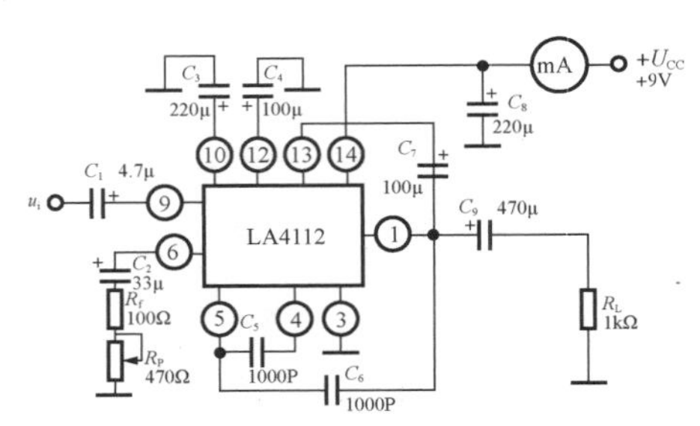

图 11-8　集成功率放大电路

图 11-8 中，C_1 为输入电容；C_3、C_4 为滤波去耦合电容，作用是保证 10 脚、12 脚电位稳定；C_5、C_6 为消振电容，其作用是对高频端进行相位补偿，防止电路可能产生的高频振荡，若增大 C_5、C_6，则工作稳定性增加，但高频增益降低；C_2、R_f 和 R_P 为闭环负反馈支路，C_2 为隔直电容，R_f、R_P 为负反馈电阻，其阻值大小可根据输入信号大小和对增益的要求选取，阻值调小，可降低反馈深度，提高放大倍数；C_8 为电源滤波电容，其作用是滤除电源电压的交流成分；C_7 为自举电容，用于自举升压，消除输出波形上部的顶部失真；C_9 为输出隔直耦合电容。

11.2.2　集成功率放大电路的装调

使用万用表对元器件进行检测，如果发现元器件有损坏，说明情况，并更换新的元器件。

集成功率放大电路如图 11-9 所示，搭建电路。

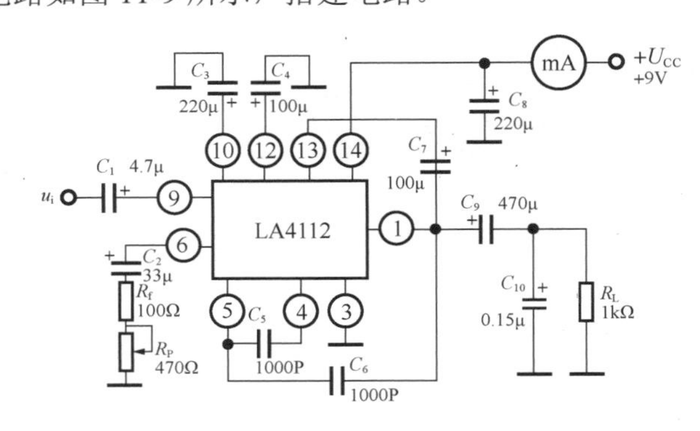

图 11-9　集成功率放大电路

接通 9V 直流电源，测量静态总电流及集成块各引脚对地电压，记录在于表 11-3 中。

表 11-3　集成功率放大电流测量表

I	U_1	U_4	U_5	U_6	U_9	U_{10}	U_{12}	U_{13}	U_{14}

将 R_P 电位器关闭，输入端 u_i 输入 1kHz 交流信号，用示波器观察输出电压 u_o 并画出波形图。

逐步增大输入信号的幅度，直至输出电压幅度最大而无明显失真时为止。

调出最大不失真电压，用晶体管毫伏表分别测出：

U_i=____________ U_o=____________。

调节电位器 R_P 的阻值，可改变负反馈的深度，观察输出电压的波形有何变化。

【注意事项】

(1) 连接极性电容时，一定要注意极性不能接错。

(2) 禁止带电连接电路。

(3) 使用万用表测量电压时一定要注意选择正确的挡位、量程和极性。

项目评价表见表 11-4。

表 11-4　项目评价表

项　目		考核要求	分　值
理论知识	集成功率放大器	能正确掌握集成功率放大器类型	10
	主要参数	能正确理解集成功放参数	20
操作技能	准备工作	10min 内完成仪器和元器件的整理工作	10
	元器件检测	能正确完成元器件检测	10
	安装调试	能正确完成电路的装调	20
	用电安全	严格遵守电工作业章程	15
职业素养	思政表现	能遵守安全规程与实验室管理制度，展现工匠精神	15
项目成绩			
总评			

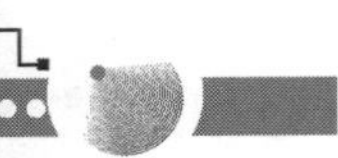

思考与练习

一、判断题

1. OTL 功率放大器输出端的静态电压应调整为电源电压的一半。（　　）

2. 甲类功率放大电路在整个工作过程中，三极管始终处在导通状态，而乙类功率放大电路在整个工作过程中，三极管始终处于截止状态。（　　）

3. 功率放大器不仅要有较高的输出电压，还要有较大的输出电流。（　　）

4. OCL 电路是输出端有电容的互补对称功率放大器。（　　）

5. OTL 电路是单电源供电的互补对称功率放大器。（　　）

二、填空题

1. 三极管静态工作点在截止区的位置称______________放大电路。

2. 功率放大器的效率是指______________________。

3. 功放 OTL 电路中，电源电压为 24V，负载为 8Ω，管子在基本不失真的情况下最大输出功率为__________。

4. 三极管静态工作点在截止区的位置称_________________放大电路。

5. 功放 OCL 是____________供电的____________互补对称电路。

三、简答题

1. 电路如图 11-10 所示，该电路属于什么类型的功放？若把 VD_1 和 VD_2 短接，电路波形会产生什么变化？

2. 电路如图 11-11 所示，该电路属于什么类型的功放？电路中 C 的作用是什么？

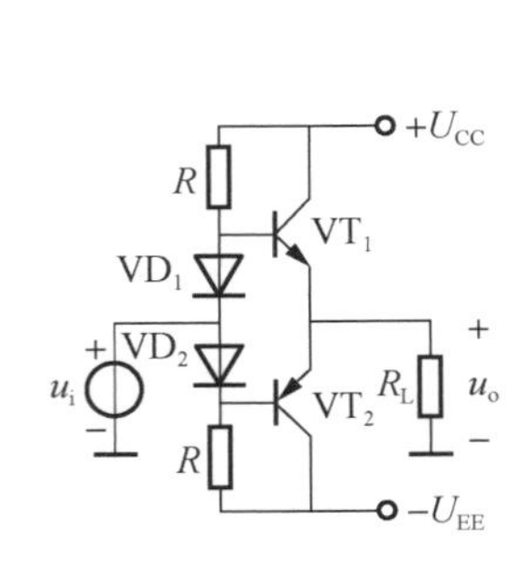

图 11-10　简答题 1 图

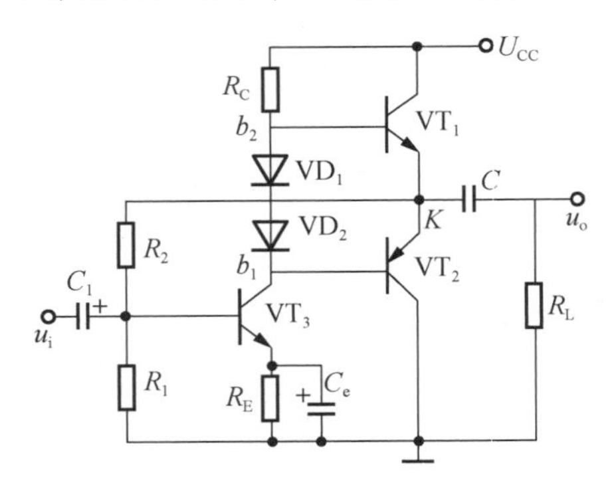

图 11-11　简答题 2 图

微课资源

扫一扫：获取相关微课视频。

11-1　功放 OTL 的仿真

11-2　功放仿真问题解决

项目 12

简易信号发生器

【项目要点】

振荡电路广泛应用于工业生产、电测技术、自动控制、无线电通信、医疗、电子等许多领域。振荡电路实质上是一种自激放大器，即不需要外界信号的激励，可自行产生周期交流信号输出。根据产生波形的不同，振荡电路可分为正弦波振荡电路、方波振荡电路、三角波振荡电路和锯齿波振荡电路等，本项目介绍常用的正弦波振荡电路和方波振荡电路。

12.1　正弦波振荡电路

在没有外加激励的条件下，能自动产生一定波形输出信号的电路，称为振荡电路，也称为自激振荡电路。按照产生信号的波形是否为正弦波，振荡电路可分为正弦波振荡电路和非正弦波振荡电路。正弦波振荡电路能够产生单一频率的正弦波，这里仅介绍单一频率的反馈式正弦波振荡电路。

12.1.1　正弦波振荡电路工作原理及组成

1. 正弦振荡的基本条件

在反馈放大器中，如果负反馈变成了正反馈，就有可能产生振荡，因此产生振荡的一个必要条件就是要有正反馈。除了要有正反馈这一必要条件外，反馈放大器的输出幅度和反馈系数必须维持在一个合适的水平，这就是振荡电路的幅值平衡条件。

用公式表示为

$$\dot{A}\dot{F}=1$$

此公式为振荡电路的平衡条件，可分解为幅值平衡条件和相位平衡条件，分别为

$$AF=1$$

$$\varphi_a+\varphi_f=2n\pi\ (n=0,1,2,3,\ \cdots)$$

为了达到工作中所需要的振荡频率，电路中还必须有一个选频网络，该网络可以在反馈网络中，也可以在放大环节中。通过选频网络筛选出所需的频率进行放大或反馈，从而改变输出所需频率的目的。改变选频网络的频率还可以调整振荡电路的振荡频率。

2. 起振与稳幅过程

1)　起振

自激振荡是不需要外加激励的，那么自激振荡是如何建立起来的呢？电源接通或元件的参数起伏噪声引起的电扰动相当于一个起始激励信号，它含有丰富的谐波，通过选频网络，选出某一特定频率的正弦波，再通过“放大—正反馈—再放大”的循环过程，只要这个过程中 $\dot{A}\dot{F}>1$，振荡就能逐渐增强起来。但是仅满足平衡条件是不够的，开始时还应有

$$\dot{A}\dot{F}>1$$

这是振荡电路的起振条件。

2)　稳幅

如果振荡建立起来以后，一直保持 $\dot{A}\dot{F}>1$，振荡就会无限制地增强。故在振荡电路中需要一个稳幅环节，在电路建立振荡并达到预设的输出幅度时，通过一定的方式使得环路增益降低，达到 $\dot{A}\dot{F}=1$，使输出幅度稳定，稳幅环节是负反馈网络。

3. 正弦波振荡电路的组成

通过以上分析，振荡电路包括 4 个组成部分，如图 12-1 所示。

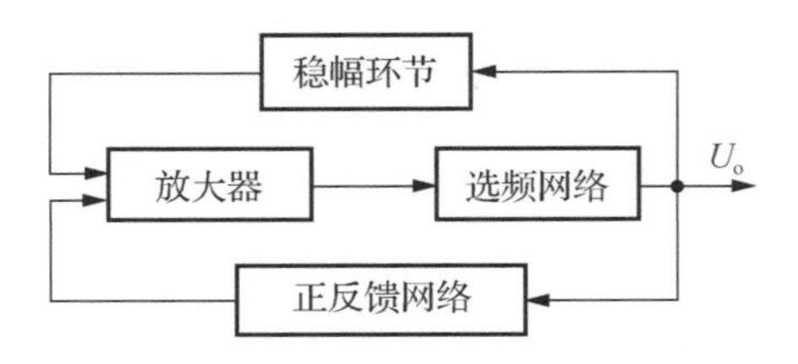

图 12-1　正弦波振荡电路的组成框图

(1) 放大器。提供环路增益中的放大倍数 $\dot{A}$，在从起振到稳定的过程中使得信号逐渐增强。

(2) 正反馈网络。使放大电路中的输入信号和反馈信号同相，相当于用反馈信号来代替输入信号。

(3) 选频网络。确定电路的振荡频率，使电路的振荡频率单一，保证电路产生正弦波振荡。

(4) 稳幅环节。一个由热敏电阻组成的负反馈网络，当起振信号达到一定的幅值时，热敏电阻导通，负反馈开始，由此正负反馈达到动态平衡，使电路输出幅度稳定。

12.1.2　正弦波振荡电路的分类

选频网络可以由不同的元器件组成，根据选频网络，振荡电路可以分成 RC 正弦波振荡电路、LC 正弦波振荡电路和石英晶体振荡电路。

1. RC 正弦波振荡电路

RC 正弦波振荡电路如图 12-2(a)所示。它由 RC 串并联组成的选频网络和一个同相比例放大器组成。

图 12-2(a)也可画成图 12-2(b)的形式，因此，RC 串并联正弦波振荡电路也称为 RC 桥式振荡电路或文氏电桥振荡器。

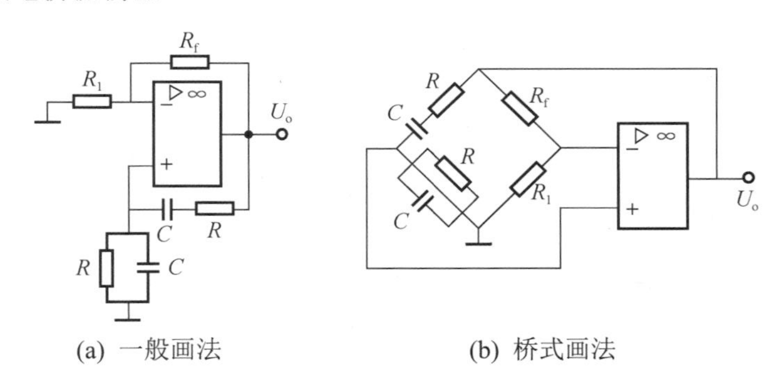

图 12-2　RC 正弦波振荡电路

1) RC 串并联网络的振荡频率

RC 串并联网络如图 12-3 所示，在谐振时即 $f = f_0$ 时阻抗最小，电流最大，且电压电流相位差为 0。因此，RC 串并联谐振回路具有选频作用。

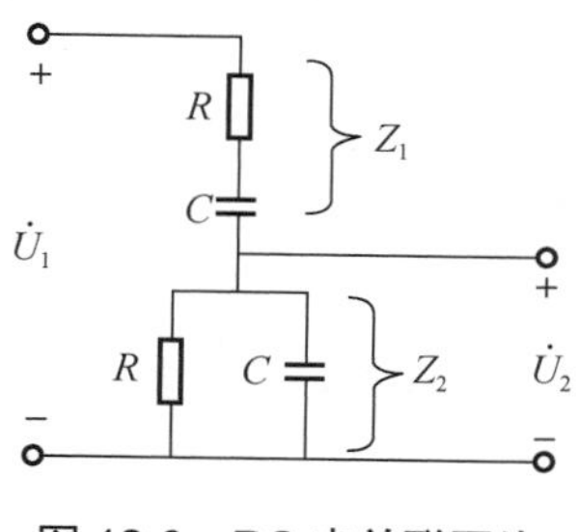

图 12-3　RC 串并联网络

频率特性

$$f_0 = \frac{1}{2\pi\sqrt{RC}}$$

2)　RC 串并联正弦波振荡原理

根据图 12-2(a)可以看出，集成运放组成振荡电路的放大电路；RC 串并联网络既作为正反馈网络(f_0时，$\varphi_f = 0$，正反馈)，又具有选频作用(只有f_0满足相位平衡条件，其余频率均不满足)；负反馈支路 R_f、R_1 组成稳幅环节。

(1)　起振条件。RC 串并联正弦波振荡电路必须满足 $\dot{A}\dot{F}>1$，因谐振时 $f = 1/3$，则必须满足 $A > 3$。根据集成运放同相输入电压增益 $A = 1 + \frac{R_f}{R_1}$，则应用 $R_f > 2R_1$。

(2)　稳幅措施。稳定工作时应用 $A = 1$，这时 $\dot{A}\dot{F}=1$，完全满足正弦振荡的条件。

因此，R_f通常采用具有负温度系数的热敏电阻，起振时 R_f因温度较低，值较大，此时 $A > 3$；随着振幅增大，R_f温度升高，阻值降低；当 $A = 3$ 时，达到稳幅的目的。

RC 串并联振荡电路输出波形好，在低频端可以较方便地改变输出信号的频率，所以被广泛应用于低频振荡电路。

2. LC 正弦波振荡电路

LC 振荡电路是利用 LC 并联回路的选频特性组成放大器和反馈网络，主要适用于高频正弦信号。

1)　LC 并联网络的振荡频率

常见的 LC 正弦波振荡电路中的选频网络多采用 LC 并联回路，若不考虑线路中的损耗，LC 正弦波振荡理想电路如图 12-4 所示。

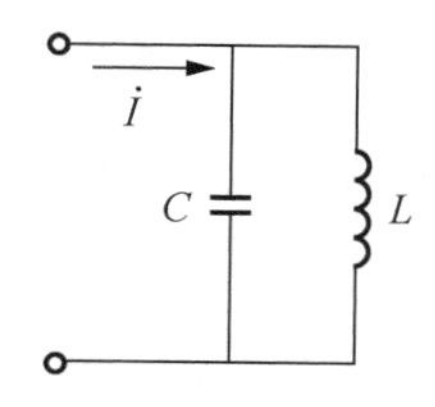

图 12-4　*LC* 正弦波振荡理想电路

谐振频率为

$$f_o = \frac{1}{2\pi\sqrt{LC}}$$

由于 LC 并联谐振回路在谐振($f = f_o$)时阻抗最大，若用电流源激励，则两端电压最大，且电压电流相位差为 0。因此，LC 并联谐振回路具有选频作用，LC 正弦波振荡电路就是利用，LC 并联回路作选频网络，组成正弦波振荡电路。

2)　电感三点式正弦波振荡电路

电感三点式正弦波振荡电路如图 12-5 所示。之所以称为电感三点式，是因为电感线圈的三个引出端与三极管三个电极分别相连接：一端与三极管集电极连接；中间抽头接 U_{CC}，相当于交流接地，通过电容 C_E 与发射极连接；另一端通过电容 C_B 与基极连接。

在该电路中，三极管组成了共射放大器，电感线圈和电容组成 LC 并联电路作为集电极负载，使放大器具有选频特性。空载时，该振荡电路的振荡频率为

$$f_o = \frac{1}{2\pi\sqrt{LC}} (L = L_1 + L_2 + 2M)$$

该电路因为线圈 L_1 和 L_2 之间耦合得很紧密，因此容易发生振荡，改变线圈之间抽头的位置，从而调节反馈系数，以获得较满意的正弦波形。只要改变电容 C，就可以方便地改变电路的振荡频率。

电感三点式正弦波振荡电路适用于振荡频率几十兆赫以下、对波形要求不高的场合。

3)　电容三点式正弦波振荡电路

电容三点式正弦波振荡电路如图 12-6 所示。之所以称为电容三点式，是因为两个电容串联，对外引出的三个端点与三极管三个电极相连接：C_1 一端通过电容 C_C 接集电极，C_2 一端通过电容 C_B 接基极，C_1、C_2 的连接端通过电容 C_E 接发射极。C_C、C_B、C_E 对振荡信号均可视作短路。LC 为高频扼流圈，提供三极管 VT 静态集电极电流通路，对振荡信号可视作开路。

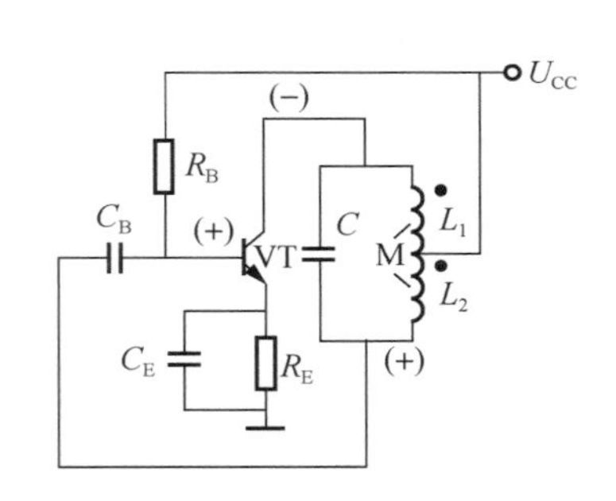

图 12-5　电感三点式正弦波振荡电路

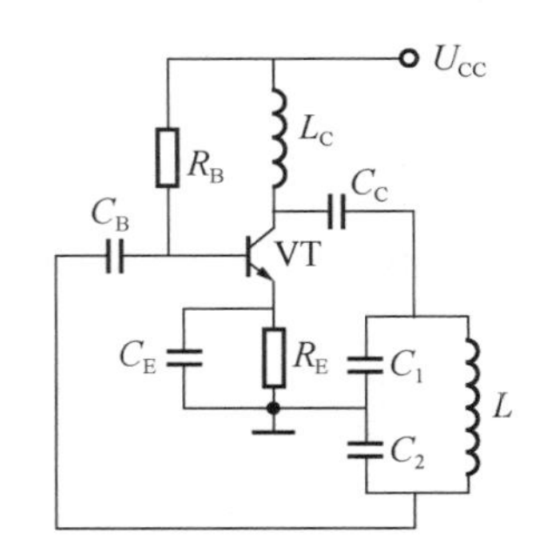

图 12-6　电容三点式正弦波振荡电路

空载时，该电路的振荡频率为

$$f_o = \frac{1}{2\pi\sqrt{LC}} = \frac{1}{2\pi\sqrt{L\dfrac{C_1C_2}{C_1+C_2}}}$$

电容三点式正弦波振荡电路的特点为输出波形好，振荡频率可做到 100MHz 以上，但频率调节不便，因此适用于频率固定的高频振荡电路。

3. 石英晶体振荡电路

在工程应用中，如在实验用的低频及高频信号产生电路中，往往要求正弦波振荡电路的频率有一定的稳定度；另外有一些系统需要振荡频率十分稳定，如通信系统中的射频振荡电路、数字系统的时钟产生电路等。前面讲过的 RC、LC 振荡电路的稳定度都不够高，因此在要求频率稳定度高的场合，需要采用石英晶体振荡器。

石英晶体的主要化学成分是二氧化硅。将石英晶体以一定的方位角切成的晶体薄片称为石英晶片，在石英晶片的两面镀上银层，引出两个电极并封装外壳，便构成了石英晶体振荡器。

利用石英晶体可以构成多种正弦波振荡电路，基本电路只有两种，并联型晶体振荡电路和串联型晶体振荡电路。

12.1.3　*RC* 桥式振荡电路的装调

使用万用表对元器件进行检测，如果发现元器件有损坏，说明情况，并更换新的元器件。

正弦振荡电路如图 12-7 所示，搭建电路。

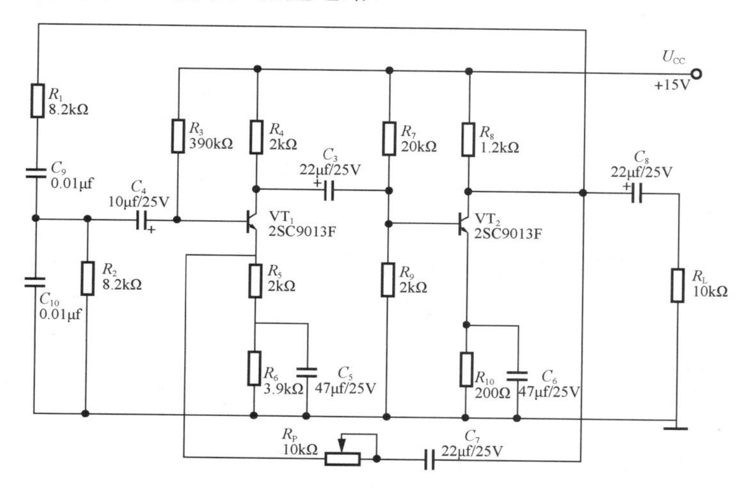

图 12-7　正弦振荡电路

使用万用表的直流电压挡，计算三极管 VT_1、VT_2 的静态电压：

U_{VT1C}=__________、U_{VT1E}=__________、U_{VT2C}=__________、U_{VT2E}=__________。

用示波器实测并画出 *RC* 桥式振荡电路 VT1B、VT1C 和 U_o 各点的波形图，并记录。

【注意事项】

(1) 连接极性电容时，一定要注意极性不能接错。

(2) 禁止带电连接电路。

(3) 使用万用表测量电压时一定要注意选择正确的挡位，特别禁止在电流挡测量电压。

项目评价表见表 12-1。

表 12-1 项目评价表

项目		考核要求	分值
理论知识	正弦振荡电路	能正确掌握正弦波发生器电路原理	10
	主要参数	能正确选择合适元器件	20
操作技能	准备工作	10min 内完成仪器和元器件的整理工作	10
	元器件检测	能正确完成元器件选择、检测	10
	安装调试	能正确完成电路的装调	20
	用电安全	严格遵守电工作业章程	15
职业素养	思政表现	能遵守安全规程与实验室管理制度，展现工匠精神	15
项目成绩			
总评			

12.2 非正弦波发生电路

在实践中，除了正弦波振荡电路具有广泛的应用外，非正弦波信号(方波信号、三角波信号等)发生器在测量设备、数字系统及自动控制系统中的应用也非常广泛。

12.2.1 比较器

当集成运放处于开环状态或正反馈状态时，很快达到饱和，输出负饱和值或正饱和值，饱和值接近电源电压，u_o 与 u_i 不再保持线性关系。

1. 电压比较器

电压比较器电路如图 12-8(a)所示。

当 $u_i < U_R$ 时， $u_o = -U_{o(sat)}$；当 $u_i > U_R$ 时， $u_o = +U_{o(sat)}$

如基准电压 U_R=0，则与零值比较，为过零比较器，输出波形如图 12-8(b)、12-8(c)所示。

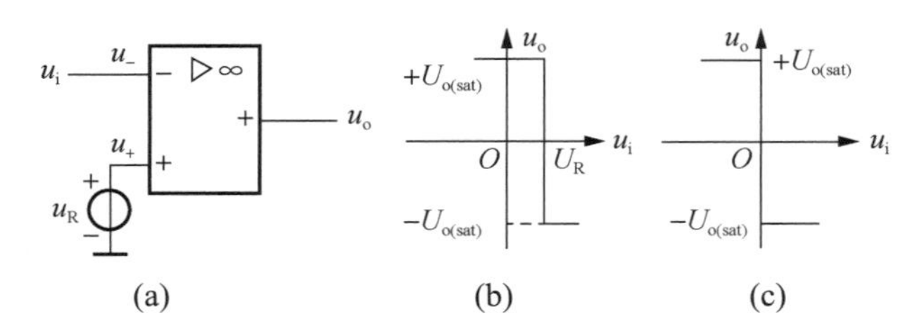

图 12-8 电压比较器

2. 限幅比较器

两种类型限幅比较器的电路及其输出波形如图 12-9 所示。图中忽略了晶体管的正向管压降。

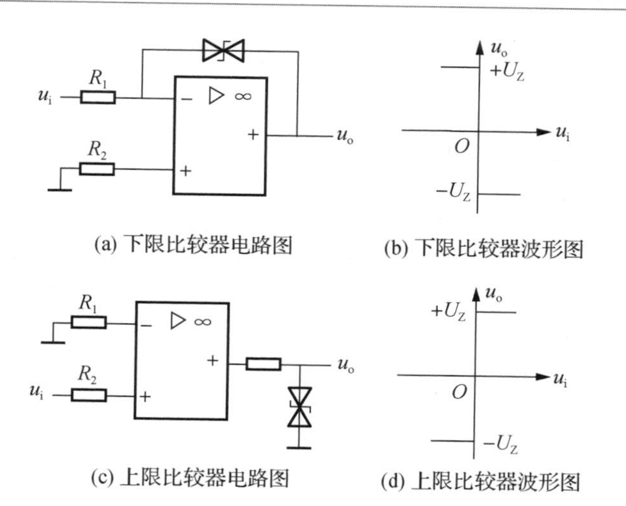

(a) 下限比较器电路图　(b) 下限比较器波形图

(c) 上限比较器电路图　(d) 上限比较器波形图

图 12-9　限幅比较器

3. 滞回比较器

滞回比较器的电路和输出波形如图 12-10 所示。

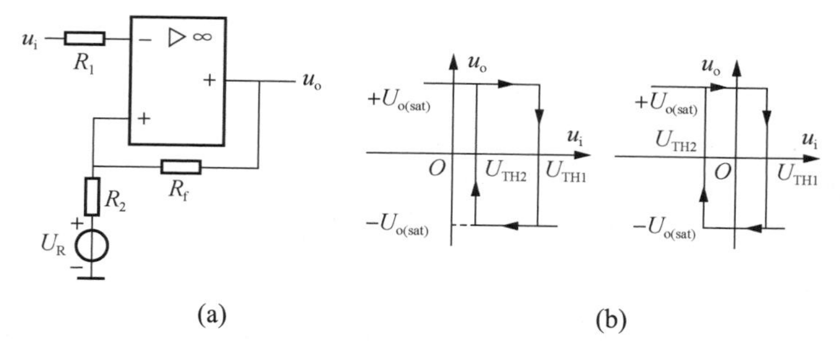

(a)　(b)

图 12-10　滞回比较器

如比较器输出 u_o=+$U_{o(sat)}$，则

$$u_+ = \frac{R_2}{R_f + R_2}(u_o + U_R) = U_{TH1}$$

当 $u_i > U_{TH1}$ 时，输出电压变化为 $u_o = -U_{o(sat)}$。

这时，同相输入端电压变化为

$$u_+ = \frac{R_2}{R_f + R_2}(-u_o + U_R) = U_{TH2}$$

当 $u_i < U_{TH2}$ 时，输出电压变化为 $u_o = +U_{o(sat)}$。

12.2.2　方波发生器

1)　电路组成

方波发生器的基本电路如图 12-11 所示，集成运放和 R_1、R_2 组成反相输入滞回比较器；R_3 和 U_Z 构成输出双向限幅电路；R 和电容 C 组成积分电路，用来将比较器输出电压的变化反馈到集成运放的反相输入端，以控制输出方波的周期。

2) 工作原理

接通电源之前，电容 C 两端的电压 $u_C=0$，假设在接通电源的瞬间，输出电压 $u_o=+U_Z$(也有可能为$-U_Z$，纯属偶然，这里为了分析方便假设为$+U_Z$)，则同相输入端的电压为

$$u_+=U_T=+\frac{R_2}{R_1+R_2}U_Z$$

电容器 C 在输出电压$+U_Z$ 的作用下，开始充电，集成运放的反相输入端 $u_-=u_C$ 由 0 逐渐上升，并与集成运放的同相输入端 $u_+=U_T$ 进行比较，在 $u_C<U_T$，即 $u_-<u_+$ 前，根据比较结果，$u_o=+U_Z$ 保持不变。

当电容器 C 充电到 $u_C\geqslant U_T$ 时，集成运放输出 u_o 由 $+U_Z$ 迅速翻转为 $-U_Z$，此时，同相输入端电压为

$$u_+=-U_T=-\frac{R_2}{R_1+R_2}U_Z$$

由于输出端电位变低，电容 C 开始放电，u_C 由 U_T 逐渐下降，在 $u_C>-U_T$，即 $u_->u_+$ 前，根据比较结果，$u_o=-U_Z$ 保持不变。

当电容器 C 放电到 $u_C\leqslant-U_T$ 时，集成运放输出 u_o 由 $-U_Z$ 迅速翻转为 $+U_Z$，回到初始状态，如此反复，电路自激振荡，形成周期性方波输出，其工作波形如图 12-12 所示。其周期的计算公式为 $T=2RC\ln\left(1+\frac{2R_2}{R_1}\right)$。

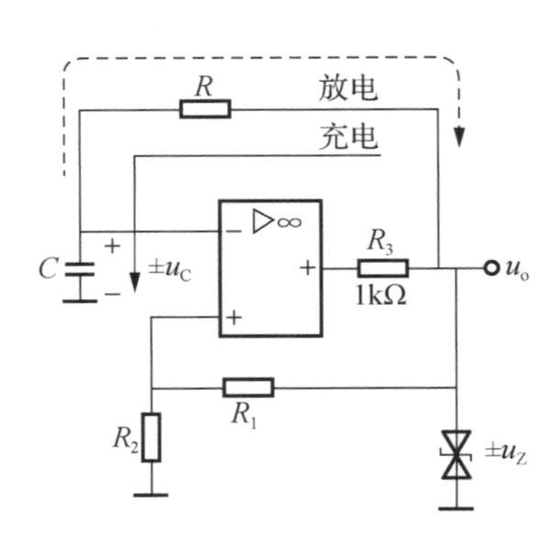

图 12-11 方波发生器

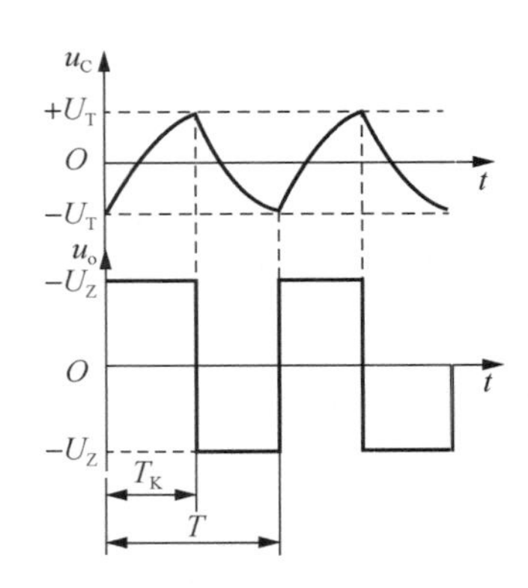

图 12-12 方波发生器波形图

12.2.3 方波发生器的装调

使用万用表对元器件进行检测，如果发现元器件有损坏，说明情况，并更换新的元器件。

方波发生器电路如图 12-13 所示，搭建电路。

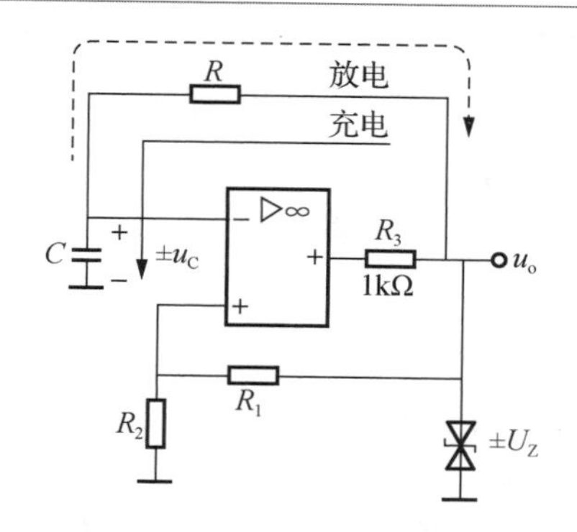

图 12-13　方波发生器电路图

使用示波器观察输入输出电压的波形，并记录。

【注意事项】

(1) 连接集成电路时，一定要注意引脚顺序，接入电源的极性要仔细检查，不能接错。

(2) 禁止带电连接电路。

(3) 示波器、电路板和电源要共地，以减少干扰。

项目评价表见表 12-2。

表 12-2　项目评价表

项　目		考核要求	分　值
理论知识	不同波形的识别	能正确画出各种信号发生器	10
	主要参数	能正确分析电路中元器件主要参数	20
操作技能	准备工作	10min 内完成仪器和元器件的整理工作	10
	元器件检测	能正确完成元器件选择和检测	10
	安装调试	能正确完成电路的装调	20
	用电安全	严格遵守电工作业章程	15
职业素养	思政表现	能遵守安全规程与实验室管理制度，展现工匠精神	15
项目成绩			
总评			

思考与练习

一、判断题

1. 振荡电路的起振条件与振荡电路稳定工作的振幅平衡条件是相同的。 (　　)
2. RC 串并联网络正弦波振荡电路也称为 RC 桥式振荡电路或文氏电桥振荡器。 (　　)
3. 振荡电路中不存在负反馈。 (　　)
4. RC 串并联振荡电路输出波形好，被广泛应用于高频振荡电路。 (　　)
5. 电容三点式正弦波振荡电路具有频率调节容易的特点。 (　　)

二、填空题

1. 正弦波振荡电路有四个部分：放大电路、__________、__________和__________。
2. 比较器是集成运放处于__________状态的应用。
3. 在没有外界激励的条件下，能自动产生__________的电路，称为振荡电路。
4. 滞回比较器有__________个门限电压。
5. 振荡电路中，若要求产生频率稳定度高的波形，通常需要采用__________振荡电路。

三、简答题

1. 若反馈振荡器满足起振和平衡条件，则必然满足稳定条件，这种说法是否正确，为什么？

2. RC 正弦振荡电路如图 12-14 所示，求电路的振荡频率是多少？并说明电路中 R_t 的作用是什么？

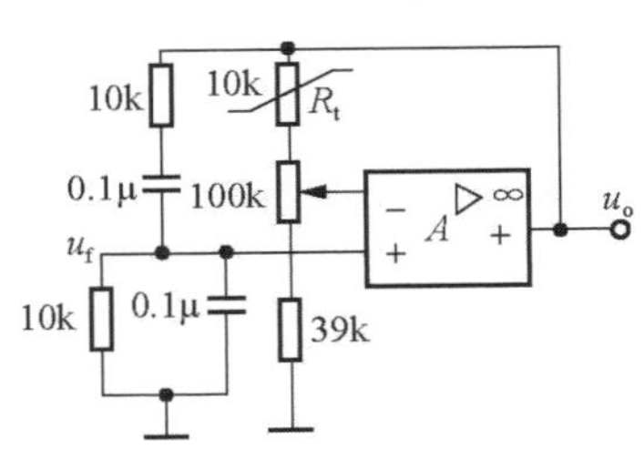

图 12-14　简答题 2 图

微课资源

扫一扫：获取相关微课视频。

12-1　正弦波振荡电路

12-2　正弦波振荡电路

12-3　正弦波振荡电路

项目 13

门电路和组合逻辑电路

【项目要点】

逻辑门电路是构成各种数字电路的基本逻辑单元，本项目结合实例讨论由各种门电路构成组合逻辑电路的分析方法与设计方法，然后介绍中规模集成组合逻辑电路的应用。

13.1 数字电路的概述

数字电路中的信号叫作数字信号，数字信号是离散的脉冲信号，属于双值逻辑信号。对数字电路中的信号进行分析、运算，所使用的数学工具是逻辑代数，也称布尔代数、开关代数。

研究数字电路时注重电路输出、输入间的逻辑关系，因此不能采用模拟电路的分析方法。其主要的分析工具是逻辑代数、时序图、逻辑电路图等。在数字电路中三极管工作在非线性区，即工作在饱和状态或截止状态，在电路中起电子开关作用，故又称为开关电路。

13.1.1 数字信号和数字电路

电子电路中的信号可分为两类：一类是模拟信号，其特点是大小和方向随时间连续变化，如正弦交流电压、正弦交流电流等；另一类是数字信号，其特点是大小和方向随时间间断变化，即离散信号，又称脉冲信号，如矩形波、方波和尖顶波等。由于这两类信号的处理方法各不相同，因此电子电路也相应地分为两类：一类是处理模拟信号的电路，即模拟电路；另一类是处理数字信号的电路，即数字电路。

1. 数字信号

数字信号只有两个离散值，常用数字 0 和 1 来表示。注意，这里的 0 和 1 没有大小之分，只代表两种对立的状态，称为逻辑 0 和逻辑 1，也称为二值数字逻辑。数字信号在电路中往往表现为突变的电压或电流，如图 13-1(a)所示。

数字信号只有两个电压值：5V 和 0V。一般用 5V 来表示逻辑 1，用 0V 来表示逻辑 0；当然也可以用 0V 来表示逻辑 1，用 5V 来表示逻辑 0。因此这两个电压值又常被称为逻辑电平。5V 为高电平，0V 为低电平。

综上所述，数字信号是一种二值信号，用两个电平(高电平和低电平)分别表示两个逻辑值(逻辑 1 和逻辑 0)。那么究竟用哪个电平来表示哪个逻辑值呢?

两种逻辑体制规定如下。

(1) 正逻辑体制规定。高电平为逻辑 1，低电平为逻辑 0。

(2) 负逻辑体制规定。低电平为逻辑 1，高电平为逻辑 0。

如果采用正逻辑，图 13-1(a)所示的数字电压信号逻辑值表示如图 13-1(b)所示。目前在逻辑电路中习惯采用正逻辑，今后如无特殊说明，本书一律采用正逻辑。

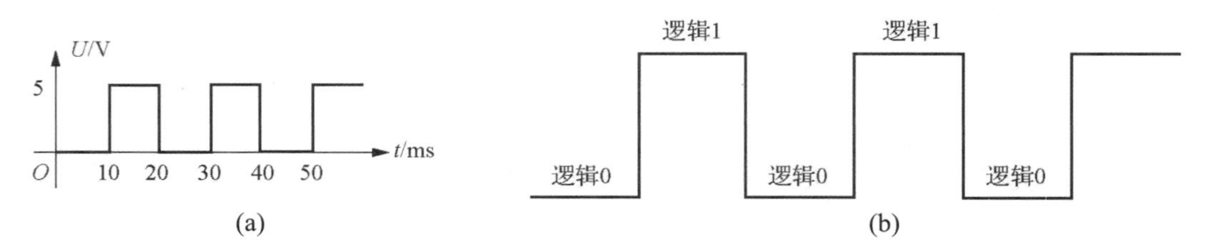

图 13-1 数字电压信号和逻辑信号

逻辑信号从高电平变为低电平，或者从低电平变为高电平是一个突然变化的过程，这种信号又称为脉冲信号。所谓脉冲信号，是指在短时间内作用于电路的离散的电流和电压信号。最常见的脉冲波形——矩形波和尖顶波如图 13-2 所示。

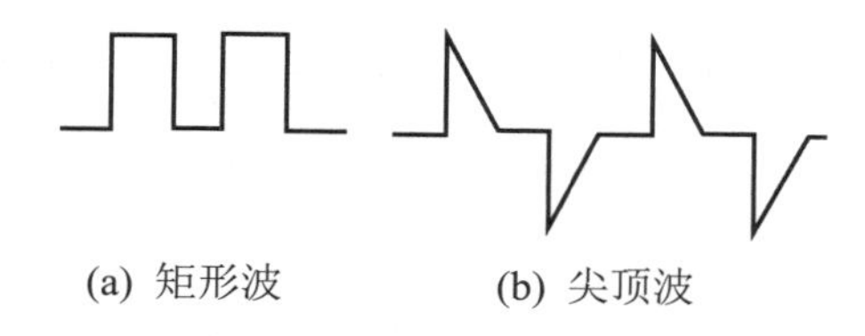

(a) 矩形波　　(b) 尖顶波

图 13-2　波形图

2. 数字电路

传递与处理数字信号的电子电路称为数字电路。数字电路与模拟电路相比，主要有下列优点。

(1) 在数字电路中，通常采用二进制。因此，凡是具有两个稳定状态的元器件，均可用来表示二进制的两个数码。比如晶体管的饱和与截止、开关的闭合与断开、灯泡的亮与灭等。由于数字电路只需要能正确区分两种截然不同的工作状态，所以电路对各元器件参数的精度要求不高，允许有较大的分散性，电路结构也比较简单。这一特点对实现数字电路的集成化十分有利。

(2) 抗干扰能力强、精度高。由于数字电路所传递和处理的是二值信息 0 和 1，只要外界干扰在电路的噪声容限范围内，电路就能正常工作，因此抗干扰能力强。另外，也可用增加二进制的位数来提高电路的运算精度。

(3) 通用性强。可以采用标准的逻辑部件和可编程逻辑器件来实现各种各样的数字电路和系统，十分方便。

(4) 具有“逻辑思维”能力。数字电路不仅具有算术运算能力，而且还具备一定的“逻辑思维”能力，数字电路能够按照人们设计好的规则，进行逻辑推理和逻辑判断。

由于数字电路具有上述特点，因而得到了迅速发展。它在数字电子计算机、自动控制、数字仪表、通信、电视、雷达、数控技术以及国民经济各个领域中得到广泛的应用。因此，数字电子技术几乎成为各类专业技术人员所必备的专业基础知识。

13.1.2　数制

数制即计数的方法。日常生活中，人们经常使用的有十进制、二十四进制及六十进制等。数字电路中还经常使用二进制、八进制及十六进制。

1. 数制的分类

1) 十进制

十进制是人们使用最广泛的一种计数方式，它由 0～9 十个数码组成，计数的基数是 10，计数规则是“逢十进一”。若以 K 表示 0，1，2，…，8，9 中的某一数码，用 i 表示数的某一位，用 n 表示小数点左边的位数，用 m 表示小数点右边的位数，那么任意的十进制数

D 可展开为

$$D=\sum_{i=n-1}^{-m}K_i 10^i$$

式中 K_i 是第 i 位的系数(0～9 中的任意一个)，10^i 为第 i 位的权。注意：小数点的前一位为第 0 位，即 i=0。例如，十进制数 1024.16 可表示成

$$1024.16=1\times10^3+0\times10^2+2\times10^1+4\times10^0+1\times10^{-1}+6\times10^{-2}$$

若以 N 代替上式中的 10，则可得到任意进制数的展开式：

$$D=\sum_{i=n-1}^{-m}K_i N^i$$

式中 K_i 是第 i 位的系数，N 为计数基数，N^i 为第 i 位的权，$K_i\times N^i$ 为第 i 位的加权系数，故任意进制数的数值等于各加权系数之和。

十进制数常用 D(decimal)表示，二进制数常用 B(binary)表示，八进制数常用 O(octal)表示，十六进制常用 H(hexadecimal)表示。

2)　二进制

在数字电路中，应用最广泛的数制是二进制。二进制中每一位只有 0 和 1 两个数码，计数基数是 2，计数规则是“逢二进一”。其加权系数展开式为

$$B=\sum_{i=n-1}^{-m}K_i 2^i$$

由上式可计算出它所表示的十进制数的大小为

$$(1011.11)_2=(1\times2^3+0\times2^2+1\times2^1+1\times2^0+1\times2^{-1}+1\times2^{-2})_{10}$$

上式中的下标 2 和 10 分别代表括号中的数是二进制数和十进制数。

3)　十六进制

在微型计算机中，普遍采用 8 位或 16 位二进制数并行运算。将 8 位二进制数用 2 位十六进制数或 16 位二进制数用 4 位十六进制数书写，将带来极大的方便。

十六进制中每一位有 16 个不同的数码，分别是 0～9，A、B、C、D、E、F。计数基数是 16，计数规则是“逢十六进一”。其加权系数展开式为

$$H=\sum_{i=n-1}^{-m}K_i 16^i$$

由上式可计算出它所表示的十进制数的大小为

$$(3C.A)_{16}=3\times16^1+12\times16^0+10\times16^{-1}=(60.625)_{10}$$

2. 数制转换

如前所述，人们日常习惯采用十进制数，而微型计算机和数字电子设备往往采用二进制数，为了书写方便又采用十六进制数。因此就存在两种数制之间的转换问题。

1)　二进制数与十进制数的互换

若把二进制数转换成等值的十进制数，转换时只要按加权系数展开式展开，再把各项的数值相加即为十进制数。例如：

$$\begin{aligned}(1101.11)_2&=1\times2^3+1\times2^2+0\times2^1+1\times2^0+1\times2^{-1}+1\times2^{-2}\\&=8+4+0+1+1/2+1/4\\&=(13.75)_{10}\end{aligned}$$

若把十进制数转换为二进制数，分为整数部分和小数部分转换两种情形。对整数部分可采用连除法，即所谓“除 2 取余作系数，从低位到高位”的方法。例如，将$(78)_{10}$化为二进制数：

2|78 ………………余数 0
2|39 ………………余数 1
2|19 ………………余数 1
2|9 ………………余数 1
2|4 ………………余数 0
2|2 ………………余数 0
2|1 ………………余数 1
0

故$(78)_{10}=(1001110)_2$。

小数部分的转换可采用连乘法，即所谓“乘 2 取整作为系数，从高位到低位”的方法。例如，将$(0.875)_{10}$转换为二进制数。

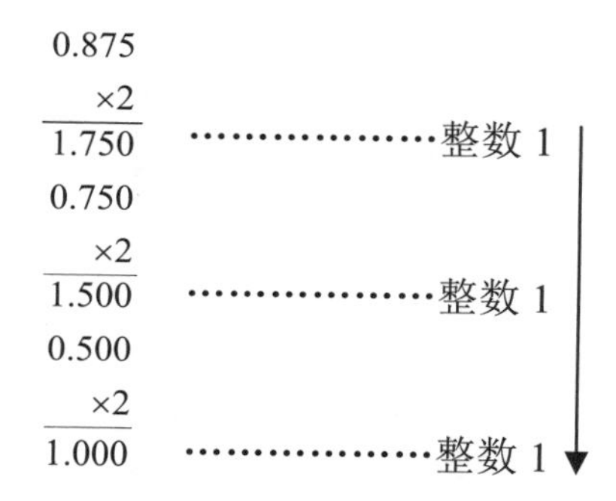

所以有$(0.875)_{10}=(0.111)_2$。

2)　其他进制数转换成十进制数

可将其他进制数按加权系数展开式展开，得到的即为等值的十进制数。

3)　二进制数、十六进制数之间的转换

若将二进制数转换成等值的十六进制数，只要以小数点为界，每 4 位二进制数为一组(高位不足 4 位时前面补 0，低位不足 4 位时，后面补 0)，代之以等值的十六进制数，得到的即为十六进制数。

例如，将$(10011111011.111011)_2$转换为十六进制数：

$$(10011111011.111011)_2=(4FB.EC)_{16}$$

若将十六进制数转换成等值的二进制数，只需将每一位十六进制数代之以等值的 4 位二进制数，即可完成转换。

例如，$(3BE5.97D)_{16}$转换为二进制数：

$$(3BE5.97D)_{16}=(11101111100101.100101111101)_2$$

13.1.3 码制

由于数字系统是以二值数字逻辑为基础的，因此，数字系统中的信息(包括数值、文字、控制命令等)都是用一定位数的二进制码表示的，这个二进制码称为代码。而这些用来表示数值、文字、控制命令的二进制数也必须遵循一定的规则，这个规则就叫作码制。

二进制编码方式有多种，二-十进制码，又称 BCD 码(Binary-Coded-Decimal)，是其中一种常用的码。BCD 码是用二进制代码来表示十进制的 0～9。要用二进制代码来表示十进制的 0～9 十个数，至少要用 4 位二进制数。4 位二进制数有 16 种组合，可从这 16 种组合中选择 10 种组合来分别表示十进制的 0～9。选哪 10 种组合，有多种方案，因此形成了不同的 BCD 码。具有一定规律的常用的 BCD 码见表 13-1。

表 13-1 常用的 BCD 码

十进制数	8421 码	2421 码	5421 码	余三码
0	0000	0000	0000	0011
1	0001	0001	0001	0100
2	0010	0010	0010	0101
3	0011	0011	0011	0110
4	0100	0100	0100	0111
5	0101	1011	1000	1000
6	0110	1100	1001	1001
7	0111	1101	1010	1010
8	1000	1110	1011	1011
9	1001	1111	1110	1100
位权	8421 $b_3b_2b_1b_0$	2421 $b_3b_2b_1b_0$	5421 $b_3b_2b_1b_0$	无权

注意：BCD 码用 4 位二进制码表示的只是十进制数的 1 位。如果是多位十进制数，应先将每一位用 BCD 码表示，然后组合起来。

8421BCD 码是一种最基本的 BCD 码，应用也比较普遍。例如，一个 3 位十进制数 873 用 8421BCD 码可写成：

十进制数：　8　　7　　3
8421BCD：　1000　0111　0011

13.2 门 电 路

逻辑代数又叫布尔代数或开关代数，是英国数学家乔治·布尔首先提出并用于描述客观事物逻辑关系的数学方法，后来将其应用于继电器开关电路的分析和设计上，从而形成了二值开关代数。之后更广泛地被用于数字逻辑电路和数字系统中，成为逻辑电路分析和设计的有力工具，这就是现在的逻辑代数。

逻辑代数是研究因果关系的一种代数，与普通代数相似，可以写成下面的表达式：

$$Y = f(A,B,C,D)$$

逻辑变量 A、B、C、D 称为自变量，Y 称为因变量，研究因变量和自变量之间的关系称为逻辑函数，但它与普通的代数有以下几点不同。

(1)　不管是变量还是函数的值只有“0”和“1”两个，且这两个值不表示数值的大小，只表示事物的性质、状态等。

(2)　逻辑函数只有三种基本运算，它们是与运算、或运算、非运算。

逻辑代数的基本公式对逻辑函数化简非常有用，以下介绍逻辑代数的基本运算。

13.2.1　基本逻辑运算

基本的逻辑运算关系有三种：逻辑与、逻辑或和逻辑非。与之相对应，逻辑代数也有三种基本的运算，即与运算、或运算和非运算。

1. 与运算

图 13-3(a)所示电路中，有两个开关 A 和 B，只有 A 和 B 都闭合时，电灯才亮；而 A 和 B 中只要有一个断开，电灯就不亮。如果以开关闭合为条件，以灯亮为结果，则图 13-3(a)电路可以表示这样一种因果关系：只有当决定一件事情的条件全部具备时，这件事情才会发生。这种因果关系称为与逻辑关系，简称与逻辑。当然与的条件可以有多个，若用逻辑表达式来描述，则写为

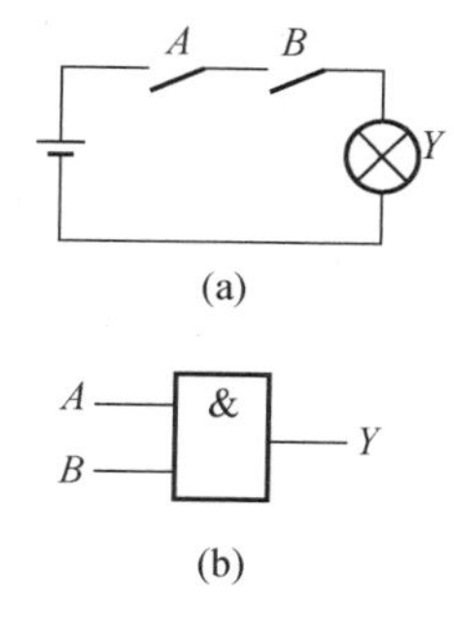

图 13-3　与门

$$Y=A \cdot B$$

式中的符号“·”读作与(或读作“乘”)，在不致引起混淆的前提下，“·”常被省略。实现与逻辑的电路称作与门，与逻辑和与门的逻辑符号如图 13-3(b)所示，符号“&”表示与逻辑运算。与逻辑的真值表见表 13-2，表中用 0 和 1 表示开关 A 和 B 的状态，1 表示开关闭合，0 表示开关断开；电灯 Y 的状态也用 1 和 0 来表示，1 表示灯亮，0 表示灯不亮。从与逻辑的真值表中可以看出，只有 A、B 都为 1 时，Y 才为 1。

表 13-2　与逻辑的真值表

A	B	Y
0	0	0
0	1	0
1	0	0
1	1	1

2. 或运算

图 13-4(a)所示电路中，开关 A 和 B 是并联的，只要有一个开关闭合，电灯就亮；只有当开关全部断开时，电灯才灭。由此可以得出这样一种逻辑关系：在决定事情的各个条件

中，只要有一个条件具备，这件事情就会发生，这种因果关系称为或逻辑关系，简称或逻辑。或逻辑用逻辑表达式可写为

$$Y = A + B$$

公式中符号“+”读作或(或读作“加”)。实现或逻辑的电路称为或门，或逻辑和或门的逻辑符号如图 13-4(b)所示，符号“≥1”表示或逻辑运算。或逻辑的真值表见表 13-3。从或逻辑的真值表中可以看出，只要 A、B 中有 1，Y 就为 1；只有 A、B 都为 0 时，Y 才为 0。

表 13-3　或逻辑的真值表

A	B	Y
0	0	0
0	1	1
1	0	1
1	1	1

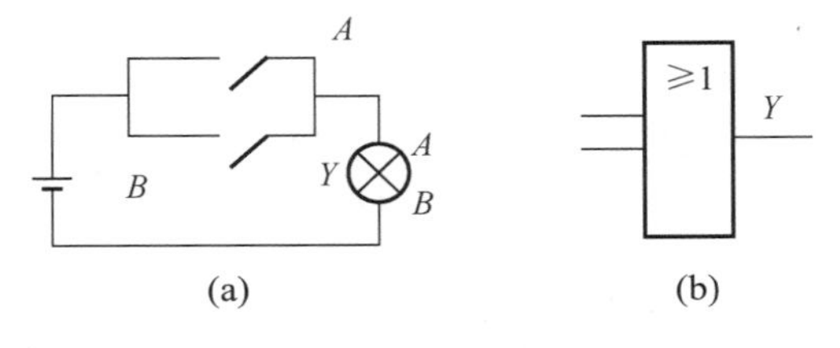

(a)　　(b)

图 13-4　或门

3. 非运算

图 13-5(a)所示电路中，当开关 A 闭合时，电灯不亮；当开关 A 断开时，电灯点亮。由此可以得出一种逻辑关系：当某一条件具备了，事情不会发生；而此条件不具备时，事情反而发生，这种逻辑关系称为非逻辑关系，简称非逻辑。非逻辑的逻辑表达式可写为

$$Y = \overline{A}$$

式中，变量上方的符号“—”表示非运算，读作非或“反”。实现非逻辑的电路称作非门或反相器，非运算和非门的逻辑符号如图 13-5(b)所示，逻辑符号中用小圆圈“。”表示非，符号中的“1”表示缓冲。非逻辑的真值表见表 13-4。

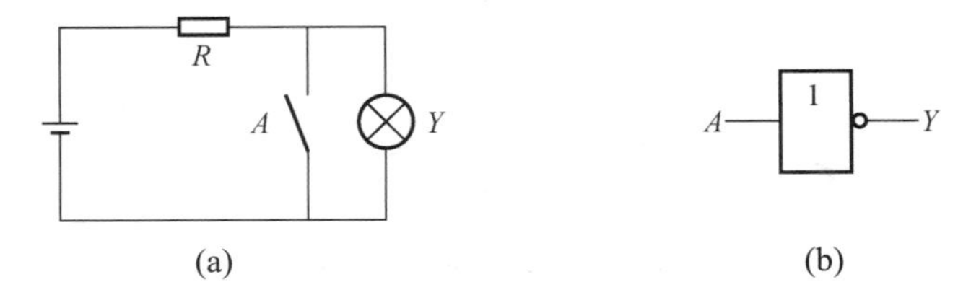

(a)　　(b)

图 13-5　非门

表 13-4　非逻辑的真值表

A	Y
0	1
1	0

13.2.2　复合逻辑运算

除了基本的逻辑运算以外，在研究逻辑问题时还常用到与非、或非、异或、同或等复合逻辑运算。

1. 与非运算

与和非的复合运算称为与非运算，若输入变量为 A、B、C，与非逻辑的表达式可写为

$$Y = \overline{ABC}$$

实现与非运算的电路称作与非门。与非逻辑和与非门的逻辑符号如图 13-6(a)所示。表 13-5 为与非逻辑的真值表。从表中可以看出，只有 A、B、C 全为 1，输出才为 0。为分析方便，与非逻辑功能可以归纳为一句口诀：“有 0 必 1，全 1 才 0”。

图 13-6　与非和或非的逻辑符号

表 13-5　与非逻辑的真值表

A	B	C	Y
0	0	0	1
0	0	1	1
0	1	0	1
0	1	1	1
1	0	0	1
1	0	1	1
1	1	0	1
1	1	1	0

2. 或非运算

或和非的复合运算称为或非运算，若输入变量为 A、B、C，则或非运算的逻辑表达式为

$$Y = \overline{A+B+C}$$

实现或非逻辑的电路称为或非门。或非逻辑和或非门的逻辑符号如图 13-6(b)所示。或非逻辑的真值表见表 13-6。从表中可以看出，只要 A、B、C 中有 1，输出就为 0。或非逻

辑功能也可以归纳为一句口诀："有 1 必 0，全 0 才 1"

表 13-6　或非逻辑的真值表

A	B	C	Y
0	0	0	1
0	0	1	0
0	1	0	0
0	1	1	0
1	0	0	0
1	0	1	0
1	1	0	0
1	1	1	0

3. 与或非运算

将与门和或门按图 13-7(a)所示进行连接，就能实现与或非逻辑运算。与或非逻辑运算的表达式为

$$Y = \overline{AB + CD}$$

实现与或非逻辑的电路称为与或非门。与或非逻辑和与或非的逻辑符号如图 13-7(b)所示。

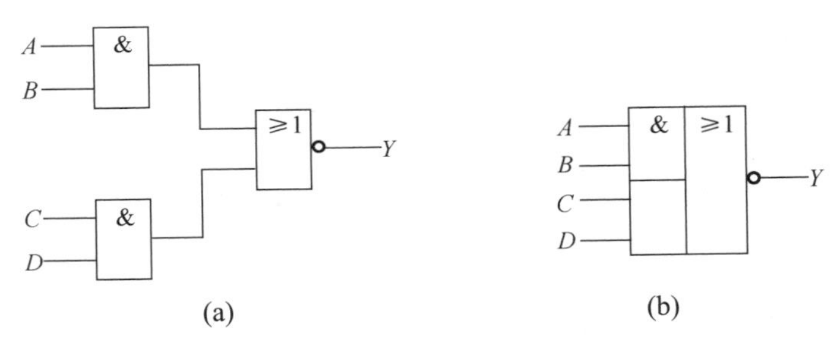

图 13-7　与或非逻辑和与或非的逻辑符号

4. 异或运算

所谓异或运算，是指两个输入变量取值相同时输出为 0，取值不相同时输出为 1。异或运算可用逻辑表达式表示如下：

$$Y = A \oplus B = \overline{A}B + A\overline{B}$$

式中，符号"⊕"表示异或运算。实现异或运算的电路称为异或门。异或运算逻辑符号如图 13-8 所示，"=1"表示异或运算。异或逻辑的真值表见表 13-7。异或逻辑功能可以归纳为一句口诀："相同为 0，相异为 1"。

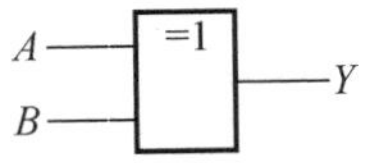

图 13-8　异或逻辑符号

表 13-7　异或逻辑的真值表

A	B	Y
0	0	0
0	1	1
1	0	1
1	1	0

5. 同或运算

同或运算是异或运算的非运算，当输入变量取值相同时输出为 1，而当输入变量取值不相同时输出为 0。同或运算的逻辑表达式为

$$Y = A \odot B = \overline{A}\overline{B} + AB$$

式中，符号“⊙”表示同或运算。同或运算的逻辑符号如图 13-9 所示，真值表见表 13-8。同或逻辑功能可以归纳为一句口诀：“相同为 1，相异为 0”。

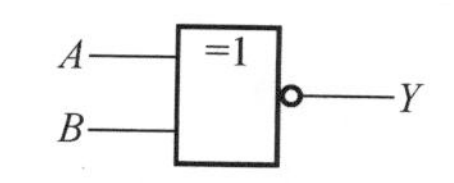

图 13-9　同或运算的逻辑符号

由于同或运算是异或运算的非运算，所以有

$$\overline{A \oplus B} = A \odot B$$

或

$$\overline{\overline{A}B + A\overline{B}} = \overline{A}\overline{B} + AB$$

表 13-8　同或逻辑的真值表

A	B	Y
0	0	1
0	1	0
1	0	0
1	1	1

13.2.3　常用集成门电路

74LS 系列是常用的集成门电路，其引脚排列有一定的规律，一般为双列直插式，若将电路芯片放在图 13-10(a)所示放置，则其正视图如图 13-10(b)所示。从图中可以看出引脚编号按从小到大逆时针排列，其中 U_{CC} 为上排最左引脚，G_{nd} 为下排最右引脚。

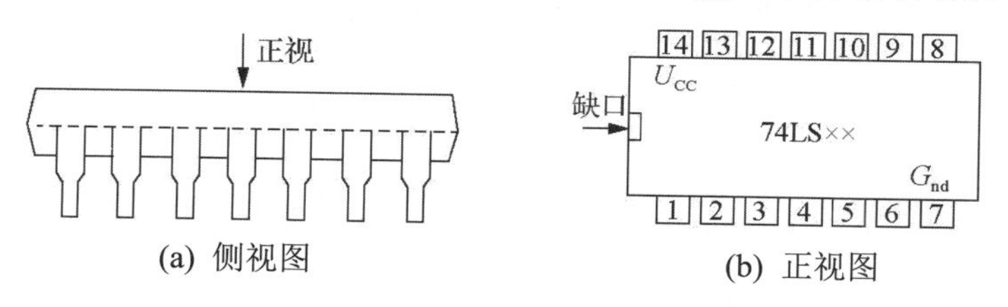

图 13-10　集成电路引脚排列图

集成门电路通常在一片芯片中集成多个门电路，常用的集成门电路主要有 2 输入端 4 门电路、3 输入端 3 门电路和 4 输入端 2 门电路。下面是一些常用的典型芯片，具体引脚图如图 13-11～图 13-14 所示。

1. 二门与门和与非门(见图 13-11)

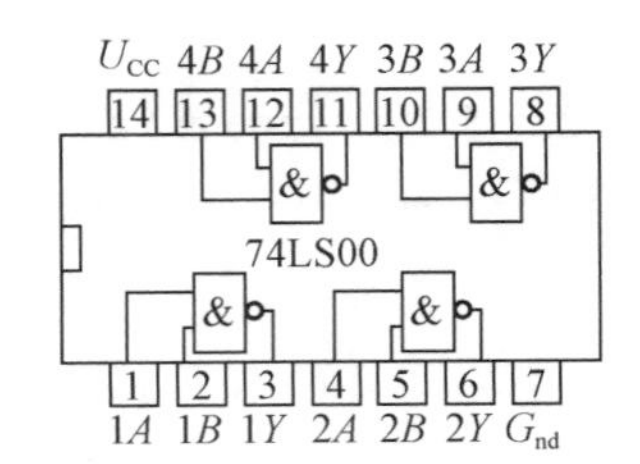

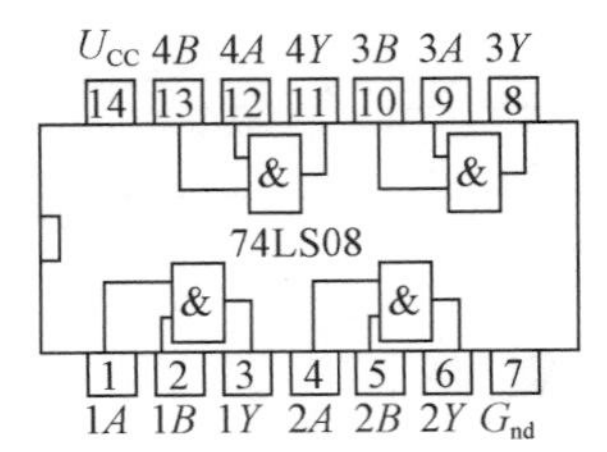

图 13-11　二门与门和与非门引脚排列图

2. 三门与非门和四门与非门(见图 13-12)

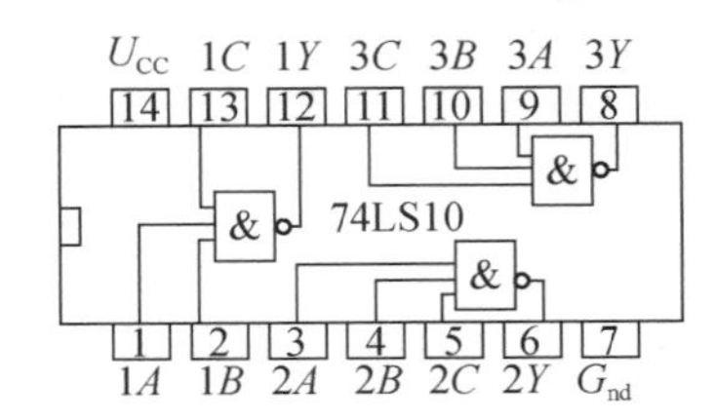

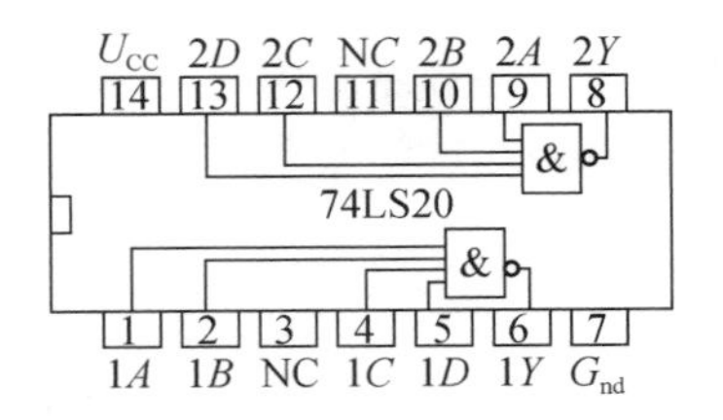

图 13-12　三门与非门和四门与非门引脚排列图

3. 二门或门和或非门(见图 13-13)

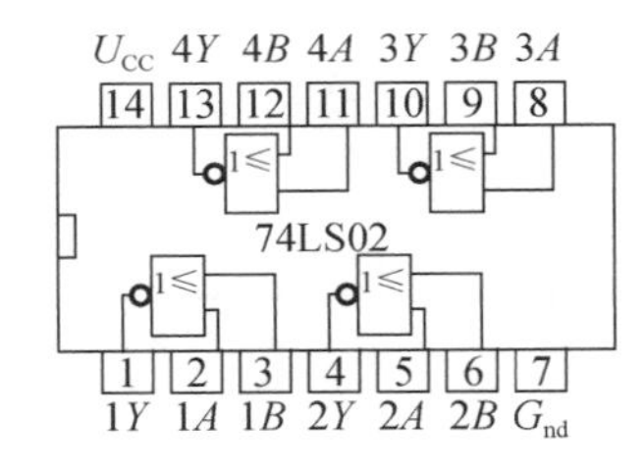

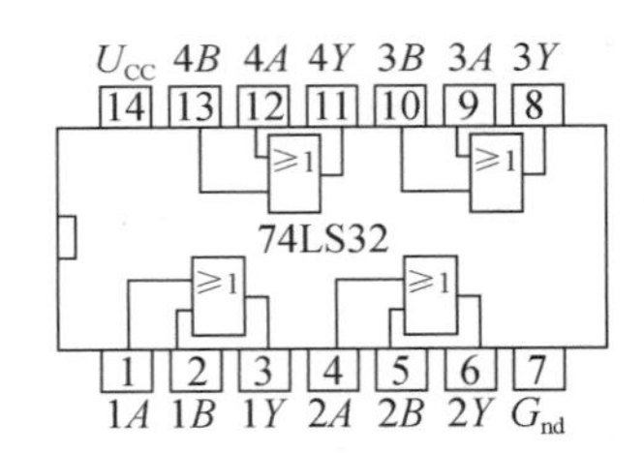

图 13-13　二门或门和或非门引脚排列图

4. 六门非门(见图 13-14)

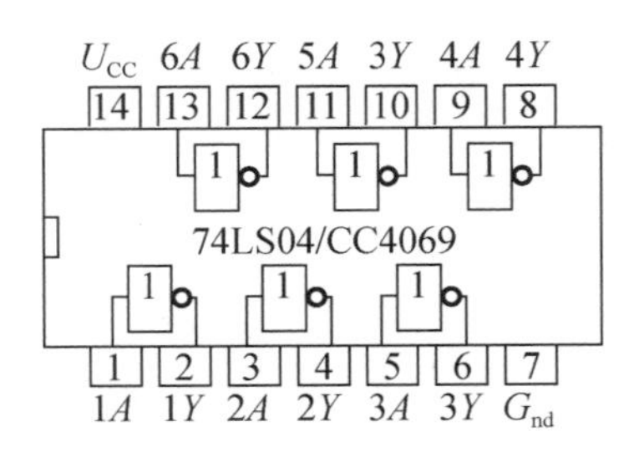

图 13-14　六门非门引脚排列图

13.2.4　集成逻辑门电路的功能测试

集成逻辑门电路功能测试如图 13-15 所示，门的四个输入端接逻辑开关输出插口，以提供“0”与“1”电平信号，开关向上，输出逻辑“1”，向下输出逻辑“0”。门的输出端接由 LED 发光二极管组成的逻辑电平显示器(又称 01 指示器)的显示插口，LED 亮表示逻辑“1”，不亮表示逻辑“0”，具体真值表见表 13-9。按照真值表逐个测试集成电路中两个与非门的逻辑功能。74LS20 有 4 个输入端，有 16 个最小项，在实际测试时，只要通过输入 1111、0111、1011、1101、1110 等五项进行检测就可判断其逻辑功能是否正常。

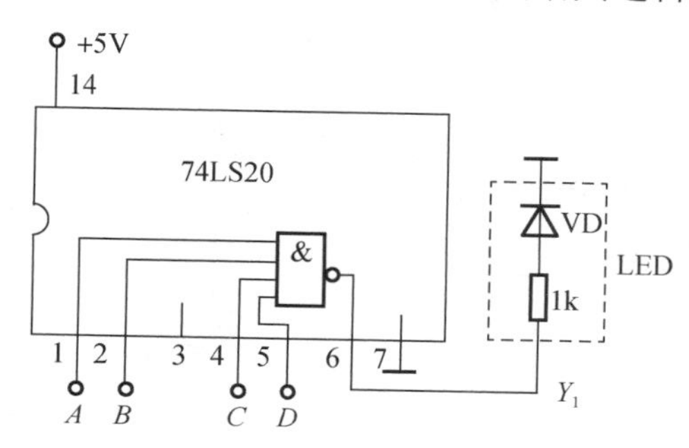

图 13-15　集成逻辑门电路功能测试图

表 13-9　门电路功能真值表

输　入				输　出	
A	*B*	*C*	*D*	Y_1	Y_2
1	1	1	1		
0	1	1	1		
1	0	1	1		
1	1	0	1		
1	1	1	0		

【注意事项】

(1)　接插集成块时，要认清定位标记，不得插反。

(2)　电源电压使用范围为+4.5～+5.5V 之间，实验中要求使用 U_{CC}=+5V。电源极性绝对不允许接错。

(3)　闲置输入端处理方法如下。

①　悬空。

相当于正逻辑“1”，对于一般小规模集成电路的数据输入端，实验时允许悬空处理，但易受外界干扰，导致电路的逻辑功能不正常。因此，对于接有长线输入端的中规模以上的集成电路和使用集成电路较多的复杂电路，所有控制输入端必须按逻辑要求接入电路，不允许悬空。

②　直接接电源电压 U_{CC} 和 G_{nd}。

13.2.5 逻辑代数基本定律

1. 基本定律

根据与、或、非三种基本运算的特点，可以推导出表 13-10 所示的逻辑代数的基本运算公式。这些公式中，有一些与普通代数的运算是不同的，在运用中特别注意。

表 13-10 逻辑代数的基本公式

01 律	(1) $A\times 1=A$	(2) $A+0=A$
	(3) $A\times 0=0$	(4) $A+1=1$
交换律	(5) $A\times B=B\times A$	(6) $A+B=B+A$
结合律	(7) $A\times(B\times C)=(A\times B)\times C$	(8) $A+(B+C)=(A+B)+C$
分配律	(9) $A\times(B+C)=A\times B+A\times C$	(10) $A+(BC)=(A+B)(A+C)$
互补率	(11) $A\cdot\overline{A}=0$	(12) $A+\overline{A}=1$
重叠率	(13) $A\times A=A$	(14) $A+A=A$
反演律	(15) $\overline{AB}=\overline{A}+\overline{B}$	(16) $\overline{A+B}=\overline{A}\cdot\overline{B}$
还原律	(17) $\overline{\overline{A}}=A$	

表中所列的公式均可用真值表验证其正确性。比如对于反演律

$$\overline{AB}=\overline{A}+\overline{B}$$

可以把 A、B 的所有取值组合代入等式的两边，并将结果填入真值表(见表 13-11)中。从表 13-11 中可以看出，对输入变量的所有取值组合，等式两边的函数值都对应相等，所以等式成立。在逻辑函数的化简变换中经常用到反演律，反演律又称为摩根定理。

表 13-11 摩根定理真值表

A	B	$\overline{AB}$	$\overline{A}+\overline{B}$
0	0	1	1
0	1	1	1
1	0	1	1
1	1	0	0

2. 常用定律

利用基本定律，可以得到以下常用定律，这些定律对逻辑函数的化简有着重要的作用。

定律 1：$AB+A\overline{B}=A$

证明：$AB+A\overline{B}=A\times 1=A$。

可见，如果两个乘积项中分别含有 B 和 $\overline{B}$，而其他因子相同时，则可消去变量 B，合并成一项。

定律 2：$AB+A=A$

证明：$AB+A=A\times 1=A$。

可见，在两个乘积项中，如果一个乘积项是另一个乘积项(比如 AB)的因子，则另一个乘积项是多余的。

定律 3：$A+\overline{A}B=A+B$

证明：$A+\overline{A}B=(A+\overline{A})(A+B)=A+B$

可见，在两个乘积项中，如果一个乘积项的反函数(比如$\overline{A}$)是另一个乘积项的因子，则这个因子是多余的。

定律 4：$AB+\overline{A}C+BC=AB+\overline{A}C$

证明：
$$\begin{aligned}AB+\overline{A}C+BC&=AB+\overline{A}C+BC(A+\overline{A})\\&=AB+\overline{A}C+ABC+\overline{A}BC\\&=AB(1+C)+\overline{A}C(1+B)\\&=AB+\overline{A}C\end{aligned}$$

推论：$AB+\overline{A}C+BC=AB+\overline{A}C$

从定律 4 和推论可以看出，如果一个与或表达式的两个乘积项中，一项含原变量(比如 A)，另一项含反变量(比如$\overline{A}$)，而这两个乘积项的其他因子是第三个乘积项的因子，则第三个乘积项是多余的。定律 4 又常称为添加项定理。

13.2.6　逻辑函数及其表示法

1. 真值表

将逻辑自变量所有的取值和与其对应的逻辑因变量的结果列成的表格称为真值表。如有 n 个输入变量，则能构成 $N=2^n$ 个组合。在输入端，每一个逻辑组合都对应一个输出逻辑函数的值，这种表达方法常用于分析逻辑电路和判断电路的逻辑关系。真值表能全面反映所有输入与输出之间逻辑组合的可能。下面以三人表决问题的逻辑关系为例，列出真值表。设 A、B、C 为输入变量，1 表示同意，0 表示反对；Y 为输出变量，1 为通过，0 为否决。根据少数服从多数的原则，分别求出在输入变量所有取值组合下的对应输出函数值，列成表格，即可得到函数的真值表，见表 13-12。

表 13-12　三人表决的逻辑真值表

A	B	C	Y
0	0	0	0
0	0	1	0
0	1	0	0
0	1	1	1
1	0	0	0
1	0	1	1
1	1	0	1
1	1	1	1

2. 逻辑函数

将逻辑自变量和逻辑因变量的关系用与、或、非等运算的组合形式表示出来，得到的即为逻辑函数式。

由真值表写出逻辑函数式的步骤如下。

(1) 找出真值表中所有使逻辑函数 Y 输出为1的输入变量的取值组合。

(2) 找出对应的乘积项表示上述每种组合。若输入变量取值为1，就用原变量表示；若取值为0，就用反变量表示。

(3) 将这些乘积项相加，就得到 Y 的逻辑函数式。

由此，根据表13-12，可写出三人表决电路的逻辑函数式

$$Y=\overline{A}BC+A\overline{B}C+AB\overline{C}+ABC$$

这种表示方法比较简单，能简捷、明确地表示输入和输出之间的逻辑关系，适用于逻辑设计和逻辑函数的代数法化简。

3. 逻辑电路图

将逻辑函数式中的与、或、非等逻辑关系用对应的图形符号表示得到的即为逻辑图。图13-16所示为三人表决问题逻辑函数式 $Y=\overline{A}BC+A\overline{B}C+AB\overline{C}+ABC$ 的逻辑图。

逻辑图便于将事件的因果关系连成逻辑电路，因为最终的功能均需要依靠电路来实现。这种表示方法非常适合于电路的设计和安装，只需要用相应的器件代替图中的逻辑符号，并将图中的输入输出端按图对应连接，即可得到实际的安装电路。

4. 波形图

将逻辑函数中输入变量与输出变量的逻辑关系按时间顺序以波形方式依次排列，就得到函数的波形图。图13-17所示为三人表决问题的波形图，它能非常直观地描述输入与输出之间的逻辑变化。

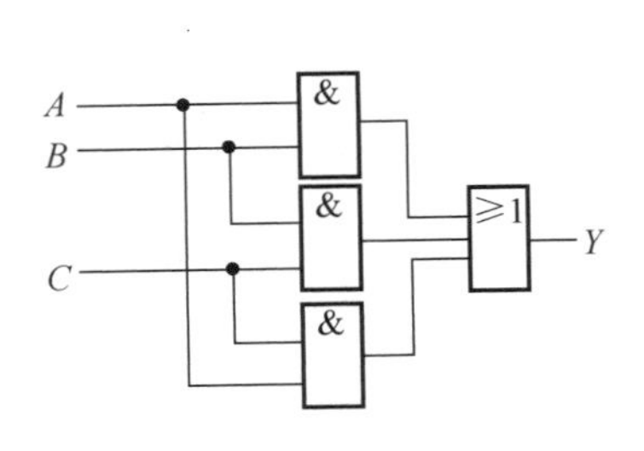

图13-16 三人表决电路的逻辑图

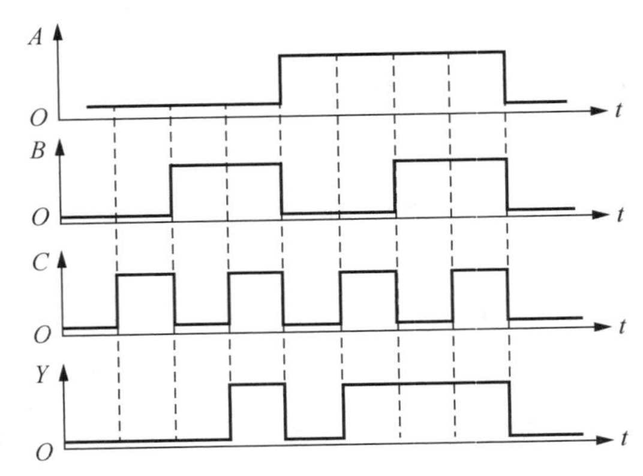

图13-17 三人表决问题的波形图

5. 卡诺图

卡诺图是一种按照相邻性原则排列的最小项的方格图，它不仅是一种特殊的表示方法，而且还是一种非常实用的逻辑化简工具，常用来化简逻辑函数，将在后面小结中详细

讨论。

逻辑函数的上述几种表示方法各有特点，适用于不同的应用场合，它们之间存在内在联系，可以方便地进行相互转换。

13.2.7　逻辑函数的化简法

一个逻辑函数可以有多种逻辑表达式。比如：

$$Y = A\overline{B} + C \qquad \text{与或表达式}$$

$$Y = (A+B)(\overline{B}+C) \qquad \text{或与表达式}$$

$$= \overline{\overline{A+C}+\overline{\overline{B}+C}} \qquad \text{或非—或非表达式}$$

$$= \overline{\overline{A\overline{B}}\,\overline{C}} \qquad \text{与非—与非表达式}$$

$$= \overline{\overline{A}\,\overline{C}+B\overline{C}} \qquad \text{与或非表达式}$$

最常用的是与或表达式。最简与或表达式应当是乘积项的个数最少，每个乘积项中的变量最少。逻辑表达式化为最简，实现它的逻辑电路图也最简。

通常实现逻辑函数的化简有两种方法：公式法和卡诺图法。

1. 公式法化简

公式化简法，是利用逻辑代数的基本公式和常用公式来简化逻辑函数。通常有以下几种方法。

(1)　并项法。利用 $AB + A\overline{B} = A$，将两项合并为一项，且消去一个因子。

(2)　吸收法。利用 $A + AB = A$，将多余的乘积项 AB 吸收掉。

(3)　消去法。利用 $A + \overline{A}B = A + B$，消去乘积项中的多余因子。

(4)　消项法。利用 $AB + \overline{A}C + BC = AB + \overline{A}C$，消去乘积项中的多余项。

(5)　配项法。利用 $A + \overline{A} = 1$，将 $A + \overline{A}$ 作配项用，与其他项相乘进行化简。

【例 13-1】$Y = A(BC + \overline{B}\overline{C}) + A(B\overline{C} + \overline{B}C)$

解：$Y = A(BC + \overline{B}\overline{C}) + A(B\overline{C} + \overline{B}C) = A(BC + \overline{B}\overline{C} + B\overline{C} + \overline{B}C)$

$= A(BC + B\overline{C} + \overline{B}\overline{C} + \overline{B}C) = A(B + \overline{B}) = A$

【例 13-2】$Y = A\overline{B} + A\overline{B}CD$

解：$Y = A\overline{B} + A\overline{B}CD = A\overline{B}$

【例 13-3】$Y = A\overline{B} + C + \overline{A}\overline{C}D + B\overline{C}D$

解：$Y = A\overline{B} + C + \overline{A}\overline{C}D + B\overline{C}D = A\overline{B} + C + \overline{C}(\overline{A} + B)D$

$= A\overline{B} + C + (\overline{A} + B)D = A\overline{B} + C + D$

【例 13-4】$Y = AB + AC + \overline{B}C$

解：$Y = AB + AC + \overline{B}C = \overline{B}C + BA + CA$

$= \overline{B}C + BA = AB + \overline{B}C$

【例 13-5】$Y = AB + \overline{A}\overline{C} + B\overline{C}$

解：$Y = AB + \overline{A}\overline{C} + B\overline{C} = AB + \overline{A}\overline{C} + B\overline{C}(A + \overline{A})$

$= AB + \overline{A}\overline{C} + AB\overline{C} + \overline{A}B\overline{C} = (AB + AB\overline{C}) + (\overline{A}\overline{C} + \overline{A}B\overline{C})$

$= AB + \overline{A}\overline{C}$

【例 13-6】$Y = A\overline{B} + B\overline{C} + \overline{B}C + \overline{A}B$

解：$Y = A\overline{B} + B\overline{C} + \overline{B}C(A + \overline{A}) + \overline{A}B(C + \overline{C})$

$= A\overline{B} + B\overline{C} + A\overline{B}C + \overline{A}\overline{B}C + \overline{A}BC + \overline{A}B\overline{C}$

$= A\overline{B} + B\overline{C} + \overline{A}C(B + \overline{B})$

$= A\overline{B} + B\overline{C} + \overline{A}C$

也可以利用多余项定理进行化简。

$Y = A\overline{B} + B\overline{C} + \overline{B}C + \overline{A}B$

$= A\overline{B} + B\overline{C} + \overline{B}C + \overline{A}B + \overline{A}C$

$= A\overline{B} + B\overline{C} + \overline{A}B + \overline{A}C$

$= A\overline{B} + B\overline{C} + \overline{A}C$

2. 卡诺图化简

卡诺图是按照一定规律画出来的方框图，它也是表示逻辑函数的一种方法。更重要的是利用卡诺图可以直观而方便地化简逻辑函数。

1) 逻辑函数最小项表达式

在几个变量的逻辑函数中，如乘积项中已包含了全部变量，并且每个变量在该乘积项中以原变量或反变量的形式只出现一次，则该乘积项就称为该逻辑函数的最小项。对于 n 个变量来说，最小项共有 2^n 个。

为了方便书写，常用 m_i 表示最小项，其对应的十进制数便是这个最小项的下标 i。表 13-13 中列出了三个变量的所有 8 种取值组合的最小项的编号。

表 13-13 三个变量最小项的编号

A B C	对应十进制数	最小项	编 号
0 0 0	0	$\overline{A}\overline{B}\overline{C}$	m_0
0 0 1	1	$\overline{A}\overline{B}C$	m_1
0 1 0	2	$\overline{A}B\overline{C}$	m_2
0 1 1	3	$\overline{A}BC$	m_3
1 0 0	4	$A\overline{B}\overline{C}$	m_4
1 0 1	5	$A\overline{B}C$	m_5
1 1 0	6	$AB\overline{C}$	m_6
1 1 1	7	ABC	m_7

根据同样的道理，可以把 $ABCD$ 这四个变量的 16 个最小项记作 $m_0 \sim m_{15}$。

任何一个逻辑函数都可以表示成若干最小项之和的形式，这样的逻辑表达式称为最小项表达式。

【例 13-7】将 $Y(A,B,C) = AB + \overline{A}C$ 化为最小项表达式。

解：$Y = AB(C + \overline{C}) + \overline{A}C(B + \overline{B})$

$= ABC + AB\overline{C} + \overline{A}BC + \overline{A}\overline{B}C$

$$
\begin{aligned}
&= m_1 + m_3 + m_6 + m_7 \\
&= \sum(m_1, m_3, m_6, m_7) \\
&= \sum m(1,3,6,7)
\end{aligned}
$$

2)　最小项的相邻性

若两个最小项之间只有一个变量不同，其余各变量均相同，则称这两个最小项满足逻辑相邻。

例如：$Y(A,B,C) = ABC + AB\overline{C}$ 中，ABC、$AB\overline{C}$ 就是两个逻辑相邻的最小项。用公式可以化简上式：

$$Y = AB$$

这两个最小项合并成了一项，消去了那个变量取值不同的变量(因子)，剩下公共变量(因子)。

3)　卡诺图画法

卡诺图是逻辑函数的图形表示法，它是由美国工程师卡洛首先提出来的，故称为卡诺图。这种方法是将 n 变量的全部 2^n 个最小项各用一个小方格表示，并使具有逻辑相邻性的最小项在几何位置上也相邻地排列起来。三、四变量的卡诺图如图 13-18 所示。

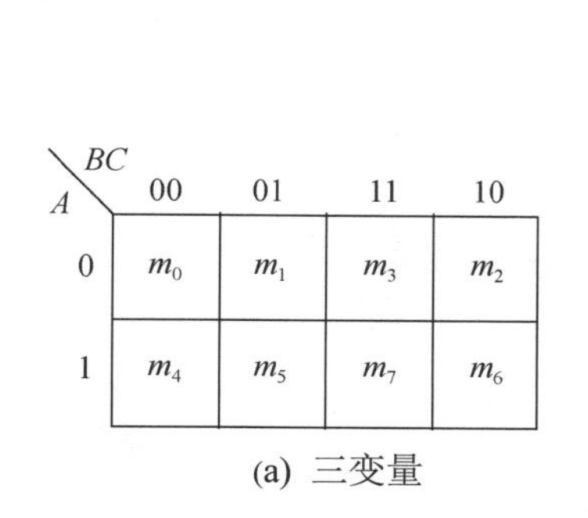

(a) 三变量

AB \ CD	00	01	11	10
00	m_0	m_1	m_3	m_2
01	m_4	m_5	m_7	m_6
11	m_{12}	m_{13}	m_{15}	m_{14}
10	m_8	m_9	m_{11}	m_{10}

(b) 四变量

图 13-18　三、四变量的卡诺图

卡诺图上左侧和上侧所标的数字表示对应最小项变量的取值。根据相邻性原则，两侧标注的编码顺序应该是 00，01，11，10，相邻两个方格对应的最小项仅有一个变量不同，具有相邻性。

4)　卡诺图填法

卡诺图可以表示逻辑函数，其方法是：对应于逻辑函数式所包含的最小项，在卡诺图对应方格中填 1，函数式不包含的最小项对应的方格中填 0 或不填，所得图形就是该逻辑函数的卡诺图。

其具体填法有以下两种。

(1)　根据真值表填入卡诺图。

首先列出函数式 Y 的真值表，然后将真值表中使 Y=1 的变量组合所对应的最小项填入卡诺图相应的方格中(填 1)，使 Y=0 的最小项方格填 0，便得到 Y 的卡诺图。

(2) 把函数化为最小项表达式再填卡诺图。

【例 13-8】已知$Y=\bar{A}B+AC+\bar{A}\bar{B}\bar{C}$求 Y 的卡诺图。

解：先将逻辑函数化为最小项表达式

$$
\begin{aligned}
Y &= \bar{A}B+AC+\bar{A}\bar{B}\bar{C}=\bar{A}B(C+\bar{C})+AC(B+\bar{B})+\bar{A}\bar{B}\bar{C} \\
&= \bar{A}BC+\bar{A}B\bar{C}+ABC+A\bar{B}C+\bar{A}\bar{B}\bar{C} \\
&= m_0+m_2+m_3+m_5+m_7
\end{aligned}
$$

再填 Y 的卡诺图。Y 中所包含的最小项格中填 1，其余格空着(也可填 0)，如图 13-19 所示。

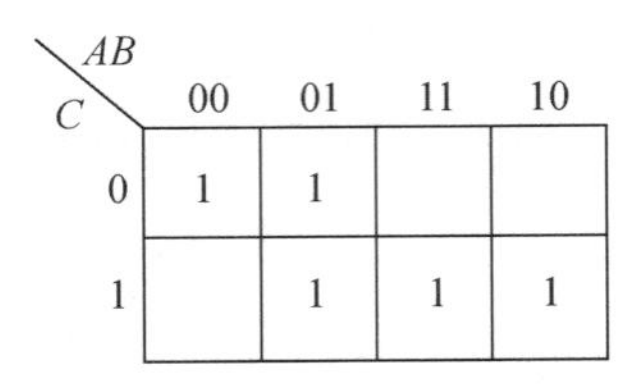

图 13-19　例 13-8 的卡诺图

5)　卡诺图化简

将逻辑相邻的两个最小项相加，可以消去不同的因子，只留下公共因子，这就是卡诺图化简法的依据。

卡诺图化简法的步骤如下。

(1) 填写卡诺图，即将逻辑函数用卡诺图表示。

(2) 画圈，即找出可以合并(即几何上相邻)的最小项，并圈成矩形或方形。

(3) 写出化简后的表达式，即选取可合并的最小项的公共因子作为乘积项，这样的乘积项之和即为化简后的逻辑函数。

在进行卡诺图化简时，为了保证化简的准确无误，选取可合并的最小项时应遵循以下几条原则。

(1) 包围圈所圈住的相邻最小项(即小方块中对应 1)的个数应为 2，4，8，16 等，即为 2^n 个。

(2) 包围圈越大，所包含的最小项越多，其公因子越少，化简的结果越简单。

(3) 包围圈的个数越少越好。因个数越少，乘积项就越少，化简后的结果就越简单。

(4) 须将函数的所有最小项都圈完。

(5) 画包围圈时，最小项可以被重复包围，但每个圈中至少有一个最小项不被其他包围圈所圈住，以保证该化简项的独立性。

图 13-20 所示的卡诺图表示了上面的几个原则。

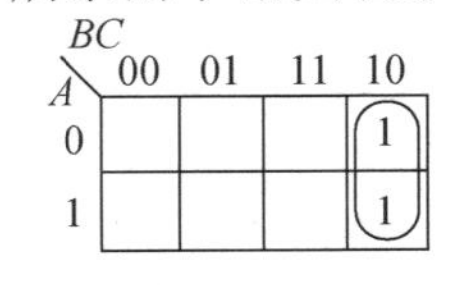

(a)　$\bar{A}B\bar{C}+AB\bar{C}=B\bar{C}$

(b)　$A\bar{B}C+ABC=AC$

图 13-20　各相邻最小项画包围圈合并的几种情况

A \ BC	00	01	11	10
0			1	1
1			1	1

(c) $\overline{A}BC+\overline{A}B\overline{C}+ABC+AB\overline{C}=B$

A \ BC	00	01	11	10
0	1			1
1	1			1

(d) $\overline{A}\overline{B}\overline{C}+\overline{A}B\overline{C}+A\overline{B}\overline{C}+AB\overline{C}=\overline{C}$

AB \ CD	00	01	11	10
00	1			
10				
11				
10	1			

(e) $\overline{A}\overline{B}\overline{C}\overline{D}+A\overline{B}\overline{C}\overline{D}=\overline{B}\overline{C}\overline{D}$

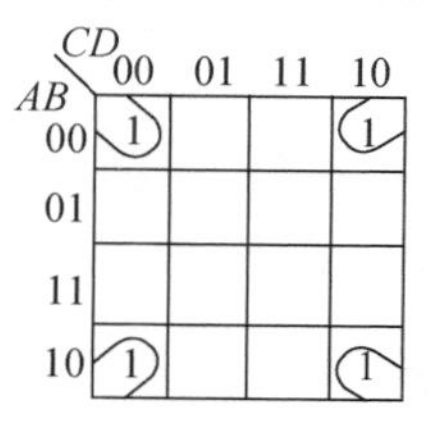

(f) $\overline{A}\overline{B}\overline{C}\overline{D}+\overline{A}\overline{B}C\overline{D}+A\overline{B}\overline{C}\overline{D}+A\overline{B}C\overline{D}=\overline{B}\overline{D}$

AB \ CD	00	01	11	10
00	1			1
01	1			1
11	1			1
10	1			1

(g) $\overline{D}$

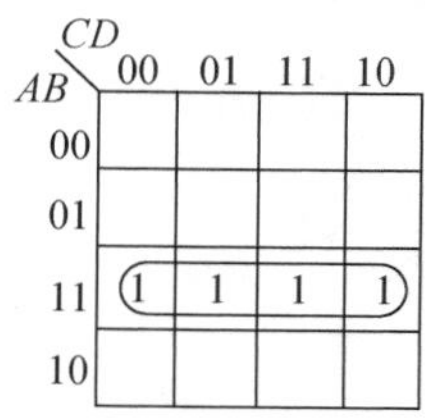

(h) $AB\overline{C}\overline{D}+AB\overline{C}D+ABCD+ABC\overline{D}=AB$

AB \ CD	00	01	11	10
00				
01				
11		1	1	
10				

(i) $AB\overline{C}D+ABCD=ABD$

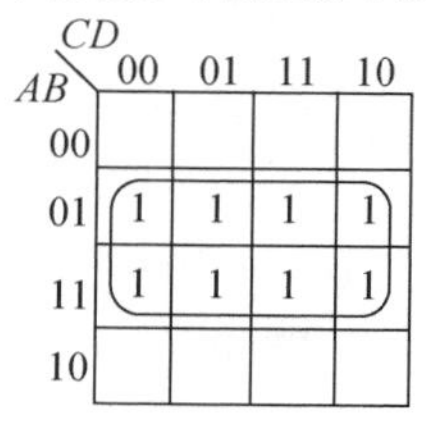

(j) B

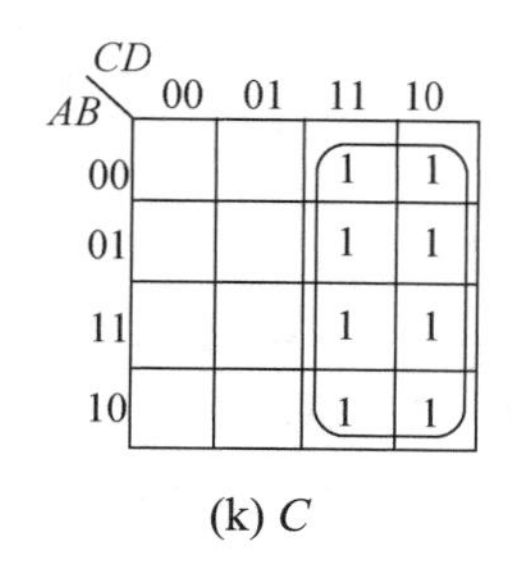

(k) C

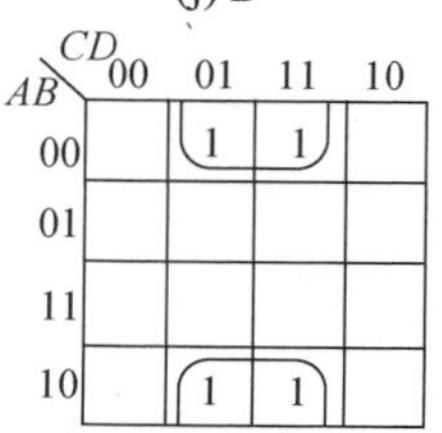

(l) $\overline{A}\overline{B}\overline{C}D+\overline{A}\overline{B}CD+A\overline{B}\overline{C}D+A\overline{B}CD=\overline{B}D$

图 13-20　各相邻最小项画包围圈合并的几种情况(续)

【例 13-9】用卡诺图化简逻辑函数 $Y=\sum m(2,6,7,8,9,10,11,13,14,15)$。

解：卡诺图如图 13-21 所示。

把相邻项按画包围圈的规则圈起来，然后合并，得到

$$Y=A\overline{B}+AD+BC+C\overline{D}$$

【例 13-10】用卡诺图化简逻辑函数 $Y=\sum m(0,1,2,3,4,5,8,10,11,12)$。

解：卡诺图如图 13-22 所示。

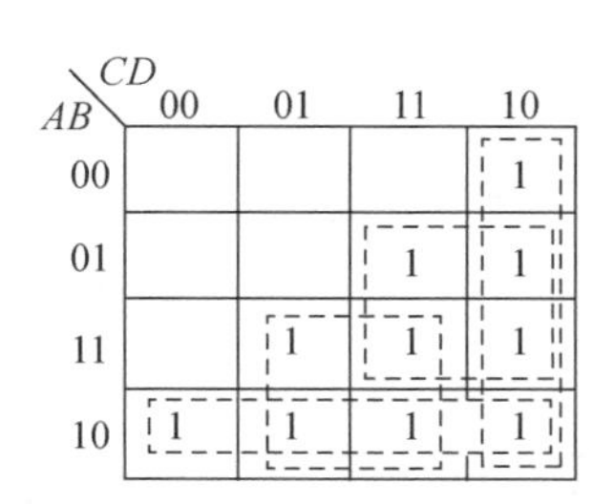

图 13-21　例 13-9 图

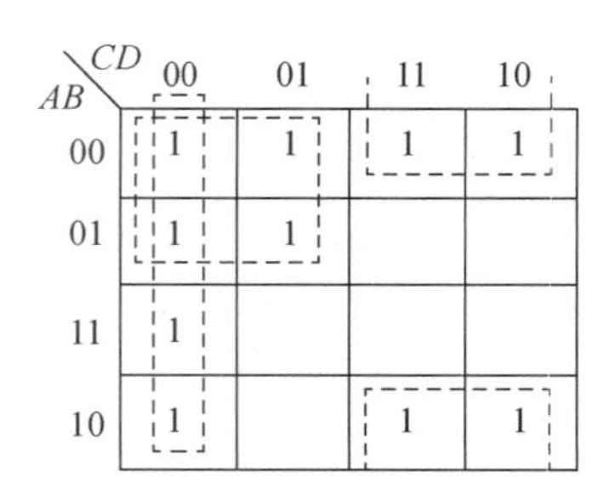

图 13-22　例 13-10 图

把相邻项按画包围圈的规则圈起来，然后合并，得到

$$Y = \overline{A}\overline{C} + \overline{B}C + \overline{C}\overline{D}$$

【想一想】

卡诺图包围圈如图 13-23 所示，想一想图中包围圈的画法有哪些错误，并加以改正。

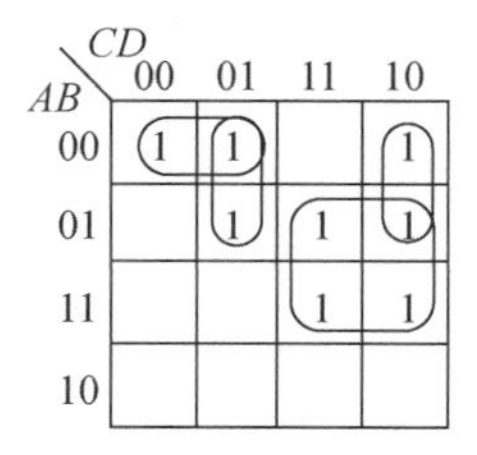

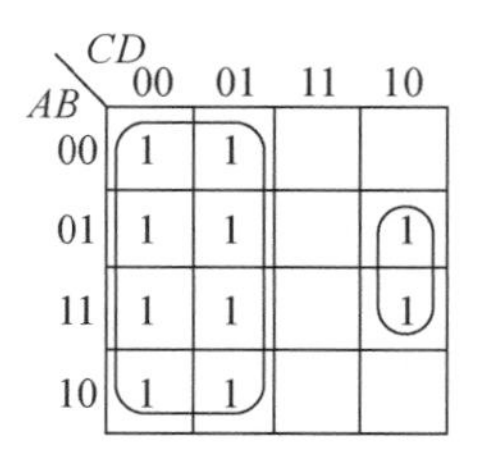

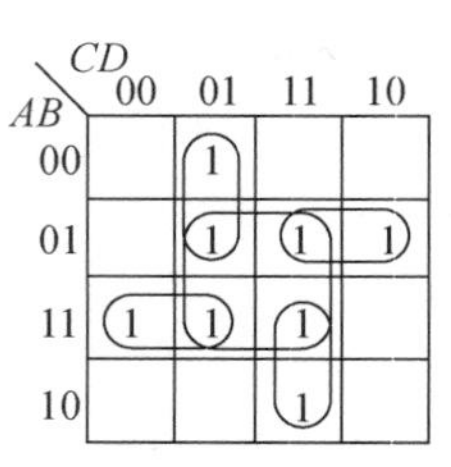

图 13-23　卡诺图的不同包围圈的画法

6)　具有无关项的逻辑函数化简

前面所讨论的逻辑函数，对于每一组输入变量的取值组合，其输出是确定的，而在有些情况下，逻辑函数的某些输入变量的取值组合是不可能出现的，或者不允许出现，则称那些与逻辑函数值无关的最小项为约束项或无关项。

例如，在 8421BCD 码中，1010～1111 六种代码是不允许出现的，这 6 种代码所对应的 6 个最小项就是无关项。

相对于前面表示逻辑函数的 m，无关项在表达式中用 d 来表示。例如：

$$Y = \sum m(1,2,4,5,7,10,14,15) + \sum d(0,3,6,9,11,12)$$

其中，$\sum m$ 部分为使函数值为 1 的最小项；$\sum d$ 部分为与函数无关的约束项。

因为无关项与函数输出值无关，所以其值可以为“1”，也可以为“0”，化简时的具体步骤如下。

(1)　将函数式中最小项在卡诺图对应的小方格内填 1，无关项在对应的小方格内填×或 Φ，其余位置填 0 或不填。

(2)　画包围圈时将无关项看作 1 还是 0，以得到的圈最大、圈的个数最少为原则。

(3)　圈中必须至少有一个有效的最小项，不能全是无关项。

【例 13-11】 利用无关项化简逻辑函数 $Y = \sum m(0,1,2,3,6,8) + \sum d(10,11,12,13,14,15)$。

解：卡诺图如图 13-24 所示。

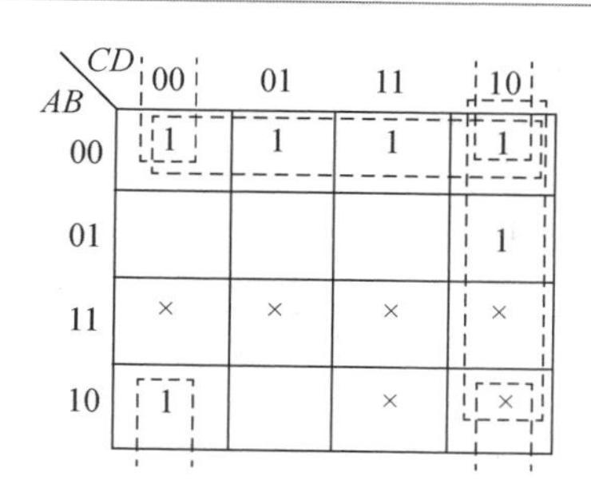

图 13-24　例 13-11 图

把相邻项按画圈的规则圈起来，其中令约束项 d_{10} 和 d_{14} 为 1，然后合并，得到

$$Y = \overline{A}\overline{B} + C\overline{D} + \overline{B}\overline{D}$$

由例 13-11 可以看出，利用无关项可以使逻辑函数更简单。

13.3　组合逻辑电路的分析与设计

根据需要将逻辑门电路进行组合，可以构成具有各种逻辑功能的电路，即组合逻辑电路。组合逻辑电路的特点是任何时刻的输出仅取决于该时刻输入信号的组合，而与该时刻之前的电路状态无关，也就是说，输入和输出关系具有即时性。

13.3.1　组合逻辑电路的分析

对组合逻辑电路进行分析主要是根据给定的逻辑图，找出输出信号与输入信号之间的关系，从而确定它的逻辑功能，或者检查电路设计是否合理。其基本分析方法如下。

(1) 根据已知的逻辑电路图，从输入到输出逐级写出逻辑函数表达式。

(2) 利用公式法或卡诺图法化简逻辑函数表达式。

(3) 按逻辑函数表达式列真值表。

(4) 按真值表的逻辑关系，分析并确定其逻辑功能。

【例 13-12】已知逻辑电路图如图 13-25 所示，试分析该电路的逻辑功能。

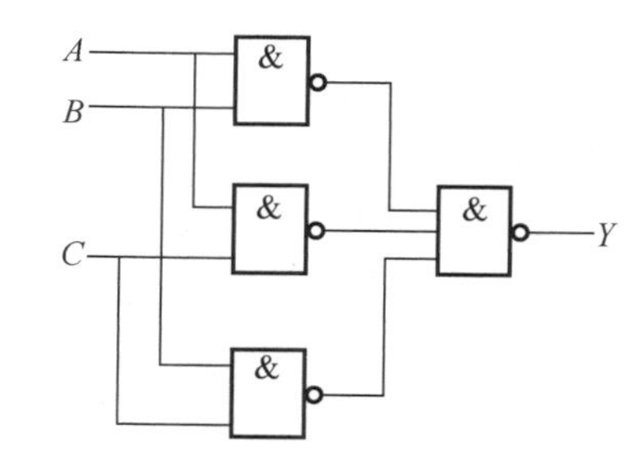

图 13-25　例 13-12 的逻辑图

解：

(1) 写出函数式为：$Y = \overline{\overline{AB} \cdot \overline{AC} \cdot \overline{BC}}$。

(2) 化简表达式为：$Y = AB + AC + BC$。

(3) 由函数表达式写出真值表，见表 13-14。

表 13-14　例 13-12 的真值表

A	B	C	Y
0	0	0	0
0	0	1	0

续表

A	B	C	Y
0	1	0	0
0	1	1	1
1	0	0	0
1	0	1	1
1	1	0	1
1	1	1	1

(4) 由真值表可知，三个变量输入 A、B、C，只有两个及两个以上变量取值为 1 时，输出才为 1。可见，电路可实现多数表决逻辑功能。

【例 13-13】已知逻辑图如图 13-26 所示，试分析该电路的逻辑功能。

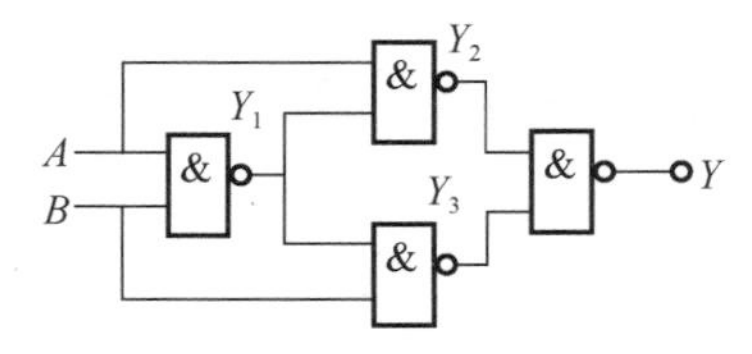

图 13-26 例 13-13 图

解：

(1) 写出函数式：

$$Y_1 = \overline{AB}$$

$$Y_2 = \overline{AY_1} = \overline{A\overline{AB}}$$

$$Y_3 = \overline{Y_1 B} = \overline{\overline{AB}B}$$

$$Y = \overline{Y_2 Y_3} = \overline{\overline{A\overline{AB}} \cdot \overline{\overline{AB}B}}$$

(2) 化简后得

$$\begin{aligned} Y &= \overline{\overline{A\overline{AB}} \cdot \overline{\overline{AB}B}} \\ &= \overline{(\overline{A} + AB) \cdot (AB + \overline{B})} \\ &= \overline{\overline{A}\,\overline{B} + AB} \end{aligned}$$

(3) 确定逻辑功能。从逻辑表达式可以看出，电路具有异或功能。

13.3.2 组合逻辑电路的设计

组合逻辑电路的设计就是根据逻辑功能的要求，设计出具体的组合电路。一般设计方法分四个步骤进行。

(1) 首先对命题要求的逻辑功能进行分析，确定哪些是输入变量，哪些是输出变量，以及它们之间的相互关系；然后对它们进行逻辑赋值，即确定什么情况下为逻辑 1，什么情况下为逻辑 0。这一步骤是设计组合逻辑电路的关键。

(2) 根据逻辑功能列出真值表。如果状态赋值不同，得到的真值表也不一样。

(3) 根据真值表写出相应的逻辑表达式并进行化简，然后转换成命题所要求的逻辑函数。

(4) 根据逻辑表达式画出相应的逻辑图。

前面讲过，同一个逻辑关系可有多种实现方案，为了提高电路工作可靠性和经济性等，组合逻辑电路的设计通常以电路简单、所用器件最少为目标。在采取小规模集成器件(SSI)时，通常将函数表达式进行适当的变换，化简成最简与或表达式、与非—与非表达式等。

【例 13-14】设计一个三人表决电路，结果按“少数服从多数”的原则决定。

解：

(1) 设三个人的意见为变量 A、B、C，表决结果为函数 Y。对变量及函数进行如下状态赋值：对于变量 A、B、C，设同意为逻辑 1，不同意为逻辑 0；对于函数 Y，设事情通过为逻辑 1，没通过为逻辑 0。列出真值表见表 13-14。

表 13-15　例 13-14 的真值表

A	*B*	*C*	*Y*
0	0	0	0
0	0	1	0
0	1	0	0
0	1	1	1
1	0	0	0
1	0	1	1
1	1	0	1
1	1	1	1

(2) 由真值表写出逻辑表达式 $Y=\bar{A}BC+A\bar{B}C+AB\bar{C}+ABC$。

(3) 化简。采用卡诺图化简法，将逻辑函数填入卡诺图中，如图 13-27 所示，合并最小项，得最简与或表达式，即 $Y=AB+BC+AC$。

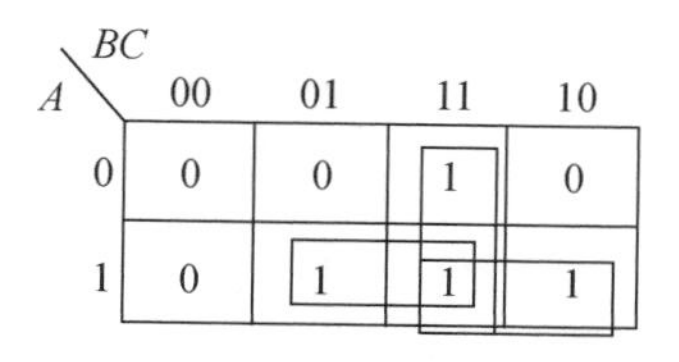

图 13-27　例 13-14 的卡诺图

(4) 画出逻辑图，如图 13-28 所示。如果要求用与非门实现该逻辑电路，就应转换成与非—与表达式，即 $Y=AB+BC+AC=\overline{\overline{AB}\cdot\overline{BC}\cdot\overline{AC}}$。画出的逻辑图如图 13-29 所示。

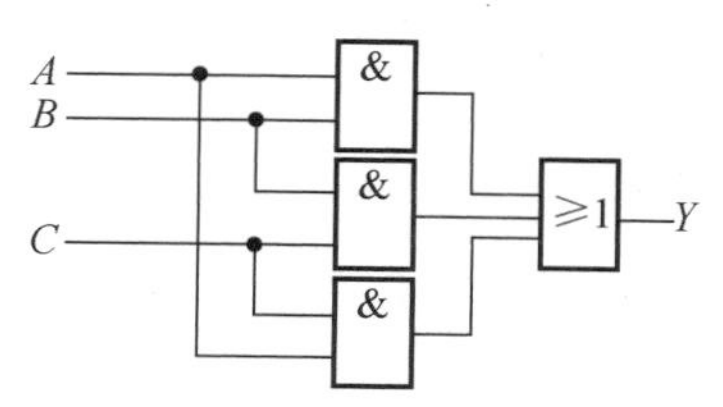

图 13-28　例 13-14 的逻辑图

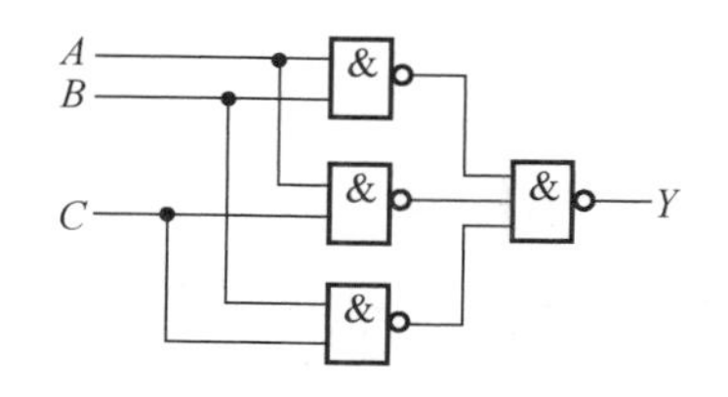

图 13-29　例 13-14 用与非门实现的逻辑图

【例 13-15】用与非门设计一个交通报警控制电路。交通信号灯有红、绿、黄 3 种，3 种灯分别单独工作或黄、绿灯同时工作时属正常情况，其他情况均属故障。出现故障时输出报警信号。

解：

(1) 设红、绿、黄灯分别用 A、B、C 表示，灯亮时为正常工作，其值为 1，灯灭时为故障现象，其值为 0。输出报警信号用 Y 表示，正常工作时 Y 值为 0，出现报警时 Y 值为 1。

(2) 列出真值表见表 13-16。

表 13-16　例 13-15 的真值表

A	B	C	Y
0	0	0	1
0	0	1	0
0	1	0	0
0	1	1	0
1	0	0	0
1	0	1	1
1	1	0	1
1	1	1	1

(3) 由真值表写出逻辑表达式

$$Y=\bar{A}\bar{B}\bar{C}+A\bar{B}C+AB\bar{C}+ABC$$

化简为

$$\begin{aligned}Y&=\bar{A}\bar{B}\bar{C}+ABC+AB\bar{C}+ABC+A\bar{B}C\\&=\bar{A}\bar{B}\bar{C}+AB(C+\bar{C})+AC(B+\bar{B})\\&=\bar{A}\bar{B}\bar{C}+AB+AC\end{aligned}$$

$$Y=\overline{\overline{\bar{A}\bar{B}\bar{C}}\,\overline{AB}\,\overline{AC}}$$

(4) 根据化简结果画出逻辑图，如图 13-30 所示。

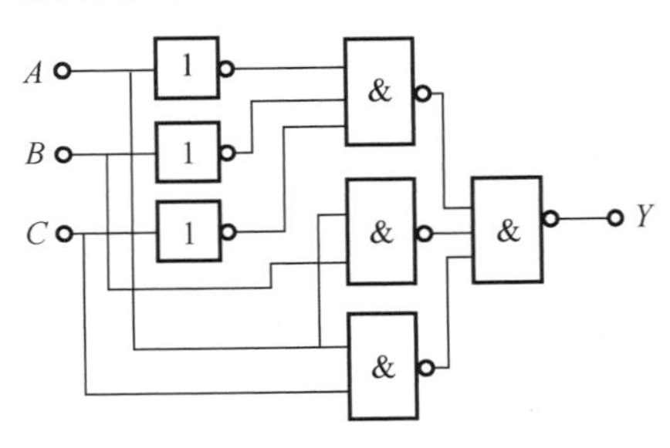

图 13-30　例 13-15 的逻辑图

13.3.3　集成门构成组合逻辑电路的测试

用与非门设计半加器和全加器电路。

使用万用表对元器件进行检测，如果发现元器件有损坏，说明情况，并更换新的元器件。

【注意事项】

(1) 连接集成电路时，一定要注意引脚顺序，接入电源的极性要仔细检查，不能接错。

(2) 禁止带电连接电路。

项目评价表见表 13-17。

表 13-17　项目评价表

项　目		考核要求	分　值
理论知识	门电路	能正确识别各种门电路	10
	逻辑表达方式	能正确转换逻辑表达方式	20
操作技能	准备工作	10min 内完成仪器和元器件的整理工作	10
	元器件检测	能正确完成元器件检测	10
	安装调试	能正确完成电路的装调	20
	用电安全	严格遵守电工作业章程	15
职业素养	思政表现	能遵守安全规程与实验室管理制度，展现工匠精神	15
项目成绩			
总评			

13.4　MSI 组合逻辑电路

MSI 组合逻辑电路的分析是指以中规模集成器件为核心的组合逻辑电路的分析。由于 MSI 器件的多样性和复杂性，前面介绍的小规模集成电路构成的组合逻辑电路的分析方法显然已不再适用。将 MSI 组合逻辑电路按功能块进行划分，逐块分析各功能块电路，最后得出整个电路功能的分析方法称为功能块级的电路分析，适用于更加复杂的逻辑电路分析。功能块组合逻辑电路的分析比较灵活，但需要尽可能多地掌握各种功能电路，才能熟练地运用这一方法。

比较常用的组合逻辑集成电路有编码器、译码器、数据选择器等,下面分别进行介绍。

13.4.1　编码器

所谓编码，就是将特定含义的输入信号(文字、数字、符号)转换成二进制代码的过程。在数字电路中，一般用二进制进行编码。二进制只有 0 和 1 两个数码，可以把若干个 0 和 1 按一定的规律编排起来组成不同的代码(二进制数)来表示某一对象或信号。1 位二进制代码有 0 和 1 两种状态，可以表示两个信号；2 位二进制代码有 00，01，10，11 四种不同的状态，可表示 4 个信息；若需编码的信息数量为 N，则所需用二进制代码的位数应满足下面关系：$2^n \geqslant N$。

实现编码功能的逻辑电路称为编码器。在二值逻辑电路中，信号都是以高、低电平形式给出的，因此编码器的逻辑功能就是把输入的每一个高、低电平信号编成一个对应的二进制代码。

按照编码方式的不同，编码器可分为普通编码器和优先编码器；按照输出代码种类的不同，编码器可分为二进制编码器和非二进制编码器。

1. 普通编码器

在普通编码器中，任何时刻只允许一个输入信号有效，即输入信号之间是有约束的。现以二进制普通编码器为例，分析普通编码器的工作原理。

实现用 n 位二进制代码对 $N=2^n$ 个信号进行编码的电路，称为二进制编码器，即输入为 $N=2^n$ 个信号，输出为 n 位二进制代码。常用的有 8 线—3 线编码器和 16 线—4 线编码器。

8 线—3 线编码器以三位二进制数表示 8 个输入信号。用 I_0～I_7 表示输入信号，高电平有效；用 Y_2，Y_1，Y_0 表示输出信号，也为高电平有效。其真值表见表 13-18。

表 13-18　8 线—3 线编码器真值表

输入								输出		
I_0	I_1	I_2	I_3	I_4	I_5	I_6	I_7	Y_2	Y_1	Y_0
1	0	0	0	0	0	0	0	0	0	0
0	1	0	0	0	0	0	0	0	0	1
0	0	1	0	0	0	0	0	0	1	0
0	0	0	1	0	0	0	0	0	1	1
0	0	0	0	1	0	0	0	1	0	0
0	0	0	0	0	1	0	0	1	0	1
0	0	0	0	0	0	1	0	1	1	0
0	0	0	0	0	0	0	1	1	1	1

由真值表可得：

$$Y_2 = I_4 + I_5 + I_6 + I_7$$
$$Y_1 = I_2 + I_3 + I_6 + I_7$$
$$Y_0 = I_1 + I_3 + I_5 + I_7$$

因此，上述的 8 线—3 线编码器可用 3 个或门来组成。若要用与非门来组成，则应将这些逻辑表达式转换为与非形式。

$$Y_2 = \overline{\overline{I_4 + I_5 + I_6 + I_7}} = \overline{\overline{I_4}\,\overline{I_5}\,\overline{I_6}\,\overline{I_7}}$$
$$Y_1 = \overline{\overline{I_2 + I_3 + I_6 + I_7}} = \overline{\overline{I_2}\,\overline{I_3}\,\overline{I_6}\,\overline{I_7}}$$
$$Y_0 = \overline{\overline{I_1 + I_3 + I_5 + I_7}} = \overline{\overline{I_1}\,\overline{I_3}\,\overline{I_5}\,\overline{I_7}}$$

用门电路实现逻辑电路，如图 13-31 所示。

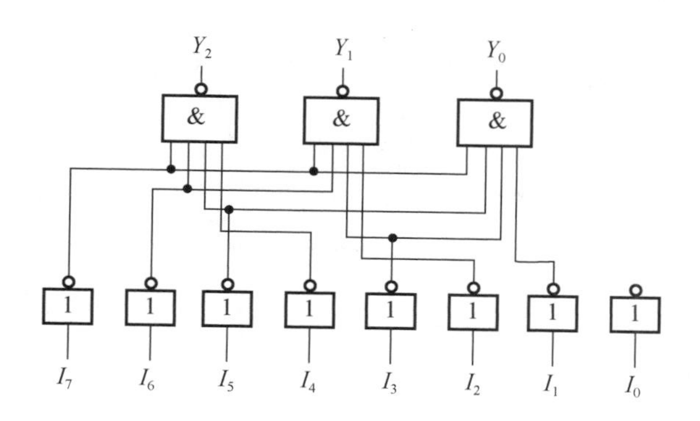

图 13-31　8 线—3 线编码器

2. 优先编码器

优先编码器允许同时输入两个以上的编码信号，编码器给所有的输入信号规定了优先顺序，当多个输入信号同时出现时，只对其中优先级最高的一个进行编码。

CT74LS148 是一种常用的 8 线—3 线优先编码器，其逻辑符号和外引线图如图 13-32 所示。功能见表 13-19。其中 $\overline{I_0}$～$\overline{I_7}$ 为编码输入端，低电平有效。$\overline{Y_2}$～$\overline{Y_0}$ 为编码输出端，也为低电平有效，即反码输出。

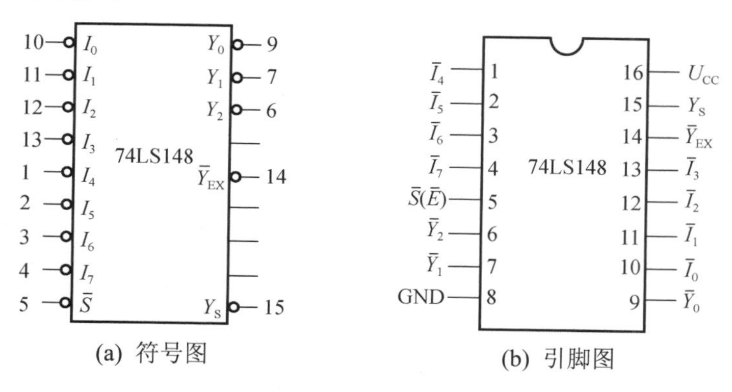

图 13-32　CT74LS148 优先编码器

表 13-19　CT74LS148 优先编码器的功能表

输　入									输　出				
$\overline{S}$	$\overline{I_0}$	$\overline{I_1}$	$\overline{I_2}$	$\overline{I_3}$	$\overline{I_4}$	$\overline{I_5}$	$\overline{I_6}$	$\overline{I_7}$	$\overline{Y_2}$	$\overline{Y_1}$	$\overline{Y_0}$	$\overline{Y}_{EX}$	Y_S
1	×	×	×	×	×	×	×	×	1	1	1	1	1
0	1	1	1	1	1	1	1	1	1	1	1	1	0
0	×	×	×	×	×	×	×	0	0	0	0	0	1
0	×	×	×	×	×	×	0	1	0	0	1	0	1
0	×	×	×	×	×	0	1	1	0	1	0	0	1
0	×	×	×	×	0	1	1	1	0	1	1	0	1
0	×	×	×	0	1	1	1	1	1	0	0	0	1
0	×	×	0	1	1	1	1	1	1	0	1	0	1

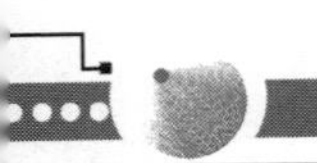

续表

输入									输出				
$\overline{S}$	$\overline{I_0}$	$\overline{I_1}$	$\overline{I_2}$	$\overline{I_3}$	$\overline{I_4}$	$\overline{I_5}$	$\overline{I_6}$	$\overline{I_7}$	$\overline{Y_2}$	$\overline{Y_1}$	$\overline{Y_0}$	$\overline{Y}_{EX}$	Y_S
0	×	0	1	1	1	1	1	1	1	1	0	0	1
0	0	1	1	1	1	1	1	1	1	1	1	0	1

其他功能如下。

(1) $\overline{S}$ 为使能输入端，低电平有效。

(2) 优先顺序为$\overline{I_7}\sim\overline{I_0}$，即$\overline{I_7}$的优先级最高，然后是$\overline{I_6}$、$\overline{I_5}$、…、$\overline{I_0}$。

(3) $\overline{Y}_{EX}$ 为编码器的工作标志，低电平有效。

(4) Y_S 为使能输出端，高电平有效。

13.4.2 译码器

译码是编码的逆过程。在编码时，每一种二进制代码状态都表示了一个确定的信号或者对象，把代码状态翻译成原有信息的过程，就是译码，实现译码功能的电路就是译码器。译码器种类很多，有二进制译码器、二—十进制译码器和显示译码器等。

1. 二进制译码器

二进制译码器的输入是一组二进制代码，输出是一组与输入代码相对应的高、低电平信号。

2-4 线译码器的功能见表 13-20。

表 13-20 2-4 线译码器的功能表

输入			输出			
$\overline{EI}$	A	B	$\overline{Y_0}$	$\overline{Y_1}$	$\overline{Y_2}$	$\overline{Y_3}$
1	×	×	1	1	1	1
0	0	0	0	1	1	1
0	0	1	1	0	1	1
0	1	0	1	1	0	1
0	1	1	1	1	1	0

由表 13-20 可写出各输出函数的表达式，即：

$$Y_0 = \overline{\overline{\mathrm{EI}}\,\overline{A}\,\overline{B}}, Y_1 = \overline{\overline{\mathrm{EI}}\,\overline{A}B}$$

$$Y_2 = \overline{\overline{\mathrm{EI}}A\overline{B}}, Y_3 = \overline{\overline{\mathrm{EI}}AB}$$

74LS138 是一种典型的集成二进制译码器，图 13-33 和图 13-34 所示分别是带选通端的集成 74LS138 型 3 线—8 线译码器的逻辑图和引脚排列图，表 13-21 是其真值表。其中 A_2、A_1、A_0 为二进制译码输入端(又称地址端)，$\overline{Y_7}\sim\overline{Y_0}$ 为译码输出端(低电平有效)，S_1、$\overline{S_2}$、$\overline{S_3}$ 为选通控制端。当 $S_1=1$、$\overline{S_2}+\overline{S_3}=0$ 时，译码器处于译码状态；当 $S_1=0$、$\overline{S_2}+\overline{S_3}=1$ 时，

译码器处于禁止状态，被封锁在高电平。

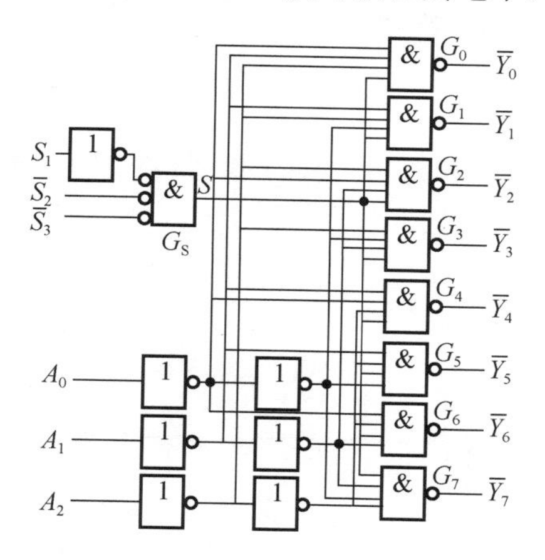

图 13-33　74LS138 译码器逻辑图

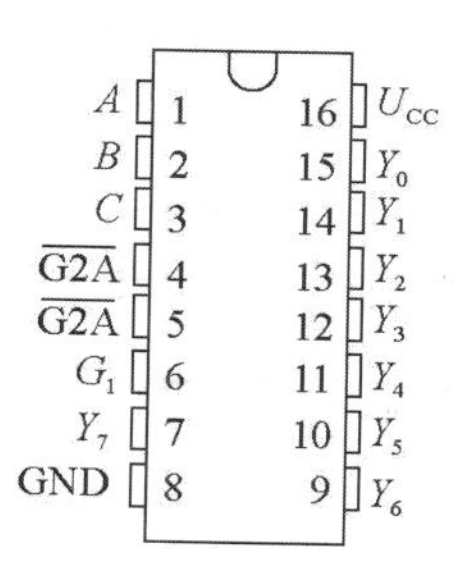

图 13-34　74LS138 译码器引脚图

表 13-21　74LS138 译码器的真值表

输　入					输　出							
使　能		选　择										
S_1	$\overline{S}_2+\overline{S}_3$	A_2	A_1	A_0	$\overline{Y}_7$	$\overline{Y}_6$	$\overline{Y}_5$	$\overline{Y}_4$	$\overline{Y}_3$	$\overline{Y}_2$	$\overline{Y}_1$	$\overline{Y}_0$
×	1	×	×	×	1	1	1	1	1	1	1	1
0	×	×	×	×	1	1	1	1	1	1	1	1
1	0	0	0	0	1	1	1	1	1	1	1	0
1	0	0	0	1	1	1	1	1	1	1	0	1
1	0	0	1	0	1	1	1	1	1	0	1	1
1	0	0	1	1	1	1	1	1	0	1	1	1
1	0	1	0	0	1	1	1	0	1	1	1	1
1	0	1	0	1	1	1	0	1	1	1	1	1
1	0	1	1	0	1	0	1	1	1	1	1	1
1	0	1	1	1	0	1	1	1	1	1	1	1

二进制译码器的应用范围很广。例如在微机控制系统中，一台微机同时控制多台对象时，就是通过二进制译码器选中不同通道的。二进制译码器还可作为数据分配器使用，若和门电路配合，还可以用来实现逻辑函数等。

【例 13-16】试用 74LS138 译码器实现逻辑函数 $Y(A、B、C)=\sum_m(1,3,5,6,7)$。

解：S_1 接 5V，$\overline{S_2}$ 和 $\overline{S_3}$ 接地，将输入变量 A、B、C 分别置换 A_2、A_1、A_0，因为 $\overline{Y_i}=\overline{m_i}$，则

$$Y(A、B、C)=\sum_m(1,3,5,6,7)=m_1+m_3+m_5+m_6+m_7$$

$$=\overline{\overline{m_1 m_3 m_5 m_6 m_7}}=\overline{\overline{Y_1 Y_3 Y_5 Y_6 Y_7}}$$

因此，正确连接控制输入端使译码器处于工作状态，将$\overline{Y_1}$、$\overline{Y_3}$、$\overline{Y_5}$、$\overline{Y_6}$、$\overline{Y_7}$经一个与非门输出，就可实现该组合逻辑函数 Y，其逻辑图如图 13-35 所示。

2. 二—十进制译码器

二—十进制译码器的逻辑功能是将输入的 BCD 码译成 10 个输出信号。图 13-36 所示是二—十进制译码器 74LS42 的逻辑符号，其功能见表 13-22。

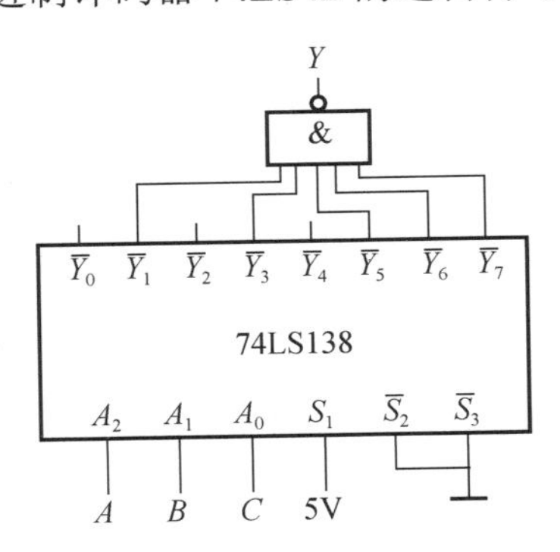

图 13-35　例 13-16 逻辑图

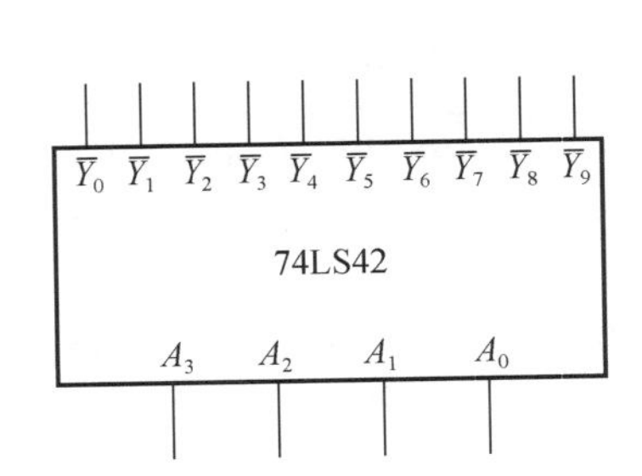

图 13-36　74LS42 逻辑符号

表 13-22　二-十进制译码器功能表

A_3	A_2	A_1	A_0	$\overline{Y_0}$	$\overline{Y_1}$	$\overline{Y_2}$	$\overline{Y_3}$	$\overline{Y_4}$	$\overline{Y_5}$	$\overline{Y_6}$	$\overline{Y_7}$	$\overline{Y_8}$	$\overline{Y_9}$
0	0	0	0	0	1	1	1	1	1	1	1	1	1
0	0	0	1	1	0	1	1	1	1	1	1	1	1
0	0	1	0	1	1	0	1	1	1	1	1	1	1
0	0	1	1	1	1	1	0	1	1	1	1	1	1
0	1	0	0	1	1	1	1	0	1	1	1	1	1
0	1	0	1	1	1	1	1	1	0	1	1	1	1
0	1	1	0	1	1	1	1	1	1	0	1	1	1
0	1	1	1	1	1	1	1	1	1	1	0	1	1
1	0	0	0	1	1	1	1	1	1	1	1	0	1
1	0	0	1	1	1	1	1	1	1	1	1	1	0
1	0	1	0	1	1	1	1	1	1	1	1	1	1
1	0	1	1	1	1	1	1	1	1	1	1	1	1
1	1	0	0	1	1	1	1	1	1	1	1	1	1
1	1	0	1	1	1	1	1	1	1	1	1	1	1
1	1	1	0	1	1	1	1	1	1	1	1	1	1
1	1	1	1	1	1	1	1	1	1	1	1	1	1

3. 显示译码器

在数字系统中，常常需要将数字、字母、符号等直观地显示出来，供人们使用或监视系统的工作情况。能够显示数字、字母或符号的器件称为数字显示器。

常用的数字显示器有多种类型。按显示方式不同，分为字型重叠式、点阵式、分段式等；按发光物质不同，分为半导体显示器、荧光显示器、液晶显示器、气体放电管显示器等。半导体显示器又称发光二极管(LED)显示器，目前应用最广泛的是由发光二极管构成的 7 段数字显示器。

1)　数字显示器件

7 段 LED 数字显示器俗称数码管，其工作原理是将要显示的十进制数码分成 7 段，每段为一个发光二极管，利用不同发光段的组合来显示不同的数字。不同材料制作的发光二极管正向导通时能发出不同的颜色，如红、黄、绿、蓝等。数码管中的 7 个发光二极管按连接方式不同有共阴型和共阳型两类。带有小数点(DP)的 7 段共阴和共阳数码管外形结构和原理图如图 13-37 所示。从图 13-37(b)中可知，共阴型数码管的公共端 COM 应接入低点平(地)，其输入端 a～DP 为高电平点亮；从图 13-37(c)中可知，共阳型数码管的公共端 COM 应接入高点平(U_{CC})。

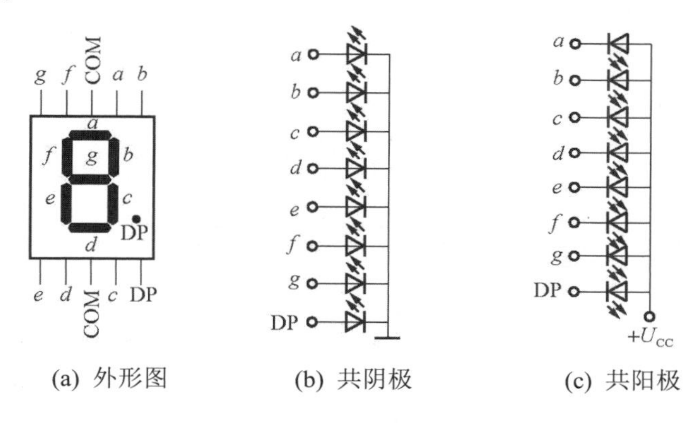

(a) 外形图　　(b) 共阴极　　(c) 共阳极

图 13-37　LED 7 段显示器

2)　7 段译码/显示器集成电路 74LS48

74LS48 用于与共阴极半导体 LED 数码管连接，显示的字形形状如图 13-37(a)所示。图 13-38 所示为显示译码器 74LS48 的逻辑符号图和引脚排列图，其功能表见表 13-23。

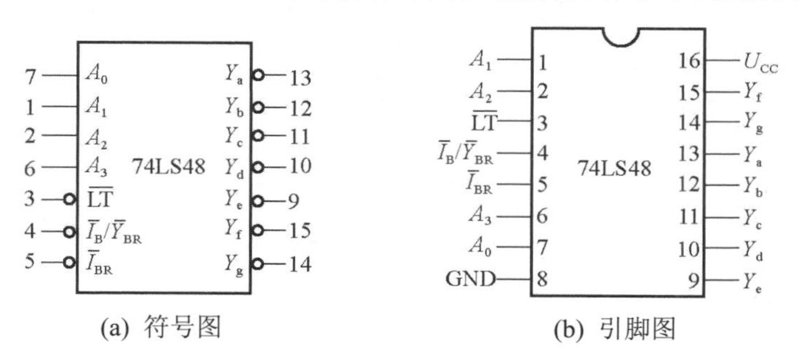

(a) 符号图　　(b) 引脚图

图 13-38　74LS48 译码器的逻辑符号图和引脚排列图

表 13-23 74LS48 七段译码器/显示器集成电路的功能表

十进制或功能	输入						$\overline{\mathrm{BIRBO}}$	输出						
	$\overline{\mathrm{LT}}$	$\overline{\mathrm{RBI}}$	A_3	A_2	A_1	A_0		Y_a	Y_b	Y_c	Y_d	Y_e	Y_f	Y_g
0	1	1	0	0	0	0	1	1	1	1	1	1	1	0
1	1	×	0	0	0	1	1	0	1	1	0	0	0	0
2	1	×	0	0	1	0	1	1	1	0	1	1	0	1
3	1	×	0	0	1	1	1	1	1	1	1	0	0	1
4	1	×	0	1	0	0	1	0	1	1	0	0	1	1
5	1	×	0	1	0	1	1	1	0	1	1	0	1	1
6	1	×	0	1	1	0	1	0	0	1	1	1	1	1
7	1	×	0	1	1	1	1	1	1	1	0	0	0	0
8	1	×	1	0	0	0	1	1	1	1	1	1	1	1
9	1	×	1	0	0	1	1	1	1	1	1	0	1	1
10	1	×	1	0	1	0	1	0	0	0	1	1	0	1
11	1	×	1	0	1	1	1	0	0	1	1	0	0	1
12	1	×	1	1	0	0	1	0	1	0	0	0	1	1
13	1	×	1	1	0	1	1	1	0	0	1	0	1	1
14	1	×	1	1	1	0	1	0	0	0	1	1	1	1
15	1	×	1	1	1	1	1	0	0	0	0	0	0	0
灭灯	×	×	×	×	×	×	0(输入)	0	0	0	0	0	0	0
灭零	1	0	0	0	0	0	0(输出)	0	0	0	0	0	0	0
灯测试	0	×	×	×	×	×	1		1	1	1	1	1	1

从 74LS48 的真值表可以看出，74LS48 应用于高电平驱动的共阴极显示器。当输入信号 $A_3A_2A_1A_0$ 为 0000～1001 时，分别显示 0～9 数字信号；当输入 1010～1111 时，显示稳定的非数字信号；当输入为 1111 时，7 个显示段全暗。可以从显示段出现非 0～9 的数推断输入已出错，即可检查输入情况。

74LS48 除基本输入端和基本输出端外，还有几个辅助输入输出端。

(1) 灭灯功能。只要将 $\overline{\mathrm{BI}}/\overline{\mathrm{RBO}}$ 端作输入用，并输入 0，即 $\overline{\mathrm{BI}}=0$ 时，无论 $\overline{\mathrm{LT}}$ 、$\overline{\mathrm{RBI}}$ 及 A_3、A_2、A_1、A_0 状态如何，a～g 均为 0，显示管熄灭。因此，灭灯输入端 $\overline{\mathrm{BI}}$ 可用作显示控制。例如，用一个间歇的脉冲信号来控制灭灯(消隐)输入端时，则要显示的数字将在数码管上间歇地闪亮。

(2) 试灯功能。在 $\overline{\mathrm{BI}}/\overline{\mathrm{RBO}}$ 作为输出端(不加输入信号)的前提下，当 $\overline{\mathrm{LT}}=0$ 时，不论 $\overline{\mathrm{RBI}}$ 、A_3、A_2、A_1、A_0 输入端为什么状态，$\overline{\mathrm{BI}}/\overline{\mathrm{RBO}}$ 为 1，a～g 全为 1，所有段全亮。可以利用试灯输入信号来测试数码管的好坏。

(3) 灭零功能。在 $\overline{\mathrm{BI}}/\overline{\mathrm{RBO}}$ 作为输出端(不加输入信号)的前提下，当 $\overline{\mathrm{LT}}=1$、$\overline{\mathrm{RBI}}=0$ 时，若 A_3、A_2、A_1、A_0 为 0000 时，a～g 均 0，实现灭零功能。与此同时，$\overline{\mathrm{BI}}/\overline{\mathrm{RBO}}$ 输出低电平(此时 $\overline{\mathrm{BI}}/\overline{\mathrm{RBO}}$ 作输出用)，表示译码器处于灭零状态。而对非 0000 数码输入，则照常显示，$\overline{\mathrm{BI}}/\overline{\mathrm{RBO}}$ 输出高电平。因此，灭零输入用于输入数字 0 而又不需要显示 0 的场合。$\overline{\mathrm{RBO}}$

与 $\overline{RBI}$ 配合使用，可以消去混合小数点的前零和无用的尾零。例如一个 7 位数显示器，如要将 006.0400 显示成 6.04，可按图 13-39 所示电路连接，这样既符合人们的阅读习惯，又能减少电能的消耗。图中各片电路 $\overline{LT}$=1，第一片电路 $\overline{RBI}$=0，第一片的 $\overline{RBO}$ 接第二片的 $\overline{RBI}$，当第一片输入 $A_3A_2A_1A_0$=0000 时，灭零且 $\overline{RBO}$=0，使第二片也有了灭零条件，只要片 2 输入零，数码管也可熄灭。片 6、片 7 的原理与此相同。片 3、片 4 的 $\overline{RBI}$=1，不处在灭零状态，因此片 6 与片 4 中间的 0 得以显示。

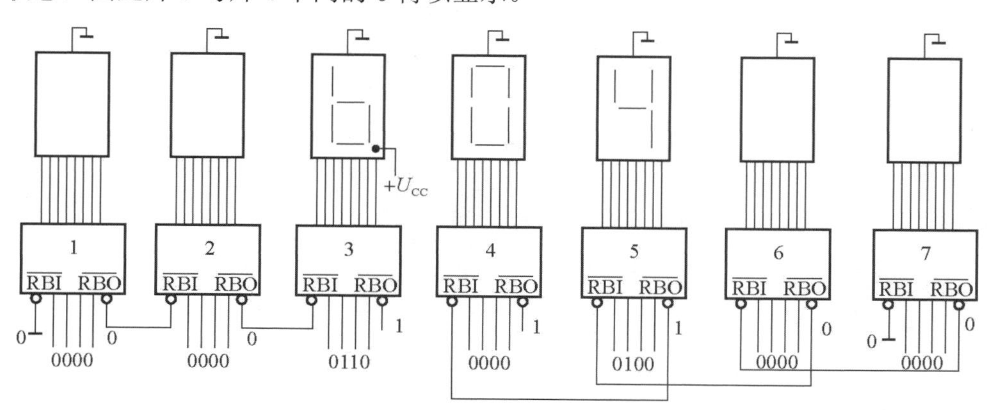

图 13-39 具有灭零控制的 7 位数码显示系统

13.4.3 MSI 译码器测试

用 74LS138 译码器以及门电路实现一位全加器，设计、连接并测试电路。

使用万用表对元器件进行检测，如果发现元器件有损坏，说明情况，并更换新的元器件。

【注意事项】

(1) 在连接集成电路时，一定要注意引脚顺序，接入电源的极性要仔细检查，不能接错。

(2) 禁止带电连接电路。

项目评价表见表 13-24。

表 13-24 项目评价表

项 目		考核要求	分 值
理论知识	集成门电路	能正确识别各种集成门电路	10
	集成电路应用	能正确掌握译码器和数据选择器等应用	20
操作技能	准备工作	10min 内完成仪器和元器件的整理工作	10
	元器件检测	能正确完成元器件检测	10
	安装调试	能正确完成电路的装调	20
	用电安全	严格遵守电工作业章程	15
职业素养	思政表现	能遵守安全规程与实验室管理制度，展现工匠精神	15
项目成绩			
总评			

13.4.4 数据选择器

数据选择器又叫多路选择器或多路开关，它是多输入单输出的组合逻辑电路。数据选择器能够从来自不同地址的多路数据中任意选出所需要的一路数据作为输出，至于选择哪一路数据输出，则完全由当时的选择控制信号决定。

数据选择器又常以 MUX 表示。常用的选择器有 2 选 1、4 选 1、8 选 1、16 选 1 等，如输入数据更多，则可以扩大上述选择器功能而得，如 32 选 1、64 选 1 等。

下面以 4 选 1 数据选择器为例来分析说明数据选择器的原理与功能。

4 选 1 数据选择器的逻辑电路如图 13-40 所示。其中 D_0～D_3 为数据输入端，A_1、A_0 为地址信号输入端，Y 为数据输出端，S 为使能(选通)端(用于控制电路的工作状态，利用它可实现电路的扩展功能)。当 S=0 时，电路工作，当 S=1 时数据被封锁。

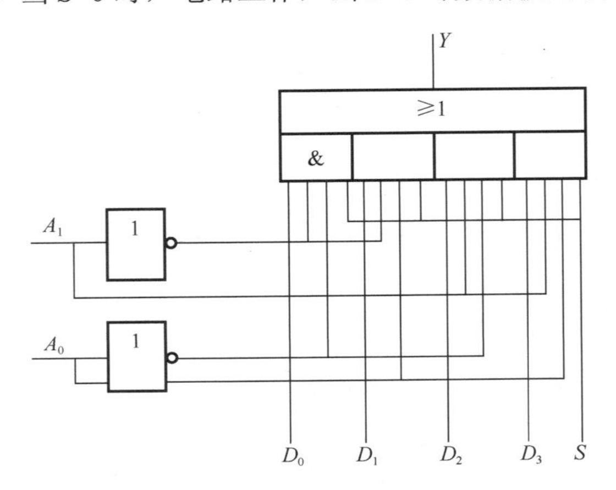

图 13-40　4 选 1 数据选择器逻辑电路

4 选 1 数据选择器的逻辑功能见表 13-25。

表 13-25　4 选 1 数据选择器的功能表

输　入			输　出
S	A_1	A_0	Y
1	×	×	0
0	0	0	D_0
0	0	1	D_1
0	1	0	D_2
0	1	1	D_3

由表 13-25 可知，当选通输入端 S=0 时，输出的逻辑表达式可写成

$$Y = D_0(\overline{A_1}\,\overline{A_0}) + D_1(\overline{A_1}\,A_0) + D_2(A_1\overline{A_0}) + D_3(A_1A_0)$$

74LS151 是一种典型的数据选择器，它有 3 个地址输入端 A_2、A_1、A_0，8 个数据输入端 D_0～D_7，两个互补输出的数据输出端 Y 和 $\overline{Y}$，还有一个控制输入端 $\overline{S}$。8 选 1 数据选择

器 74LS151 的逻辑符号如图 13-41 所示，功能见表 13-26。

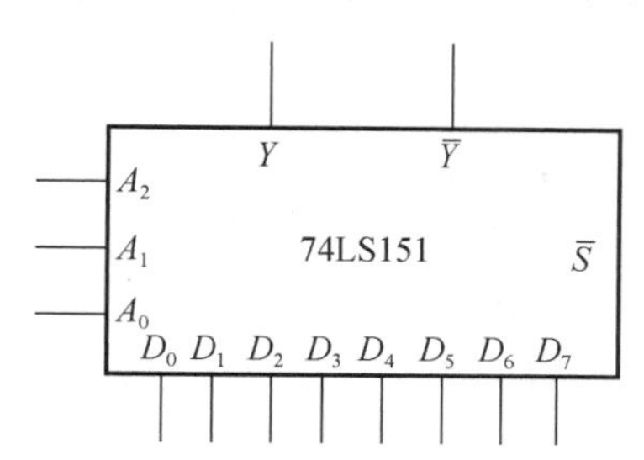

图 13-41　74LS151 的逻辑符号

表 13-26　74LS151 的功能表

输　入				输　出	
$\overline{S}$	A_2	A_1	A_0	Y	$\overline{Y}$
1	×	×	×	0	1
1	0	0	0	D_0	$\overline{D}_0$
0	0	0	1	D_1	$\overline{D}_1$
0	0	1	0	D_2	$\overline{D}_2$
0	0	1	1	D_3	$\overline{D}_3$
0	1	0	0	D_4	$\overline{D}_4$
0	1	0	1	D_5	$\overline{D}_5$
0	1	1	0	D_6	$\overline{D}_6$
0	1	1	1	D_7	$\overline{D}_7$

从表 13-26 所示的功能表看出，$\overline{S}$ 为低电平有效。当 $\overline{S}=1$ 时，电路处于禁止状态，Y 始终为 0；当 $\overline{S}$=0 时，电路处于工作状态，由地址输入端 $A_2\,A_1\,A_0$ 的状态决定哪一路信号送到 Y 和 $\overline{Y}$ 输出。

【例 13-17】试用 8 选 1 数据选择器电路实现 $Y=\overline{A}\overline{B}\overline{C}+\overline{A}BC+A\overline{B}C+ABC$。

解：将 A、B、C 分别从 A_2、A_1、A_0 输入，把 Y 端作为输出。因逻辑表达式中的各乘积项均为最小项，所以可以改写为 $Y(A,B,C)=m_0+m_3+m_5+m_7$。

将逻辑函数的最小项表达式与 74LS151 的功能表相比较。显然，Y 中出现的最小项，对应的数据输入端应接 1，Y 中没有出现的最小项，对应的数据输入端应接 0，即

$$D_0=D_3=D_5=D_7=1$$

$$D_1=D_2=D_4=D_6=0\text{，}\quad \overline{S}=0$$

画出连线图如图 13-42 所示。

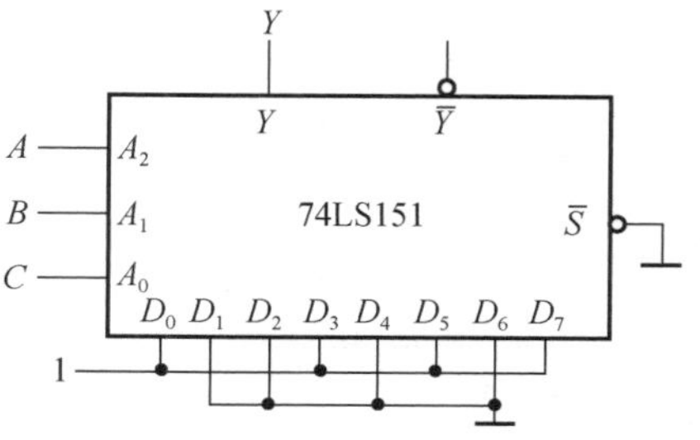

图 13-42　例 13-17 图

13.4.5 MSI 数据选择器测试

设计交通灯故障报警电路。

交通灯有红、黄、绿三色，只有当其中一只亮时为正常，其余状态均为故障。要求用74LS151 及门电路实现，设计出电路、连接并测试。

使用万用表对元器件进行检测，如果发现元器件有损坏，说明情况，并更换新的元器件。

【注意事项】

(1) 连接集成电路时，一定要注意引脚顺序，接入电源的极性要仔细检查，不能接错。

(2) 禁止带电连接电路。

项目评价表见表 13-27。

表 13-27 项目评价表

项 目		考核要求	分 值
理论知识	门电路	能正确识别各种门电路	10
	逻辑表达方式	能正确转换逻辑表达方式	20
操作技能	准备工作	10min 内完成仪器和元器件的整理工作	10
	元器件检测	能正确完成元器件检测	10
	安装调试	能正确完成电路的装调	20
	用电安全	严格遵守电工作业章程	15
职业素养	思政表现	能遵守安全规程与实验室管理制度，展现工匠精神	15
项目成绩			
总评			

13.4.6 加法器

算术运算是数字系统的基本功能，更是计算机不可缺少的组成单元。

半加器是不考虑低位进位的加法器。全加器能把本位两个加数和来自低位的进位三者相加，并根据求和结果给出该位的进位信号。

根据全加器的逻辑功能，假设本位的加数和被加数为 A_n 和 B_n，低位的进位为 C_{n-1}，本位的和为 S_n，本位的进位为 C_n，则可以列出全加器的真值表，见表 13-28。

表 13-28 全加器的真值表

A_n	B_n	C_{n-1}	S_n	C_n
0	0	0	0	0
0	0	1	1	0
0	1	0	1	0
0	1	1	0	1

续表

A_n	B_n	C_{n-1}	S_n	C_n
1	0	0	1	0
1	0	1	0	1
1	1	0	0	1
1	1	1	1	1

根据表 13-28 所示的真值表并利用卡诺图可以写出 S_n 和 C_n 的逻辑表达式：

$$S_n = A_n \oplus B_n \oplus C_n$$

$$C_n = (A_n \oplus B_n)C_n + A_n B_n$$

由 S_n 和 C_n 的表达式画出图 13-43(a)所示的加法器的逻辑电路。图 13-43(b)所示是加法器的逻辑符号。

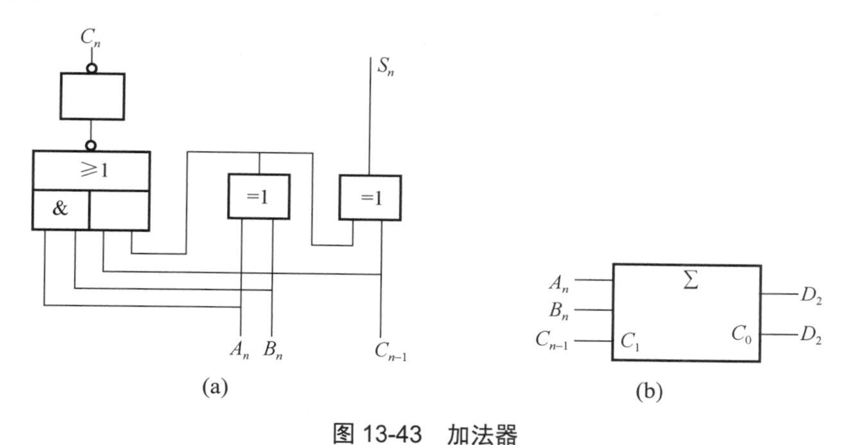

图 13-43　加法器

思考与练习

一、判断题

1. 8421 是一种常见的 BCD 码，它用 4 位二进制组成的代码来表示一位十六进制数。（　）
2. 任何逻辑函数都可以表示成最小项之和的形式，而且最小项的表达式是唯一的。（　）
3. 74LS00 是常用的 14 引脚 2 输入四与非门集成电路。（　）
4. 74LS138 是一个 3 线-8 线译码器。（　）
5. 化简 $Y(A, B, C, D)=\sum m(3, 4, 5, 7, 9, 13, 14, 15)$，其结果有三项。（　）

二、填空题

1. 把十六进制数 26H 化为二进制数是________________。
2. 8 输入端的编码器按二进制编码时，输出端的个数是________。

3. 当 8 选 1 数据选择器的选择码 A_1，A_2，A_3 为________________时，选择器从 D_6 输入。

4. 把二进制代码所表示的状态转换为相应的输出信号的过程称作_______。

5. 输入变量为 A、B，其异或表达式为__________________________。

三、计算题

1. 已知逻辑函数 $Y=AB+BC+CA$。

(1) 试用真值表、卡诺图和逻辑电路图表示。

(2) 将其化为与非逻辑形式，并画出此时的逻辑电路。

2. 用代数化简法化简下列逻辑表达式。

(1) $Y=\overline{ABC}+A+B+C$

(2) $Y=\overline{\overline{A}BC}(B+\overline{C})$

(3) $Y=A\overline{B}+B+\overline{A}B$

(4) $Y=AB+\overline{A}\,\overline{B}+BC+\overline{B}\,\overline{C}$

(5) $Y=A\overline{B}CD+ABD+A\overline{C}D$

(6) $Y=\overline{A\overline{C}+B}\cdot\overline{\overline{C}\,\overline{D}+\overline{C}D}$

(7) $Y=\overline{A\overline{B}}+\overline{\overline{A}BC}$

(8) $Y=A+B+\overline{C}(A+\overline{B}+C)(A+B+C)$

3. 用卡诺图将下列逻辑函数化为最简与或式。

(1) $Y=A\overline{B}+\overline{A}C+BC+\overline{C}D$

(2) $Y=A\overline{B}\,\overline{C}+\overline{A}\,\overline{B}+\overline{A}D+BD$

(3) $Y=\overline{A}\,\overline{B}C+\overline{A}BC+A\overline{B}\,\overline{C}+ABC+AB\overline{C}$

(4) $Y=\overline{A}\,\overline{B}C+B\overline{C}D+\overline{A}BC+A\overline{B}\,\overline{C}+AB\overline{C}\,\overline{D}+ABCD$

(5) $Y(A,B,C,D)=m_0+m_2+m_3+m_4+m_6$

(6) $Y(A,B,C,D)=\sum m(0,1,2,5,8,9,10,12,14)$

(7) $Y(A,B,C)=\sum m(0,1,2,5,6,7)$

(8) $Y(A,B,C,D)=\sum m(0,1,2,8,9,10,12,13,14,15)$

4. 试用与非门设计一个 4 变量的多数表决电路。当输入变量 A，B，C，D 中有 3 个或 3 个以上变量为 1 时输出为 1，其余情况下输出为 0。

5. 试用门电路设计一个 3 变量的奇偶校验电路。当输入的 3 个变量中有奇数个变量为 1 时，输出为 1，否则输出为 0。

6. 试用译码器 74LS138 和必要的门电路实现下列逻辑功能。

(1) $Y_1=AC$

(2) $Y_2=\overline{A}\,\overline{B}+\overline{B}C+ABC$

(3) $Y_3=\overline{B}\,\overline{C}+AB\overline{C}$

7. 试用 8 选 1 数据选择器实现逻辑函数。

(1) $Y_1=AC+\overline{A}B\overline{C}+\overline{A}\,\overline{B}C$

(2) $Y_2=\sum m(0,1,5,6)$

微课资源

扫一扫：获取相关微课视频。

13-1　数字电路概述

13-2　数字电路主要参数

13-3　进制转换

13-4　进制转换

13-5　码制

13-6　与逻辑

13-7　复合逻辑运算

13-8　逻辑代数运算

13-9　逻辑电路分析

13-10　卡诺图最小项

13-11　卡诺图化简

13-12　组合逻辑电路分析

13-13　MSI 应用(编码器)

13-14　译码器

13-15　其他 MSI 的应用

项目 14

触发器与时序逻辑电路

【项目要点】

在数字系统中，除了能够进行逻辑运算和算术运算的组合逻辑电路之外，还有需要具有记忆功能的时序逻辑电路，触发器是构成时序逻辑电路的基本单元。本项目在掌握时序逻辑电路分析方法的基础上，重点介绍几种中规模集成器件以及其应用。

14.1 触 发 器

在组合逻辑电路中，任何时刻，电路的稳定输出只取决于同一时刻各输入变量的取值，而与电路以前的状态无关，也就是组合逻辑电路不具有记忆功能。而在数字逻辑电路中，往往还需要一种具有记忆功能的电路，这种电路在任何时刻的输出，不仅与该时刻的输入信号有关，还与该电路原来的状态有关。时序逻辑电路中有记忆功能的存储电路通常由触发器担任。

触发器是一种具有记忆功能的基本逻辑单元电路，它有两种稳定的状态：0 态和 1 态。在触发信号的作用下，可以从原来的稳定状态翻转到另一种稳定状态。触发器按逻辑功能的不同，可以分为 RS 触发器、JK 触发器和 D 触发器；按电路结构的不同，可以分为基本触发器、电平触发器和边沿触发器等。

14.1.1 RS 触发器

1. 基本 RS 触发器

基本 RS 触发器是各种触发器中电路结构最简单的一种，同时，也是构成其他复杂触发电路的一个组成部分。

1) 电路结构和符号

基本 RS 触发器由两个与非门交叉耦合而成，其逻辑图和逻辑符号如图 14-1(a)、(b)所示。由图可见，它有两个输入端$\overline{R_D}$、$\overline{S_D}$，两个互补的输出端Q和$\overline{Q}$。并且定义$Q=0$、$\overline{Q}=1$的状态为触发器的 0 状态；$Q=1$、$\overline{Q}=0$为触发器的 1 状态。

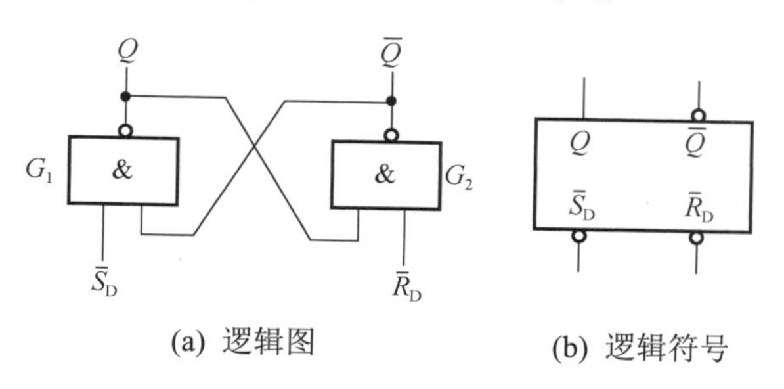

(a) 逻辑图 (b) 逻辑符号

图 14-1 基本 RS 触发器

2) 工作原理

$\overline{R_D}=0$，$\overline{S_D}=1$。由于$\overline{R_D}=0$，不论Q为 0 还是 1，都有$\overline{Q}=1$，再由$\overline{S_D}=1$，可得$Q=0$。即不论触发器原来处于什么状态，都将变成 0 状态，这种情况称将触发器置 0 或复位。

$\overline{R_D}=1$，$\overline{S_D}=0$。由于$\overline{S_D}=0$，不论$\overline{Q}$为 0 还是 1，都有$Q=1$，再由$\overline{R_D}=1$、$Q=1$可得$\overline{Q}=0$。即不论触发器原来处于什么状态，都将变成 1 状态，这种情况称将触发器置 1 或置位。

$\overline{R_D}=1$，$\overline{S_D}=1$。若触发器的初始状态为 0，即$Q=0$，$\overline{Q}=1$，则由$\overline{R_D}=1$、$Q=0$可得$Q=1$，再由$\overline{S_D}=1$、$\overline{Q}=1$可得$Q=0$，即触发器保持 0 状态不变。如果触发器原来处在$Q=1$、

$\overline{Q}=0$ 的 1 状态时，电路将同样保持 1 状态不变。

$\overline{R_D}=0$，$\overline{S_D}=0$ 显然，这种情况下两个与非门的输出端全为 1，不符合触发器的逻辑关系。并且由于与非门延迟时间不可能完全相等，在两输入端 0 信号同时撤除后，不能确定触发器是处于 1 状态还是 0 状态，所以触发器不允许出现这种情况。

可见，在 $\overline{R_D}$ 端加有效触发信号(低电平 0)，触发器被置为 0 态，在 $\overline{S_D}$ 端加有效触发信号(低电平 0)，触发器被置为 1 态。所以 $\overline{R_D}$ 端称为置 0 端，$\overline{S_D}$ 端称为置 1 端。

基本 RS 触发器还可由两个或非门交叉耦合而成。这种触发器的触发信号是高电平有效，通过分析，可以看出当 $R_D=0$、$S_D=1$ 时，触发器置 1；当 $R_D=1$、$S_D=0$ 时，触发器置 0；当 $R_D=S_D=0$ 时，触发器保持原状态不变；当 $R_D=S_D=1$ 时，$Q=\overline{Q}=0$，当 R_D 和 S_D 同时由高电平变为低电平时，触发器的输出状态是不确定的，所以这种情况是不允许的。

2. 同步 RS 触发器

由于基本 RS 触发器有一个输出不定状态，且又没有有效时钟控制输入端，所以单独使用的情况并不多，一般只作为其他触发器的组成部分。在实际使用中，往往要求触发器按一定的节拍动作，于是产生了同步触发器，它属于时钟触发器。这种触发器有两种输入端：一种是决定其输出状态的数据信号输入端，另一种是决定其动作时间的时钟脉冲，即 CP 输入端。

1) 基本结构

在基本 RS 触发器的基础上，加两个与非门即可构成钟控 RS 触发器，钟控 RS 触发器的逻辑图和逻辑符号如图 14-2 所示。与非门 G_1、G_2 构成基本 RS 触发器，与非门 G_3、G_4 是控制门，输入信号 R、S 通过控制门进行传送，CP 时钟脉冲是输入控制信号。$\overline{R_D}$、$\overline{S_D}$ 是直接置 0、置 1 端，用来设置触发器的初始状态。

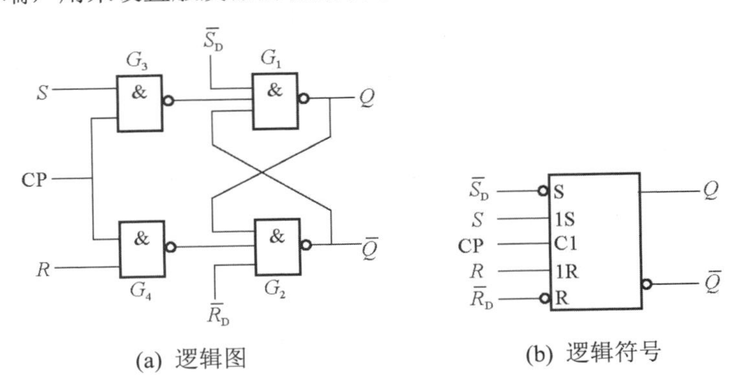

图 14-2　钟控 RS 触发器

2) 工作原理

(1) 当 CP=0(低电平)时，G_3、G_4 门被封锁，输出都为 1，此时 R、S 端的输入信号不会影响触发器的状态，触发器保持原来的状态不变。

(2) 当 CP=1(高电平)时，G_3、G_4 门打开，R、S 端的输入信号传送到门 G_1、G_2 组成的基本 RS 触发器的输入端，触发器触发翻转。

钟控 RS 触发器在 CP=1 时，其逻辑功能与基本 RS 触发器相同，不同的只是多了两个控制门。根据逻辑图，可得出钟控 RS 触发器的功能表，见表 14-1。表中 Q^n 表示时钟脉冲 CP 到来之前触发器的状态，称为现态；Q^{n+1} 表示时钟脉冲 CP 到来之后触发器的状态，称为次态。

表 14-1　钟控 RS 触发器的功能表

CP	R	S	Q^{n+1}	功　能
0			Q^n	保持
1	0	0	Q^n	保持
1	0	1	1	置 1
1	1	0	0	置 0
1	1	1	不定	不允许

3)　时序波形图

分析触发器及时序电路工作过程时常使用时序图(时序波形图)。图 14-3 所示为钟控 RS 触发器的时序图，图中触发器 Q 的波形是随着输入 R、S 及时钟脉冲 CP 而变化的。

4)　特性方程

触发器次态 Q^{n+1} 与 R、S 及现态 Q^n 之间关系的逻辑表达式称为触发器的特性方程。根据功能表可画出同步 RS 触发器 Q^{n+1} 的卡诺图，如图 14-4 所示。由此可得同步 RS 触发器的特性方程为

$$Q^{n+1} = S + \overline{R}Q^n \qquad \text{(CP=1 期间有效)}$$

$$RS = 0 \qquad \text{(约束条件)}$$

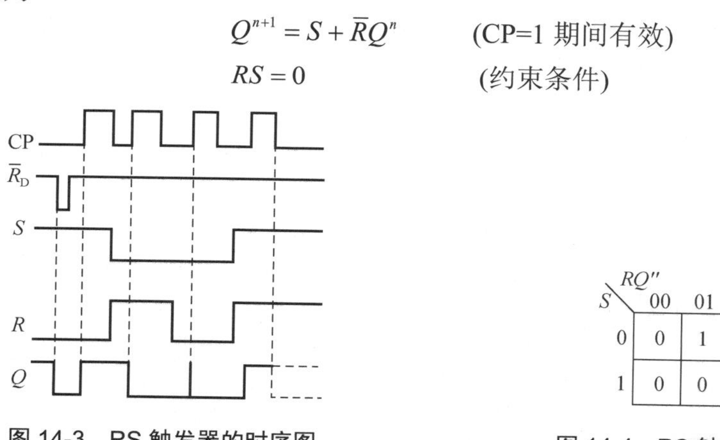

图 14-3　RS 触发器的时序图

S \ RQ^n	00	01	11	10
0	0	1	1	1
1	0	0	×	×

图 14-4　RS 触发器的卡诺图

5)　状态转换图

触发器的逻辑功能还可以用状态转换图来描述，它表示触发器从一个状态变化到另一个状态或保持原状态不变时对输入信号提出的要求。同步 RS 触发器的状态转换图如图 14-5 所示，图中的两个圆圈分别表示触发器 R=X、S=0 的两个稳定状态，箭头表示在时钟输入信号 CP 作用下状态转换的情况，箭头线旁标注的 R、S 值表示触发器状态转换的条件。例如要求触发器由 0 状态转换到 1 状态时，应取输入信号 R=0、S=1。

与基本 RS 触发器相比，钟控 RS 触发器抗干扰能力比基本 RS 触发器增强了。但它也存在以下两个问题。

(1)　钟控 RS 触发器一般要求在 CP=1 期间，触发器只能翻转一次，而钟控 RS 触发器的触发方式为电平触发，在 CP=1 期间，当 R、S 端的信号多次变化时，触发器的输出状态

也随之发生多次变化，出现所谓的空翻现象。

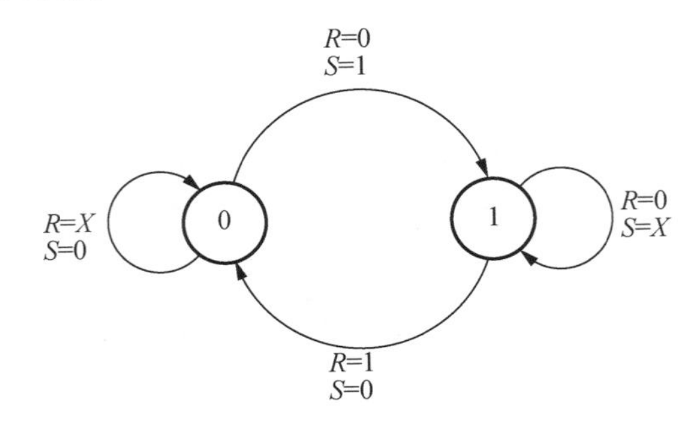

图 14-5　同步 RS 触发器的状态转换图

(2)　当 R=S=1 时，钟控 RS 触发器存在着次态不定状态，这在实际使用中非常不方便，故将它进行适当的变形可得到另外两种常用的触发器。

14.1.2　同步 JK 触发器

为了克服次态不定的问题，在同步 RS 触发器的基础上对其作了进一步的改进，将 RS 触发器输出交叉引回到输入，利用 Q端 和 $\overline{Q}$ 端互补这一条件，可满足 $S \neq R$，消去不定状态。

同步 JK 触发器的逻辑图和逻辑符号如图 14-6 所示。JK 触发器有两个输入控制端 J 和 K，它们与 RS 触发器的关系可看作：

$$S = J\overline{Q^n}$$

$$R = KQ^n$$

通过 RS 触发器的特性方程可得 JK 触发器的特性方程为

$$Q^{n+1} = J\overline{Q^n} + \overline{K}Q^n \qquad \text{(CP=1 期间有效)}$$

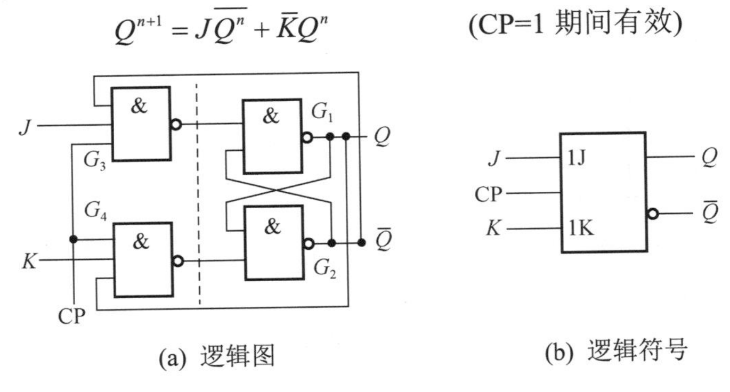

(a) 逻辑图　　(b) 逻辑符号

图 14-6　JK 触发器

同步 JK 触发器的功能见表 14-2。从功能表中可以看出当 CP=1 时，JK 触发器有 4 种工作状态：第 1 行 $J = K = 0$ 保持状态，第 2 行 $J = 0$，$K = 1$ 置 0 状态，第 3 行 $J = 1$，$K = 0$ 置 1 状态，第 4 行 $J = K = 1$ 取反状态，即次态为现态的反状态。

表 14-2　JK 触发器的功能

CP	J	K	Q^{n+1}	功　能
0			Q^n	保持
1	0	0	Q^n	保持
1	0	1	0	置 0
1	1	0	1	置 1
1	1	1	$\overline{Q^n}$	翻转

同步 JK 触发器的状态转换图如图 14-7 所示，其工作波形图如图 14-8 所示。

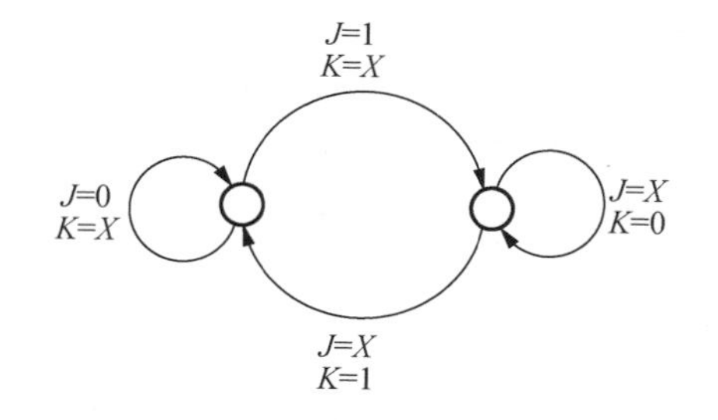

图 14-7　JK 触发器状态转换图

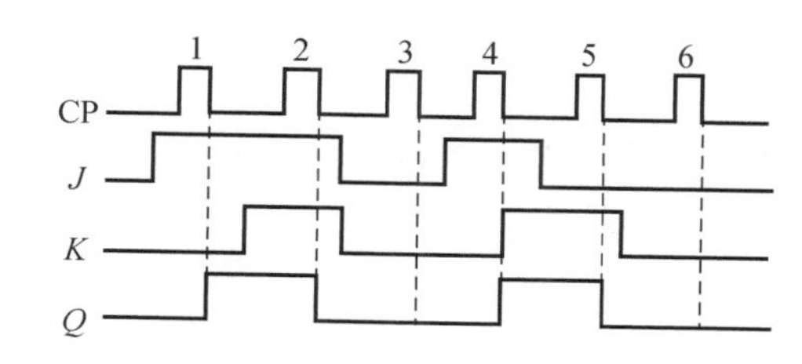

图 14-8　JK 触发器波形图

由以上分析可以看出同步 JK 触发器消除了状态不定问题。

14.1.3　同步 D 触发器

为了从根本上避免钟控 RS 触发器 R、S 同时为 1 的情况出现，可以在 R 和 S 之间接一个非门。图 14-9 所示是钟控 D 触发器的逻辑图和逻辑符号，因为 $S \neq R$，所以 RS 触发器的不定状态自然也就不存在了。

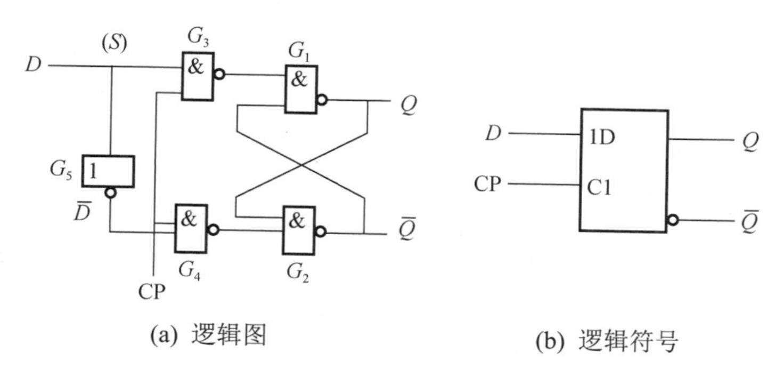

(a) 逻辑图　　(b) 逻辑符号

图 14-9　D 触发器

D 触发器的逻辑功能见表 14-3。

表 14-3　D 触发器的功能表

D	Q^n	Q^{n+1}
0	0	0
0	1	0
1	0	1
1	1	1

根据 D 触发器的功能表可以画出其卡诺图，并得出其特性方程为

$$Q^{n+1} = D \qquad \text{(CP=1 期间有效)}$$

同步 D 触发器的状态转换图如图 14-10 所示。

从功能表和特性方程可看出，D 触发器的输出次态总是与输入端 D 保持一致，即状态仅取决于控制输入 D，而与现态无关。同时它也在 CP 脉冲作用下同步工作，并不存在不定问题。D 触发器广泛应用于数据存储，所以也称为数据触发器。

同步 D 触发器在 CP=1 期间，只要输入信号的状态发生变化，触发器的输出状态就会随之而变，因而不能保证在一个 CP 脉冲期间内触发器只翻转一次。在一个 CP 脉冲作用之后，出现两次或两次以上的翻转现象称为空翻，图 14-11 所示为同步 D 触发器的空翻波形。

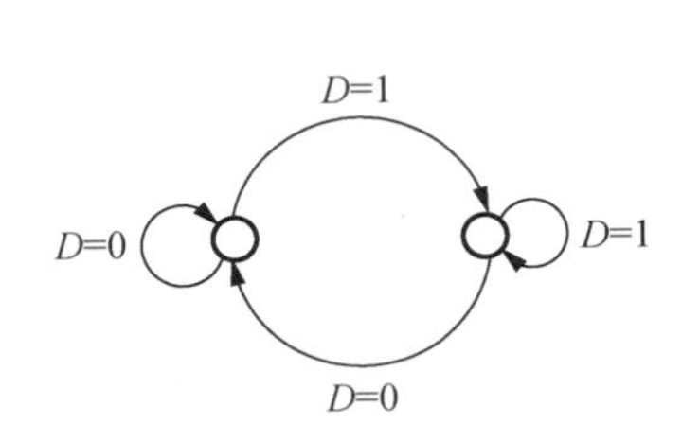

图 14-10　同步 D 触发器状态转换图

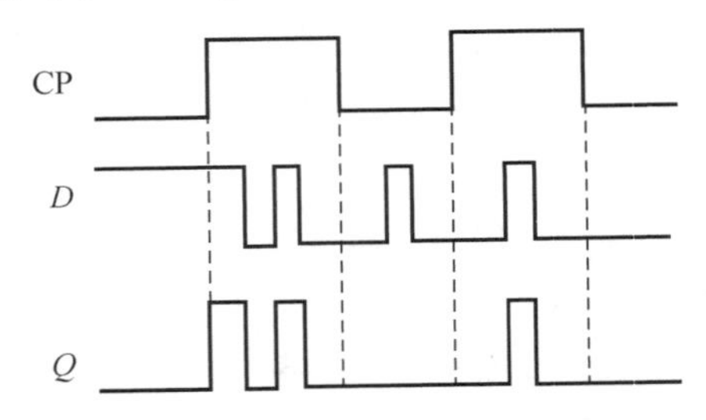

图 14-11　同步 D 触发器空翻波形图

空翻是一种有害的现象，它会使时序电路不能按照时钟节拍工作，造成系统的误动作。在数字电路的许多应用场合，不允许触发器存在空翻。

14.1.4　边沿触发器

为了提高触发器的抗干扰能力，增强电路工作的可靠性，常要求触发器状态的翻转只取决于时钟脉冲的上升沿或下降沿前一瞬间输入信号的状态，而与其他时刻的输入信号状态无关。边沿触发器可以有效地解决空翻的问题。

边沿触发器不仅将触发器的触发翻转控制在 CP 触发沿到来的一瞬间，而且将接收输入信号的时间也控制在 CP 触发沿到来的前一瞬间，从而大大提高了触发器工作的可靠性和抗干扰能力，消除了空翻现象。边沿触发器可分为上升沿触发和下降沿触发两类。

CP 端加有符号“＞”，表示边沿触发；不加“＞”，表示电平触发。CP 输入端加了“＞”且加了“°”表示下降沿触发，只加“>”不加“°”表示上升沿触发。

1. 维持阻塞型 D 触发器

维持阻塞型上升沿D触发器的逻辑符号如图14-12所示。

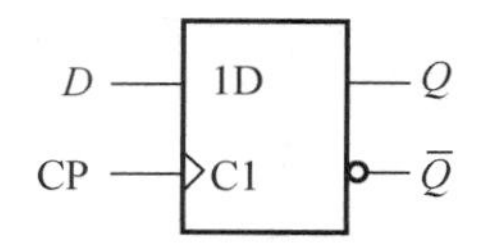

图 14-12　维持阻塞型上升沿 D 触发器的逻辑符号

由于维持阻塞型 D 触发器仅在 CP 上升沿时刻接收控制输入 D，并发生相应的状态改变，因此，其抗干扰能力明显优于同步触发器。

【例 14-1】在图 14-12 所示的维持阻塞型 D 触发器中，已知输入 D 和时钟 CP 的波形如图 14-13 所示，试画出触发器输出端 Q 的波形，设触发器的初态为 0。

解：根据维持阻塞型 D 触发器的工作特点，即触发器的状态仅在 CP 上升沿时刻才会随输入 D 而变化，使 $Q^{n+1}=D$，而在其余所有的时间都保持不变，可分段画出输出端 Q 的波形，如图 14-13 所示。

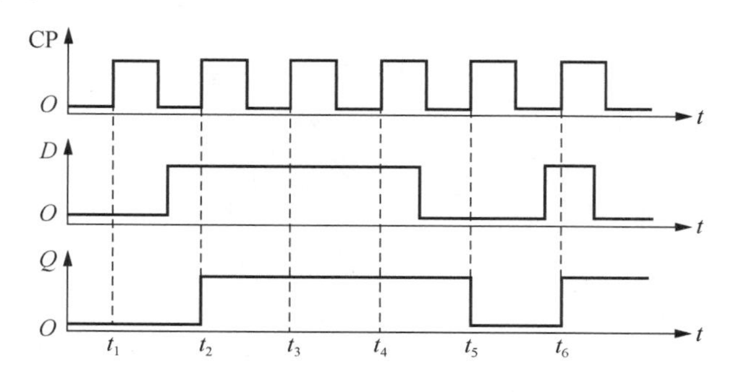

图 14-13　例 14-1 的波形图

2. 负边沿触发的 JK 触发器

负边沿触发 JK 触发器是功能比较完善的一种触发器，图 14-14(a)所示为该触发器的逻辑符号。如已知 CP 脉冲和输入控制端，设触发器起始状态 Q=0，则波形图如图 14-14(b)所示。

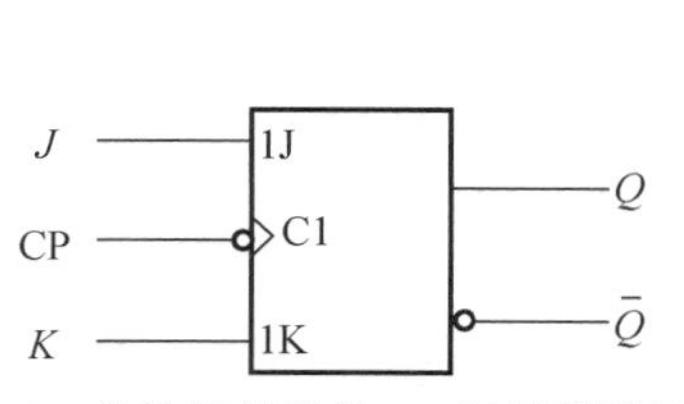

(a) 负边沿触发的 JK 触发器符号

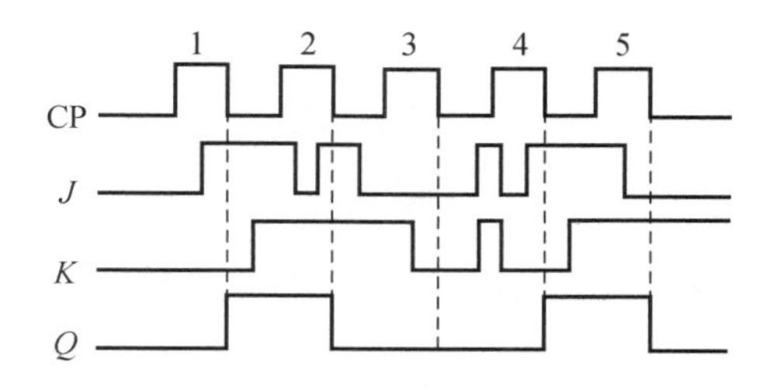

(b) 负边沿触发的 JK 触发器波形图

图 14-14　负边沿触发的 JK 触发器

14.1.5　触发器功能的转换

除了有 RS 触发器、JK 触发器和 D 触发器之外，还有 T 触发器和 T′ 触发器，但是它们没有集成产品，通常利用其他触发器转换成 T 触发器和 T′触发器。

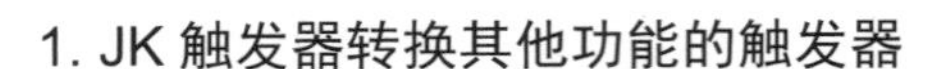

1. JK 触发器转换其他功能的触发器

1) JK 触发器转换为 D 触发器

JK 触发器的特性方程为

$$Q^{n+1}=J\overline{Q^n}+\bar{K}Q^n$$

D 触发器的特性方程变换为

$$Q^{n+1}=D=D\left(\overline{Q^n}+Q^n\right)=D\overline{Q^n}+DQ^n$$

比较以上两式可得：$J=D$、$K=\bar{D}$。

画出用JK触发器转换成D触发器的逻辑图，如图14-15所示。

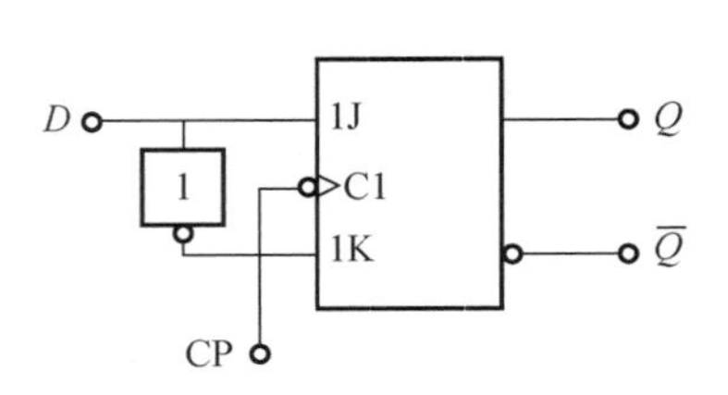

图 14-15　JK 触发器转 D 触发器

2) JK 触发器转换为 T 触发器或 T′触发器

T 触发器是一种可控翻转触发器。在 CP 的作用下，根据 T 端输入信号的不同，决定触发器是否翻转。当 T=0 时，触发器保持原状态；当 T=1 时，触发器发生翻转。而 T′触发器则是指每输入一个时钟脉冲 CP，状态就变化一次，其功能就是令 T=1 的 T 触发器。

通过 T 触发器的真值表可写出 T 触发器的特性方程为

$$Q^{n+1}=T\overline{Q^n}+\bar{T}Q^n$$

将 T=1 代入式中便得到 T′触发器的特性方程为

$$Q^{n+1}=\overline{Q^n}$$

与 JK 触发器的特性方程比较得：J=T、K=T。

画出用 JK 触发器转换成 T 触发器的逻辑图，如图 14-16 所示。令 T=1，即可得 T′触发器，如图 14-17 所示。

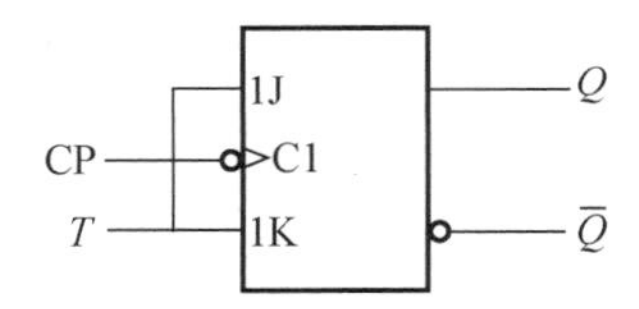

图 14-16　JK 触发器转换成 T 触发器

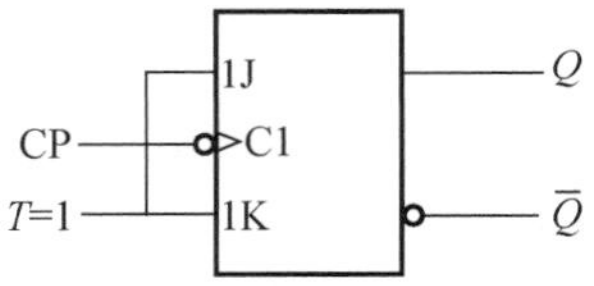

图 14-17　T′触发器

2. D 触发器转换其他功能的触发器

1) D 触发器转换为 JK 触发器

D 触发器和 JK 触发器的特性方程为

$$Q^{n+1}=D$$

$$Q^{n+1}=J\overline{Q^n}+\bar{K}Q^n$$

可得

$$D=J\overline{Q^n}+\bar{K}Q^n$$

画出用 D 触发器转换成 JK 触发器的逻辑图，如图 14-18 所示。

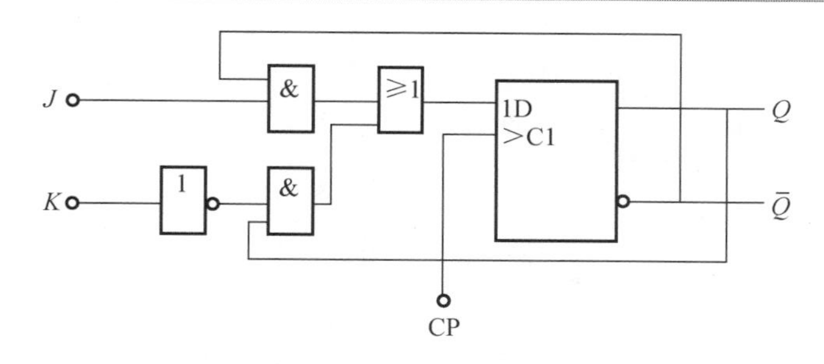

图 14-18　D 触发器转换为 JK 触发器

2)　D 触发器转换为 T 触发器

D 触发器和 T 触发器的特性方程为

$$Q^{n+1}=D$$

$$Q^{n+1}=T\overline{Q^n}+\bar{T}Q^n$$

可得

$$D=T\overline{Q^n}+\bar{T}Q^n$$

3)　D 触发器转换为 T′ 触发器

将 T=1 代入式子得到由 D 触发器构成的 T′ 触发器的特性方程为

$$Q^{n+1}=D=\overline{Q^n}$$

画出用 D 触发器转换成 T 触发器的逻辑图，如图 14-19 所示，D 触发器转换成 T′ 触发器的逻辑图如图 14-20 所示。

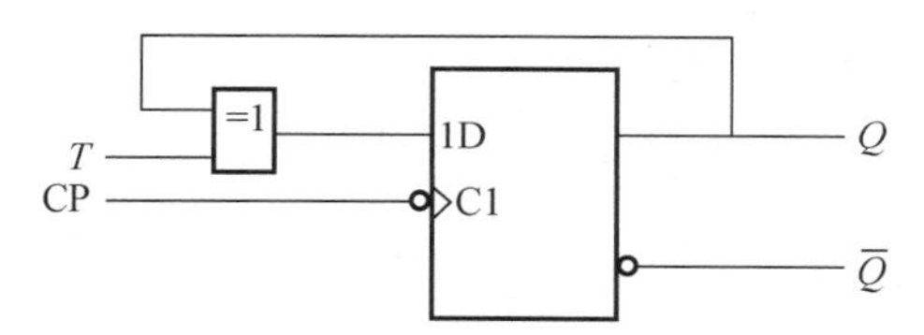

图 14-19　D 触发器转换为 T 触发器

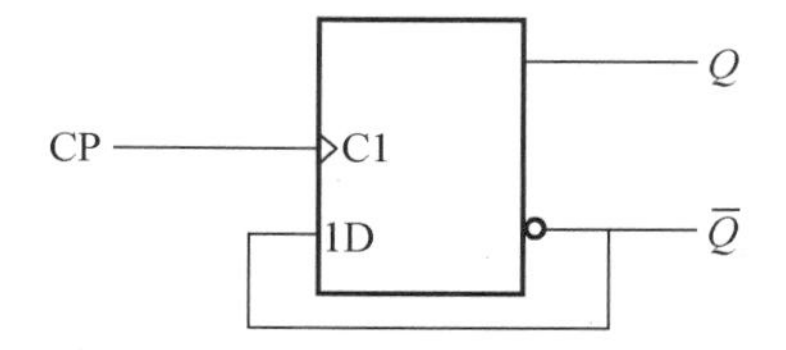

图 14-20　D 触发器转换为 T′ 触发器

14.1.6　集成触发器测试

目前市场上应用最广泛的是集成 D 触发器和集成 JK 触发器。

74LS74 集成 D 触发器和 74LS112 集成 JK 触发器的引脚图和逻辑符号如图 14-21 和图 14-22 所示。

1. 单脉冲发生电路

利用 74LS74 集成 D 触发器可构成同步单脉冲发生电路，具体电路如图 14-23(a)所示。该电路借助于 CP 产生两个起始不一致的脉冲，再由一个与非门来选通，图 14-23(b)所示是其电路的工作波形。从波形图可以看出，电路产生的单脉冲与 CP 脉冲严格同步，且脉冲宽度等于 CP 脉冲的一个周期。该电路的正常工作与开关 S 的机械触点产生的毛刺无关，因此，可以应用于设备的启动或系统的调试与检测。

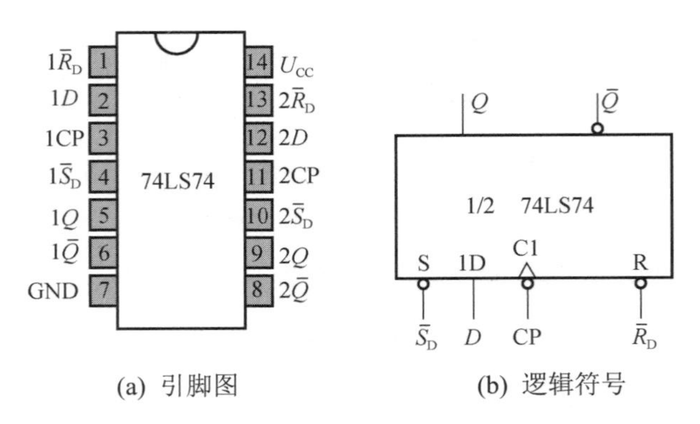

(a) 引脚图 (b) 逻辑符号

图 14-21 74LS74 集成 D 触发器

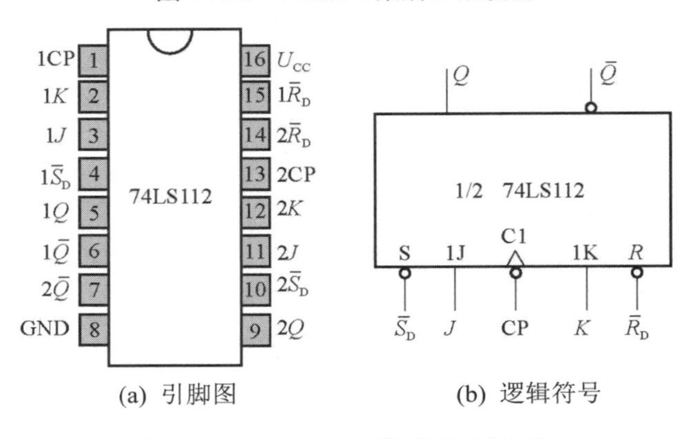

(a) 引脚图 (b) 逻辑符号

图 14-22 74LS112 集成 JK 触发器

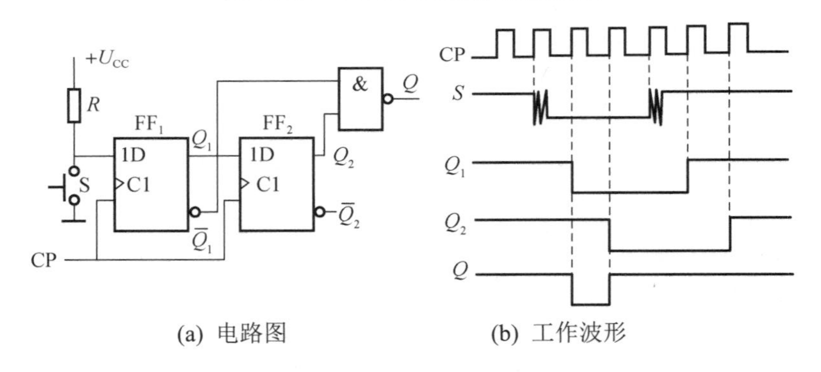

(a) 电路图 (b) 工作波形

图 14-23 单脉冲发生电路

2. 第一信号鉴别电路

由 4 个 JK 触发器组成的第一信号鉴别电路如图 14-24 所示，用以判别 S_0～S_3 送入的 4 个信号中哪一个最先到达。

开始工作前，先按复位开关 S_R，FF_0～FF_3 都被置 0，$\overline{Q_0}$～Q_3 输出高电平 1，发光二极管 LED_0～LED_3 不发光。这时，G_1 输入都为高电平 1，G_2 输出 1，FF_0～FF_3 的 J=K=1，这四个触发器处于接收输入信号的状态。在 S_0～S_3 的 4 个开关中，如 S_3 被第一个按下，则 FF_3 首先由 0 状态翻到 1 状态，$\overline{Q_3}=0$，使发光二极管 LED_3 发光，同时使 G_2 输出 0，这时 FF_0～

FF_3的 J 和 K 都为低电平 0，都执行保持功能。因此，在按下 S_3后，再任意按下其他三个开关 S_0～S_2时，FF_0～FF_2的状态不会改变，仍为 0 状态，发光二极管 LED_0～LED_2也不会亮，所以，根据发光二极管的发光可判断开关 S_3是否被第一个按下。

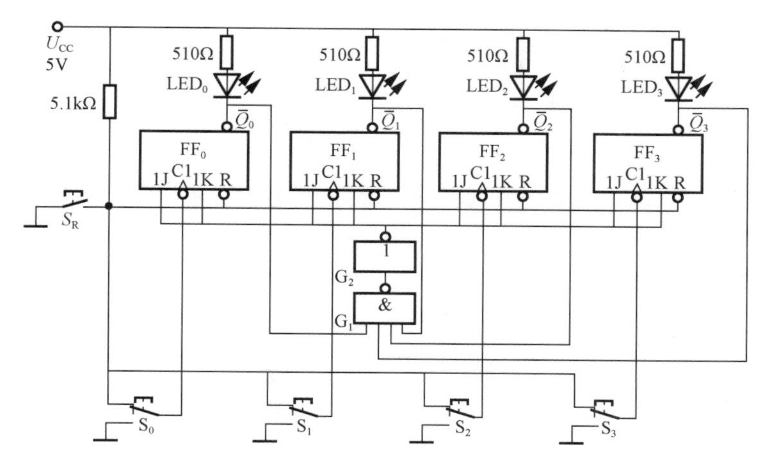

图 14-24　第一信号鉴别电路

如要重复进行第一信号判别时，则在每次进行判别前应先按复位开关 S_R，使 FF_0～FF_3处于接收状态。图 14-24 所示电路又称作抢答器。

14.2　寄　存　器

在数字设备中，经常需要将一组二值代码暂时储存起来，等待处理或应用，实现这种功能的逻辑电路称为寄存器。寄存器具有清除、接收、记忆和传递数码的功能。一个触发器可以存储一位二进制代码，所以 N 个触发器组成的寄存器可以存储 N 位二进制。

寄存器存放数码的方式有并行输入和串行输入两种，同样，取出数码也有并行和串行两种。按功能不同，寄存器分为数码寄存器和移位寄存器两种，其区别在于有无移位的功能。

14.2.1　数码寄存器

数码寄存器有的也称为基本寄存器，它最基本的功能是将出现在传输线上的数据存储(锁存)起来，然后根据需要随时取出参加运算或进行处理。

由 D 触发器组成的 4 位集成寄存器 74LS175 的逻辑电路如图 14-25 所示，其引脚图如图 14-26 所示。其中 D_0～D_3 是并行数据输入端，CP 为时钟脉冲端，Q_0～Q_3 是并行数据输出端，各触发器的清零端 $\overline{R_D}$ 连接在一起，作为寄存器的总清零端。74LS175 的功能见表 14-4，由功能表可以看出其有清除所有数据、寄存数据、保存数据的功能。

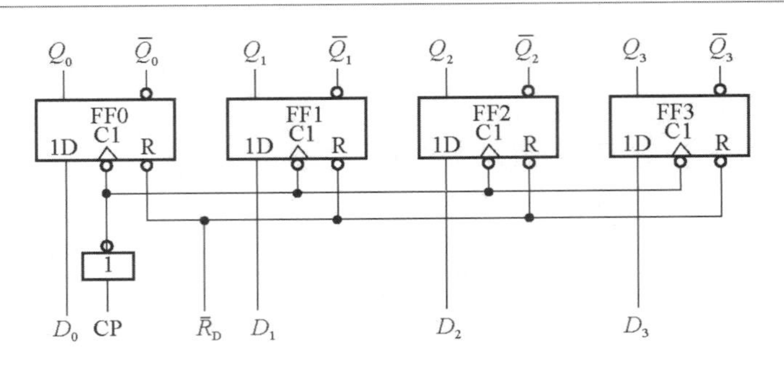

图 14-25　4 位集成寄存器 74LS175 逻辑电路图

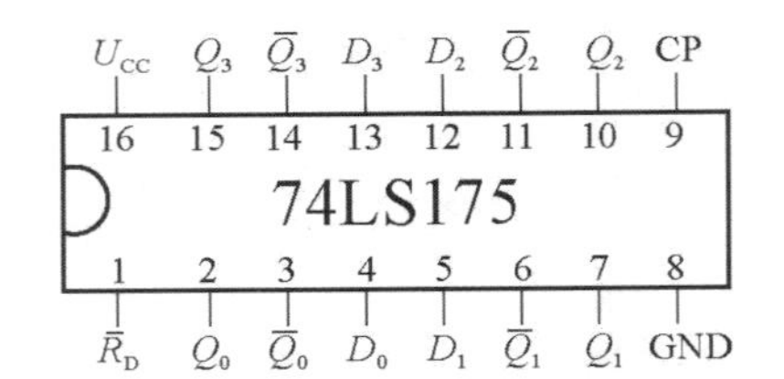

图 14-26　4 位集成寄存器 74LS175 引脚图

表 14-4　74LS175 的功能表

清零	时钟	输　入				输　出				工作状态
$\overline{R}_D$	CP	D_0	D_1	D_2	D_3	Q_0	Q_1	Q_2	Q_3	
0						0	0	0	0	异步清零
1		D_0	D_1	D_2	D_3	D_0	D_1	D_2	D_3	数码寄存
1	1					保持				数据保持
1	0					保持				数据保持

1)　清除原有数据

$\overline{R_D}=0$，寄存器清除原有数据，Q_0～Q_3为零态，即$Q_3Q_2Q_1Q_0=0000$。清零后，让$\overline{R_D}=1$。

2)　寄存数据

若存放的数码为 1011，将数码 1011 加到对应的数码输入端，即$D_3=1$，$D_2=0$，$D_1=1$，$D_0=1$。在$\overline{R_D}=1$时，根据触发器的特性，当接收指令脉冲 CP 的上升沿来到，各触发器的状态与输入端状态相同，即$Q_3Q_2Q_1Q_0=1011$，于是 4 位数码便存放到寄存器中。

3)　保存数码

数码寄存器存放了数码后，只要不出现$\overline{R_D}=0$，各触发器都处于保持状态。

14.2.2　移位寄存器

在计算机中，常常要求寄存器有“移位”功能。所谓移位，就是每当一个移位正脉冲(时钟脉冲)到来时，触发器组的状态便向右或向左移一位，也就是指寄存的数码可以在移位脉冲的控制下依次进行移位。例如，在进行乘法运算时，要求将部分积右移；将并行传递的数据转换成串行传送的数据，以及将串行传递的数据转换成并行传送的数据的过程中，也需要“移位”。具有移位功能的寄存器称为移位寄存器。

根据数码的移位方向可分为左移寄存器和右移寄存器，按功能又可分为单向移位和双向移位寄存器。移位寄存器的每一位也是由触发器组成的，但由于它需要有移位功能，所以每一位触发器的输出端与下一位触发器的数据输入端相连接，所有触发器公用一个时钟脉冲 CP，使它们同步工作。一般规定右移是由低位向高位移，左移是由高位向低位移，而不管看上去的方向如何。

1. 单向移位寄存器

由 D 触发器组成的 4 位右移寄存器如图 14-27 所示。CP 是时钟脉冲端，CR 是清零端，D_1 是串行数据输入端，Q_0～Q_3 是数据并行输出端。其中第一个触发器 FF_0 的输入端接收输入信号 D_1，其余的每一个触发器输入端与前面一个触发器的 Q 端相连。

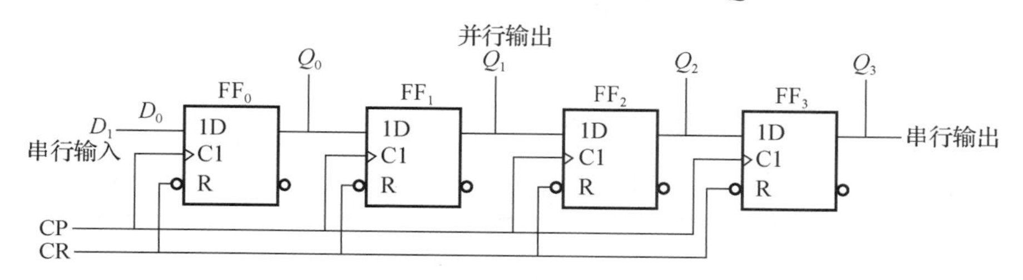

图 14-27　由 D 触发器组成的 4 位右移寄存器

1)　异步清零

无论寄存器中各触发器处于何种状态，只要 CR=1，则各个触发器的清零端 CR 均加上有效信号，使寄存器清零。不需要异步清零时，应使 CR=0。

2)　寄存器处于右移状态

当 CR=0 时，在时钟脉冲作用下，寄存器处于右移工作状态。设寄存器初态 $Q_3Q_2Q_1Q_0=0000$，且在第一个 CP 脉冲作用前串行输入端 $D_1=1$，那么在第一个 CP 脉冲作用下，$Q_0^{n+1}=D_1$，$Q_2^{n+1}=Q_1^n=0$，$Q_3^{n+1}=Q_2^n=0$，总的效果是寄存器的数据依次右移了 1 位。如果在 4 个 CP 周期内输入的数据依次为 1011，那么在时钟脉冲作用下移位寄存器里的数据状态见表 14-5。

表 14-5　右移寄存器的状态表

移位脉冲	输入数据	移位寄存器中的数			
CP	D_1	Q_0	Q_1	Q_2	Q_3
0	×	0	0	0	0
1	1	1	0	0	0
2	0	0	1	0	0
3	1	1	0	1	0
4	1	1	1	0	1

移位寄存器中的数码可由 Q_3、Q_2、Q_1 和 Q_0 并行输出，也可从 Q_3 串行输出，但这时需

要继续输入 4 个移位脉冲才能从寄存器中取出存放的 4 位数码 1011。

左移位寄存器的工作原理和右移位寄存器相似，这里不再重复了。

2. 双向移位寄存器

在单向移位寄存器的基础上加装一些控制线路就可以变成双向移位寄存器。具有双相移位功能的 74LS194 的逻辑符号图如图 14-28 所示。其逻辑功能见表 14-6。

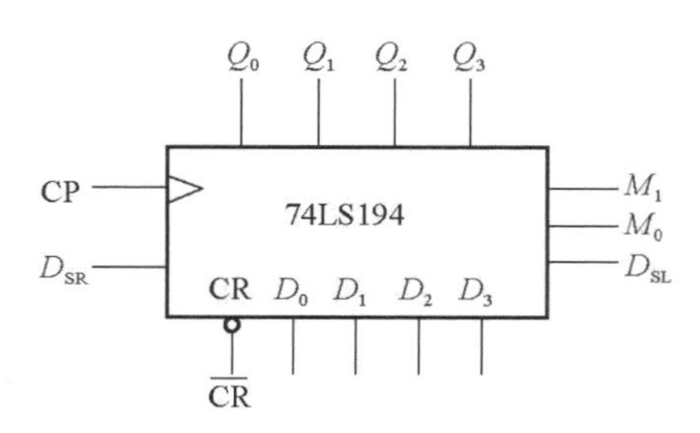

图 14-28　74LS194 逻辑符号图

表 14-6　74LS194 逻辑功能表

输　入										输　出				说　明
$\overline{CR}$	M_1	M_0	CP	D_{SL}	D_{SR}	D_0	D_1	D_2	D_3	Q_0	Q_1	Q_2	Q_3	
0	×	×	×	×	×	×	×	×	×	0	0	0	0	置零
1	×	×	0	×	×	×	×	×	×	保持				保持
1	1	1	↑	×	×	d_0	d_1	d_2	d_3	d_0	d_1	d_2	d_3	并行置数
1	0	1	↑	×	1	×	×	×	×	1	Q_0	Q_1	Q_2	右移输入 1
1	0	1	↑	×	0	×	×	×	×	0	Q_0	Q_1	Q_2	右移输入 0
1	1	0	↑	1	×	×	×	×	×	Q_1	Q_2	Q_3	1	左移输入 1
1	1	1	↑	0	×	×	×	×	×	Q_1	Q_2	Q_3	0	左移输入 0
1	0	0	×	×	×	×	×	×	×	保持				保持

74LS194 为双向 4 位移位寄存器，其各端的功能如下。

(1)　Q_3、Q_2、Q_1 和 Q_0 是 4 个触发器的输出端，D_0、D_1、D_2、D_3 是并行数据输入端。

(2)　D_{SR} 和 D_{SL} 分别是右移串行数据输入端和左移串行数据输入端。

(3)　$\overline{CR}$ 是直接清零端，低电平有效。CP 是同步脉冲输入端，输入脉冲的上升沿引起移位寄存器状态的转换。

(4)　M_0、M_1 是工作方式选择端，其选择功能是：$M_1M_0=00$ 为状态保持，$M_1M_0=01$ 为右移，$M_1M_0=10$ 为左移，$M_1M_0=11$ 为并行送数。

由此可见，74LS194 是一种常用的、功能比较齐全的移位寄存器，它具有异步清零、保持、右移、左移和同步并行置数等 5 种功能。与其逻辑功能和外引脚都兼容的芯片有 CC40194、CC4022 和 74198。

14.3 计　数　器

计数器是数字系统中应用最广泛的时序逻辑电路之一，其基本功能是对输入的时钟脉冲 CP 的个数进行计数。它还具有定时、分频、时序脉冲发生器及数字运算等功能，是数字设备和数字系统中不可缺少的组成部分。

计数器的种类有很多，按照时钟脉冲信号的特点分为同步计数器和异步计数器两大类。若计数脉冲直接加到计数器的所有触发器的时钟输入端，则称该计数器为同步计数器；若计数脉冲不是直接加到计数器的所有触发器的时钟输入端，则称为异步计数器。

按照计数的数码变化分为加法计数器和减法计数器，也有一些计数器既可能实现加计数又可能实现减计数，这类计数器为可逆计数器。

按计数的模数(状态总数或容量)可分为二进制计数器、十进制计数器、六十进制计数器等。除了二进制和十进制计数器之外的其他进制的计数器，通常都称 N 进制计数器。

14.3.1 异步计数器

由 JK 触发器组成的 4 位异步二进制加法计数器的逻辑电路如图 14-29 所示。计数脉冲 CP 由最低位触发器的时钟脉冲加入，每个触发器都是下降沿触发，低位触发器的 Q 端依次接到相邻高位的时钟脉冲端，可见该计数器为异步计数器。

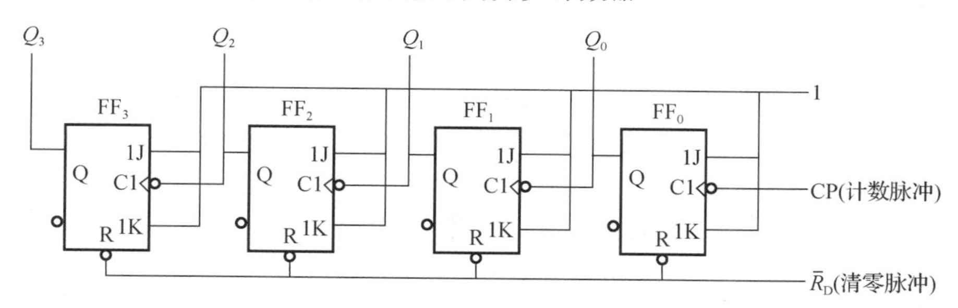

图 14-29　四位异步二进制加法计数器的逻辑电路

计数前给计数器一个清零脉冲，即在计数器的置 0 端 $\overline{R_D}$ 加负脉冲，使各触发器都为 0 状态，即 $Q_3Q_2Q_1Q_0 = 0000$。在计数过程中，$\overline{R_D}$ 为高电平，输入第一个计数脉冲 CP，当该脉冲下降沿到来时，最低位触发器 FF_0 由 0 翻转到 1 态，因为是 Q_0 端输出的上升沿加到 FF_1 的 CP 端，FF_1 不满足翻转条件，保持 0 态不变，这时计数器的状态为 $Q_3Q_2Q_1Q_0 = 0001$。当输入第二个计数脉冲 CP 时，FF_0 由 1 翻转到 0 态，Q_0 端输出的下降沿加到 FF_1 的 CP 端，FF_1 满足翻转条件，由 0 态翻转到 1 态。Q_1 端输出的上升沿加到 FF_2 的 CP 端，FF_2 不满足翻转条件，FF_2 保持 0 态不变，计数器的状态为 $Q_3Q_2Q_1Q_0 = 0010$。

当连续输入计数脉冲时，根据上述计数规律，只要低位触发器由 1 态翻转到 0 态，相邻高位触发器状态就改变。计数器中各触发器的状态转换顺序见表 14-7。

表 14-7　4 位异步二进制加法计数器状态表

计数脉冲数	计数器状态				对应十进制数
	Q_3	Q_2	Q_1	Q_0	
0	0	0	0	0	0
1	0	0	0	1	1
2	0	0	1	0	2
3	0	0	1	1	3
4	0	1	0	0	4
5	0	1	0	1	5
6	0	1	1	0	6
7	0	1	1	1	7
8	1	0	0	0	8
9	1	0	0	1	9
10	1	0	1	0	10
11	1	0	1	1	11
12	1	1	0	0	12
13	1	1	0	1	13
14	1	1	1	0	14
15	1	1	1	1	15
16	0	0	0	0	16

由此可见，在计数脉冲 CP 作用下，计数器状态符合二进制加法规律，故为异步二进制加法计数器。由状态转换表可以看出，从状态 0000 开始，每来一个脉冲，计数器中的数值加 1，当输入第 16 个计数脉冲 CP 时，计数器归零，该电路也称为一位十六进制计数器。

图 14-30 所示为 4 位异步二进制加法计数器的工作波形图。由图可见，输入的计数脉冲每经一级触发器，其周期增加一倍，即频率降低一半，因此，一位二进制计数器就是一个 2 分频器，所以图 14-29 所示计数器就是一个 16 分频器。

若将图 14-29 逻辑图中各触发器的输出由 Q 端接出，再输入下一级触发器的 CP 端，则异步二进制加法计数器变成异步二进制减法计数器。异步二进制减法计数器的工作原理和异步二进制加法计数器类似，在此不再赘述。

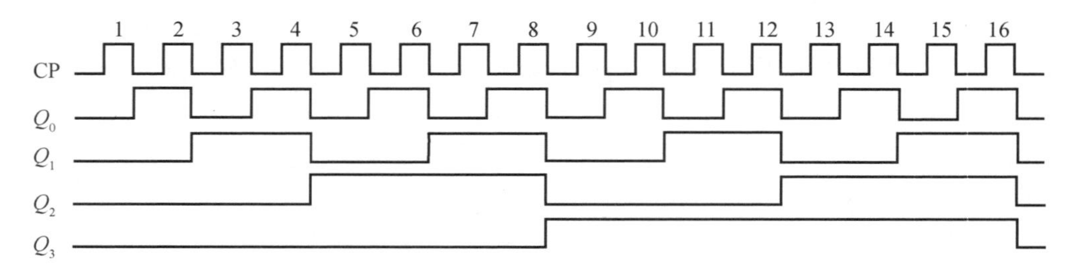

图 14-30　4 位异步二进制加法计数器时序图

14.3.2　同步计数器

同步计数器是用同一时钟脉冲同时触发所有触发器。现以同步十进制计数器为例加以讨论。图 14-31 所示为由 4 个下降沿触发的 JK 触发器组成的 8421BCD 码同步十进制加法计数器的逻辑图。由图可知各触发器输入端 J、K 逻辑表达式(即驱动方程)如下。

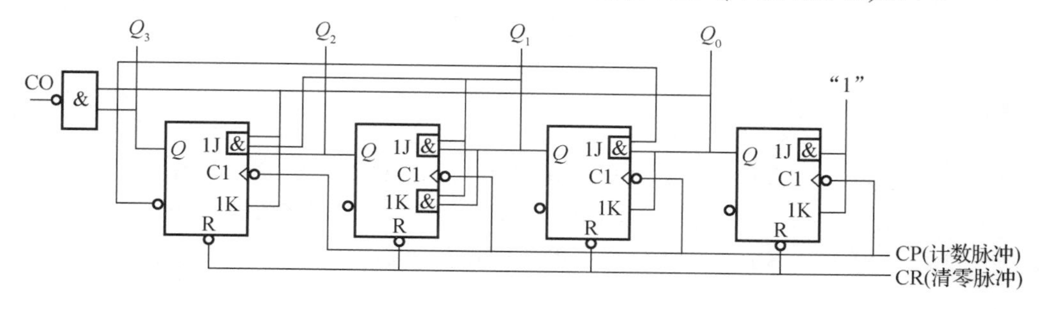

图 14-31　8421BCD 码同步十进制加法计数器

$J_0 = K_0 = 1$

$J_1 = \overline{Q_3^n} Q_0^n$，$K_1 = Q_0^n$

$J_2 = Q_1^n Q_0^n$，$K_2 = Q_1^n Q_0^n$

$J_3 = Q_2^n Q_1^n Q_0^n$，$K_3 = Q_0^n$

将各驱动方程代入 JK 触发器的特性方程，得到状态方程如下。

$Q_0^{n+1} = J_0 \overline{Q_0^n} + \overline{K_0} Q_0^n = \overline{Q_0^n}$

$Q_1^{n+1} = J_1 \overline{Q_1^n} + \overline{K_1} Q_1^n = \overline{Q_3^n}\, \overline{Q_0^n} Q_0^n + Q_1^n \overline{Q_0^n}$

$Q_2^{n+1} = J_2 \overline{Q_2^n} + \overline{K_2} Q_2^n = \overline{Q_2^n}\, \overline{Q_1^n} Q_0^n + Q_2^n \overline{Q_1^n Q_0^n}$

$Q_1^{n+1} = J_1 \overline{Q_1^n} + \overline{K_1} Q_1^n = \overline{Q_3^n}\, Q_2^n Q_1^n Q_0^n + Q_3^n \overline{Q_0^n}$

设计数器初始状态 $Q_3^n Q_2^n Q_1^n Q_0^n = 0000$，根据上述状态方程，通过计算可以得到各触发器现态下的次态，见表 14-8。

表 14-8　同步十进制计数器状态表

现　态				次　态			
$Q_3^n Q_2^n Q_1^n Q_0^n$				$Q_3^{n+1} Q_2^{n+1} Q_1^{n+1} Q_0^{n+1}$			
0	0	0	0	0	0	0	1
0	0	0	1	0	0	1	0
0	0	1	0	0	0	1	1
0	0	1	1	0	1	0	0
0	1	0	0	0	1	0	1
0	1	0	1	0	1	1	0
0	1	1	0	0	1	1	1

续表

现　态				次　态			
$Q_3^n Q_2^n Q_1^n Q_0^n$				$Q_3^{n+1} Q_2^{n+1} Q_1^{n+1} Q_0^{n+1}$			
0	1	1	1	1	0	0	0
1	0	0	0	1	0	0	1
1	0	0	1	0	0	0	0

14.3.3 MSI 计数器应用

集成计数器，就是将整个计数器电路集成在一个芯片上。集成计数器设有更多的附加功能，如预置数、清除、保持、计数等多种功能。因而，它具有功能齐全、使用方便等优点，得到了广泛使用。本节介绍两种典型的集成计数器芯片以及它们的使用方法。

1. 4 位同步二进制计数器 74LS161

实现同步二进制计数的方法很多，一般由 n 个触发器组成的二进制计数器称为 n 位二进制计数器。它有 $N=2^n$ 个有效状态，N 为计数器的模或计数容量，也称计数器的长度，有时 n 位二进制计数器也称 $N(N=2^n)$进制计数器，如 n=3，3 位二进制计数器也称为八进制计数器。现有大量现成的中规模计数器集成电路可选用，在此以 74LSl61 集成计数器为例，讨论同步二进制计数器。

74LS161 是由 4 个触发器组成的四位二进制计数器，它可以累计 2^4=16 个有效状态。也就是说，它的计数容量为 16，因此亦可以称为十六进制计数器。

1)　电路的结构

四位同步二进制计数器 74LS161 的引脚排列图和逻辑功能示意如图 14-32 所示。图中，CP 是输入计数脉冲，也就是加到各个触发器时钟输入端的时钟脉冲；$\overline{CR}$ 是清零端；$\overline{LD}$ 是置数端；CT_P 和 CT_T 是计数器工作状态控制端；$D_3 \sim D_0$ 是并行数据输入端；CO 是进位信号输出端；$Q_3 \sim Q_0$ 是计数器状态输出端。

2)　电路功能

集成计数器 74LS161 的功能见表 14-9。由表 14-9 可以看出，74LS161 具有以下功能。

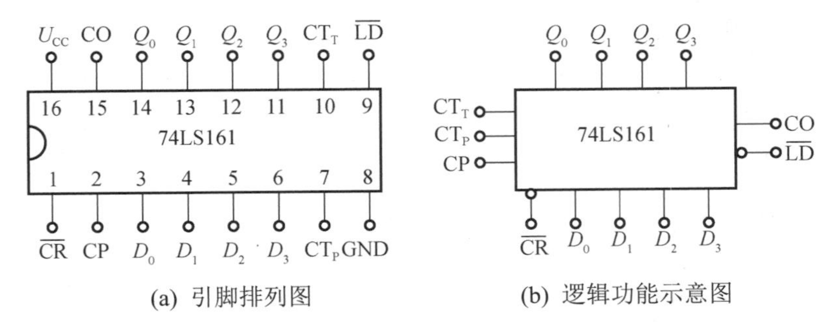

图 14-32　集成计数器 74LS161 的引脚排列图和逻辑功能示意图

表 14-9　集成计数器 74LS161 功能表

输入									输出			
$\overline{CR}$	$\overline{LD}$	CT_P	CT_T	CP	D_3	D_2	D_1	D_0	Q_3	Q_2	Q_1	Q_0
0	×	×	×	×	×	×	×	×	0	0	0	0
1	0	×	×	↑	d_3	d_2	d_1	d_0	d_3	d_2	d_1	d_0
1	1	1	1	↑	×	×	×	×	计数			
1	1	0	×	×	×	×	×	×	保持			
1	1	×	0	×	×	×	×	×	保持			

(1)　异步清零功能。

当清零端 $\overline{CR}=0$ 时，不管其他输入信号为何状态，计数器直接清零，与计数脉冲 CP 无关。

(2)　同步并行置数功能。

当 $\overline{CR}=1$，$\overline{LD}=0$ 时，在 CP 上升沿到达时，不管其输入信号为何状态，并行输入数据 $d_3 \sim d_0$ 进入计数器，使 $Q_3Q_2Q_1Q_0=d_3d_2d_1d_0$，即完成了并行置数功能。而如果没有 CP 上升沿到达，尽管 $\overline{LD}=0$，也不能预置数据进入计数器。

(3)　同步二进制加法计数功能。

当 $\overline{CR}=\overline{LD}=1$ 时，若 $CT_P=CT_T=1$，则计数器对计数脉冲 CP 按自然二进制码循环计数(CP 上升沿)翻转。该计数器为同步十六进制计数器，当计数状态达到 1111 时，CO=1，产生进位信号。

(4)　保持功能。

当 $\overline{CR}=\overline{LD}=1$ 时，若 $CT_P \times CT_T=0$，则计数器保持原来状态不变。对于进位输出信号有两种情况，若 $CT_T=0$，则 $CO=0$；若 $CT_T=0$，则 $CO=Q_3^nQ_2^nQ_1^nQ_0^n$。

3)　74LS161 构成 N 进制计数器

利用 74LS161 的异步清零端 $\overline{CR}$ 和同步置数端 $\overline{LD}$ 让电路跳过某些状态而实现归零，可以很方便地组成小于 16 的任意 N 进制计数器。

用 74LS161 构成 N 进制计数器有反馈清零法和反馈置数法两种。

反馈清零法适用于具有异步清零端的集成计数器，是利用异步清零端 $\overline{CR}$ 归零来实现的。当集成 M 进制计数器从初态 $S_0=0000$ 开始计数，在接受了 N 个脉冲之后，集成 M 进制计数器处于 S_N 状态，这时如果利用 S_N 状态产生一个置零脉冲，加到异步清零端 $\overline{CR}$，将计数器置 0，就可以跳过 $(M-N)$ 个状态，从而得到模数为 M 的 N 进制计数器。这一过程中 S_N 状态只是过渡状态，持续时间很短。

反馈置数法是利用芯片的置数端 $\overline{LD}$ 归零来实现的。采用重复置入某个数值的方法，使计数器跳过 $(M-N)$ 个状态，从而获得 N 进制计数器。即当计数器进入 S_{N-1} 状态时，将 S_{N-1} 状态所对应的输出二进制代码中等于 1 的输出端，通过与非门反馈到芯片的同步置数控制端 $\overline{LD}$ 端，使输出回零。

其具体方法如下：用异步清零端构成 N 进制计数器的方法是写出 S_N 的二进制代码，根据 S_N 写出归零逻辑，然后用逻辑电路来实现。用同步置数端归零构成 N 进制计数器则是写

出 S_{N-1} 的二进制代码，然后求归零逻辑，即同步置数控制端信号的逻辑表达式，最后画出逻辑图。

【例 14-2】用 74LS161 来构成一个十二进制计数器。

解：方法一，用异步清零端 $\overline{CR}$ 来实现。

由 $S_N = S_{12} = 1100$，得归零逻辑 $\overline{CR} = \overline{Q_3Q_2}$。将 74LS161 的状态输出端 Q_3Q_2 经与非门后和异步清零端 $\overline{CR}$ 相连，置数控制端 $\overline{LD}$ 端接 1，计数控制端 CT_P 和 CT_T 均接 1，数据段 D_3～D_0 可随意处理(这里接地)，即可得到图 14-33 所示的逻辑电路。当计数器计数到 1100 状态时，计数器归零，从而实现十二进制计数。

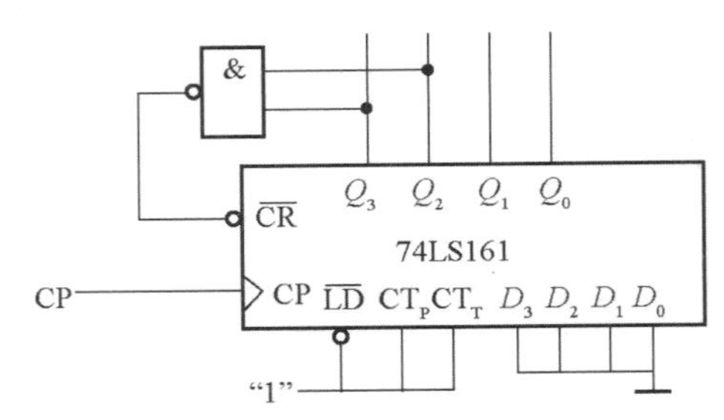

图 14-33　用异步清零端实现归零的十二进制计数器

方法二，用同步置数端 $\overline{LD}$ 归零来实现。

由 $S_{N-1} = S_{11} = 1011$，得归零逻辑 $\overline{LD} = \overline{Q_3Q_1Q_0}$。逻辑电路如图 14-34 所示。需要注意的是，数据输入端 D_3～D_0 必须均接 0 或接地，这样当计数器计数到 1011 时，若再来一个计数脉冲，计数器将接收输入数据 $D_3 \sim D_0$ 而归零，从而实现十二进制计数。

比较图 14-33 和图 14-34 有什么不同？为什么图 14-33 是计数到 1100，而图 14-34 是计数到 1011？图 14-34 是反馈到同步置数端 $\overline{LD}$，而同步置位的条件是要有 CP 脉冲，因此计数至 1011 后，需等待下一 CP 上升沿，才能复位 0000。而图 14-33 是反馈到复位端 $\overline{CR}$，异步复位是不需要 CP 脉冲的，电路计数至 1100 瞬间，即能产生复位信号，1100 存在时间为几纳秒，因此实际上 1100 状态是不会出现的。

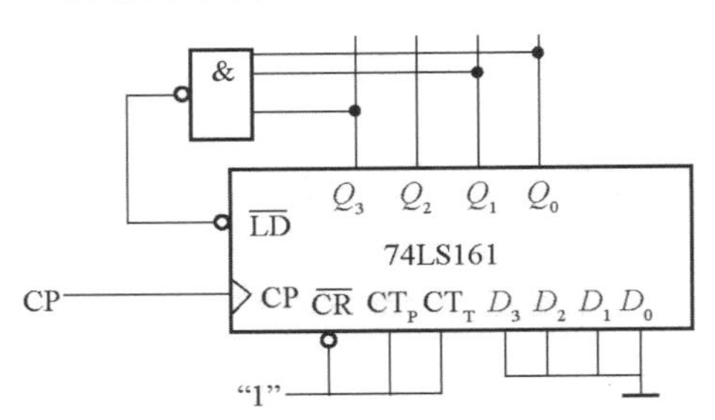

图 14-34　用同步置数端实现归零的十二进制计数器

2. 异步二-五-十进制计数器 74LS290

1)　电路结构

异步计数器中各个触发器的翻转是有先有后的，74LS290 就是异步十进制计数器，其内部有 4 个 JK 触发器 FF_3～FF_0，其中 FF_3～FF_0 的 CP 端并没有同接在一个时钟脉冲上。其管

脚排列有 CP_1 和 CP_0 之分，采用不同的连接方法，可以构成二进制、五进制或十进制计数器，因此 74LS290 又称二-五-十进制计数器。图 14-35(a)为其引脚图，图 14-35(b)为其逻辑符号，其功能见表 14-10。

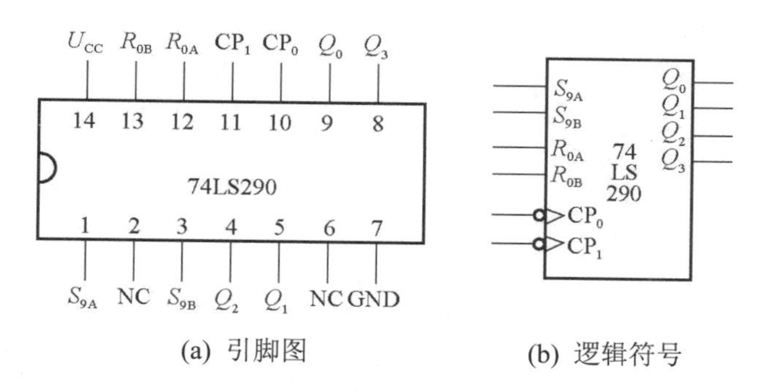

(a) 引脚图　　(b) 逻辑符号

图 14-35　集成异步计数器 74LS290

表 14-10　集成异步计数器 74LS290 功能表

输　入						输　出			
R_{0A}	R_{0B}	S_{9A}	S_{9B}	CP_0	CP_1	Q_3	Q_2	Q_1	Q_0
1	1	0	×	×	×	0	0	0	0
1	1	×	0	×	×	0	0	0	0
×	×	1	1	×	×	1	0	0	1
×	0	×	0	↓	0	二进制计数			
0	×	0	×	0	↓	五进制计数			
0	×	×	0	↓	Q_0	8421 码十进制计数			
×	0	0	×	Q_3	↓	5421 码十进制计数			

2)　电路功能

这种电路的功能很强，可灵活地组成多种进制的计数器，由功能表可知其功能如下。

(1)　异步清零功能。

当 S_{9A} 和 S_{9B} 中任意一端为低电平，而 R_{0A} 和 R_{0B} 均为高电平时，计数器清零。

(2)　异步置 9 功能。

S_{9A} 和 S_{9B} 为异步置 9 端，当这两端同时为高电平时，不管其他输入的状态如何，计数器置 9。

(3)　异步计数功能。

当 R_{0A}、R_{0B} 中有一个输入端为低电平及 S_{9A}、S_{9B} 中有一个输入端为低电平这两个条件同时满足时，计数器可实现计数功能。有 4 种基本情况。

若将 CP 加在 CP_0 端，Q_0 为输出，即组成 1 位二进制计数器。

若将 CP 加在 CP_1 端，$Q_3Q_2Q_1$ 为输出，即组成五进制进数器。

若将 CP 加在 CP_0 端，且把 CP_1 与 Q_0 连接起来，则电路将对时钟脉冲 CP 按照 8421 码进行异步加法计数。

若将 CP 加在 CP_1 端，且把 CP_0 与 Q_3 连接起来，虽然电路仍然是十进制异步计数器，但计数规律不再是 8421 码，而是 5421 码。

3) 用 74LS290 构成 N 进制计数器

一片 74LS290 可以构成从二进制到十进制之间任意进制计数器。74LS290 采用异步清零法。

74LS290 的异步清零法与 74LS161 的类似，是将 S_N 状态所对应的输出二进制代码中等于 1 的输出端直接反馈到芯片的异步清零 R_{0A}、R_{0B} 端，使输出回零。例如，图 14-36 是用反馈清零法组成的六进制计数器和九进制计数器。

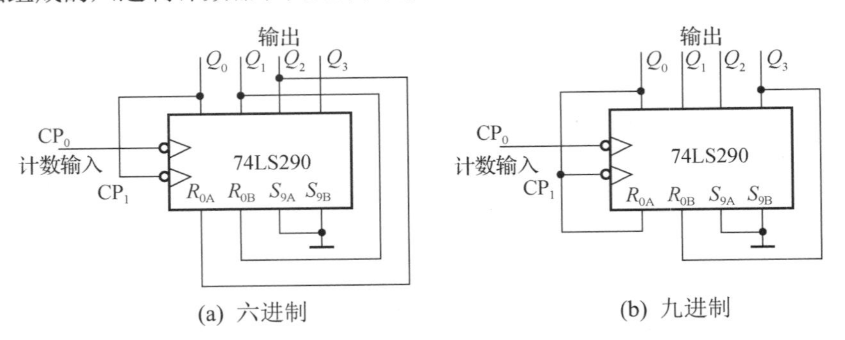

图 14-36 六进制和九进制计数器

在图 14-36(a)中，CP 由 CP_0 输入，CP_1 与 Q_0 连接，输出为 $Q_3Q_2Q_1Q_0$，原组成十进制计数器，但计数到 6 时输出的 $Q_3Q_2Q_1Q_0$ 状态为 0110，Q_2、Q_1 都为 1，通过连线反馈到 R_{0A}、R_{0B} 端，使输出全部变零。同理在图 14-36(b)中，Q_3、Q_0 反馈到 R_{0A}、R_{0B} 端，当计数到 9 时，满足清零条件，输出全部变零，组成九进制计数器。以上 6 和 9 的状态输出只是一瞬间，不会形成稳定输出。

利用集成计数器芯片的级联可以扩展计数器容量。

【例 14-3】 利用 74LS290 组成六十进制计数器。

解：由于要组成六十进制，其模数大于 10，所以需要两个 74LS290 计数器，其中芯片 1 作为十进制计数器，芯片 2 作为六进制计数器。芯片 2 的 CP 端接收的是芯片 1 中 Q_3 的输出，每当 Q_3 由 1 变为 0 时有一个下降沿，对芯片 2 来说就是每 10 个输入，CP 只获得一个脉冲，其连线电路如图 14-37 所示。

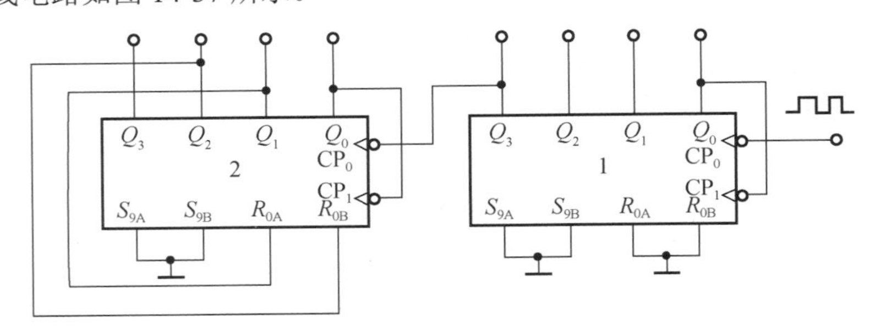

图 14-37 例 14-3 图

14.3.4　数字钟装调

用集成计数器 74LS290、74LS248(或者 CC4511)和数码管分别组成 8421BCD 码十进制和六进制计数器，然后连接成六十进制计数器。

画出电路图。

使用万用表对元器件进行检测，如果发现元器件有损坏，说明情况，并更换新的元器件。

根据电路图进行安装和调试。

【想一想】

如果将 74LS290 换成 74LS161，在设计电路上有什么不同?

【注意事项】

(1) 连接集成电路时，一定要注意引脚顺序，接入电源的极性要仔细检查，不能接错。

(2) 禁止带电连接电路。

项目评价表见表 14-11。

表 14-11　项目评价表

项　目		考核要求	分　值
理论知识	计数器	能正确掌握计数器原理	10
	集成计数器应用	能正确掌握集成计数器的应用	20
操作技能	准备工作	10min 内完成仪器和元器件的整理工作	10
	元器件检测	能正确完成元器件检测	10
	安装调试	能正确完成电路的装调	20
	用电安全	严格遵守电工作业章程	15
职业素养	思政表现	能遵守安全规程与实验室管理制度，展现工匠精神	15
项目成绩			
总评			

思考与练习

一、判断题

1. D触发器的功能是置0、置1、保持三种。 (　　)

2. 边沿JK触发器的抗干扰能力比基本RS触发器强。 (　　)

3. 维持阻塞型D触发器是一种利用反馈脉冲防止空翻现象的触发器。 (　　)

4. 74LS161是常用的4位二进制带清零、预置的异步加法计数器。 (　　)

5. 寄存器能对输入脉冲进行计数，还可以用作分频和定时。 (　　)

二、填空题

1. 时序逻辑电路中有记忆功能的存储电路由________担任。

2. 维持阻塞型D触发器是_______沿触发的。

3. JK触发器具有______、______、______和______的功能。

4. 在一个时钟脉冲 CP 作用下，引起触发器两次或多次翻转(状态改变)的现象称为______。

5. N个触发器最大可构成______进制计数器。

三、计算题

1. 图14-38(a)所示电路中，输入CP、A和B的波形如图14-38(b)所示，试画出输出Q端的波形。

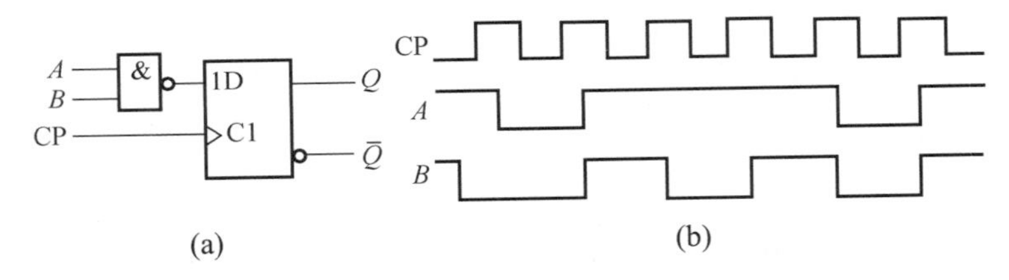

图14-38　习题1图

2. 由三个D触发器组成的电路如图14-39所示，试画出图中所示CP，$\overline{R_D}$信号作用下Q_1，Q_2，Q_3端的输出电压波形，并说明Q_1，Q_2，Q_3输出信号的频率与CP信号频率之间的关系。

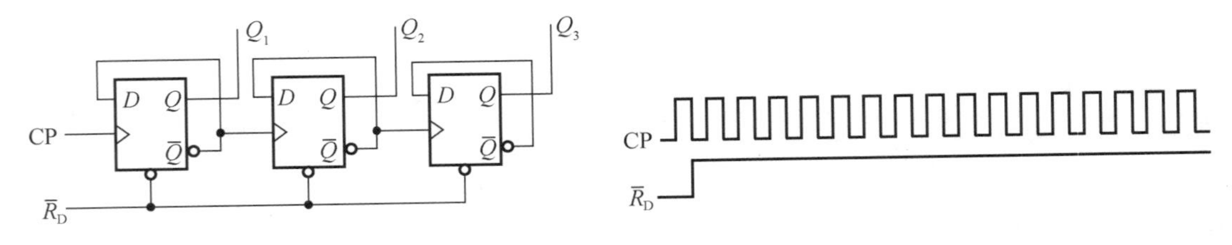

图14-39　习题2图

3. 由维持阻塞型D触发器和下降沿触发的JK触发器组成的电路如图14-40(a)所示，已

知 A，B，C 信号波形如图 14-40(b)所示，试画出电路中 Q_1，Q_2 端的波形。

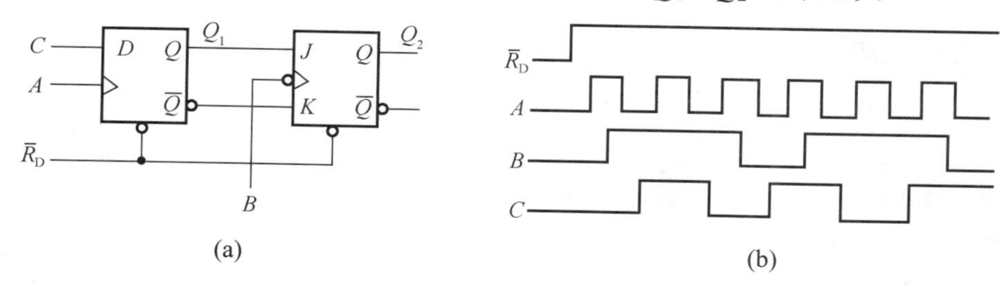

图 14-40　习题 3 图

4. 边沿触发器如图 14-41 所示，设初态均为 0，试根据 CP 和 D 的波形画出 Q_1 和 Q_2 的波形。

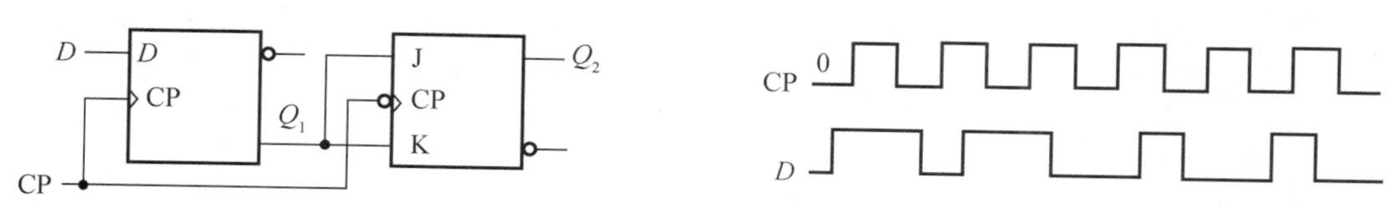

图 14-41　习题 4 图

5. 由下降沿 JK 触发器组成的电路如图 14-42 所示，试画出 Q_1，Q_2，Q_3 的波形(设初态 $Q_1=Q_2=Q_3=0$)。

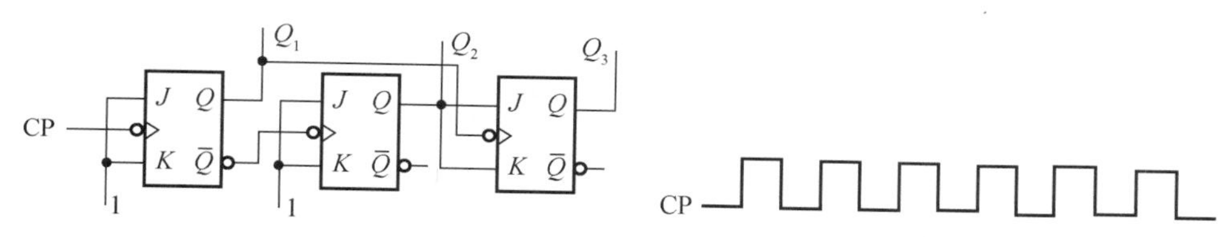

图 14-42　习题 5 图

6. 根据 CP 脉冲，试画出图 14-43 所示各触发器 Q 端的波形(设初态 $Q=0$)。

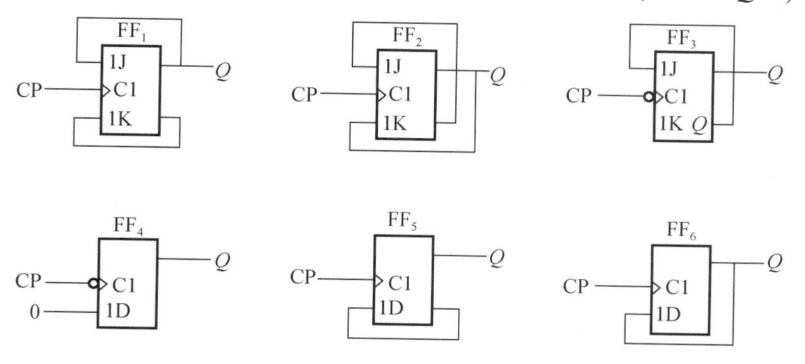

图 14-43　习题 6 图

7. 用 74LS161 同步二进制计数器实现模 5 计数器，请用两种方法完成。

微课资源

扫一扫：获取相关微课视频。

14-1　基本 RSFF

14-2　D 触发器

14-3　触发器间转换

14-4　时序逻辑电路分析

14-5　数码寄存器

14-6　移位寄存器

14-7　寄存器应用

14-8　计数器特点

14-9　集成计数器应用

14-10　集成计数器应用

14-11　集成计数器

14-12　集成计数器

项目 15

脉冲波形的产生与整形

【项目要点】

在数字系统中，常常需要用到各种脉冲波形，获取这些脉冲波形的方法通常有两种：一种是脉冲振荡电路的产生，另一种则是对已有的信号进行波形变换，使之满足系统的要求。利用 555 定时器可以很方便地构成单稳态触发器、多谐振荡器以及施密特触发器。

15.1 集成555定时器电路

根据内部电路的不同，555定时器可以分为双极型(如NE555)和CMOS型(如C7555)两类。通常双极型定时器具有较大的驱动能力，其输出电流可达200mA，可直接驱动发光二极管、扬声器、继电器等负载；而CMOS型定时器具有低功耗、输入阻抗高等优点。

555定时器的电源电压范围很宽，双极型定时器的电源电压范围为5～16V，CMOS型定时器的电源电压范围为3～18V。

555定时器由于使用灵活、方便，只需要在其外部连接少量的元件，就可以构成单稳态触发器、多谐振荡器以及施密特触发器，因此，常被广泛用于波形的产生与变换、测量与控制和家用电器等领域中。

15.1.1 内部电路结构

555定时器内部结构简化原理图以及引脚图如图15-1所示。它由3个阻值为5kΩ的电阻组成的电阻分压器、两个电压比较器C_1和C_2、基本RS触发器、集电极开路的放电晶体管VT等组成。

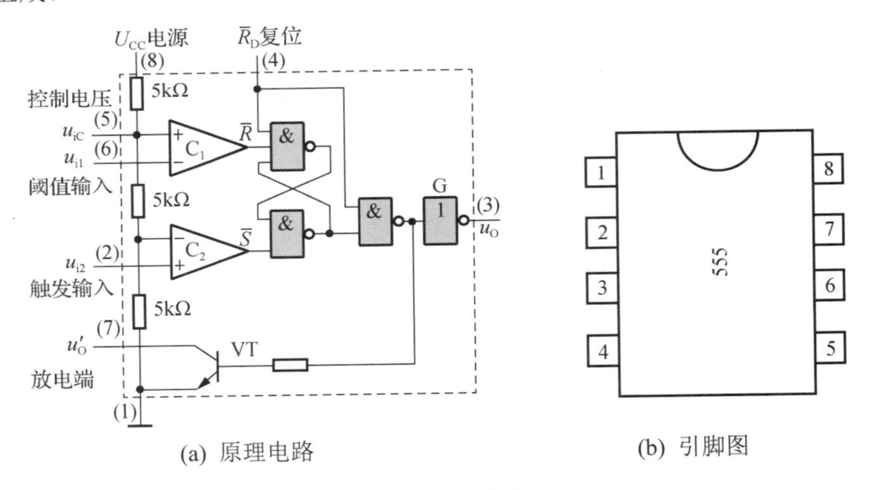

(a) 原理电路　　(b) 引脚图

图15-1　555定时器

其中引脚2为触发信号的输入端，引脚5为电压控制端，可以在此端接与引脚8不同的电压，该端不用时，一般接0.01μF电容接地，以防外部干扰。

15.1.2 工作原理

555定时器的功能见表15-1。

表 15-1　555 定时器的功能表

复位端 $\bar{R}_D$	引脚 6 电位	引脚 2 电位	$\bar{R}$　$\bar{S}$	$Q(u_0)$	VT
0	×	×	×　×	0	导通
1	$<\frac{2}{3}U_{CC}$	$<\frac{1}{3}U_{CC}$	1　0	1	截至
1	$>\frac{2}{3}U_{CC}$	$>\frac{1}{3}U_{CC}$	0　1	0	导通
1	$<\frac{2}{3}U_{CC}$	$>\frac{1}{3}U_{CC}$	1　1	保持原状态	保持原状态

各引脚的作用如下。

(1)　引脚 1 为接地端子。

(2)　引脚 2 为触发信号(脉冲或电平)输入端。

(3)　引脚 3 为输出端。

(4)　引脚 4 为直接清零端，不论其他引脚的状态如何，只要该引脚为低电平，输出就为低电平，正常工作时应将其接高电平。

(5)　引脚 5 为电压控制端，可以在此端接与引脚 8 不同的电压，该端不用时，一般通过 0.01μF 电容接地，以防止外部干扰。

(6)　引脚 6 为高电平触发端。

(7)　引脚 7 为放电端。

(8)　引脚 8 为接外部电源的端子。

在分析 555 定时器的工作原理时，应注意以下关系。

(1)　在引脚 5 没与外部电源连接的情况下，电压比较器的 C_1 基准电压是 $\frac{2}{3}U_{CC}$，电压比较器 C_2 的基准电压是 $\frac{1}{3}U_{CC}$。

(2)　C_1 的输出接基本 RS 触发器的 $\bar{R}$ 端，C_2 的输出接基本 RS 触发器的 $\bar{S}$ 端，即用两个比较器的输出去控制基本 RS 触发器的状态。

(3)　当比较器输出 U_{c1}=1、U_{c2}=0 时，$Q=1$，$\bar{Q}=0$，VT 不可能导通；当 U_{c1}=0、U_{c2}=1 时，$Q=0$，$\bar{Q}=1$，此时 VT 饱和导通；当 $U_{c1}=U_{c2}$=1 时，Q 的状态保持不变。

上述关系可归纳见表 15-2。

表 15-2　555 定时器的输入输出电压关系表

输　入			输　出	
$TH(U_6)$	$\overline{TR}(U_2)$	复位端 $\bar{R}$	输　出	放电管 VT
×	×	0	0	导通
$<\frac{2}{3}U_{DD}$	$<\frac{1}{3}U_{DD}$	1	1	截止

续表

输入			输出	
TH(U_6)	$\overline{\text{TR}}$(U_2)	复位端$\overline{R}$	输出	放电管 VT
$>\frac{2}{3}U_{DD}$	$>\frac{1}{3}U_{DD}$	1	0	导通
$<\frac{2}{3}U_{DD}$	$>\frac{1}{3}U_{DD}$	1	不变	不变

从表 15-2 输入输出关系表中可以看出，在引脚 5 没有与外部电源连接的情况下，电压比较器 C_1 的基准电压是 $\frac{2}{3}U_{CC}$，电压比较器 C_2 的基准电压是 $\frac{1}{3}U_{CC}$。

电压比较器 C_1 的输出接基本 RS 触发器的 $\overline{R}$ 端，电压比较器 C_2 的输出接基本 RS 触发器的 $\overline{S}$ 端，即用两个比较器的输出去控制基本 RS 触发器的状态。

15.2 集成 555 的应用

15.2.1 集成 555 构成的单稳态触发器

将低触发端 $\overline{\text{TR}}$ 作为触发信号 u_i 的输入端，再将高触发端 TH 和放电管输出端 D 接在一起，并与定时元件 R、C 连接，则可以构成一个单稳态触发器，具体电路及工作波形如图 15-2 所示。

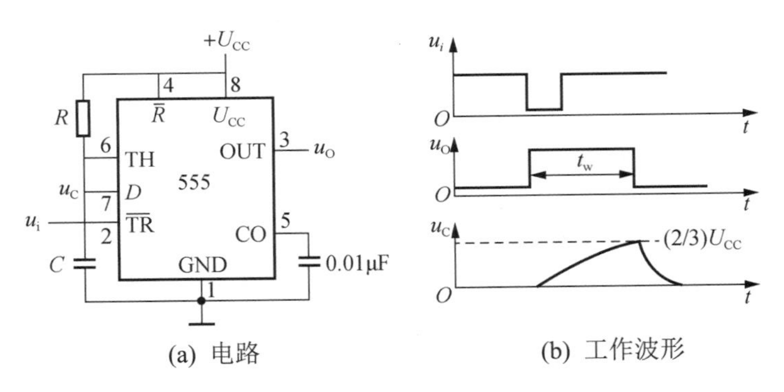

(a) 电路　　(b) 工作波形

图 15-2　单稳态触发器

555 定时器构成的单稳态触发器的工作原理如下。

当触发脉冲 u_i 下降沿到来时，由于 $\overline{\text{TR}}<\frac{1}{3}U_{CC}$，而 $\text{TH}=u_C=0$，从 555 定时器的功能表不难看出，输出端 OUT 为高电平，电路进入暂稳态，此时放电三极管 VT 截止。由于 VT 截止，U_{CC} 则通过 R 对 C 充电，当 $\text{TH}=u_C\geqslant\frac{2}{3}U_{CC}$ 时，输出端 OUT 跳变为低电平，电路自动返回稳态，此时放电三极管 VT 导通。电路返回稳态后，C 通过导通的放电三极管 VT 放电，使电路迅速恢复到初始状态。

可以算出，输出脉冲的宽度 $t_w\approx1.1RC$。

15.2.2　集成 555 构成的多谐振荡器

用 555 定时器构成的多谐振荡器如图 15-3(a)所示。接通电源后，电容 C 被充电，u_C 上升。当 u_C 上升到 $\frac{2}{3}U_{CC}$ 时，电路被置为 0 状态，输出端 u_o=0，同时放电三极管 VT 导通。此后，电容 C 通过 R_2 和 VT 放电，使得 u_C 下降。当 u_C 下降到 $\frac{1}{3}U_{CC}$ 时，电路被置为 1 状态，输出 u_o=1，放电三极管 VT 处于截止状态。此后，电容 C 被 U_{CC} 通过 R_1 和 R_2 充电，使 u_C 上升，当 u_C 上升到 $\frac{2}{3}U_{CC}$ 时，电路又发生翻转。如此周而复始，电路便振荡起来。555 定时器构成的多谐振荡器的工作波形如图 15-3(b)所示。

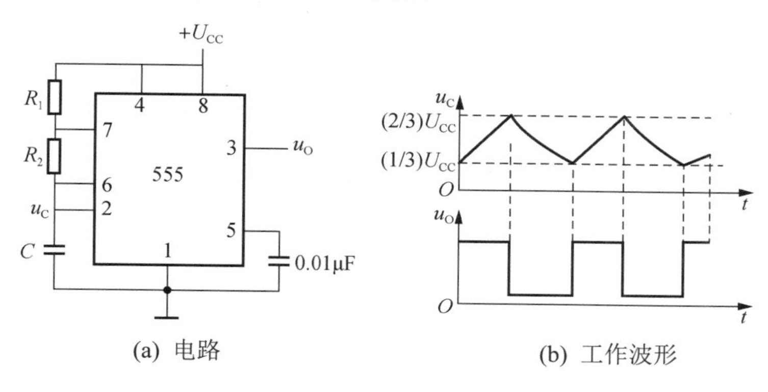

(a) 电路　　(b) 工作波形

图 15-3　多谐振荡器

15.2.3　集成 555 构成的施密特触发器

将高触发端 TH(6 脚)和低触发端 $\overline{\text{TR}}$ (2 脚)连在一起作为输入端 u_i 就可以构成一个施密特触发器，具体电路如图 15-4(a)所示。不难看出，当 U_{IC} 端悬空时，上限触发转换电平 U_{T+} 为 $\frac{2}{3}U_{CC}$，下限触发转换电平 U_{T-} 为 $\frac{1}{3}U_{CC}$。施密特触发器的工作波形如图 15-4(b)所示。

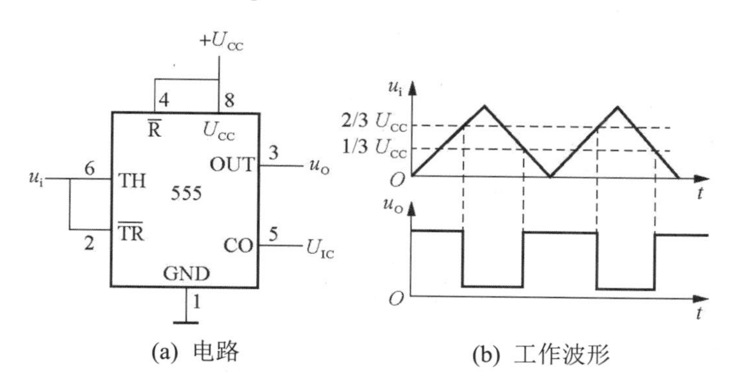

(a) 电路　　(b) 工作波形

图 15-4　施密特触发器

15.2.4 延时门铃装调

使用万用表对元器件进行检测，如果发现元器件有损坏，说明情况，并更换新的元器件。

由 555 定时器组成的简易延时门铃如图 15-5 所示，请安装和调试。

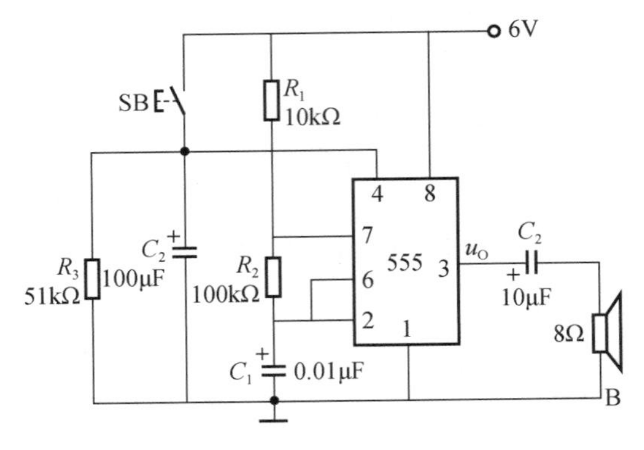

图 15-5　简易延时门铃

使用示波器观察输入和输出电压的波形 u_i 和 u_o，并记录。

设在 4 号引脚复位端电压小于 0.4V 为 0，电源电压为 6V，根据电路图上所示各阻容参数，试计算：

(1) 当按钮 SB 按一下放开后，门铃响多长时间才停止？

(2) 门铃声的频率为多少?

【注意事项】

(1) 连接集成电路时，一定要注意引脚顺序，接入电源的极性要仔细检查，不能接错。

(2) 禁止带电连接电路。

项目评价表见表 15-3。

表 15-3　项目评价表

项　目		考核要求	分　值
理论知识	555 电路	能正确识别 555 芯片	10
	555 应用	能正确掌握 555 产生脉冲波的原理	20
操作技能	准备工作	10min 内完成仪器和元器件的整理工作	10
	元器件检测	能正确完成元器件检测	10
	安装调试	能正确完成电路的装调	20
	用电安全	严格遵守电工作业章程	15
职业素养	思政表现	能遵守安全规程与实验室管理制度，展现工匠精神	15
项目成绩			
总评			

思考与练习

一、判断题

1. CMOC7555 定时器的电源电压宽，范围是 3 ~ 25V，稳态电流较小且定时时间长。　(　　)

2. 555 电路由分压器、比较器、RS 触发器、放电管等组成。　(　　)

3. 单稳态触发器电路的暂稳态延时时间 t_w=1.1RC。　(　　)

4. 多谐振荡器有两个暂态，可作为矩形波发生器。　(　　)

5. 施密特触发器是一种具有回差特性的双稳态电路。　(　　)

二、填空题

1. 在 555 电路中，当输出为 1 时，放电管____________。

2. 施密特触发器的上限触发转换电平是____________。

3. 多谐振荡器产生的振荡周期是____________。

4. 利用 555 可实现脉冲波的整形，脉冲信号的定时和延时的电路是____________。

5. 利用 555 电路能实现波形的变换、整形、脉冲鉴幅的是____________。

三、计算题

1. 555 定时器构成的施密特触发器如图 15-6 所示，当输入信号为图示周期性心电波形时，试画出经施密特触发器整形后的输出电压波形。

2. 一心律失常报警电路如图 15-7 所示，图中 u_i 是经过放大后的心电信号，其幅值 U_{Im}=4V。

(1) 对应 u_i 分别画出图中 u_{o1}、u_{o2}、u_o 三点的电压波形；

(2) 说明电路的组成及工作原理。

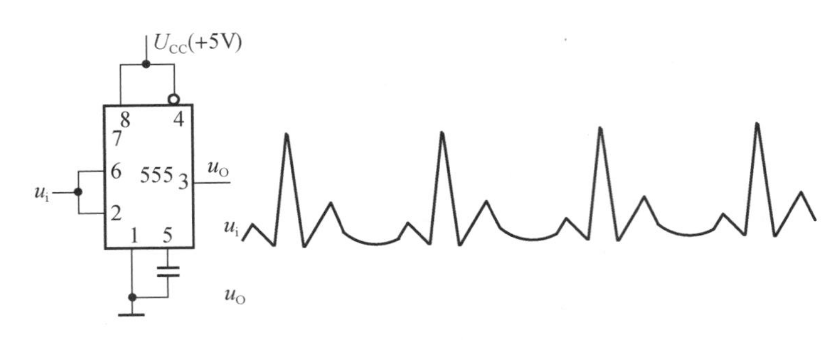

图 15-6　习题 1 图

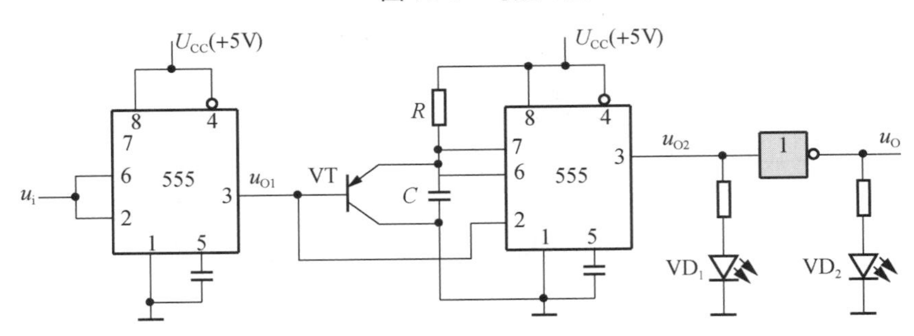

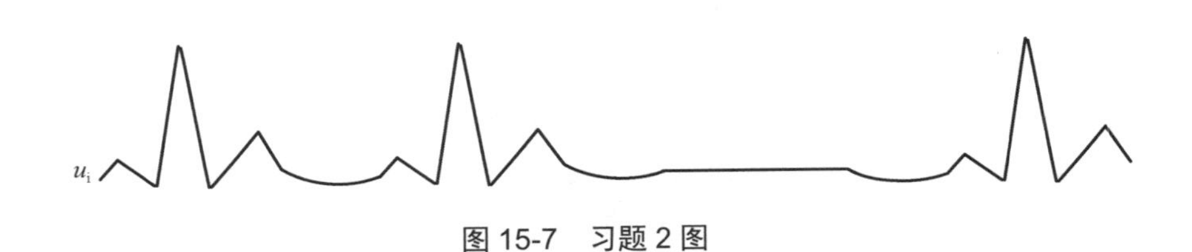

图 15-7　习题 2 图

微课资源

扫一扫：获取相关微课视频。

15-1　施密特触发器

15-2　单稳态电路

15-3　单稳态电路应用(cc4098)

15-4　多谐振荡电路

15-5　555 定时器(1)

15-6　555 定时器(2)

参 考 文 献

[1] 陈颖. 电子材料与元器件[M]. 北京：电子工业出版社，2001.

[2] 杨利军. 电工基础[M]. 北京：高等教育出版社，2004.

[3] 张志良. 电路基础[M]. 北京：机械工业出版社，2012.

[4] 林知秋. 电路基础[M]. 南昌：江西高校出版社，2004.

[5] 秦曾煌. 电工学[M]. 北京：高等教育出版社，1990.

[6] 申凤琴. 电工电子技术及其应用[M]. 北京：机械工业出版社，2008.

[7] 张芳芳. 电工电子技术基础[M]. 北京：清华大学出版社，2009.

[8] 胡晏如. 模拟电子技术[M]. 北京：高等教育出版社，2000.

[9] 黄永定. 电子实验综合实训教程[M]. 北京：机械工业出版社，2004.

[10] 苏丽萍. 电子技术基础[M]. 西安：西安电子科技大学出版社，2002.

[11] 张志良. 模拟电子技术基础[M]. 北京：机械工业出版社，2012.

[12] 石琼. 模拟电子电路分析与制作[M]. 北京：机械工业出版社，2018.

[13] 康华光. 电子技术基础[M]. 北京：高等教育出版社，2004.

[14] 刘淑英. 模拟电子技术与实践[M]. 北京：电子工业出版社，2014.

[15] 张慧敏. 数字电子技术[M]. 北京：化学工业出版社，2002.

[16] 杨志忠. 数字电子技术[M]. 北京：高等教育出版社，2000.

[17] 邱寄帆. 数字电子技术[M]. 北京：人民邮电出版社，2005.

[18] 邱寄帆. 数字电子技术学习指导[M]. 北京：人民邮电出版社，2005.

[19] 张志良. 数字电子技术基础[M]. 北京：机械工业出版社，2012.

[20] 王照清. 维修电工(中级)[M]. 北京：中国劳动社会保障出版社，2013.

[21] 仇朝东. 维修电工(四级)[M]. 2 版. 北京：中国劳动社会保障出版社，2012.

[22] 仇朝东. 维修电工(三级)[M]. 2 版. 北京：中国劳动社会保障出版社，2011.